中国数据中心发展蓝皮书
（2024）

中国计算机用户协会数据中心分会　编

电子工业出版社
Publishing House of Electronics Industry
北京·BEIJING

内 容 简 介

本书由中国计算机用户协会数据中心分会编撰，是继《中国数据中心发展蓝皮书（2018）》《中国数据中心发展蓝皮书（2020）》《中国数据中心发展蓝皮书（2022）》出版后的第四部介绍数据中心行业发展的蓝皮书。本蓝皮书继续以综合性研究报告的形式，对 2022—2024 年间在数字中国宏大叙事下的数据中心发展进行了阶段性探讨，对数据中心各个领域的热点应用进行了总结与记录，对人工智能等新兴技术的发展趋势进行了展望。

本书内容全面，资料翔实，适合数据中心相关从业人士阅读以拓宽视野，也可供有志于从事数据中心行业的在校本科生、研究生学习参考。

未经许可，不得以任何方式复制或抄袭本书之部分或全部内容。
版权所有，侵权必究。

图书在版编目（CIP）数据

中国数据中心发展蓝皮书. 2024 / 中国计算机用户协会数据中心分会编. -- 北京：电子工业出版社，2025. 8. -- ISBN 978-7-121-51131-8

Ⅰ. TP308

中国国家版本馆CIP数据核字第20257XX060号

责任编辑：徐晓宙　　　特约编辑：张启龙
印　　刷：北京盛通印刷股份有限公司
装　　订：北京盛通印刷股份有限公司
出版发行：电子工业出版社
　　　　　北京市海淀区万寿路173信箱　邮编：100036
开　　本：787×1092　1/16　印张：18.75　字数：480千字
版　　次：2025年8月第1版
印　　次：2025年8月第1次印刷
定　　价：108.00元

凡所购买电子工业出版社图书有缺损问题，请向购买书店调换。若书店售缺，请与本社发行部联系，联系及邮购电话：（010）88254888，88258888。
质量投诉请发邮件至 zlts@phei.com.cn，盗版侵权举报请发邮件至 dbqq@phei.com.cn。
本书咨询联系方式：xuxz@phei.com.cn。

编委会

主　　编：王智玉　蔡红戈　李　勃
副 主 编：王建民　李崇辉　黄群骥　李天山
编　　委（按姓氏笔画排名）：
　　　　尼米智　占　滨　陈　青　朱　雷　杨　威　劳逸民
　　　　林　建　周英杰　周学海　赵　地　郭利群　高鸿娜
　　　　程　宇　储　君　蒋　诚　彭　晓　裴晓宁
参编单位（排名不分先后）：
　　　　北京国信天元质量测评认证有限公司
　　　　华为数字能源技术有限公司
　　　　浩德科技股份有限公司
　　　　科华数据股份有限公司
　　　　中星微技术股份有限公司
　　　　信息产业电子第十一设计研究院科技工程股份有限
　　　　　公司北京分院

序言
FOREWORD

见证数据中心在数字中国建设中的力量与担当

当今时代,数字化浪潮正以席卷全球的磅礴之势重塑着世界的面貌与格局。作为数字中国建设过程的亲历者与参与者,我们有幸置身这一划时代的历史进程,见证并参与这一壮丽蓝图的绘制与拓展。自 2018 年以来,中国计算机用户协会数据中心分会已连续四年编撰并出版《中国数据中心发展蓝皮书》。这部蓝皮书不仅真实记录了数据中心行业的变迁,更生动展现了近年来数据中心的发展脉络与轨迹,揭示了数据中心在数字中国建设中的基础性作用与战略价值,为我们提供了全面了解数据中心、认识数据中心、参与数据中心建设的重要参考和指南。

当前,我们站在中国式现代化全面推进的崭新起点,肩负着强国建设和民族复兴的伟大使命。2024 年 7 月 15 日至 18 日,党的二十届三中全会胜利召开,这标志着我们在新的历史起点上,将以更加坚定的决心和更加有力的举措,全面深化改革,推进中国式现代化进程。全会提出的加快构建促进数字经济发展体制机制、推进传统基础设施数字化改造、推进教育数字化、创新发展数字贸易等重要举措,体现出数字化赋能已成为进一步全面深化改革的必然选择,推进中国式现代化的关键路径,以及全面建成社会主义现代化强国的有力支撑。

数字中国以其深远的意义和广阔的视野,正在深刻改变我国的经济社会发展。数字中国不仅仅是技术层面的革新,更是国家治理能力、经济社会发展模式的深刻变革。数据中心的重要性不言而喻,它是数据存储、处理和分析的关键基础设施,是新质生产力的重要内容,助力各类资源在数字空间中得以汇聚。在数字中国建设的宏大叙事下,数据中心的发展不仅关乎技术的革新和应用的拓展,也触及数字思维引领下的经济发展新形态,更深远地关联到国家信息化实力、国家安全的保障和经济社会的平稳运行。因此,深入探讨数据中心的发展趋势、技术创新、面临的挑战与机遇及发展着力点,对于推动数字中国建设的深入发展具有重要意义。

回顾过去,数据中心领域实现了令人瞩目的发展。技术上的突破、应用领域的拓展、基础设施的完善及服务能力的提升,均见证了从最初的数据存储到超级计算数据中心的突破、智能计算中心的创新,以及超大规模数据中心集群的崛起。算力、存力和运力的持续增强,共同推动了前所未有的智能化演进。

《中国数据中心发展蓝皮书（2024）》（以下简称蓝皮书）正是基于这样的时代背景与行业需求应运而生的。蓝皮书分析了数据中心在数字中国建设中的基础性作用与战略价值，记录了国家数据中心集群、超算数据中心、智能计算中心等关键领域的建设成就。随着数字中国建设的持续深化，数据中心行业也面临着前所未有的机遇和挑战。一方面，数据中心将迎来更广阔的发展空间；另一方面，数据中心也面临更为复杂的考验，包括如何应对人工智能等新技术的快速发展，如何提升服务效能，以及如何保持数据中心的能效、可靠性等问题。这些问题成为数据中心行业急需解决的关键课题，关乎数据中心行业的可持续发展。对此，蓝皮书在记录中国数据中心发展历程的同时，针对需要研究解决的问题和技术发展方向提出了建议，反映了中国计算机用户特别是数据中心从业者的观点和诉求。

期待蓝皮书能够成为广大读者了解、认识及参与数据中心建设的参考和指南。本书旨在为政策制定者、行业从业者及所有关注数字中国建设的读者提供有益的信息和启示，从而激发行业同仁的思考与创新。

感谢数据中心分会的辛勤付出和奉献。分会持续致力于梳理并输出数据中心行业的发展动态与见解。计算机用户协会将继续扮演桥梁和纽带的角色，积极推动数据中心行业的交流与合作，为行业的发展贡献力量。让我们共同期待数据中心行业的蓬勃发展，并见证数字中国的美好未来。

中国计算机用户协会理事长　宋显珠

2024 年 10 月

目录
CONTENTS

综　述
数字中国建设宏大叙事下的数据中心发展 …………………………………………… 2

综　合
数据中心标准规范的发展 ……………………………………………………………… 44
智算中心对基础设施的保障要求 ……………………………………………………… 57

规划设计及建设
适应算力需求变化的数据中心容量管理 ……………………………………………… 70
数据中心的预制化和模块化 …………………………………………………………… 84

绿色与节能
金融数据中心"绿色化"建设与运维 ………………………………………………… 98
数据中心余热回收利用的发展与研究 ………………………………………………… 106

供　配　电
电力模块在数据中心的应用 …………………………………………………………… 116
钠离子电池　盐水电池　镍铁电池在数据中心应用的探索 ………………………… 126
数据中心柴油发电备用电源系统的应用和发展 ……………………………………… 137

空调与制冷
数据中心液冷技术应用的新发展 ……………………………………………………… 148
数据中心空调系统 AI 调优技术应用 ………………………………………………… 158

运维与运营

智慧化运维在数据中心园区的实践和展望 …… 172

人工智能机器人助力数据中心运维 …… 181

安全和防护

数据中心工业控制系统安全 …… 192

高可用数据中心的快速恢复能力要求 …… 200

数据中心应急响应预案的编制和组织实施 …… 211

评价与认证

金融数据中心的业务连续性管理 …… 222

数据中心基础设施运维管理机构能力提升与评价 …… 233

数据中心基础设施建设的基本要求 …… 244

案 例

宁夏移动全区机房物理环境改造项目案例 …… 256

北京数字经济算力中心项目案例 …… 263

附 录

数据中心行业大事记（2023—2024 年 9 月） …… 270

后记 …… 289

综　述

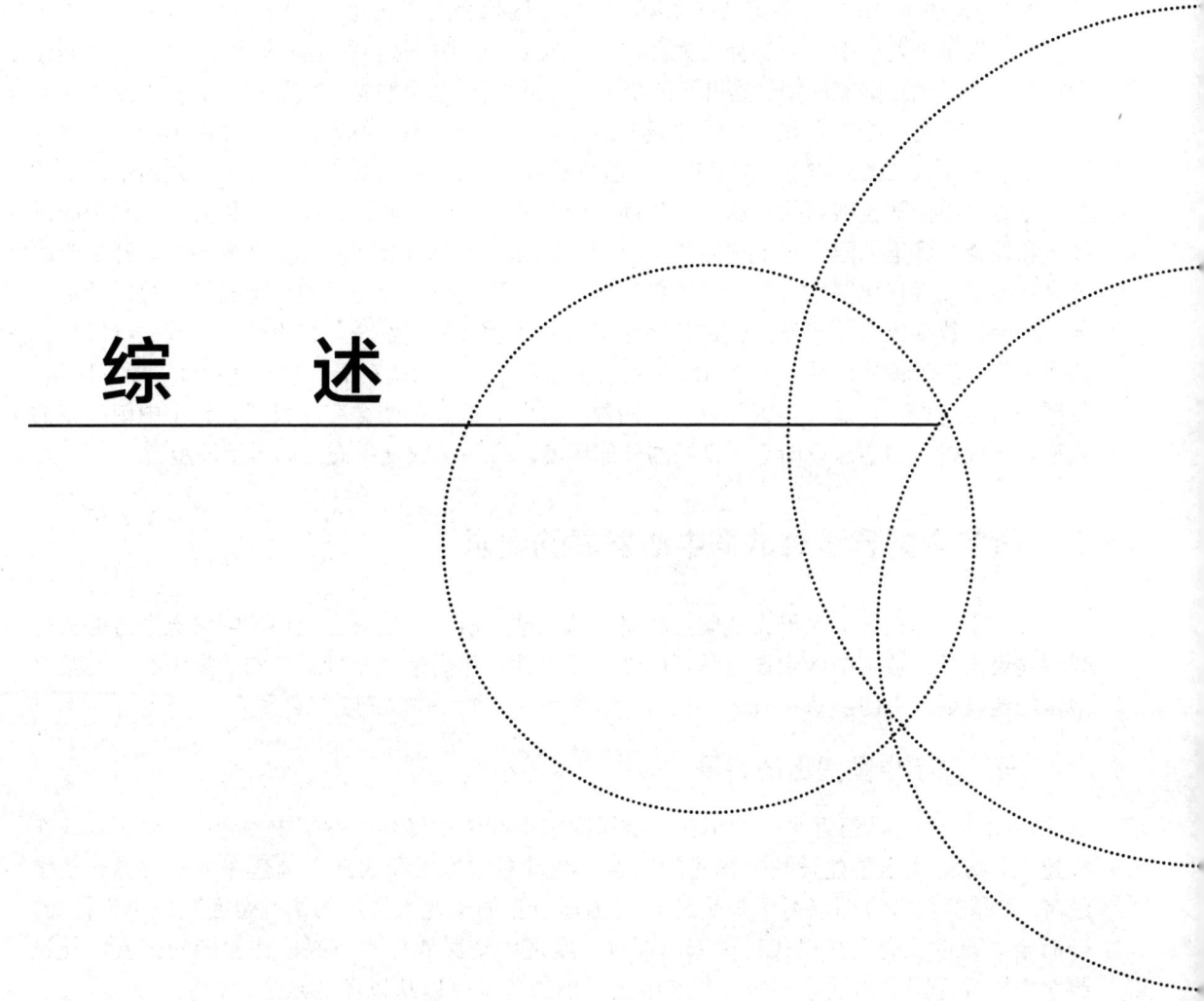

数字中国建设宏大叙事下的数据中心发展

王智玉

2022年10月16日,中国共产党第二十次全国代表大会在北京人民大会堂开幕。习近平总书记代表第十九届中央委员会向大会作了题为《高举中国特色社会主义伟大旗帜 为全面建设社会主义现代化国家而团结奋斗》的报告。习近平指出,"坚持把发展经济的着力点放在实体经济上,推进新型工业化,加快建设制造强国、质量强国、航天强国、交通强国、网络强国、数字中国"。2023年至2024年(本蓝皮书报告期),中国数据中心建设与发展最重要的背景是数字中国建设战略的实施。两年间,中国社会上下一心,按照《中华人民共和国国民经济和社会发展第十四个五年规划和2035年远景目标纲要》阐明的国家战略意图,开启全面建设社会主义现代化国家新征程的宏伟蓝图,继续加快数字经济发展,全面推进数字经济、数字社会、数字政府的建设,促进数字经济和实体经济深度融合,建设数字中国;继续加快构建现代化基础设施体系,优化新型基础设施布局,重点加快第五代移动通信、工业互联网、数据中心等建设,打造具有国际竞争力的数字产业集群。加快数字化发展、数字中国战略的施行,给数据中心的建设创造了良好的外部环境,带动了数据中心的高质量发展。

一、数字中国建设对数据中心发展的要求

数字中国建设是国家重大战略,相对于从制造、质量、航天、交通、网络五个方面描述强国建设内容,数字中国建设更具基础性、涵盖性。作为信息基础设施的数据中心,与数字中国的建设更为密切。

(一)数字中国提出的背景

2018年4月,习近平总书记在致首届数字中国建设峰会的贺信中提到:"2000年我在福建工作时,作出了建设数字福建的部署,经过多年探索和实践,福建在电子政务、数字经济、智慧社会等方面取得了长足进展。"为适应党的十九大提出的决胜全面建成小康社会、开启全面建设社会主义现代化国家新征程、实现中华民族伟大复兴宏伟蓝图的需要,建设数字中国成为国家的战略部署。数字中国提出的背景可以从以下五点进行归纳。

1. 适应我国发展新的历史方位

随着中国特色社会主义迈入新时代,中国的发展迎来了新的历史方位。中国从一个发展中国家,逐步迈向世界强国的行列。新时代所确立的历史方位,标志着新的逻辑起点和出发点,旨在确保全面建成小康社会,并开启全面建设社会主义现代化国家的新征程。这一指导思想和基本方略,旨在解决社会主要矛盾、时代课题、历史使命、阶段性特征等一系列重大问题。在价值取向上,坚持以人民为中心;在收入分配上,确保全体人民共享发展成果;在

制度建设上，推进国家治理现代化；在社会发展水平上，加快全面协调发展；在发展动力上，从要素驱动、投资规模驱动转变为注重创新驱动。新时代的历史方位，需要体现数字时代对生产力和生产关系的决定性推动作用。

2. 全面贯彻新发展理念

新发展理念的主要内容是"创新、协调、绿色、开放、共享"。新发展理念是在深刻总结国内外发展经验教训，深入分析国内外发展大势的基础上形成的，旨在解决我国发展过程中的突出矛盾和问题，集中反映了对我国发展规律的新认识。为了全面贯彻新发展理念，中国必须在信息化领域持续深耕，全面提升整体性、系统性、协同性，构建数字中国战略。在此过程中，数据作为关键要素充分发挥作用，数字技术将广泛渗透至社会各个层面，推动数字经济和实体经济深度融合，以数字化驱动生产生活和治理方式的变革。

3. 以信息化培育新动能

因历史原因，中国与第一次、第二次工业革命失之交臂，错过了蒸汽时代和电气时代。时代给予中国参与第三次工业革命的机会。在信息技术、新能源技术、新材料技术、生物技术、空间技术和海洋技术等诸多领域，中国的研究和应用已经跟上了时代的步伐，社会经济实现了显著的发展。人类正面临新一轮科技革命和产业变革，信息通信技术正处于加速发展和跨界融合的高峰期，信息通信技术正在向生产要素领域深度渗透，信息资源逐渐成为关键的生产要素和社会财富，技术创新不断孕育出新产品和新产业，加速融入工农业生产全过程、产业链各环节和产品的整个生命周期，不断形成新的经济增长点，信息化已成为培育新动能的核心力量。

4. 用新动能推动新发展

我国经济已由高速增长阶段转向高质量发展阶段，正处在转变发展方式、优化经济结构、转换增长动力的攻关期。中国需要坚持质量第一、效益优先，以供给侧结构性改革为主线，努力推进实体经济、科技创新、现代金融、人力资源协同发展的产业体系建设，着力构建市场机制有效、微观主体有活力、宏观调控有度的经济体制。转换增长动力，以新一轮科技革命和产业变革为契机，增强我国经济创新力和竞争力，这是新发展的动能。

5. 以新发展创造新辉煌

随着中国特色社会主义进入新时代，我国经济发展也进入新时代。中国要通过新发展，创造新辉煌，要实现经济发展质量变革、效率变革、动力变革，提高全要素生产率；着力推进实体经济、科技创新、现代金融、人力资源协同发展的产业体系建设；着力构建市场机制有效、微观主体有活力、宏观调控有度的经济体制。在这个过程中，我国要实现高水平科技自立自强，开辟发展新领域新赛道，塑造发展新动能新优势，是决定全面建成社会主义现代化强国的关键。

（二）数字中国的建设内容

2021年3月11日，第十三届全国人民代表大会第四次会议表决通过批准的《中华人民共和国国民经济和社会发展第十四个五年规划和2035年远景目标纲要》，规划了数字中国的建设内容，主要有以下四个方面。

1. 打造数字经济新优势

我国充分发挥海量数据和丰富应用场景优势，促进数字技术与实体经济深度融合，赋能传统产业转型升级，催生新产业新业态新模式，壮大经济发展新引擎。一是加强关键数字技术创新应用，聚焦关键领域，布局前沿技术，推进基础理论、基础算法、装备材料、通用处理器、云计算系统等研发的突破与迭代应用。二是加快推动数字产业化，培育并壮大人工智能、大数据、区块链、云计算、物联网、工业互联网、网络安全等新兴数字产业。三是推进产业数字化转型，在重点行业和区域建设若干国际水准的工业互联网平台和数字化转型促进中心。

2. 加快数字社会建设步伐

我国适应数字技术全面融入社会交往和日常生活新趋势，促进公共服务方式和社会运行方式创新，构筑全民畅享的数字生活。一是提供智慧便捷的公共服务，推动普惠应用、资源数字化，扩大优质公共服务资源辐射覆盖范围，持续提升群众获得感。二是建设智慧城市和数字乡村，将物联网感知设施、通信系统等纳入公共基础设施统一规划，完善城市信息模型平台和运行管理服务平台。三是构筑美好数字生活新图景，推动各类场景数字化，建设便民惠民智慧服务圈，加强全民数字技能教育和培训。

3. 提高数字政府建设水平

我国将数字技术广泛应用于政府管理服务，推动政府治理流程再造和模式优化，不断提高决策科学性和服务效率。一是加强公共数据开放共享，推进数据跨部门、跨层级、跨地区汇聚融合和深度利用，深化国家人口、法人、空间地理等基础信息资源共享利用。二是推动政务信息化共建共用，提升跨部门协同治理能力，集约建设政务云平台和数据中心体系，增强政务信息系统快速部署能力和弹性扩展能力。三是提高数字化政务服务效能，深化"互联网+政务服务"，提升全流程一体化在线服务平台功能，加强数字技术在突发公共事件中的运用。

4. 营造良好数字生态

我国坚持放管并重，促进发展与规范管理相统一，构建数字规则体系，营造开放、健康、安全的数字生态。一是建立健全数据要素市场规则，加快建立基础制度、标准规范、自律机制，培育规范的数据交易平台和市场主体。二是营造规范有序的政策环境，构建与数字经济发展相适应的政策法规体系。三是加强网络安全保护，健全国家网络安全法律法规和制度标准，加强重要领域数据资源、重要网络和信息系统安全保障。四是推动构建网络空间命运共同体，推进网络空间国际交流与合作，积极参与国际规则和数字技术标准的制定，推动全球网络安全保障合作机制的建设，构建处置网络安全事件、打击网络犯罪的国际协调合作机制。

（三）数据中心在数字中国建设中的基础性作用

国家互联网信息办公室会同有关方面，对党的十九大以来数字中国建设取得的显著成就进行跟踪评述，连续发布《数字中国（建设）发展报告》。国家数据局成立后，于2024年6月发布的《数字中国发展报告（2023年）》，在反映我国数字经济全面发展成就的同时，也在一定程度上反映出数据中心在数字中国建设中的作用。

1. 数字中国建设发展成就

2023年数字中国建设的发展主要体现在以下八个方面。

一是数据基础制度建立。中共中央、国务院出台关于构建数据基础制度更好发挥数据要素作用的意见；国家数据局、省级相应数据机构的组建工作完成。

二是基础设施提速扩容。5G、光纤宽带、移动物联网络覆盖面更广，应用场景更丰富；算力总规模居全球第二位，存力总规模占据世界领先地位，高性能计算持续处于全球第一梯队；数据要素市场日趋活跃，数据生产总量达32.85 ZB，数据存储总量达1.73 ZB。

三是数字经济稳健增长。数字经济核心产业增加值占GDP比重的10%左右，对农业科技进步的贡献率超过63%，重点监测电子商务平台交易额全年增幅30%。

四是数字政府能力增强。数字政府在线服务指数继续保持全球领先水平。92.5%的省级行政许可事项实现网上受理和"最多跑一次"。

五是城乡数字鸿沟进一步缩小。城乡互联网普及率差异为16.8个百分点，较上年缩小4.4个百分点；网络支付的城乡使用率差值为11.4个百分点，较上年缩小0.5个百分点。

六是数字安全制度治理体系更加完善。数据安全制度体系基本形成，工业互联网安全分类分级管理制度持续推广；继续完善全国一体化反诈技术防范体系。

七是国际合作更加深入。"丝路电商"伙伴国增加到30个，跨境电商主体已超10万家，进口商品消费者人数达到1.63亿人；跨境电商进出口额较上年增长15.6%，达到2.38万亿元。

八是数字中国建设进一步发展。数字技术和数据要素的深度耦合推动了数字经济的增长，成为新的增长爆发点。数字经济和实体经济的进一步融合，实现了同频共振和协同发力，共同成为高质量发展的重要引擎。

2. 数据中心相关信息基础设施发展成就

相较于2021年，2023年数据中心相关信息基础设施发展成就主要体现在以下四个方面。

一是网络建设。移动网络由4G并行发展迈入5G引领时代，目前共建成5G基站337.7万个，较2021年的142.5万个，实现了237%的增长。全年移动网络接入总流量约为0.27 ZB；固定宽带网络已升级至千兆时代，网络带宽和速率已足以支持数据中心集群与国内外各地区应用的连接。

二是算力建设。算力总规模由2021年的140 000 P（P，即PFLOPS，此处译为每秒一万四千亿亿次浮点运算）①增长到230 000 P，增长64.3%，保持全球第二位；高性能计算持续处于全球第一梯队；八个国家的算力枢纽节点已步入实际应用阶段；集成电路产量达3 514.4亿块，较美国对华发起贸易战前的2019年实现了74.1%的增长。

三是存力及数据建设。数据生产总量达32.85 ZB，同比增长22.44%；存力总规模约1.2 ZB；数据存储总量达1.73 ZB。

四是数据中心规模。全国在用数据中心标准机架由2021年的520万架增长到810万架，增长55.8%；算力供给结构逐步优化，超算中心、数据中心、智算中心均衡发展；全国在用

---

① P是衡量一个计算机计算能力的计量单位，1 000 G=1 T；1 000 T=1 P；1 000 P=1 E；FLOPS（Floating-Point Operations Per Second，每秒浮点操作数），即每秒所执行的浮点运算次数，它是衡量一个计算机计算能力的标准。

超大型和大型数据中心达 633 个，配备人工智能卡 500 张以上的智算中心达 60 个。

3. 数据中心在数字中国建设发展中发挥的作用

数据中心为处理数据信息的计算机设备提供安全运行环境，其规模、质量、能力在一定程度上决定了计算机设备的规模、能力和效率，是数字中国信息基础设施的基础。数据中心在数字中国建设发展中积极发挥作用，在以下四个方面得以体现。

一是保障应用系统的正常运行。据初步估计，我国目前在用的通用数据中心、超算中心、智算中心、边缘数据中心数量达到数十万个。如果将支持固定通信的电信机房视为数据中心，支持移动通信的基站视为边缘数据中心，则中国的数据中心数量可达到数百万个。这些数据中心以极低的事故率、故障率，提供了安全稳定的运行环境，确保了计算、存储、交换设备得以正常运行，进而保障了所承载的应用系统正常运行。

二是支持赋能数字中国。通用数据中心所支持的信息系统应用，为我国传统产业的数字化转型提供了保障。采矿、冶金、化工等基础材料产业科技含量提高，高新技术制造业增速远超普通制造业；在流通行业中，电子商务的占比提升，农村网络零售额增速明显，我国连续 11 年成为全球规模最大的网络零售市场国家；数字文化建设全面推进，网络成为传承中华优秀传统文化基因的重要载体，网媒受众大幅增加，数字文化消费动能展现出强劲动力；遍布各级政府的电子政务系统，支撑全国一体化政务服务平台功能，有效实现了"一网通办"，使人民群众体会到便捷、普惠、公平的政务服务；社会管理变得更加安全有效，由无数边缘数据中心支撑的天眼、天网，有效维护了公共环境的安全。我国的超级计算机数据中心服务在数据密集型、计算密集型科学和工程领域发挥着重要作用，提高了国家在量子力学、天气预报、油气勘探、物理模拟、空气动力、核能利用等领域的研究能力。发展迅速的智算中心，服务于数据开放共享、智能生态建设、产业创新研发，为新质生产力的发展提供有力支持。

三是带动产业链配套发展。数据中心上游产业链为设备及软件，包括服务器、存储、交换设备、电源设备、精密空调、柴油发电机、DCIM（数据中心基础设施管理系统）、动环监控系统等。数据中心既受到上游产业的支持，消纳上游新产品，又对上游产业提出新的需求，带来新的经济增长点，如数据中心对能源效率的追求，促进了液冷服务器的发展。数据中心中游产业链包括数据中心集成服务、数据中心运维服务、云服务等，数据中心的集聚使此类企业的服务更具性价比，如伴随 10 个数据中心集群而兴起的数据加工行业。数据中心下游产业链包括互联网、金融业、制造业、软件业、政府机关等，数据中心的发展既是下游产业信息化发展的结果，同时又促进下游产业的高质量发展。

四是促进绿色经济高质量发展。以所耗用总能源数量与直接实现耗能目标能源数量之间的比值关系衡量，数据中心的电源使用效率（PUE，数据中心消耗的所有能源与 IT 负载使用的能源之比）达到了 1.5 甚至更低，以极高的能源效率，实现了数据中心的职能，在推动绿色经济高质量发展方面起到了表率作用。

（四）数字中国战略对数据中心发展的谋划安排

为了贯彻落实建设数字中国战略部署，党中央、国务院、各级地方政府、各行业主管部门对数据中心的发展作出了谋划安排，对数据中心所担负的任务提出了要求。

1. 中央层面

数字中国建设整体布局。2023年2月,中共中央、国务院印发的《数字中国建设整体布局规划》,从数字中国建设整体布局的高度,提出:"按照夯实基础、赋能全局、强化能力、优化环境的战略路径,全面提升数字中国建设的整体性、系统性、协同性,促进数字经济和实体经济深度融合,以数字化驱动生产生活和治理方式变革,为以中国式现代化全面推进中华民族伟大复兴注入强大动力。"整体布局要求:要夯实数字中国建设基础,打通数字基础设施大动脉,系统优化算力基础设施布局,促进东西部算力高效互补和协同联动,引导通用数据中心、超算中心、智能计算中心、边缘数据中心等合理梯次布局。我国要担负起赋能经济社会发展的职能,支撑做强做优做大数字经济,发展高效协同的数字政务,打造自信繁荣的数字文化,构建普惠便捷的数字社会,建设绿色智慧的数字生态文明。

"十四五"数字经济发展。2021年12月,由国务院印发的《"十四五"数字经济发展规划》(以下简称《规划》),时间跨度为2021—2025年。《规划》提出:"以数据为关键要素,以数字技术与实体经济深度融合为主线,加强数字基础设施建设,完善数字经济治理体系,协同推进数字产业化和产业数字化,赋能传统产业转型升级,培育新产业新业态新模式,不断做强做优做大我国数字经济,为构建数字中国提供有力支撑。"《规划》要求:"推进云网协同和算网融合发展。加快构建算力、算法、数据、应用资源协同的全国一体化大数据中心体系。在京津冀、长三角、粤港澳大湾区、成渝地区双城经济圈、贵州、内蒙古、甘肃、宁夏等地区布局全国一体化算力网络国家枢纽节点,建设数据中心集群,结合应用、产业等发展需求优化数据中心建设布局。加快实施'东数西算'工程,推进云网协同发展,提升数据中心跨网络、跨地域数据交互能力,加强面向特定场景的边缘计算能力,强化算力统筹和智能调度。按照绿色、低碳、集约、高效的原则,持续推进绿色数据中心建设,加快推进数据中心节能改造,持续提升数据中心可再生能源利用水平。推动智能计算中心有序发展,打造智能算力、通用算法和开发平台一体化的新型智能基础设施,面向政务服务、智慧城市、智能制造、自动驾驶、语言智能等重点新兴领域,提供体系化的人工智能服务。"

"十四五"国家信息化规划。2021年年底,由中央网络安全和信息化委员会印发的《"十四五"国家信息化规划》提出:"以建设数字中国为总目标,以加快数字化发展为总抓手,发挥信息化对经济社会发展的驱动引领作用,推动新型工业化、信息化、城镇化、农业现代化同步发展。""十四五"信息化重大任务和重点工程包括建设泛在智联的数字基础设施体系,加快公共安全、交通、城管、民生、生态环保、农业、水利、能源等领域的公共基础设施的数字化、智能化升级。实施全国一体化大数据中心体系建设工程,在国家枢纽节点、数据中心集群间,以及集群和主要城市间建立数据中心直连网络,促进数据中心分级分类布局建设,加快实现集约化、规模化、绿色化发展;统筹部署医疗、教育、广电、科研等公共服务和重要领域云数据中心;建设完善一体化算力服务,加强云资源接入和一体化调度;构建具备周边环境感应能力和反馈回应能力的边缘计算节点,提供低时延、高可靠、强安全边缘计算服务。

2. 地方层面

各地方人民政府贯彻落实建设数字中国战略部署,对数据中心提出要求,一般是通过当地下达相关数字化转型、数字××建设方案或者实施意见的形式谋划安排,相对于中央层面,地方层面的安排更加具体。河北省（张家口市）、上海市（青浦区）、江苏省（苏州市）、浙江省（嘉善县）、安徽省（芜湖市）、广东省（韶关市）、四川省（成都市）、重庆市、内蒙古自治区（和林格尔县）、贵州省（贵安新区）、甘肃省（庆阳市）、宁夏回族自治区（中卫市）等国家数据中心集群所坐落的省市，均对本省市数据中心借力发展、协调发展作了详细安排。

广东省提出，建立三个层次数据中心的空间布局结构，国家数据中心集群主要建设承载时延要求小于 20 ms 低时延类业务的大型、超大型数据中心，少量建设承载中时延类业务（时延要求 20～50 ms）且确需在省内的大型、超大型（不少于 3 000 个机架）数据中心；其他地级市建设城市数据中心和边缘计算中心（3 000 个机架以下），支撑城市实时响应、承载极低时延类业务；将部分承载中时延类业务的数据中心需求，按"东数西算"要求，向国家在西部地区枢纽节点转移。

其他省市结合本地需求，作出了切合实际的贯彻落实安排。北京市全域创建数据要素市场化配置改革综合试验区，着力打造国家级数据管理中心、数据资源中心和数据流通交易中心。山东省在《山东省算力基础设施高质量发展行动方案》中提出：持续完善核心区、集聚区、边缘计算节点的全省一体化算力网络布局，引导通用算力、智能算力、超级算力等合理梯次布局；探索打造国家工业互联网大数据中心体系省域新业态新模式，形成"1 个国家级中心+3 个省级区域中心+N 个省级行业中心+X 个存算一体边缘级中心"的成体系的新发展格局；到 2025 年，全省数据中心在用标准机架总数达到 45 万个，存力规模达到 65 EB。河南省郑州市计划到 2026 年建成一批重大算力设施项目，算力规模增长 1 200%；部署一批采用先进制冷系统、"源网荷储"一体化等技术的新型绿色低碳数据中心。

3. 行业层面

政务信息化。各地继续贯彻落实国务院于 2022 年 6 月发布的《国务院关于加强数字政府建设的指导意见》，整合构建满足政务信息化需求、结构合理的智能集约平台支撑体系，适度超前布局相关新型基础设施，全面夯实数字政府建设根基。依托全国一体化政务大数据体系，实现政务云资源统筹建设、互联互通、集约共享，国务院各部门政务云纳入全国一体化政务云平台体系统筹管理。各地区按照省级统筹原则开展政务云建设，集约提供政务云服务。

原材料工业。工业和信息化部等九个部门要求，到 2026 年打造 120 个以上数字化转型典型场景，培育 60 个以上数字化转型标杆企业，培育 100 家以上专业水平高、服务能力强的优秀系统解决方案提供商。为此，建设一个新材料大数据中心、四个重点行业数字化转型推进中心、四个重点行业制造业创新中心、五个以上工业互联网标识解析二级节点、六个以上行业级工业互联网平台。

农业。农业农村部提出：立足我国基本国情农情，以推进物联网、大数据、人工智能、机器人等信息技术在农业农村领域全方位全链条普及应用为工作主线，加强国家农业农村大数据平台建设，建设全国农机作业指挥调度平台、智慧农业信息发布平台、渔政执法办案综合平台，完善中国种业大数据平台，全方位支撑智慧农业应用。围绕建设农业强国战略需求谋划，设立一批重点实验室、大科学装置，建设一批农业科学实验站和数据中心。

民航。中国民用航空局在发布《中国民用航空局关于印发落实数字中国建设总体部署 加快推动智慧民航建设发展的指导意见》中要求，强化民航领域数据中心集群顶层设计，推动民航大数据中心与民航各领域数据中心间网络直连和组网互联，构建集约化、规模化、绿色化民航数据中心集群，实现跨部门、跨业务、跨区域、跨层级数据资源综合利用，提升数据交互能力、关键系统和核心设备保障能力。

住建。住房和城乡建设部在《"数字住建"建设整体布局规划》中提出，建设部、省、市三级"数字住建"数据中心，全面摸清住房城乡建设行业数据资源底数，推动数据资源在"数字住建"大数据中心汇聚归集。

中医药。国家中医药管理局提出：在初步建立国家和省级中医馆健康信息平台、31个省级中医药数据中心、已部署9个行业系统、1.62万家中医馆接入的现有资源基础上，到2025年要鼓励各地发挥省级中医药数据中心引领作用，扩展本地化功能，整合医院内部信息系统，推进新一代医院数据中心建设，探索云上部署。

红十字会。中国红十字会总会在着力打造数字红会的相关规划中提出，搭建七大数据中心、15个管理系统，实现业务管理信息化系统在县区级红十字会的全面覆盖，确保项目全流程可查询、可追溯、可展示，推动各项工作高效运转和公开透明，提升公信力。

二、促进引导数据中心高质量发展的具体政策措施

围绕数字中国建设国家重大战略确定的目标任务，国家有关职能部门在其职责范围内，制定了贯彻落实的政策措施。2023—2024年间，对数据中心高质量发展起到重要的促进和引导作用，新出台或既往出台但仍得以继续贯彻执行的具体政策措施主要有以下八项。

（一）新型基础设施建设

新型基础设施是提供数字转型、智能升级、融合创新等服务的基础设施，主要包括信息基础设施、融合基础设施和创新基础设施。相对于俗称的"铁公基"（铁路、公路、基本建设），新型基础设施建设被简称为"新基建"。2018年年底，中央经济工作会议首次正式提出的新型基础设施建设包括5G、人工智能、工业互联网、物联网，数据中心尚未在列。2020年3月，中共中央政治局常务委员会会议强调要"加快5G网络、数据中心等新型基础设施建设进度"，数据中心被列入"新基建"范畴。2020年4月，国家发展和改革委员会在圈定新型基础设施范围时，进一步明确"新基建"中的信息基础设施是基于新一代信息技术演化生成的基础设施，如5G、物联网、数据中心、人工智能、卫星通信、区块链基础设施等。数据中心成为高速泛在、天地一体、云网融合、智能敏捷、绿色低碳、安全可控的智能化综合性数字信息基础设施的组成部分，属于打通经济社会发展的信息"大动脉"的基础设施。

在改变经济增长方式、构建现代化基础设施体系、为全面建设社会主义现代化国家打下坚实基础的大背景下，数据中心受到了"适度超前建设"的关照，在项目申报审批、投资安排拨付等方面进入"快车道"，有效地促进了数据中心的发展。国家互联网信息办公室相关报告披露，2022年年底相较2017年年底，我国数据中心机架规模5年年均增速超过30%，在用数据中心算力总规模位居世界第二，如此快的发展很大程度上得益于"新基建"政策的加持。

各地出台的"新基建"配套政策，为数据中心的发展构建了有利的发展环境。上海市印发的《上海市进一步推进新型基础设施建设行动方案（2023—2026年）》，明确提出："建设多元异构融合的新一代高性能计算集群，高性能算力峰值规模为100 P-300 P左右"，同时还安排若干个对数据中心依赖性极强的项目，如按需布局150个边缘计算节点，支持覆盖特色园区的工业互联网；在通信、能源、交通、金融、电子政务等重要行业和领域，建设数智融合的高质量数据基础设施；支持上海超算中心高性能计算资源升级扩容；打造超大规模自主

可控智能算力基础设施；建设普惠型城市公共算力服务平台；打造城市多层次商用智能算力集群，形成支撑万亿级参数大模型训练的算力供给能力；率先创建国家级数据交易平台；等等。河南省人民政府发布《河南省重大新型基础设施建设提速行动方案（2023—2025年）的通知》，提出：到2025年，河南省新型基础设施建设水平争取进入全国前5位；数据中心标准机架数量从2022年的10万个发展到30万个；加快建设郑州、洛阳等全栈国产化智能计算中心，构建中原智能算力网；实施新型数据中心集群提速工程，引进交通、工业、水利等领域全国性或区域性数据中心。

2024年7月，中国共产党第二十届中央委员会第三次全体会议通过的《中共中央关于进一步全面深化改革　推进中国式现代化的决定》（以下简称《决定》），再次写入了"新基建"，提出健全现代化基础设施建设体制机制，包括构建新型基础设施规划和标准体系，健全新型基础设施融合利用机制，推进传统基础设施数字化改造，健全重大基础设施建设协调机制等。党的二十届三中全会通过的《决定》，为数据中心的发展奠定了高起点，成为数据中心项目安排、争取投资的有力抓手。

（二）"东数西算"工程

"东数西算"工程是把东部地区产生的数据，转移到西部地区进行运算。"东数西算"的思路是通过构建数据中心、云计算、大数据一体化的新型算力网络体系，将东部地区算力需求有序引导到西部地区，优化数据中心建设布局，促进东西部协同联动，让西部地区的算力资源更充分地支撑东部地区数据的运算，更好为数字化发展赋能。

"东数西算"工程首次载入国家政策性文件，是2021年5月，由国家发展和改革委员会、中央网信办、工业和信息化部、国家能源局四部门联合印发的《全国一体化大数据中心协同创新体系算力枢纽实施方案》（以下简称《实施方案》）。《实施方案》在发展思路部分提出："加快实施'东数西算'工程，提升跨区域算力调度水平。"2022年2月，前述四部门印发通知，同意在京津冀、长三角、粤港澳大湾区、成渝、内蒙古、贵州、甘肃、宁夏八地区启动建设国家算力枢纽节点，并规划10个国家数据中心集群。至此，全国一体化大数据中心体系完成总体布局设计，"东数西算"工程全面启动。

"东数西算"与"西气东输""西电东送""南水北调"等工程相似，是一个国家级算力资源跨域调配战略工程，针对我国东西部算力资源分布总体呈现出东部不足、西部过剩的不平衡局面，引导中西部利用能源优势建设算力基础设施，服务东部沿海等算力紧缺区域，以解决我国东西部算力资源供需不均衡的现状。

国家算力枢纽节点、国家数据中心集群坐落的地方抓住机遇，"东数西算"工程得以快速发展。"东数西算"政策的实施和"东数西算"工程的建设，促进了我国算力建设的高质量发展。一是引导有序布局。长期以来，我国通信网络、算力资源主要围绕人口聚集程度、经济发达程度进行建设，网络节点普遍集中于北上广等一线城市，"东数西算"工程兼顾了京津冀、长三角、粤港澳大湾区、成渝地区双城四个经济圈的需求，考虑了贵州、内蒙古、甘肃、宁夏等地区可再生能源丰富、气候条件适宜、用地宽裕、当地经济需要注入新发展动能的需求，实现有序布局。二是减少重复建设。"东数西算"工程对其他地区、全国性行业的算力供给，使利用率不高的数据中心无须再重复建设，央企的数据中心不再扎堆于总部城市，提高了数据中心行业的整体经济效益。三是塑造绿色节能形象。数据显示，我国数据中心年用电量已占全社会用电量的2%左右且仍在快速增长，应予压减。"东数西算"工程的实施，除了能够尽量利用西部的可再生能源，还通过集约化的方式，进一步挖掘节能潜力，提高电能利用效率，处理好发展和节能的关系。四是促进西部经济发展。"东数西算"工程建设带来的资金、项目、用工需求，对国家算力枢纽节点、国家数据中心集群坐落地的经济发展大有裨益。国家数据局局长刘烈宏在2024中国国际大数据产业博览会上表示，截至2024年6月底，"东数西算"八大国家枢纽节点直接投资超过435亿元，拉动投资超过2 000亿元。五是有助于数据中心的迭代创新。"东数西算"工程规划的数据中心均为大型、特大型，建设模式、技术、产品需要加快创新，所带动的IT设备制造、信息通信、基础软件、绿色能源等产业链的发展，又促进数据中心建设水平的提高。智算数据中心的加持，将使数据中心在处理大量事务性计算的同时，承担更多的人工智能计算任务，给提升数据中心的整体技术水平创造了机遇。

（三）数字化转型

数字化转型是一项将现代信息技术和通信手段融入社会、政治、经济管理等各个领域，政府、企业、事业单位等各个组织的战略举措，它对各个领域、各个组织的流程、产品、运营和创造价值的方式进行了以数字化转换、数字化升级、数字技术应用为衡量尺度的评估和升级，实现治理、管理模式的创新。2021年3月，全国人民代表大会通过的《中华人民共和国国民经济和社会发展第十四个五年规划和2035年远景目标纲要》中提出："以数字化转型整体驱动生产方式、生活方式和治理方式变革"，为新时期数字化转型指明了方向。2023—2024年间，政府数字化转型、产业数字化转型和城市全域数字化转型对数据中心发展起到重要的促进作用。

1. 政府数字化转型

2022年6月，国务院印发《国务院关于加强数字政府建设的指导意见》（以下简称《指导意见》），从加强数字政府建设的角度，对政府数字化转型进行了全面的规划、部署。《指导意见》提出："全面推进政府履职和政务运行数字化转型，统筹推进各行业各领域政务应用系统集约建设、互联互通、协同联动，创新行政管理和服务方式，全面提升政府履职效能。"《指导意见》要求，将数字技术广泛应用于宏观调控决策、经济社会发展分析、投资监督管理、财政预算管理、数字经济治理等方面，提升经济调节能力、市场监管能力、社会管理能力、公共服务能力、生态环境保护能力、全方位安全保障能力。为实现上述目标，《指导意见》强调，充分利用现有政务信息平台，整合构建结构合理、智能集约的平台支撑体系，强化政务云平台，适度超前布局相关新型基础设施，扩容升级电子政务骨干网，提高移动接入能力，推进数字化共性应用集约建设，全面夯实数字政府建设根基。《指导意见》虽然未直接提及数据中心建设，但数字政府建设的具体内容离不开各级政府及各部门数据中心的支撑，政府数字化转型是政务数据中心保留、加强的抓手。

2. 产业数字化转型

为加快企业数字化转型与升级，进而大力推进产业数字化转型，党中央、国务院始终给予高度重视，要求从全局视角出发，认识并推动数字经济高质量发展。同时，促进数字技术和实体经济深度融合，以数字化转型推进数字产业化、产业数字化，全面赋能经济社会发展。企业界、产业界及各个产业主管部门，按照党中央的指导精神，锲而不舍地推进数字化转型，力争取得显著成效。在这个过程中，信息基础设施需求稳步提高，包括通用数据中心、工业互联网数据中心、边缘数据中心等，产业数据中心已成为全国性企业、流程制造行业应有的标志性设施。

2024年5月11日，国务院总理李强主持召开国务院常务会议，审议通过的《制造业数字化转型行动方案》中指出："制造业数字化转型是推进新型工业化、建设现代化产业体系的重要举措。要根据制造业多样化个性化需求，分行业分领域挖掘典型场景。加快核心技术攻关和成果推广应用，做好设备联网、协议互认、标准制定、平台建设等工作。"

2023年3月，国家能源局就推动数字技术与实体经济深度融合，赋能传统产业数字化智能化转型升级印发指导意见，针对电力、煤炭、油气行业需求，提出以数字化智能化技术，加速发电清洁低碳转型、支撑新型电力系统建设、带动煤炭安全高效生产、助力油气绿色低碳开发利用、加快能源消费环节节能提效、促进数字能源新模式新业态构建七项行业转型升级任务。对能源行业大数据中心及综合服务平台的建设，算力资源规模化集约化布局、协同联动，提高算力使用效率提出了指导意见。

2023年6月，财政部、工业和信息化部落实《政府工作报告》关于"加快传统产业和中小企业数字化转型"的要求，以开展中小企业数字化转型城市试点工作为推手，充分发挥地方政府熟悉行业、贴近企业的优势，以城市为对象开展试点，支持中小企业开展数字化转型。其措施包括：提供"小快轻准"的数字化服务和产品，总结集成通用性强、效果好的数字化解决方案，供中小企业自主选择；鼓励链主企业、龙头企业通过产业纽带、聚集孵化、上下游配套、开放应用场景和技术扩散等方式赋能中小企业，推动"链式"数字化转型。中央财政对试点城市给予定额奖励，省会级城市奖补资金总额不超过1.5亿元，其他地级市奖补资金总额不超过1亿元。

2023年6月，中国民用航空局提出对智慧民航建设发展的指导意见，要求到2027年，智慧民航建设数字化转型取得重要进展，构建适度超前、泛在智联的民航数字基础设施，强化民航领域数据中心集群顶层设计，构建集约化、规模化、绿色化的民航数据中心集群。

2024年4月，商务部印发《数字商务三年行动计划（2024—2026年）》，提出创新数字转型路径，提升数字赋能效果，做好数字支撑服务，打造数字商务生态体系，开展数商强基、数商扩消、数商兴贸、数商兴产、数商开放五项重点行动。

2024年4月，财政部、交通运输部决定通过竞争性评审方式，支持引导国家综合立体交通网"6轴7廊8通道"主骨架、国家区域重大战略范围内的国家公路、国家高等级航道，开展数字化转型升级。经评审确定的年度支持项目，依据核定总投资额，给予东部地区40%、中部地区50%、西部地区60%的奖补资金。

3. 城市全域数字化转型

城市全域数字化转型是建设智慧城市的升级版。2024年5月，由国家发展和改革委员会等四部门印发的《关于深化智慧城市发展 推进城市全域数字化转型的指导意见》（以下简称《指导意见》）对城市全域数字化转型作出全面安排。《指导意见》要求，到2027年，全国城市全域数字化转型取得明显成效，形成一批横向打通、纵向贯通、各具特色的宜居、韧性、智慧城市，有力支撑数字中国建设。到2030年，全国城市全域数字化转型取得全面突破，人民群众的获得感、幸福感、安全感全面提升，涌现一批在数字文明时代具有全球竞争力的中国式现代化城市。

推进城市全域数字化转型，需要做的工作包括：建立城市数字化共性基础；培育壮大城市数字经济；促进产业与城市融合发展；推进城市精准精细治理；丰富普惠数字公共服务；

优化绿色智慧宜居环境；提升城市安全韧性水平；全方位增强城市数字化转型支撑；全过程优化城市数字化转型生态。

城市全域数字化转型对信息基础设施的依赖性很强，没有技术先进、数量充裕的事务处理能力、数据存储能力、网络传输能力难以支持数字化城市的运行。《指导意见》要求建设完善数字基础设施，夯实数字化转型根基，提出：深入实施城市云网强基行动，加快建设新型广播电视台，推进千兆城市建设，探索发展数字低空基础设施。统筹推进城市算力网建设，实现城市算力需求与国家枢纽节点算力资源高效供需匹配，有效降低算力使用成本。建设数据流通利用基础设施，促进政府部门之间、政企之间、产业链环节间数据可信可控流通。统筹部署具有泛在韧性的城市智能感知终端，推动城市公共设施数字化改造、智能化运营；加快完善省、市两级政务数据平台，关联贯通政务数据资源；有序推动公共数据开放，推进城市重点场景业务数据"按需共享、应享尽享"。

（四）碳达峰、碳中和目标

碳达峰、碳中和又称"双碳"。"双碳"目标源于 2020 年 9 月 22 日，国家主席习近平在第七十五届联合国大会上宣布："二氧化碳排放力争于 2030 年前达到峰值，努力争取 2060 年前实现碳中和。"

"双碳"目标提出后，引起社会强烈反响，各方面的专家进行了多方位的解读。数据中心由于是用电大户，所以被社会广泛关注；数据中心行业躬身自省，查找能源节约所存在的差距，反求诸己，进而提出更优的电能利用效率（PUE）目标。由于对"双碳"目标的理解不深不透、千差万别，所以有些专家提出了数据中心"碳达峰"的时间点，有的机构向数据中心推销所谓"碳中和"解决方案。

2021 年 10 月 25 日，《中共中央 国务院关于完整准确全面贯彻新发展理念做好碳达峰碳中和工作的意见》（以下简称《意见》）发布。《意见》指出，实现碳达峰、碳中和，是以习近平同志为核心的党中央统筹国内国际两个大局作出的重大战略决策，是着力解决资源环境约束突出问题、实现中华民族永续发展的必然选择，是构建人类命运共同体的庄严承诺。同时，《意见》强调，要坚持系统观念，处理好发展和减排、整体和局部、短期和中长期的关系，把碳达峰、碳中和纳入经济社会发展全局。《意见》提出了构建绿色低碳循环发展经济体系、提升能源利用效率、提高非化石能源消费比重、降低二氧化碳排放水平、提升生态系统碳汇能力等五方面主要目标。有关数据中心的要求体现在"加快构建清洁低碳安全高效能源体系——大幅提升能源利用效率"部分，要求"提升数据中心、新型通信等信息化基础设施能效水平"。《意见》准确且完整地传递了党中央、国务院对数据中心在实现"双碳"目标过程中的切入角度和工作任务，为数据中心以节能降耗为首要任务，融入生态优先、绿色低碳高质量发展大局，指明了方向。

2021 年 10 月 26 日，由国务院印发的《2030 年前碳达峰行动方案》（以下简称《方案》）部署了"碳达峰十大行动"。在"节能降碳增效行动"部分，所提出的要求与数据中心关系密切的有两点：一是优化新型基础设施空间布局，统筹谋划、科学配置数据中心等新型基础设施，避免低水平重复建设；二是加强新型基础设施用能管理，将年综合能耗超过 1 万吨标准煤的数据中心全部纳入重点用能单位能耗在线监测系统，开展能源计量审查。

国家有关部门和地方人民政府要认真贯彻习近平总书记 2022 年 1 月在中共中央政治局第三十六次集体学习时的讲话精神，支持数据中心在发展中促进绿色转型、在绿色转型中实现更大发展，积极响应、贯彻落实中共中央、国务院的《意见》和国务院的《方案》。在数字化转型、算力基础设施筹划过程中，科学布局数据中心；在相关工作安排上，积极推动重点用能设备更新升级，加快数据中心节能降碳改造。工业和信息化部从 2022 年起，连续三年在工业节能年度监察部署中，按照重点领域能效专项监察手册，对大型、超大型数据中心开展能效专项监察，核算 PUE 实测值，检查能源计量器具配备情况，并公布监察名单、结果，对前次监察不合格单位列入再次监察名单。

国家发展和改革委员会、工业和信息化部结合节能技术的不断发展，在相关文件中提出新建大型、超大型数据中心，PUE 值应当达到 1.3 以下的要求，相比 2019 年工业和信息化部、国家机关事务管理局、国家能源局《关于加强绿色数据中心建设的指导意见》中提出的 1.4，降低了 0.1。针对 2022 年之前全国数据中心 PUE 值大都在 1.8～2.0 的实际情况，国家发展和改革委员会、工业和信息化部在相关文件中实事求是地提出，老旧数据中心、电信机房的改建，PUE 值应控制在 1.5 以下。2024 年 7 月，由国家发展和改革委员会等四部门印发的《数据中心绿色低碳发展专项行动计划》，提出到 2025 年年底，全国数据中心平均 PUE 值降至 1.5 以下。PUE 指标的科学确定，为数据中心的规划设计、审查审批、建设施工、运行运维、检测认证提供了可供遵循的依据，规范了数据中心的健康发展。

（五）构建全国一体化算力网

2023 年 12 月底，国家发展和改革委员会等五部门联合印发了《关于深入实施"东数西算"工程 加快构建全国一体化算力网的实施意见》（以下简称《实施意见》）。根据国家数据局主要负责同志就《实施意见》的出台回答新华社记者问时的说法，全国一体化算力网是以信息网络技术为载体，促进全国范围内各类算力资源高比例、大规模一体化调度运营的数字基础设施。在《实施意见》总体要求部分，将全国一体化算力网的特质，归纳描述为：以算力高质量发展赋能经济高质量发展为主线；"东数西算"工程所建立国家枢纽节点起引领带动作用；跨地域、跨部门协同发展，东中西地区及大中小城市协同布局；通用算力、智能算力、超级算力协同计算，算力、数据、算法协同应用；算力和绿色电力协同建设；算力发展和安全协同保障。

《实施意见》详细阐述了全国一体化算力网的网络结构组成及功能。一是将国家枢纽节点打造成为国家算力高地，国家枢纽节点地区各类新增算力占全国新增算力的 60%以上，国家枢纽节点算力资源使用率显著超过全国平均水平，适时研究拓展国家枢纽节点起步区范围。二是建立东西部地区算力对口联建计划，依托国家枢纽节点打造面向算力需求旺盛地区的算力"飞地"。三是科学布局通用计算、智能计算、超级计算等多元算力资源，鼓励建设融合通用的算力服务平台，加强多元算力互联互通和统一服务。四是在东部、中部算力需求较大、产业实力雄厚地区，探索开展城市算力网建设，有效降低算力使用成本。五是面向科学、政务、金融、工业、交通、健康、空间地理、自然资源等算力需求旺盛行业的实际需求，积极打造低成本、高品质、易使用的行业算力供给服务，深化行业数据和算力协同。六是面向风光水电等清洁能源丰富、区位优势突出、产业基础较好的非国家枢纽节点地区，支持建设本区域高效低碳、集约循环的绿色数据中心。

《实施意见》是在"东数西算"工程建设实施取得决定性进展之后，对联网调度、普惠易用、绿色安全的全国一体化算力网作出的整体设计，提出了一系列政策举措。特别是《实施意见》提出的实现"东数东算""西数西算""东数西算"协同推进的思路，实事求是反映了并非所有算力服务场景都适用"东数西算"的实际情况。"东数东算""西数西算"是对"东数西算"的补充完善，共同构成面向实际业务场景的算力服务体系，为大数据中心、通用数据中心、智算中心、超级计算中心以及面向特定场景的边缘数据中心的协调发展提供了政策依据。一些地方迅速行动，积极贯彻落实《实施意见》，北京市提出在国家枢纽节点布局基础上，因地制宜打造"内蒙古（和林格尔、乌兰察布）－河北（张家口、廊坊）－北京－天津（武清）"为主轴的京津冀蒙算力供给走廊，助力形成京津冀蒙算力一体化协同发展格局。

（六）推动大规模设备更新

2024年2月23日，习近平主席主持召开中央财经委员会第四次会议研究确定，鼓励引导新一轮大规模设备更新和消费品以旧换新，有力促进投资和消费，推动先进产能比重持续提升。2024年3月，国务院印发《推动大规模设备更新和消费品以旧换新行动方案》（以下简称《行动方案》）进行安排部署。《行动方案》提出：实施设备更新、消费品以旧换新、回收循环利用、标准提升四大行动，大力促进先进设备生产应用，推动先进产能比重持续提升，推动高质量耐用消费品更多进入居民生活，畅通资源循环利用链条，大幅提高国民经济循环质量和水平。要推进重点行业设备更新改造，围绕推进新型工业化，以节能降碳、超低排放、安全生产、数字化转型、智能化升级为重要方向，聚焦重点行业，大力推动生产设备、用能设备、发输配电设备等更新和技术改造。《行动方案》明确加大财税、金融、投资等政策支持力度，把符合条件的设备更新、循环利用项目纳入中央财政、地方政府预算内投资等资金支持范围，完善税收优惠支持政策，优化贴息等金融支持。

国务院印发的《行动方案》虽然没有直接提及数据中心，但是针对实施大规模设备更新的问题，在数据中心不同程度地存在，解决的方式方法也适用于数据中心行业，大规模设备更新产生的效果对数据中心高效低碳发展具有促进作用。因此，经国务院同意，工业和信息化部、国家发展和改革委员会、财政部、中国人民银行、税务总局、市场监管总局、金融监管总局七部门于2024年3月27日联合制定《推动工业领域设备更新实施方案》（以下简称《实施方案》），从加强数字基础设施建设的角度提出，鼓励工业企业内外网改造，构建工业基础算力资源，加快部署工业边缘数据中心，建设面向特定场景的边缘计算设施，推动"云边端"算力协同发展，加大高性能智算供给，在算力枢纽节点建设智算中心，在大型集团企业、工业园区建立工业互联网平台等平台，列入大规模设备更新、实施技术改造升级工程范畴。此外，《实施方案》明确指出，符合条件的重点项目，纳入中央预算内投资等资金支持范围。

国务院印发的《行动方案》及工业和信息化部等七部门制定的《实施方案》公布之后，到2024年9月底，山西、湖南、内蒙古、重庆、贵州、北京、安徽、上海、陕西、青海、甘肃等省（自治区、直辖市）人民政府，先后印发了本地推动大规模设备更新和消费品以旧换新的实施方案，从提高能效先进水平设备的应用比例，淘汰超期服役、具有安全隐患的设备，推进新型智算设备部署等角度，安排设备更新。上海市、安徽省明确计算、存储、网络、安全等老旧设备列入大规模设备更新范围；重庆市要求推动数据中心加快应用高密度、高效率的IT设备和先进节能节水设备，推进市级教育数据中心云改造；北京市提出通过大规模设备更新，支持现有数据中心改建为算力达到一定规模的绿色低碳智能算力中心；贵州省要求加快淘汰落后设备，创建一批星级绿色数据中心；青海、甘肃两省的实施方案还列入了支持生产企业逆向回收数据中心废弃物循环利用的项目。

（七）高质量发展算力基础设施

算力基础设施相对于新型基础设施、信息基础设施、数字基础设施等概念，内涵更为丰富，外延相对收窄。2023 年 10 月，由工业和信息化部等六部门联合印发的《算力基础设施高质量发展行动计划》（以下简称《行动计划》）指出，算力基础设施是集信息计算力、网络运载力、数据存储力于一体的新型信息基础设施，主要通过数据中心、算力中心、智算中心等设施，实现信息的集中计算、存储、传输与应用，呈现多元泛在、智能敏捷、安全可靠、绿色低碳等特征，对助推产业转型升级、赋能我国科技创新、满足人民美好生活和实现社会高效能治理具有重要意义。

《行动计划》从以下四个方面，提出到 2025 年发展量化指标。一是计算力方面，算力规模超过 300 EFLOPS，智能算力占比达到 35%。二是运载力方面，国家枢纽节点数据中心集群间基本实现不高于理论时延 1.5 倍的直连网络传输，重点应用场所光传送网（OTN）覆盖率达到 80%，骨干网、城域网全面支持 IPv6、SRv6（新一代 IP 承载协议）等创新技术使用占比达到 40%。三是存储力方面，存储总量超过 1 800 EB，先进存储容量占比达到 30%以上。四是应用赋能方面，围绕工业、金融、医疗、交通、能源、教育等重点领域，各打造 30 个以上应用标杆。

《行动计划》从完善算力综合供给体系、提升算力高效运载能力、强化存储力高效灵活保障、深化算力赋能行业应用、促进绿色低碳算力发展、加强安全保障能力建设六个方面部署了 25 项重点任务。其中，与数据中心建设发展密切相关的有十项：一是优化算力设施建设布局，在推进国家枢纽节点、数据中心集群建设的同时，着力提升算力设施利用效率，促进东西部高效互补和协同联动；二是加强数据中心上架率等指标监测，整体上架率低于 50%的地区规划新建项目须加强论证；三是推动算力结构多元配置，结合人工智能产业发展和业务需求，集约化开展智算中心建设，逐步合理提升智能算力占比；四是加强行业算力建设布局，满足工业互联网、教育、交通、医疗、金融、能源等行业应用需求，支撑传统行业数字化转型；五是加快边缘算力建设，支撑工业制造、金融交易、智能电网、云游戏等低时延业务应用，推动"云边端"算力泛在分布、协同发展；六是优化算力高效运载质量，提升算力高效运载能力，强化算力接入网络能力，提升枢纽网络传输效率，针对智能计算、超级计算和边缘计算等场景，开展数据处理器（DPU）、无损网络等技术升级与试点应用，实现算力中心网络高性能传输；七是强化存力，鼓励先进存储技术的部署应用，持续提升存储产业能力，保障先进存储创新发展，鼓励在关键信息基础设施中使用自主的存储设备；八是推动存储、计算网络协同发展，合理配置存算比例；九是抓好算力赋能行业应用，推动算力在更多生产、生活场景中落地，使算力基础设施的能力转化为现实的生产力；十是施行"算力+（工业、教育、金融、交通、医疗、能源等）"，建设医疗、能源等算力应用中心、大数据中心，根据业务场景部署各类边缘数据中心，推进算力赋能各行各业应用。

《行动计划》发布后，各地区各部门按照《行动计划》提出的保障措施，抓紧工作，及时部署。北京市发布《北京市算力基础设施建设实施方案（2024—2027 年）》，明确要改变智算建设"小、散"局面，集中建设一批智算单一大集群，到 2025 年，基本建成智算资源供给集群化、智算设施建设自主化、智算能力赋能精准化、智算中心运营绿色化、智算生态发展体系化的格局。河南省在相关工作方案中明确指出，将深度融入算力基础设施高质量发展行动，2024 年计划投资 568.25 亿元，用于支持智算中心硬件设施建设、技术研发、应用推广等，推动全省数字经济增速保持在 10%以上。广东省深圳市制定了本市的数据发展行动计划，目标到 2025 年，全市数据中心机架规模达 50 万个标准机架，形成规模体量与极速先锋城市建设需求相匹配，计算力、运载力、存储力及应用赋能与数字经济高质量发展相适应。2024 年 4 月，安徽省芜湖市政府发布了全国范围内第一部直接以算力命名、聚焦算力全生命周期发展的市政府规章《芜湖市建设算力中心城市促进办法》，将算力中心建设上升到立法层面，从立法的角度维护数据中心建设。

（八）发展新质生产力

2024 年 1 月 31 日，习近平总书记在主持二十届中央政治局第十一次集体学习时发表了重要讲话，指出："新质生产力是创新起主导作用，摆脱传统经济增长方式、生产力发展路径，具有高科技、高效能、高质量特征，符合新发展理念的先进生产力质态。它由技术革命性突破、生产要素创新性配置、产业深度转型升级而催生，以劳动者、劳动资料、劳动对象及其优化组合的跃升为基本内涵，以全要素生产率大幅提升为核心标志，特点是创新，关键在质优，本质是先进生产力。"

习近平总书记在讲话中要求，大力推进科技创新，以科技创新推动产业创新。科技成果转化为现实生产力，表现形式为催生新产业、推动产业深度转型升级。因此，要及时将科技创新成果应用到具体产业和产业链上，改造提升传统产业，培育壮大新兴产业，布局建设未来产业，完善现代化产业体系。要围绕推进新型工业化和加快建设制造强国、质量强国、网络强国、数字中国等战略任务，科学布局科技创新、产业创新。要大力发展数字经济，促进数字经济和实体经济深度融合。

数据中心既是支撑新质生产力发展的重要基础设施，担负着数字化转型、数字中国建设的重任，又是构成新质生产力的有机组成部分。新质生产力的催生、形成，涉及技术革命性突破、生产要素创新性配置、产业深度转型升级三个方面，新质生产力全要素生产率的大幅提升，涉及劳动者、劳动资料、劳动对象变化及优化组合的跃升。习近平总书记对新质生产力概念的提出及重要理论阐述，是对马克思主义生产力理论的创新性发展。从数据中心职能作用出发，可以从以下四个角度观察、理解新质生产力，并加深新质生产力理论对数据中心发展指导作用的认识。

一是从劳动者的角度。劳动者是生产力中最活跃、最关键的要素。数据中心的劳动者即数据中心的从业者，他们绝大多数具有高等教育学历，长期从事专业工作，掌握保障数据中心运行的技术，科技素养较高。按照"复杂劳动等于倍加的简单劳动"的政治经济学原理，数据中心从业者给社会创造了更多的价值，自身也应当得到高于社会平均数值的薪酬。2024 年 4 月，人力资源社会保障部、中共中央组织部等九部门，已经要求加快数字人才培育，发挥其在支撑数字经济中的基础性作用，推动形成新质生产力。北京市人力资源和社会保障局已经将数据中心（云数据中心）架构师、服务器工程师、系统运维工程师、网络互联工程师、系统安全工程师、数据安全工程师，列入《北京市新质生产力人力资源开发目录（2024 年版）》。

二是从劳动资料的角度。对于全社会来说，数据中心作为劳动资料，具有智能工具的属性，数据中心实质上是一个支持高性能运算的场所，内部放置运行的超级计算机、服务器等可以看作是无数台计算机的集群，而这些计算机与发明于中国三千年前的西周时期的算盘同属于一类计算工具。人与动物的区别在于工具的使用，同样，生产力水平的高低与工具密切相关，从石器时代、青铜器时代、铁器时代、蒸汽时代到电气时代，都有各种生产工具为代表。在当今的数字化时代，数据中心已成为必不可少的"工具"。数据中心的发展水平，与新质生产力的发展水平息息相关，在一定程度上决定中国数字社会发展的深度。

三是从劳动对象的角度。自古以来，人类的劳动对象随着工具的演进、劳动者技能的增强，经历了从自然形态向加工形态的过渡。随着第三次工业革命的发展，更多的人工合成材料、现代新型材料及各种二次加工的制成品，加入劳动对象之中。有专家认为，第四次工业革命将实现在新材料（石墨烯）、基因工程、人工智能、量子科学、核聚变等五个方面的突破，而目前已经进入起跑阶段。人工智能、生命科学、物联网、机器人、新能源、智能制造等一系列创新技术的应用，则带来了物理空间、网络空间和生物空间三者融合的劳动对象。数据中心以其特有的劳动对象属性，构成新质生产力不可或缺的组成部分。

四是从生产力决定生产关系的角度。唯物史观和科学社会主义认为，生产力决定生产关系，经济基础决定上层建筑。我国处于社会主义初级阶段，由生产力发展状况决定，其所有制结构必然是以公有制为主体，多种所有制经济共同发展的。我国坚持走以人民为中心的发展道路，不断促进人的全面发展、全体人民的共同富裕，既要创造更多物质财富和精神财富以满足人民日益增长的美好生活需要，又要提供更多优质生态产品以满足人民日益增长的优美生态环境需要，这一切需要有强大的、高效率的生产力支撑。党的十八大以来，党中央不忘初心、牢记使命，不断深化对我国经济发展阶段性特征和规律性的认识，全面贯彻新发展理念，确定了高质量发展是全面建设社会主义现代化国家的首要任务。新质生产力已经在实践中形成并展示出对高质量发展的强劲推动力、支撑力，数据中心将继续以技术先进、性能优质、低碳节能、运行稳定的态势，在信息基础设施中发挥基石作用。

三、数据中心建设的重要进展

在 2023—2024 年间，我国的数据中心建设取得了重要进展。到 2024 年 8 月底，全国在用算力中心机架超过 830 万个标准机架，比 2022 年年底的 650 万个标准机架增长 27.7%；算力总规模位居世界第二位。归纳中央网络安全和信息化委员会办公室、国家发展和改革委员会、工业和信息化部发布的情况，以及各部门、各地区通过正式媒体所做的报道，数据中心建设进展情况可以从以下六个方面展现。

（一）国家数据中心集群

2021 年 5 月，国家实施"东数西算"工程，规划了十个国家数据中心集群。标准机柜规模是最能反映建设速度的指标之一。据国家数据局提供的数字，截至 2024 年 6 月底，十个国家数据中心集群算力总规模超过 195 万个标准机架，较 2022 年年底的 60.7 万个增长 221.2%；整体上架率为 62.72%，较 2022 年提升 4 个百分点。网络传输效能不断提升，东西部枢纽节点间平均时延不高于 20 ms。

1. 张家口数据中心集群

2022 年底张家口集群标准机柜规模达 15.0 万个。截至 2023 年年底，张家口投入运营的数据中心为 27 个、标准机柜 33 万个、服务器 153 万台，算力规模达到 7 600 P。截至 2024 年 9 月，张家口正在实施的数据中心项目有 94 个，总投资近 2 700 亿元。

张家口数据中心集群是全国一体化算力网络京津冀枢纽节点的重要组成部分，起步区为张家口市怀来县、张北县、宣化区，任务是承接北京等地实时性算力需求，引导温冷业务向西部迁移，构建辐射华北、东北乃至全国的实时性算力中心。项目建设主体为数据中心相关行业骨干企业，支持发展大型、超大型数据中心。

张家口数据中心集群逐步形成以怀来大数据产业基地、张北云计算基地等为核心的数据产业集聚区，已成为全国大数据产业发展速度最快的地区之一。形成了通算、智算、职业教育三大产业集群，构建了怀来实时算力、张北存储算力错位发展格局。在算力方面，张家口数据中心集群除承接北京、天津地区溢出的算力需求外，接纳了大量的国家有关部门、中央企业、域外企业建设数据中心的需求，已有腾讯、阿里巴巴、联通、百度、秦淮数据、合盈数据等企业将数据中心落户张家口集群。中国联通（怀来）大数据创新产业园具备 8.5 万个标准机柜能力，可提供 2 200 P 算力服务，项目一期已交付 3 800 个 5 kW 机柜。2023 年，河北省审批通过数据中心项目超过 50 个，其中 30 多个落地在张家口怀来地区。

张家口数据中心集群对分布于三个县区、距离算力中心 150 km 左右的 9 个百兆瓦级以上风光电场进行聚合管理，实现地市级"就近供电、就地消纳"的"绿电聚合供应"新模式。2024 年上半年，绿电生产 4.5 亿 kW·h，为达到新建算力中心绿电占比超过 80%目标提供坚实支撑。实现自然冷却机房 PUE 值小于 1.25，液冷机房 PUE 值小于 1.18。

张家口数据中心集群与北京市、天津市滨海新区、雄安新区建成直连网络，网络时延标准达到每百千米单向时延 1 ms。

2. 长三角示范区数据中心集群

2022 年年底，长三角示范区数据中心集群标准机柜规模达 2.3 万个。截至 2024 年 6 月，三个起步区已经建成的数据中心的机柜数量远超于此，并且形成毫秒级算力集群。

长三角示范区数据中心集群起步区为上海市青浦区、江苏省苏州市吴江区、浙江省嘉兴市嘉善县。长三角示范区数据中心集群地处东部发达地区，国家有关批复确定的任务是承接长三角中心城市实时性算力需求，引导温冷业务向西部迁移，构建长三角地区算力资源"一体协同、辐射全域"的发展格局。要求充分发挥本区域在市场、技术、人才、资金等方面的优势，发展高密度、高能效、低碳的数据中心集群，提升数据供给质量，优化东西部互联网络和枢纽节点间直连网络，通过云网协同、云边协同等优化数据中心供给结构，扩展算力增长空间，实现大规模算力部署与土地、用能、水、电等资源的协调可持续。

上海市青浦区工业园是数据中心集群起步之一，地处上海市和江苏省、浙江省交界地带。工业园内建有青浦云计算中心，拥有五栋数据机房楼，共计 5 000 个 6 kW 机柜；中国电信算力高效调度示范项目——青浦云湖数据中心也坐落于此，配备了 4 000 个机柜，机房楼采用装配整体式框架结构，确保单体装配率不小于 60%。中国移动长三角（上海）5G 生态谷项目已入驻青浦工业园，该项目包括两栋建筑面积约 4.8 万 m^2 的数据中心，可提供总计 4 768 个机架装机能力。

江苏省苏州市吴江区凭借良好的区位优势和算力产业基础，成为数据中心集群起步区之一。截至 2024 年 6 月底，总投资 35 亿元的苏州湾数字经济产业园区落成，其中有四栋算力机楼，规划高功率算力机架超万个，算力规模达到 5 000 P。"东数西算"长三角算力调度中心设在苏州吴江互联网创新示范基地，对接全国 100 多个算力资源池节点，接入全国一体化算力网络，形成 1 ms 低时延城市算力网。调度中心设计包含普算、智算、超算三种类型，目前一期智算中心已投入使用。中国电信股份有限公司苏州分公司携天翼云 4.0"息壤"平台入驻，支持智算、超算、通算等异构算力的统一接入调度，服务苏州 10 个产业集群、30 条产业链，对接全国 100 多个算力资源池节点。中国移动长三角（苏州）云计算中心、江苏永鼎股份有限公司的"永鼎棒纤缆边缘数据中心"等已在园区入驻。

浙江省嘉兴市嘉善县将数据中心集群起步区置于嘉善经济技术开发区，县委、县政府以全心全意当好"店小二"的姿态，全力做好数据中心集群起步区的相关工作，积极吸引企业数据中心入驻，积极助力姚庄镇引入人工智能创新实验室、大模型训练基地、智能计算展厅等创新载体，拓展智算产业链。总投资 143 亿元的阿里巴巴长三角智能计算基地、总投资超 50 亿元的中国电信长三角国家枢纽嘉兴算力中心、总投资 50 亿元的中国移动长三角（嘉善）智算中心，均已落户嘉善，三大算力中心机柜规模可支撑 20 万个服务器。

3. 芜湖数据中心集群

截至 2022 年年底，芜湖数据中心集群标准机柜规模达 0.8 万个。截至 2023 年年底，芜湖数据中心集群起步区共有数据中心项目 17 个，设计装机规模 64 万个，投资额约 2 588 亿元，已投产数据中心项目达 6 个。2024 年，安徽省建成全省一体化数据基础平台，汇聚高质量行业数据集规模达 200 TB，智能算力达 12 000 P。

芜湖数据中心集群起步区为芜湖市鸠江区、弋江区、无为市，国家有关批复确定的发展任务与长三角示范区数据中心集群基本相同，其特点是背靠山东以及河南、湖北、湖南、江西等中部发展潜力较大的省份，接受这些省份溢出算力需求的机会较多。2024 年 6 月，"东数西算"芜湖数据中心集群创新大会暨华为云华东（芜湖）数据中心全球开服活动在芜湖宜居国际博览中心举办，标志着"东数西算"芜湖集群正式上线。正式开服华为云华东（芜湖）数据中心定位国内百万级服务器资源中心，覆盖华东区域及华中周边区域，规划了 300 万台服务器，10 ms 专线直达华东六省一市及华中（湖南、湖北、江西）20 多个热点城市。已经落地芜湖数据中心集群起步区的中国电信、中国移动、中国联通、浪潮、中科曙光、火山引擎、联云世纪、星载液冷等数据中心及研发、应用龙头企业项目，总投资额约 2 700 亿元。

长三角枢纽芜湖集群算力公共服务平台项目被国家数据局评为 2024 年全国一体化算力网应用优秀案例。该服务平台已接入 27 家数据中心，集通用、智能、超级、量子算力为一体的"四算合一"，上架 900 余款算力产品，为用户有效降低算力使用成本约 30%。

4. 韶关数据中心集群

截至 2022 年年底，韶关数据中心集群标准机柜规模达 0.5 万个。截至 2024 年 9 月底，韶关数据中心集群已成功吸引 22 个数据中心项目入驻，总投资达 621 亿元，已建设 54.6 万个标准机架，这一数字已超越了 2025 年的目标——50 万个标准机架。随着电信、联通、移动四条高速光缆的建成，韶关数据中心集群到大湾区城市时延已降至 2 ms 以内。

韶关数据中心集群的起步区边界为韶关高新区。根据国家相关批复，该集群的主要任务是满足广州、深圳等地区实时性算力需求，引导温冷业务向西部迁移，旨在构建辐射华南乃至全国的实时性算力中心。该项目的建设主体为数据中心相关行业和骨干企业，以促进大型、超大型数据中心的发展。据测算，广东省综合算力指数（集算力、存力、运力于一体的新型算网能力）达 67.5，居全国第一；在通用算力方面，广东省拥有约 230 个数据中心，合计标准机架数量约 62 万个，占全国 9%左右。韶关数据中心集群的建设增强了广东省的数字基础设施的能力。

韶关数据中心集群建成了粤港澳大湾区数据应用产业园，该园区配备了算力中心、公寓、会议中心等配套设施。已经建成的粤港澳大湾区一体化算力服务平台，汇聚的算力规模达 5 180 P，已为十余家企业、高校、科研机构的人工智能团队提供算力服务。2024 年 3 月，位于韶关数据中心集群的华南数谷智算中心正式投入运营，该项目总投资额为 23.6 亿元，总规模达到 3 万个标准机柜，采用高密度液冷散热技术；一期建设形成的 16 000 P 的异构算力池居粤港澳大湾区之首。

截至 2024 年年底，韶关数据中心集群已成功吸引华韶（一期）、中电鹰硕（一期）、电信（一期）、联通（一期）等 22 个智算中心项目入驻，总投资额达到 621 亿元。该集群已建成 6.74 万个标准机架，具备了 50 600 P 的智算承载能力，成为广东省内规模最大的智算基地。腾讯、万国数据等众多行业领军企业亦选择在韶关建设智算中心。2024 年内，芯峰光电、朗科科技、华天科技、德衡等企业的数据中心主体工程已启动建设或已竣工投产。此外，至广州、深圳的传输骨干机房单向时延已分别降低至 1.3 ms 和 1.66 ms。投入 36 亿元建设的配套设施，大部分已建成并投入使用。

由粤港澳枢纽韶关数据中心集群构建的一体化安全体系项目荣获国家数据局颁发的 2024 年全国一体化算力网应用优秀案例奖项。该项目包括区域一体安全防护中心、两级一体协同综合安全管理平台，实行全栈式安全防护。该项目具备超过 2 万种威胁检测规则和 30 个场景化检测模型，能够有效识别并拦截 98% 以上的潜在入侵行为。通过安全运营服务门户，该项目为 20 余家数据中心及用户提供超过 15 项自助订阅式安全服务；已与华韶、鹰硕、电信等多家数据中心实现对接，将威胁响应及处置时间缩短至 60 min 内，比行业标准提升 2 倍以上。

5. 天府数据中心集群

截至 2022 年年底，天府数据中心集群的标准机柜规模达 7.5 万个，但近两年的建设状况未有整体公开统计信息。根据 2022 年成都市经济和信息化局等八部门印发的推进方案，到 2025 年，起步区内机架规模达到 30 万个，上架率不低于 70%，PUE 不高于 1.25，可调度服务器超过 100 万个。从 2024 年 9 月底的数据来看，天府数据中心集群中已落户的数据中心建设进度要优于时间进度。

天府数据中心集群起步区为成都市双流区、郫都区、简阳市（成都市细化增加四川天府新区、成都东部新区、成都高新区三地）。国家相关批复确定的任务是优化成渝地区算力布局，确保城市与城市周边的算力资源得到均衡配置及与"东数西算"的衔接。项目建设的主体为数据中心相关行业和骨干企业，以支持大型、超大型数据中心的发展。

四川省发展和改革委员会在相关文件中明确，在起步区以成都科学城超算产业集聚区、成都西部智算产业集聚区、成都东部云计算和边缘计算产业集聚区为三大载体，做强核心功能，带动数据中心相关产业集聚发展。成都市重点布局以计算服务为主的大型数据中心，限制建设小型数据中心；鼓励各区（市）县优先招引体量大、算力强、生态好、市场化运作的数据中心项目，限制引入以存储服务为主的数据中心项目，着力提升本地算力规模。

2023 年 7 月，位于简阳市的四川能投天府云数据产业基地（一期）项目开始接纳客户入驻。该项目包括两栋数据中心楼、一栋运营楼，5 000 个平均功率 5.49 kW 的标准机柜，成为四川国资云的承载基地、四川"中国存储谷"的核心载体。

2024 年 7 月，国家超算成都中心园区的天府智算西南算力中心在成都市正式投入运营，成为我国西部首个超智融合算力中心。该中心首期投资额达 1.5 亿元，算力规模达 256 P，可支撑高复杂度、高计算需求的百亿级大模型训练，并且通过高效的网络解决方案和调度算法，将千亿参数大模型训练的算力效率提升至 80%。

6. 重庆数据中心集群

截至 2022 年年底，重庆数据中心集群标准机柜规模达 6.1 万个。公开资料显示，截至 2023 年年底，重庆全市算力规模超过 1 000 P。

重庆数据中心集群起步区为重庆市两江新区水土新城、西部（重庆）科学城璧山片区、重庆经济技术开发区。国家相关批复确定的任务、项目建设主体与天府国家数据中心集群一致。

截至 2023 年 5 月，重庆市已投产 2 个超大型数据中心、11 个大型数据中心、40 个边缘数据中心，建成 3 个智算中心和 1 个高性能计算中心，初步形成以两江新区、西部（重庆）科学城、重庆经开区为核心，万州区、涪陵区、九龙坡区、南岸区、巴南区、长寿区等地多点布局的一体化大数据中心体系。两江水土新城建成机柜达 3.2 万个，可容纳服务器 48 万台，形成了较大规模的数据中心集群，中国移动（重庆）数据中心已经入驻于此，规模 1.3 万个机柜、13 万台服务器，互联网出口带宽 24 000 Gbps，为政府及企事业单位提供服务器托管、数据存储、容灾备份、运算服务、云服务等多种服务。

2023 年 5 月，云从科技西部智算中心在两江新区水土新城正式启动。该智算中心算力规模达 1 200 P，可满足 10 个百亿级或 2～5 个千亿级基础大模型同时进行预训练；规划完成达到 5 000 P 算力规模，即成为中国西部算力规模最大的高性能智算中心。2024 年 3 月，重庆市两江云计算数据中心二期项目投入试运营，扩建的数据中心机房楼提供 2 112 个高标准服务器机柜。

7. 和林格尔数据中心集群

截至 2022 年年底，和林格尔数据中心集群标准机柜规模达 15 万个。截至 2024 年 6 月，和林格尔数据中心集群已投用标准机架达到 26.6 万个，服务器装机能力超过 150 万个，算力总规模达到 24 000 P，其中智能算力达 21 800 P。目前，已实现呼包鄂乌—京津冀—长三角"2 ms·5 ms·20 ms"时延圈的阶段成果，并成功上线了国内首个和林格尔绿色算力超市。

和林格尔数据中心集群的起步区边界为和林格尔新区和集宁大数据产业园。国家相关批复确定的任务是发挥集群与京津冀毗邻的区位优势，为京津冀高实时性算力需求提供支撑，为长三角等区域提供非实时算力保障。项目建设的主体为数据中心相关行业和骨干企业，以支持大型、超大型数据中心的发展。

位于呼和浩特市的和林格尔新区，气候凉爽干燥，地质条件优越，拥有丰富的风能和太阳能资源，环境得天独厚，因此吸引大批数据中心入驻。和林格尔新区与北京市、芜湖市、贵州省共同构建"和—京—芜—贵"跨区域算力一体化协同调度体系，旨在逐步实现四地算力资源互联互通和高效调度。此举将为内蒙古与京津冀、长三角、粤港澳大湾区构建起算力输出通道，推动绿色算力"进京入沪下湾区"，实现"京数蒙算""沪数蒙算""粤数蒙算"的战略目标。中国移动在全国布局算力规模最大的中国移动智算中心于 2024 年 4 月投产使用，该智算中心部署 2 万张人工智能加速卡，人工智能芯片国产化率超 85%，智能算力规模高达 6 700 P。2024 年 6 月，在中国绿色算力（人工智能）大会上，中国人民保险西部数据中心、浦发银行、和林格尔数据中心等 8 个算力产业项目签约落地，总投资额达 331.45 亿元。

和林格尔数据中心集群所在地风电、光伏装机容量为 36 万 kW，绿电直供中国移动、中国电信、并行科技等四家负荷侧用户数据中心，共计23.38万kW负荷，数据中心使用绿电实现100%可溯源。

反映华为云应用的《绿色智能算力"铁三角"赋能千行万业》荣获国家数据局颁发的2024年全国一体化算力网应用优秀案例奖项。华为云在和林格尔数据中心集群建立的超大绿色智算数据中心，单数据中心规模超过百万个服务器，为中西部地区提供充沛的算力支持，盘古大模型得以在多个行业、应用场景中落地。

8. 贵安数据中心集群

截至2022年年底，贵安数据中心集群标准机柜规模达8.5万个。截至2023年年底，贵州省总算力规模增长28.8倍，智算规模占比超过80%。贵州省在建及投运数据中心达39个，大型以上数据中心达22个，服务器承载能力超过244万个，智算卡达到7.6万张。贵安数据中心集群到成都、重庆的时延，已降至6 ms，到广州、深圳10 ms，到长三角、京津冀18 ms以内。

贵安数据中心集群的起步区边界为贵安新区贵安电子信息产业园。国家有关批复确定的任务是发挥本区域在气候、能源、环境等方面的优势，发展具有高可靠、高能效和低碳排放的数据中心集群。通过云网协同、多云管理等技术，构建低成本的一体化算力供给体系，主要支持长三角、粤港澳大湾区等地区，积极承接东部地区的算力需求，致力于打造面向全国的算力保障基地。项目建设的主体为数据中心行业的骨干企业，以支持大型、超大型数据中心的发展。

2024年3月，贵州"东数西算"高速直联算网一体化调度系统启动，形成了以贵州枢纽为中心的"东数西算"高速直联算网一体化调度系统。2024年6月，"东数西算"贵安新区算力产业集群配套一期项目完工，运营达产后可入驻各类智能制造企业20余家，二期项目也已经开工建设。已建成的超大型数据中心包括中国移动、中国联通、中国电信、华为七星湖、华为高端园、腾讯、苹果在内的7个，使贵安新区成为全球超大型数据中心聚集数量最多的地区之一。中国移动贵阳数据中心一期、二期机房均已建成并投入使用，拥有2.5 kW标准机架能力超27 000个，算力能力超480 PFLOPS，智算规模比例超60%，算存比达2∶1，已构建覆盖超过260个城市的弹性云网。另外，国家电投集团有限公司贵安数据中心一期、贵安美的云一期数据中心、网易贵安数据中心、贵州枢纽节点主算力基地、兴业银行贵安数据中心、南方能源大数据中心、中国建设银行贵安数据中心、中国人民银行贵安数据中心、交通银行贵安数据中心、贵阳贵安超互联新算力基础设施、贵安新区渲染智算中心、京东贵安数据中心、贵安普惠云算力数据中心等项目，也已投入运营或在建设之中，这些项目的建设将进一步增强贵州的算力供给能力，为全省乃至全国的数字经济发展提供有力支撑。在算力基础设施的支撑下，辅以"算力券"政策，贵州继续加强算力调度运营，大力开拓算力市场，力争全省算力产业规模突破100亿元。同时，贵州省正努力争取国家在该省布局人工智能训练基地，加快华为云、中国电信等智算中心的建设。

贵州枢纽节点算力调度平台项目荣获国家数据局颁发的2024年全国一体化算力网应用优秀案例奖项。该项目建设"大衍"算力调度平台，全面支持通算、智算、超算多种异构算力的统一接入，实现多元算力汇聚调度。该平台形成的气象高性能算力资源池，辅助贵州省气象局将气象预报空间分辨率从5 km精细至1 km，时间分辨率从3 h精细至1 h。截至2024年9月，调度平台已汇聚33个算力服务商、401个算力需求方，算力资源达4 500 P，对外可提供

102 项算力产品，累计完成算力交易 28.85 亿元，提供了算力资源汇聚与运营方面的实践经验。

9. 庆阳数据中心集群

截至 2022 年年底，庆阳数据中心集群标准机柜规模达 0.4 万个。截至 2024 年 6 月，庆阳数据中心集群标准机架数量累计达到 1.5 万个，平均上架率约 83.8%。

庆阳数据中心集群的起步区边界为庆阳西峰数据信息产业聚集区。国家有关批复确定的任务是发挥本区域在气候、能源、环境等方面的优势，发展具有高可靠、高能效、低碳排放的数据中心集群，优化东西部间互联网络和枢纽节点间直连网络。通过云网协同、多云管理等技术，构建低成本的一体化算力供给体系，重点提升算力服务品质和利用效率，在重点满足京津冀、长三角、粤港澳大湾区等区域的算力需求的同时，构建面向全国的算力保障基地。项目建设的主体为数据中心行业的骨干企业，以支持大型、超大型数据中心的发展。

庆阳数据中心集群结合智慧零碳大数据产业园示范项目，建设了 20 万 kW 容量的风电和光伏设施提供清洁电力来源，通过"源网荷储"一体化解决方案，加速推进算力与绿色低价电力一体化深度融合，实现数据中心运行 PUE 小于 1.2 及 WUE（水利用效率）小于 1.1。

截至 2024 年 9 月，随着一批数据中心项目的建成投运，庆阳数据中心集群已经交付使用 2.1 万个标准机架，算力规模达 33 000 P，集群运算能力得到进一步增强，成为全国八大枢纽节点中增速最快、增量最大的数据中心集群。庆阳数据中心集群的基础算力已可支撑人工智能超级应用的模型训练及推理，应用于自动驾驶、智能数字设计与建造、语音识别等应用场景。

中国能建、秦淮数据等 153 家企业在庆阳注册成立子公司；华为渲染云、京东物流云、金山办公云、电信天翼云、阿里农业云、百度智行云、国科量子可信云、老虎工业云、玄度时空云、丝路如意云，"10 朵祥云"落地庆阳数字经济产业园；燧弘科技、憨猴科技、金山云、智谱华章、百川智能等智算企业及大模型企业，智能算力消纳率达到了 100%。

甘肃省算力资源统一调度服务平台项目荣获国家数据局颁发的 2024 年全国一体化算力网应用优秀案例奖项。调度服务平台聚合兰州新区、酒泉、张掖等省内各数据中心算力资源，实现了庆阳数据中心集群对省内各区域算力资源的统一编排和调度，形成甘肃全省算力网布局。

10. 中卫数据中心集群

截至 2022 年年底，中卫数据中心集群标准机柜规模达 4.6 万个；截至 2023 年年底，已达到 10 万个。2023 年，中卫数据中心集群互联网出口带宽达到 18 Tbps，中卫集群每家数据中心都是三线机房（电信+联通+移动，单网卡三 IP），实现中卫到北京的单向时延 8~10 ms，到上海的单向时延 15 ms 以内，到广东省的单向时延 20 ms 左右。

中卫数据中心集群的起步区边界为中卫工业园西部云基地。国家有关批复确定的任务是充分发挥本区域在气候、能源、环境等方面的优势，发展具有高可靠、高能效、低碳排放的数据中心集群，优化东西部间互联网络和枢纽节点间直连网络。通过云网协同、多云管理等技术，构建低成本的一体化算力供给体系，重点提升算力服务品质和利用效率，打造面向全国的算力保障基地。项目建设的主体为数据中心相关行业和骨干企业，以支持大型、超大型数据中心的发展。

截至 2023 年年底，宁夏智算中心项目一期工程在中卫市沙坡头区落成并交付使用。该项目设置三栋自然风冷高密度机房，布设高密度 30 kW 标准机柜，具备提供算力规模 3 000 P

的能力，专业支撑人工智能大模型产业的发展。2024年6月，天云智算光电一体化绿色安全新型算力中心、宁夏电信算力小镇、中电算力银川智算中心、北京中创普惠互联网智算中心、宁夏移动银川智算中心5个项目在银川经济开发区集中开工，总投资额达107亿元。2024年8月21日，中国广电宁夏中卫数据中心开工，该数据中心是中国广电首个大型数据中心集群的一期工程。二期工程完工后将建成八栋数据中心及一栋动力中心、七座室外柴发平台、两座110千伏变电站等，具备算力规模20 000 P的承载能力。

在中卫数据中心集群建成全国首个"万卡级"智算基地，美团、金山等企业部署GPU服务器约2 352个，安装GPU智能加速卡1.88万张，形成等效算力达407 P。成功打造宁夏电信数据中心人工智能算力卡、西云算力影视渲染两个典型算力应用场景。

宁夏枢纽安全一体化工程建设项目荣获国家数据局颁发的2024年全国一体化算力网应用优秀案例奖项。项目建设的安全运营管理平台，具备安全态势感知、安全数据治理、安全运维管理等安全服务能力，实现集群内网络和数据安全"可知、可视、可管、可控、可溯"；建成的云网安全资源池，满足宁夏地区异构、异属、异域的算力安全防护需求，可保障政务云、信创云、天翼云等多用户、云场景安全。项目建成后，已为宁夏回族自治区发展和改革委员会、宁粮集团、灵武智慧城市等20余家单位、43个应用系统提供安全运营服务，累计签约金额3 000万元。

（二）超级计算数据中心

超级计算数据中心（以下简称超算中心）是为集中放置的超级计算机设备提供运行环境的建筑场所。超算中心作为数据中心的一个分支，与通用数据中心相比，主要的特点是计算服务器占比很大，主机运算速度、内存容量决定超算中心的能力，相对而言，存储服务器的数量和能力处于次要地位。在2020年之前，普遍接受的观点是，每秒运算次数达到0.5亿次以上、内存容量超过1 000万位的电子计算机，即可被认定为超级计算机。

1. 国家超级计算中心

国家超级计算中心（以下简称国家超算中心）是由国务院科学技术主管部门批准设立的超算中心。国家超算中心主要面向国家的重点任务和需求，承担诸多前沿科学领域的应用计算研究和服务任务，一般被冠以"国家超级计算××中心"的称谓。从2009年5月起，科学技术部先后批准设立了国家超级计算天津、深圳、长沙、济南、广州、无锡、郑州、昆山、成都、西安10个中心。中国科学院超算中心由1995年3月成立的中国科学院计算机网络信息中心（CNIC）负责建设，是中国超算中心的开启者，总中心设在中国科学院，在中国科学技术大学以及9个城市共设立10个分中心；在紫金山天文台、上海天文台及中国科学院下属的17个研究所（院）共设立19个所级中心。

国家超级计算天津中心（以下简称天津超算）。在部署"天河一号"（每秒4 700万亿次，当时排名世界第一）的基础上升级部署"天河三号E级原型机系统"（每秒百亿亿次）后，天津超算在新能源开发、气候气象、新材料研发、重大工程设计等方面发挥重要作用，开放运行以来，产生多项重要应用成果。在特殊情况期间，天津超算协助国内外多家医院进行CT影像数据处理。2024年6月，天津超算与清华大学天津电子信息研究院联合共建的超智融合创新中心在中新天津生态城揭牌。天河天元大模型算法通过国家备案。

国家超级计算深圳中心（以下简称深圳超算）。深圳超算位于光明科学城大科学装置核心区的二期（深圳云计算中心）工程即将投运，装备 2E 级（每秒二百亿亿次）超级计算机，存储能力可扩展到 1 000 PB，与超算一期（每秒 1 271 万亿次，当时排名世界第二）共同提供大规模科学计算、工业计算、专业大数据处理及智能超算创新服务。

国家超级计算长沙中心（以下简称长沙超算）。长沙超算位于湖南大学校区内，建成时采用国防科技大学"天河一号"高性能计算机（每秒 1 372 万亿次），2022 年建成投用全国产设备的天河新一代主机系统（每秒 20 亿亿次），可提供 1 000P Ops 人工智能算力（每秒 100 亿亿次），算力水平国内领先、国际先进。2023 年 7 月，科学技术部正式批复，支持长沙依托长沙超算建设国家新一代人工智能公共算力开放创新平台。

国家超级计算济南中心（以下简称济南超算）。济南超算装备是我国第一台完全自主研制的神威蓝光超级计算机（每秒 796 万亿次），该机是多核处理器构建的千万亿次超级计算系统，在海洋科学与产业、金融风险分析、药物筛选、气候气象、石油勘探、生物信息、工业设计、智慧城市等领域开展应用。2023 年，济南超算联合沿黄流域九省区的 11 所超算中心、计算中心和算力枢纽成立黄河流域算网联盟，2024 年 5 月完成山东境内黄河流域的建模仿真。济南超算加挂山东省计算中心牌子，借此优势，以中心超算算力为底座构建的"山东算网"，已对全省 16 个地市形成覆盖。由济南超算与山东省大数据局共同完成的山东省一体化算力网工程荣获国家数据局颁发的 2024 年全国一体化算力网应用优秀案例奖。

国家超级计算广州中心（以下简称广州超算）。2023 年 12 月，广州超算正式发布新一代国产超级计算系统"天河星逸"（每秒 62 亿亿次），比原来使用的"天河二号"（每秒 5.49 亿亿次，曾连续六年排名世界第一）提高近 10 倍。截至 2023 年年底，广州超算用户数由最初的 300 多个呈指数级增长至 30 多万；自主研发的星光超算应用支撑平台荣获广东省科技进步特等奖；在粤港澳大湾区建设了 15 个分中心并成立了粤港澳超算联盟，形成了立足湾区、服务全国、影响世界的应用格局。

国家超级计算无锡中心（以下简称无锡超算）。无锡超算位于无锡（国家）工业设计园内，拥有的"神威·太湖之光"（每秒 62 亿亿次，2016 年排名世界第一）是世界上首台峰值运算性能超 10 亿亿次浮点运算能力的超级计算机系统，也是我国第一台全部采用国产处理器构建的超级计算机。截至 2024 年 9 月底，无锡超算发布的国内算力密度最高的一体化服务器机柜方案荣获 2024 中国算力大会"年度重大成果"，该机柜基于异构众核架构的国产智算加速卡，称之为"太湖之光 A+"项目，单个机柜国产智能算力 40 P，功耗达 100 kW。无锡超算加强与外地的合作，2024 年 7 月设在青海大学的分中心合闸运行，双方共建"东数西算"平台；2024 年 10 月无锡超算海南自贸港研究院在儋州揭牌。

国家超级计算郑州中心（以下简称郑州超算）。郑州超算加挂河南省超级计算中心牌子，由郑州大学负责建设、管理、运行和服务。主机系统命名为"嵩山"超级计算机（每秒 10 亿亿次），采用绿色节能的相变浸没液冷技术，PUE 值小于 1.04。2021 年 4 月，郑州超算被美国商务部以所谓国家安全为由列入"实体清单"；2023 年 7 月，科学技术部正式批复，支持郑州依托郑州超算建设国家新一代"嵩山"人工智能公共算力开放创新平台；2024 年 3 月，郑州超算被遴选为河南首批省级绿色数据中心。根据河南省政府有关要求，郑州超算、河南省超级计算中心、中原人工智能计算中心要加强协同，提升算力使用率；河南省政府提出要研制量子计算机，并与郑州超算对接。

国家超级计算昆山中心（以下简称昆山超算）。昆山超算集成了中国科学院相关领域的最新科研成果，与科学院中国科技云资源相衔接共享，计算服务平台是由中科曙光推出的"将传统高性能计算集群和其他计算资源封装而成的高性能计算服务",相关参数未有公开披露。昆山超算已向有需求单位开放,为华中科技大学等 18 家单位免费提供计算资源。

国家超级计算成都中心(以下简称成都超算)。2020 年 9 月,成都超算建成投运,使用高性能超级计算机(型号不详),但其新闻报道透露"可以每秒最高 10 亿亿次的运算速度昼夜不息地工作"。投运以来,成都超算先后为北京、上海、广州、重庆等 35 个城市的 760 余个用户提供了算力服务,涵盖航空航天、装备制造、新型材料、人工智能等 30 个领域,服务单位包括高海拔宇宙线观测站等。2023 年 5 月,成都超算被工业和信息化部评为国家绿色数据中心。2023 年 7 月,科学技术部正式批复,支持成都市依托成都超算建设国家新一代人工智能公共算力开放创新平台。2024 年 7 月,成都超算与中国地震局地球物理研究所、清华大学联合开发了首个亿级参数量的地震波大模型"谛听",依托中国地震观测网的海量数据,通过"谛听"准确、迅速识别地震信号。

国家超级计算西安中心(以下简称西安超算)。2020 年 8 月,科学技术部批准设立,于 2021 年年底建成。西安超算部署"秦岭"超级计算机,采用国产自主可控的处理器及异构加速卡和绿色节能的浸没式相变液冷技术;并行分布式存储系统,支持 EB 级扩展,I/O 吞吐率达 TB 级;多层次、多协议存储分区,满足不同存储需求场景。机房按 A 级标准建设,PUE 值小于 1.04;通过国家网络安全等级保护三级测评。西安超算重点服务于先进制造、航空航天、生物医药、地球物理、新材料、新能源、人工智能、集成电路等领域的科技创新和转型升级。2023 年 5 月,秦创原·国家超算西安中心二期项目主体结构施工完成进度已达 85%以上。

国家超算互联网平台。2023 年 4 月,科学技术部启动了国家超算互联网平台,旨在以互联网思维运营超算中心,连接算力产业链各方资源和能力,构建一体化超算算力网络和服务平台。2024 年 4 月,国家超算互联网平台上线仪式在天津举办。国家超算互联网平台以异构融合、应用引领、算力普惠易用为建设目标,实现了多项算力网络领域突破与创新。国家超算互联网平台通过算力服务和调度平台,连接各地算力中心,形成多元异构算力资源池;通过资源抽象和算力封装等,屏蔽底层硬件差异,实现算力资源的统一建模和统一调度;构建算力应用商城,建立了适用于科学计算、智能计算、工业仿真、人工智能大模型等各类应用的适配、封装和交易体系,有各类算力商品超 6 500 款,面向 100 多个行业提供超过 1 000 个应用场景的服务。截至 2024 年 9 月底,国家超算互联网平台已连接中国 14 个省的超过 20 家超算和智算中心,入驻了超过 300 家算力服务商。

国家超算互联网平台项目荣获国家数据局颁发的 2024 年全国一体化算力网应用优秀案例奖项。

2. 新建超级计算中心

除了由科学技术部以前年度批准建设的十大超算中心,还有一些超算中心在 2023—2024 年间取得了进展。

文昌航天超算中心(以下简称文昌超算)。在 2023 年 7 月投入使用的文昌超算(每秒 10 亿亿次)是文昌国际航天城起步区最早一批投资兴建的项目之一,建设用地约 60 亩,总投资约 12 亿元,总建筑面积 2 万多 m^2,设计约 2 000 个机柜,容纳 3 万个大型服务器。文昌超算以自主可控的超算软硬件技术平台、文昌航天发射能力、航天产业资源为依托,形成以航天为主要服务对象的超级计算能力,为卫星发射、商业航天、空间信息、遥感遥测、航天科创、生命科学、装备设计及终端制造等航天新兴领域提供超级计算和大数据分析,并逐步形成航天大数据产业集群。文昌超算建成以来,通过发射三颗以"文昌超算×号"命名的遥感卫星,建成三类 13 座卫星数据地面接收站,实现了"天上拍""地上收",为航天超算解决了数据来源问题。2023 年 11 月,文昌超算被文化和旅游部确定为 2023 年国家工业旅游示范基地。

"乌镇之光"超算中心(以下简称乌镇超算)。乌镇超算又称(长三角)新一代全功能智能超算中心,位于浙江省嘉兴市下辖桐乡市乌镇高新技术产业园。嘉兴市委、市政府网站报道,乌镇超算(每秒 18 亿亿次)于 2022 年 5 月正式投入运营,于 2023 年 5 月通过科学技术部验收,正式纳入国家超算中心序列。截至 2023 年 6 月底,乌镇超算平均利用率超过 40%,总用户数 9 874 个,包含中国科学院体系研究所和省内重点实验室、科研院所、高校及创新企业,涵盖物理化学材料、生物信息、人工智能等领域。杭州第 19 届亚运会期间,乌镇超算协助浙江省大气环境监测预警预报平台实现了预报精度的飞跃,将预报的最小单位空间从原来的 16 km^2 精确到 1 km^2,预报时长也从 7 天延长到 15 天。

鄂尔多斯超算中心。鄂尔多斯超算中心于 2023 年 11 月取得施工许可,在高新区开工建设,总投资 10 亿元,由通用计算系统、人工智能加速计算系统、大数据存储支撑系统、节点互联网络、基础配套系统五大子系统组成;设计算力规模 350 P,叠加先进的芯片底座和人工智能算法,布局通算、智算、超算等多种算力;设计有 950 个 8 kW、12 kW 标准高密机柜,采用风冷、水冷和液冷多模式制冷。于 2024 年 3 月投用,鄂尔多斯超算中心成为鄂尔多斯市的智慧中枢,将为新能源装备制造产业、现代煤化工产业、能源产业、生物医药与健康等领域和行业提供数据运算服务。

中国气象局气象超算中心(和林格尔)(以下简称和林格尔超算)。2024 年 5 月,担负气象超算系统迭代更新的中国气象局和林格尔气象超算中心揭牌成立。和林格尔超算(每秒 2 亿亿次)通过裸光纤与位于中国气象局的中国气象局(北京)超算高速互联互通。2024 年 2 月 17 日至 2 月 27 日,第十四届全国冬季运动会在内蒙古举办,和林格尔超算发挥算力支撑作用,实现全部四个赛区 10 min、60 m 分辨率的 0 至 24 h 风场、温度要素网格预报,推动完成内蒙古"次百米级、分钟级"数值预报模式的技术性突破。

国家先进计算太原中心。国家先进计算太原中心由山西省委、省政府精心谋划、高位推动,由山西大学、中科曙光、山西云时代技术有限公司共同建设。国家先进计算太原中心使用的"太行一号"主机,运算能力每秒 30 亿亿次,存储容量 300 PB;降温系统采用全新一代全浸没相变液冷技术,核心机房 PUE 值突破性降至 1.04。国家先进计算太原中心已部署承接中国科学院近代物理所中微子图谱、国产双通道大型客机翼型优化、文物数字化保护平台等国家级、省级重点项目;联合生态伙伴共同建设了工业仿真、高端装备、生态环境等行业专属计算服务平台;为山西省太行实验室提供超算能力支持。

中新(重庆)国际超算中心。中新(重庆)国际超算中心具有国际商业背景,是 2015 年中国、新加坡两国领导人确认的中新(重庆)战略性互联互通示范项目的组成部分。2021 年 10 月,中共中央、国务院印发《成渝地区双城经济圈建设规划纲要》,2021 年 12 月,重庆四川两省市共同印发相关贯彻落实实施方案,要求共建中新(重庆)国际超算中心,加快纳入国家超算中心体系的步伐。2021 年列入重庆市新开工市级重大建设项目,计划项目建成后,成为全国首个纯商业运营超算中心,30%的应用市场将来源于国外,并与新加坡国家超算中心开展技术研发、业务委托、国际市场开发等合作。近两年,重庆数据中心集群发展迅速,仅两江水土国际数据港就已汇聚了 10 个大型高等级数据中心,建成机柜 3.2 万个,可容纳服务器 48 万台，支撑了政务、视频、游戏、金融、工业、电子商务、创业创新等多个领域和产业的快速发展。相对而言，设计运算能力只有每秒 0.28 亿亿次的中新（重庆）国际超算中心，需要切实推动超级算力资源便捷易用，进一步提高发展速度和质量。

青岛国家 E 级超算中心（以下简称青岛超算）。2022 年 9 月，由国务院发布的《国务院关于支持山东深化新旧动能转换推动绿色低碳高质量发展的意见》中提出培育壮大数字产业，"建设济南、青岛国家 E 级超算中心，提升云计算能力，完善国家级、省级及边缘工业互联网大数据中心体系"。山东省人民政府在分工落实方案中进一步明确：山东省工业和信息化厅、山东省科技厅、山东省大数据局、山东省通信管理局为牵头单位，中共山东省委网络安全和信息化委员会办公室、山东省发展和改革委员会为参与单位。青岛超算负责"海洋之光"超级计算机的高效稳定运行，规划"海洋之光"的升级建设，围绕"海洋之光"申报科研项目，并开展重大科技任务攻关。媒体报道，青岛市作为国家人工智能创新应用先导区，投用算力规模约 2 300 P，构建起了多元算力生态，青岛超算亦应有一席之地。

3. 国内国际超级计算机排行榜

2018 年，美国政府开始实施对华贸易战、科技战，超级计算是重点领域。为避免美国有针对性地打压，国内对超级计算机排名、参加国际超级计算机排名，持更为审慎的态度。

（1）国内。2023 年 11 月，中国计算机学会高性能计算专业委员会联合中国工业与应用数学学会高性能计算与数学软件专业委员会、中国智能计算产业联盟，共同发布了 2023 中国高性能计算机（HPC）性能 TOP100 榜单。位列第三名的浮点计算性能分别为 487.94 P、208.26 P（列 2022 年榜单第一名）、125.04 P，研制厂商和安装地点未予公开；多年霸榜的"神威·太湖之光"和"天河二号 A"，分别位居第四名和第六名，浮点计算性能分别为 93.015 P、61.455 P；第八名"神威聚龙"，浮点计算性能为 12.912 P；第十名"北龙超云"，浮点计算性能为 10.837 P。

2024 年 11 月，在由前述单位发布的 2024 中国高性能计算机（HPC）性能 TOP100 榜单中，居于榜首、第四名、第六名的三台没有变化。从厂商份额来看，100 台高性能计算机中，联想以 44 台系统独占鳌头，浪潮以 28 台位列第二名；从性能份额来看，未公布具体研制单位信息的机器性能占比共 71%，位列第一名；联想占比 8.92%，国家并行计算机工程技术研究中心占比 6.80%、国防科大占比 4.88%，分别位列第二、三、四名。

（2）国际。2022 年，在最新发布的全球超级计算机 500 强中，我国共 162 台超级计算机上榜，总量蝉联第一，"神威·太湖之光"和"天河二号 A"持续位居榜单前十。2023 年 11 月，全球超级计算大会正式公布了第 62 期全球超级计算机 TOP500 排行榜，美国橡树岭国家实验室与 AMD 公司合作研发的 Frontier 以 1 194 P 的性能保持着第一名；来自中国的"神威·太湖之光"超级计算机以 93.01 P 的性能排名第十一名，"天河二号 A"超级计算机以 53.96P 的性能排名第十四名，两台中国超级计算机的排名相比之前再度下滑。从数量上讲，中国和美国在超级计算机 TOP500 榜单上占据了大部分位置，其中美国有 161 台超级计算机上榜，中国有 104 台超级计算机上榜，中国从超级计算机数量在全球 TOP500 中蝉联第一的位置上下滑。

2023 年 5 月，在德国汉堡举办的 ISC 2023 高性能计算大会发布的 IO500 榜单中，济南超算构建的验证性计算集群（Cheeloo-1）在 10 节点研究型榜单登顶夺冠，测试得分突破 13 万。2024 年 11 月，在公布的国际 Graph500 排名中，部署在天津超算的"天河"新一代超级计算机系统，以 6 320.24 MTEPS/W 的性能，取得大数据图计算能效世界第一的优异成绩。

（三）智能计算中心

2023 年 10 月，工业和信息化部等六部门印发《算力基础设施高质量发展行动计划》（以下简称《行动计划》），对智能计算中心（以下简称智算中心）所做的名词解释是通过使用大规模异构算力资源，包括通用算力（CPU）和智能算力（GPU、FPGA、ASIC 等），主要为人工智能应用提供所需算力、数据和算法的设施。智算中心涵盖设施、硬件、软件，并可提供从底层算力到顶层应用使能的全栈能力，主要应用于人工智能深度学习模型开发、模型训练和模型推理等场景。按这个定义衡量，《行动计划》称 2023 年全国有智能计算中心 30 个。但是，随着 ChatGPT 带来的人工智能升温，相当多的数据中心高调宣示介入人工智能业务，在名称上冠以"人工智能"或改称智算中心，一些数据中心专业自媒体根据自己掌握的情况，称截至 2023 年年底全国已有 100 余个智算中心；截至 2024 年 7 月底，全国已有近 400 个智算中心；目前，全国已有超过 40 个城市布局智算中心。权威主管部门虽然没有公布正式数据，但从相关报道的情况看，2023—2024 年智算中心建设处于高潮时期是不争的事实。

自 2023 年以来，北京市已经建成或正在建设的京西智谷、石景山、北京昇腾、华章北京一号、北京数字经济等数据中心都冠以智算中心，已建成智能算力规模约 5 000 P。

中国移动通信集团黑龙江有限公司在哈尔滨开工建设部署 1.8 万张人工智能加速卡的智算中心，项目完成后可提供智能算力规模 6 600 P。

河北省石家庄人工智能计算中心已经揭牌投运，项目由市国投、市交投、区城投和深桑达四方联合投资，一期建设人工智能算力规模达 100 P，在三年内扩容至 500 P。

位于武汉的国家网安基地智算中心一期投入运行，该中心智能算力规模不大，目前未超过 500 P，其亮点是与网络安全实训基地、网络安全实验室、头部网安企业、行业大模型企业形成"四位一体"合作模式，协同助力发展网络安全生态。

新疆维吾尔自治区石河子市于 2024 年 8 月启动两个绿色智算中心建设，项目总投资额达 13.5 亿元，规划建设 2 664 个标准机柜，建成后可实现年产值 4.4 亿元。两个项目共获得了促进绿色算力发展补贴 4 000 万元。

青海省德令哈市第二个万卡项目德令哈智算中心于 2024 年 8 月开工，项目总投资额达 58.5 亿元，算力总装机 12 000 P，一期工程投资 25 亿元，建设算力规模 4 000 P，计划于 2025 年 9 月建成。该项目是国内首座高原绿色人工智能数据训练基地，采用蒸发冷技术，实现全年 315 天自然冷却，数据中心 PUE 值达 1.2 以下，建成后将为国内人工智能大语言模型企业提供人工智能数据训练专属定制服务。

据新闻报道，2024 年 10 月智算中心揭牌，投用的项目有以下几个：位于内蒙古自治区包头市的包钢工业互联网智算中心，1 358 个高密算力机柜，算力规模达 20 000 P；位于新疆维吾尔自治区哈密市的国投算力场项目，算力规模达 1 000 P 已满负荷运行，任务包括为上海提供工业机器人模型推理；位于陕西省咸阳市的高新图灵人工智能算力中心，规划算力规模达 300 P；位于浙江省温州市的温州人工智能计算中心华为样板点，配备 20 个标准机柜，具备 100 P 智算+5P 超算能力，主要承载华为医疗健康数据，并且为当地政府机关单位、科研院所等提供算力服务。

（四）地方

加快数字化转型步伐，发展数字经济，进而实现地域国民经济的高质量发展，是当地党委、政府的第一要务。各地按照全国一体化算力网的总体格局，在积极促进东西部算力高效互补和协同联动的同时，根据地方的需要，进一步加快数据中心建设的步伐，完善通用数据中心、超算中心、智算中心、边缘数据中心等合理梯次布局，整体提升信息基础设施水平，加强传统基础设施数字化、智能化改造。

1. 非国家枢纽节点坐落省市

在尚未设立 8 个国家枢纽节点和 10 大数据中心集群的省、自治区、直辖市，2023—2024 年将继续加快数据中心发展的速度，以满足"东数西算"之外本地区低时延类信息化业务应用的需求。

北京市建设的数据中心遍布全市。在朝阳区中国电子工业的摇篮之地酒仙桥，建设了北京数字经济算力中心，配备 3 600 个智能算力机柜；在海淀区中关村科学城上庄燃气热电厂旧址建设了北京人工智能公共算力中心，设计算力规模达 4 000 P，已投用 500 P；在北京产业结构相对单一的门头沟，建设京西智谷人工智能计算中心，被科学技术部批复认定为"国家新一代人工智能公共算力开放创新平台"，已投用算力规模达 500 P；在亦庄经济开发区，北京亦庄智能城市研究院与多家企业联合，推出我国首个"算力资源+运营服务+场景应用"一体化建设工程，建设人工智能商业算力 2 000 P 的公共智能算力中心；在石景山区利用北京重型电机厂老厂房，建设石景山智能算力中心，设计算力规模达 610 P，已投用 200 P，目前服务于所在区域的人工智能、虚拟现实（Virtual Reality，VR）、游戏等产业；在大兴区建设的华章北京一号，是国内首个设备预制化率达到 85% 的数据中心，规划算力规模达 1 000 P。

山东省落实大数据中心发展行动方案，省域分中心以及枣庄、烟台、德州三个省级区域中心、40 个左右省级行业中心和 100 个左右边缘级中心建设全面推进；规划算力规模达 1 500 P，3 000 个标准机架的山东省鲁北大数据中心项目投产；总投资约 80 亿元的浪潮一体化大数据中心园区一期建成投运，四栋数据中心可提供机柜 8 000 余个。

陕西省一次性将中国工商银行两个数据中心建设项目，引进西安市高陵区和西咸新区，总投资额达 147 亿元，服务器装机承载规模 40 万台。

青海省结合推进西宁—海东都市圈一体化，加快实施 PUE 指标达到 1.2 以下的青藏高原生态大数据中心建设。

位于河南省郑州航空港区的郑州人工智能计算中心一期工程建成投产，实现算力规模达 2 000 P；项目总投资额达 16.357 亿元，于 2024 年年底全部完成，实现设计算力规模达 30 000 P。

辽宁总投资额达 12 亿元，规划算力规模达 500 P 的沈阳智能计算中心，一期项目建成，可用算力规模 208 P。该项目将先期到位的 160 P 算力设备，托管给"飞地"合作伙伴先行工作，以此方式实现同步运营、提前收益。

2. 部分地市级城市

河南省许昌市已建成中原人工智能计算中心，投用算力规模达 100 P，未来将扩容至 300 P。中原人工智能计算中心目前主要服务于天气预报等公共服务领域，还将助力本地及毗邻地区企业实现数字化转型。

内蒙古自治区在乌兰察布市集聚数据中心产业。2024年7月，中金数据（乌兰察布）有限公司投资19.2亿元的低碳算力基地源网荷储一体化项目，落地乌兰察布零碳算力产业园；2024年8月，中联数据集团旗下公司投资20亿元建设的中联亚信绿色智算中心项目开工，设计5 000个弹性功率为12 kW的机柜，共计11 500个机架。

江西省赣州市开始建设算力规模达5 000 P的三南人工智能算力中心。2024年9月，142台算力服务器已运抵现场。三南人工智能算力中心由亚洲数字集团有限公司投资、运营，项目落地在龙南市、全南县、定南县，故中心以三南冠名。项目投资规模达30亿元，可为赣州市数字经济高质量发展注入新的动力。

广西壮族自治区桂林市续建华为合作区数据中心二期项目，在一期建成投用876个机柜的基础上，再建两栋数据中心大楼和2 352个机柜，于2024年内交付，支持3 000 P以上算力服务。华为将桂林定位为广西大数据的核心节点，搭建基于国产自主可控的桂林市鲲鹏云平台，继续服务于桂林市政务云、警务云、金融云和医疗影像云，匹配桂林世界级旅游城市的定位。

新疆生产建设兵团第十三师新星市2024年8月开工建设新疆神威云鹏算力中心项目，计划建设算力规模达10 000 P，总投资57亿元，项目建成后能够有效提升算力供给能力，为区域内各行业数字化转型和智能化升级奠定坚实的基础，年营业额可达8亿元，税收约1.2亿元。

湖南省常德市城市云常德数据中心一期工程于2024年9月开始向社会提供服务。项目投资额达3亿元，建设1 000个服务器机柜，可提供500 P算力服务支持。同月，由民营企业中联数据集团投资、运营的中联数据湖南算力中心在湖南省邵阳市投产，项目总投资额超5亿元，规划建设2 400个高密机柜，为邵阳乃至湘西南区域的政企客户提供稳定、安全、定制化的低碳数据中心和算力服务。

（五）部门和行业

中国特色的行政管理体制是条块结合，作为有垂直管理职责的上级行政管理、行业主管部门，中央企业或者省属企业，也从"条条"的角度，对数据中心建设给了高度关注，并且起到了带头作用。

1. 国务院各部门和中央机关数据中心

按照工程规划、标准规范、备案管理、审计监督、评价体系"五个统一"的总体原则，政务信息系统整合后，在中央政府各部门、党中央各办事机构形成了覆盖全国、统筹利用、统一接入的数据共享大平台，建立了物理分散、逻辑集中、资源共享、政企互联的政务信息资源大数据，构建了深度应用、上下联动、纵横协管的协同治理大系统。在设立数据中心时，按照避免各自为政、自成体系、重复投资、重复建设的原则设立数据中心，有效地促进了国家政务信息化，支撑了国家治理体系和治理能力现代化，保障了相关信息系统的正常运行。

据国务院办公厅、中国互联网络信息中心、国家电子政务外网管理中心披露的数据，全国一体化政务数据共享枢纽已接入各级政务部门5 951个，发布来自53个国务院部门的各类数据资源，共计1.35万个，累计支撑全国共享调用超过4 000亿次。截至2023年年底，国务院印发《国务院部门数据共享责任清单》共六批，将超过80个单位的620余类共享信息1 292个数据项纳入共享范围；国务院印发《国务院部门垂直管理业务系统与地方数据平台对接责任清单》

共四批，将国务院部门各部门的垂管系统的数百个数据项纳入与地方数据平台对接范围；面向 14 亿多人口和 1 亿多经营主体打造覆盖全国的政务服务"一张网"，实名用户超过 10 亿人，其中国家平台实名注册用户达 8.68 亿人，政务数据共享服务超 5 000 亿次；数字政府在线服务指数继续保持全球领先水平，全国 90% 以上的政务服务实现网上可办，近 90% 的地区实现统一用户身份认证；国务院各部门和中央机关数据中心已汇聚 32 个省（区、市）和 26 个国务院部门 700 余种电子证照，累计提供电子证照共享服务 96 亿次；国家电子政务外网依托各个数据中心，已打通公安、民政、卫健、教育等部门的 1 000 余个数据接口，为 1 000 余个业务系统提供数据调用服务，累计调用 140 亿次。

2. 行业数据中心

2024 年 2 月 26 日，工业和信息化部有关领导到中国工业互联网研究院调研，了解国家工业互联网大数据中心建设情况，观看工业互联网应用场景展示，要求高水平建设国家工业互联网大数据中心，打造工业互联网专业智库，有力支撑制造业数字化转型。负责管理全国行业数据中心的国务院部委不在少数。国家电子政务工程"十二金"项目的主要建设单位国家发展和改革委员会（国家信息中心）、财政部、公安部、水利部、民政部、审计署、海关总署、税务总局、市场监管总局等都承担着支撑"十二金"业务系统数据中心的运维工作。

2023 年至 2024 年间，国务院若干行业主管部门对行业数据中心的建设提出了要求，做出安排。工业和信息化部等九部门制定《原材料工业数字化转型工作方案（2024—2026 年）》，提出建设新材料大数据中心，构筑多层次、相互协同的新材料数据资源体系，形成数据驱动的研发模式、生产组织模式、产用衔接模式。农业农村部强调，优化农业科技创新主体布局，设立一批重点实验室、大科学装置，建设一批农业科学实验站和数据中心；国家能源局与国家发展和改革委员会等部门联合制定《电力需求侧管理办法（2023 年版）》，鼓励建设各级各类能源电力数据中心；住房和城乡建设部在制定的相关规划中提出，加强数字基础设施集约建设，建设部、省、市三级"数字住建"数据中心。国家市场监管总局要求高水平建设市场监管大数据中心，加快执法办案系统建设和全国市场监管行政执法平台应用，强化业务协同和数据支撑。中国科学院在学习贯彻党的二十届三中全会《中共中央关于进一步全面深化改革 推进中国式现代化的决定》时提出，要充分用好国家科学数据中心；国家发展和改革委员会、国家电影局等六部门共同制定文化和旅游领域设备更新实施方案，提出建立和升级电影云制作平台、云数据中心的任务。据不完全统计，在部委以上级别的文件中提及的数据中心包括国家北斗数据中心、全国医保大数据中心、银保监金融级数据中心、黄河流域绿色数据中心、文旅大数据中心、文化机构数据中心等。

新建行业数据中心有实际进展。2024 年 1 月，中国气象信息西部算力中心在内蒙古自治区和林格尔市建成，总投资 40 亿元，算力规模 220 P。2024 年 9 月，设有 68 个可用机柜的中国电子口岸数据中心异地（南京）容灾系统及机房启用，实现了中国电子口岸数据中心北京机房的全口径数据备份、舱单申报、运输工具申报、属地查验、拟证出证五个系统双活运行，后续还将实现电子口岸两中心核心业务应用和数据容灾全覆盖。

3. 中央企业数据中心

据了解，由中央人民政府（国务院）直接管理的或委托中央组织部、国务院国资委或其他中央部委（协会）管理的国有独资或国有控股企业，大多建立有本企业的数据中心或者大数据中心,除了支撑生产经营管理调度业务,还兼有科研任务。大多数中央企业根据下属企业的分布,设有地域性的分中心;有的企业设立了多个散在的顶级数据中心。2023年至2024年间动作幅度较大的是三大通信运营商。

中国电信。2023年7月,中国电信数字青海绿色大数据中心建成投用,该中心设有7 550个标准机架,智算算力规模超500 P,采用直接+间接蒸发冷却技术、余热回收技术,全年314天不开启空调压缩机,是中国首个100%清洁能源可溯源的零碳数据中心。2024年1月,位于武汉光谷的中国电信中部智算中心正式投入运营,算力集群依托天翼云骁一体化算力平台,智算算力规模达5 000 P。2024年7月,芜湖集群大数据中心暨长三角(芜湖)智算中心开工,项目总投资额达108亿元,有十栋A级数据中心楼,建成后可提供超8万个标准机柜服务能力,是中国电信长三角地区最大的数据中心。

中国移动。2024年1月,中国移动(太原)智算中心在太原综改区上线运营,可提供9 436个标准机架,已投产算力规模达2 000 P,是山西省规模最大的智算中心,运行PUE值低至1.26。2024年8月,中国移动智算中心(哈尔滨)节点智算集群正式投用,共计部署1.8万张人工智能加速卡,可提供算力规模达6 600 P。2024年4月,中国移动绿色安全算力中心北京节点启用,可提供算力规模500 P,同期建成边缘节点超1 500个。2024年6月,中国移动长三角(无锡)马山数据中心竣工,项目总投资额达102亿元,可提供标准机架约1.3万个,承载服务器超过30万台,算力规模达1 500 P,被列为中国移动数据中心总体布局的八大重点数据中心之一。

中国联通。中国联通长三角(芜湖)智算中心项目土建封顶暨机电配套工程开工仪式于2024年5月在芜湖江北新区举行,智算中心总投资额达60亿元,由四栋数据中心、两栋运维楼、一栋110 kV变电站、两个油机平台及其他配套设施组成,规划总标准机柜数10 000个,单机架平均功率6 kW,于2024年年底投产。位于青海省西宁市的中国联通三江源绿电智算中心(三期)项目,2024年8月开工,三期建成之后,智算中心建设总投资额达到17.7亿元,拥有标准机柜6 000个,算力规模达到3 800 P。中国联通、联想集团共同投资建设的"E联矩阵"智算中心项目,2024年7月在安徽省马鞍山市政府签约,项目拟投资10亿元,算力规模达2 000 P。在双方合作中,中国联通将发挥IDC资源、网络及5G基础支撑能力,马鞍山市政府将发挥人工智能产业集聚、产业政策协同、应用场景、产学研一体化等能力,以求共赢。

(六)《三年行动计划》既定目标基本完成

2021年7月4日,工业和信息化部印发《新型数据中心发展三年行动计划(2021—2023年)》(以下简称《三年行动计划》)。《三年行动计划》对新型数据中心进行了定义,确定了其与传统数据中心相比所具有的高技术、高算力、高能效、高安全,更能有效支撑经济社会数字转型的特征。根据2024年6月国家数据局发布的《数字中国发展报告(2023年)》及官方发布的其他资料,截至2023年年底,《三年行动计划》提出的主要目标基本实现。

1. 发展格局

《三年行动计划》所确定的"布局合理、技术先进、绿色低碳、算力规模与数字经济增长相适应的新型数据中心发展格局"基本形成。工业和信息化部、国家发展和改革委员会、国家数据局等数据中心行业主管部门,根据国家层面的顶层设计,持续加强政策指导,构建全国一体化大数据中心协同创新体系,加快全国一体化算力网络8个国家枢纽节点、10个数据中心集群建设，推动打造新型智能算力生态体系，引导传统数据中心向具有高技术、高算力、高能效、高安全特征的新型数据中心演进，以节能提效为绿色低碳的"第一能源"和降耗减碳的首要举措，实现绿色发展。2021 年至 2023 年间数据中心的发展适应国家数字经济的发展，以支持我国经济社会数字化转型升级。

2．梯次布局

《三年行动计划》所确定的"总体布局持续优化，全国一体化算力网络国家枢纽节点、省内数据中心、边缘数据中心梯次布局"基本形成。10 个数据中心集群加快建设，保障了国家枢纽节点的作用发挥；东部枢纽节点迅速部署大规模算力，满足重大区域发展战略实施需要；西部枢纽节点重点提升算力服务品质和利用效率，打造面向全国的非实时性算力保障基地；各省新型数据中心按需建设，投资强劲，动力充足，具有地方特色、服务本地、规模适度的特点；边缘数据中心通过对老旧数据中心的改造，得到快速发展，通过灵活部署，构建城市内的边缘算力供给体系，支撑边缘数据的计算、存储和转发，满足极低时延、事务处理等日常应用需求，社会对边缘数据中心的认知更趋正面。中央和地方、政府和企业的积极性充分发挥，行政手段和资本投入融合互动，协调发展，梯次布局基本形成，并为总体布局的持续优化创造了条件，奠定了基础。

3．技术和产业链

《三年行动计划》所确定的"技术能力明显提升，产业链不断完善，国际竞争力稳步增强"要求，取得显著成果。国家政策支持，企业加大技术研发投入，数据中心预制化、液冷、专用服务器、存储阵列、不间断电源、供配电、储能及运营管理系统的研发、研制取得新的成果；绝大多数数据中心用的设备、设施产品具备完整的国内产业链，形成了一批产业链聚集区；具有碾压式优势的国外产品在数据中心市场已经不多见。华为、阿里巴巴等企业还到国外开设了数据中心。

4．算力算效

《三年行动计划》所确定的"算力算效水平显著提升，网络质量明显优化，数网、数云、云边协同发展""到 2023 年底，全国数据中心机架规模年均增速保持在 20%左右，平均利用率力争提升至 60%以上，总算力超过 200 EFLOPS，高性能算力占比达到 10%。国家枢纽节点算力规模占比超过 70%。新建大型及以上数据中心 PUE 降低到 1.3 以下，严寒和寒冷地区力争降到 1.25 以下。国家枢纽节点内数据中心端到端网络"单向时延原则上小于 20 ms"等发展指标基本实现。算力基础设施达到世界领先水平。全国在用数据中心标准机架超过 810 万个，算力总规模达到 230 EFLOPS, 算力总规模近 5 年年均增速近 30%；智能算力规模达到 70 000 P，增速超过 70%。相关数据超出确定目标。我国 5G 网络覆盖规模和水平位居世界第一，全国网络基础设施已全面支持 IPv6，具备千兆网络服务能力的 10GB PON 端口数达 2 302 万个，有力地支持了数据中心的运力需求。三大运营商面向各枢纽节点集群所在城市新建直达光缆共计 41 条，长度达 16 515 皮长 km，占当年全国光缆完成建设长度的 59%；8 个国家算力枢纽节点的 20 ms 传输时延圈已覆盖国内主要城市，5 ms 传输时延圈已实现枢纽周边省市覆盖，1 ms 传输时延已经在枢纽示范区域内初步实现。

5. 能效

《三年行动计划》所确定的"能效水平稳步提升，电能利用效率（PUE）逐步降低，可再生能源利用率逐步提高""新建大型及以上数据中心 PUE 降低到 1.3 以下，严寒和寒冷地区力争降低到 1.25 以下"基本实现。超大型、大型数据中心 PUE 平均值已经降至 1.3 以下。新建大型数据中心 PUE 最低降至 1.04，各地区、各部门一般实际控制在 1.2～1.3。更新改造后的老旧数据中心 PUE 控制在 1.4～1.5。数据中心社会平均 PUE 为 1.48。山西省全省在用数据中心平均 PUE 降至约 1.24，其中大型、超大型数据中心 PUE 降至约 1.2。2019 年至 2023 年年底，工业和信息化部、国家发展和改革委员会等六部门共评出五批次共计 246 个国家级绿色数据中心（含 2024 年 6 月公布的 2023 年度 50 个），其中 2023 年度 PUE 的入围门槛为 1.4，可再生能源消纳权重为 20%。

四、数据中心行业进一步发展须关注的着力点

从数据中心行业角度观察，以下 7 个方面需要引起数据中心主管部门、数据中心相关行业协会、数据中心管理层、相关产品供应商的关注，以共同促成数据中心的持续、快速、高质量发展。

（一）加强与实体产业链的联系

数据中心是一个小行业，直接涉及的实体产业链可以用短小来描述，特别是产业链中仅关联数据中心行业的产业环节几乎没有。数据中心需要或已经用到的实体产业的产品，其他行业以更大的规模在研制、试用、使用。数据中心要加强与实体产业链的联系和衔接，把更好的技术、更好的产品引进来、用起来，形成一定规模之后，反过来得到实体产业链更多的支持。例如，数据中心不间断电源所用到的蓄电池，主要特点是"养兵千日，用兵一时"，目前给国民经济各个应用场景使用的电池，哪一种更适用于数据中心，需要加强了解，实现双向奔赴。长期以来，一些与数据中心联系比较密切的相关厂商，以优质的产品为数据中心的发展提供宝贵的支持。同时毋庸讳言，还有许多优秀企业的先进产品还没有顺利进入数据中心，数据中心遇到的部分痛点，还期待相关企业施以援手，双方的联系还有进一步加强的空间。

（二）及时完善数据中心治理

治理理念已被广泛接受，即使是单个数据中心也开始在管理的基础上进一步提升为治理，甚至数据中心内部的一些工作内容，如网络安全，也常常使用安全治理的思路。为了使数据中心健康发展，需要及时加强完善的治理方向如下。

（1）投资有效性。数据中心的大发展意味着高投资。民营企业投资一定要按市场需求，政府和国有企业还要满足民生需要和国家要求。对于所有投资主体而言，如果投资动机主要在于获取资金或税收优惠，政府层面必须进行把控。每一个建成的智算中心要想持续运营，都需要实现算力的市场化销售。

（2）布局合理性。国家提出"东数西算"，是在充分考虑资源禀赋的基础上形成的大策略。数据中心的合理布局，必须放在国家一体化算力网的框架下。每一个地方通用数据中心、边

缘数据中心的存在都是必要的，但是每个地方都想把别处的"数"拿到本地"算"，都想把别人的数据放到自己的"表"里，也是不现实的。

（3）规范适用性。行业标准要高于国家标准，但是不能高于实际需求。当前，数据中心国家标准体系正在快速完善，建工、电子、信息化、信息安全等标准委员会也出台过很多与数据中心相关的行业标准，各类协会编制社团标准积极性也很高。标准之间的分工、递进要加以把握，行业标准的调节范围是会员而不能越界。

（4）监管适度性。当前对数据中心监管侧重在用电指标控制和 PUE，在各地纷纷提出严格要求的大环境下，如何既帮助数据中心节能降耗，又符合单个数据中心不同成长阶段的实际情况，需要进一步提升监管水平。对境外资本置办数据中心的监管，要根据《中华人民共和国数据安全法》的立法精神，先立后破，既要防止出现疏漏，又要有助于引进外资。

（5）安全可靠性。在国外不时有数据中心火灾消息、国内不时有建筑物垮塌的情况下，我国目前数据中心物理安全形势基本上保持稳定。数据中心安全可靠要向更高层次扩展，要更加注重网络信息化方面的治理。无论是数据库服务器遭到数据远程删除，还是因大火而被摧毁，后果严重程度几乎是同样的。

（6）参与主动性。现代治理体系需要各方面的参与，数据中心及行业协会组织是数据中心治理的重要组成部分。数据中心行业协会要发挥桥梁纽带作用，忠实代表会员根本利益；数据中心要积极参与治理，维护大局，服从管理，守法合规，以卓有成效的运营，推动数据中心行业健康发展。

（三）算存运兼顾

数据中心是信息基础设施中的算力基础设施，计算力标志着数据中心的本质属性，是体现服务器对数据处理并实现结果输出能力的综合指标。从数据中心行业角度考虑，计算力应当具备完善的算力综合供给体系，需要做的工作包括优化算力设施建设布局，推动算力结构多元配置，促进边缘算力协同部署。从单体数据中心考虑，计算力主要是充分考量投入（机会成本）产出的前提下，使其具备算力弹性，以满足不同阶段、不同时段的算力需求。

存储力是数据存储容量、性能表现、安全可靠、绿色低碳四方面能力的综合指标，存储容量是智算中心能力的重要体现。总体看，今后存储力需求呈快速发展的趋势，尤其是智算类数据中心，对存储容量有起码的要求。通用数据中心在数字化转型、大数据时代，数据量的增加是必然的，但是一般来讲，矛盾并不突出，通用服务器无论性能如何提高，也会有足够的空间安装存储硬盘。存储力对备份中心或兼作备份中心的数据中心形成巨大压力。提高数据灾备比例是网络与信息化安全的重要体现。

运载力反映的是数据中心网络架构、网络带宽、传输时延、管理调度的综合能力，将其作为算力基础设施基本能力之一，越来越多地得到业界的认同。运载力对"东数西算"框架下数据远程传输、调用场景具有瓶颈效应。因此，国家要求国家枢纽节点数据中心集群间基本实现不高于理论时延 1.5 倍的直连网络传输，目前十个数据中心集群到全国各地的时延不高于 20 ms，能够支持大多数业务应用。运载力是衡量、考核数据中心对外提供服务重要能力条件之一，中国光传送网覆盖率已经很高，大多数数据中心的运载力不成问题，重点在于国务院部委的行业管理系统、中央企业的全国性应用业务，需要考虑网络带宽和数据传输能力。承担外省市数据存、算业务的数据中心也要关注数据运载力。

计算力、运载力、存储力并非越大越好、越强越好。数据中心规划、设计、改造的依据应当是需求与投资合理性的平衡。单体数据中心对计算力、运载力、存储力要综合把控，用有限的资源，兼顾三者的合理搭配。

（四）绿电的使用

绿色电力（绿电）是数据中心行业议论较多的话题。在众多场合，提及节能降碳总是要谈及数据中心使用的绿电，一些地方政府甚至规定了数据中心使用绿电的下限比例。但是从绿电所具有的天然禀赋和供电的实际情况看，数据中心使用绿电的实践仍存在一定的模糊性。一是作为终端用户的一员，无法选择使用绿电，也无法分清自己使用的是不是绿电。二是中国的绿电来源以风能和太阳能为主，风力发电和太阳能发电有一个共同的缺点是以连续性衡量的可靠性差。核电、火力发电可以保证在一个检修期内连续运行并稳定出力，不间断供电。风电刮风则有电，无风则停电；光伏电晴天则有电，阴天则无电，晚上晴天也没有电。这种忽有忽无的特质，从根本上决定了风电、光伏发电没有独立为数据中心供电的资格。

2024 年 3 月，国家发展和改革委员会以第 15 号令修订发布的《全额保障性收购可再生能源电量监管办法》，是绿电发展的一个标志性事件。从此之后，风电、光伏电上网，不再由电网企业统购统销，风电、光伏电上网分为保障性收购电量和市场交易电量，其中市场交易电量由发电企业自谋出路。数据中心可以作为市场交易的一方，通过在电力市场上的电力交易机构，与风力发电和太阳能发电企业签订购买合同，由电网企业供电。第 15 号令得到广泛实施后，数据中心使用绿电才有了实际可能。

数据中心使用绿电的另一个渠道是购买"绿电票"，即数据中心投入相应的资金，就可以宣称自己使用的是绿电。此方法目前还不成熟，国家没有统一的规定，以此牟利者众多，诟病也很多。无论在哪个地域对数据中心用电以绿色的名义加价，实际作用都是两个：一是以提高数据中心运营成本的方式，削弱数据中心的竞争力，阻滞数据中心在本地区的发展，或将数据中心逐出本地区；二是通过对数据中心的集中"绿电加价"，取得一笔收入，然后由数据中心通过"数据加价"的方式转嫁给社会。是否将数据中心纳入碳交易范畴，一定是由当地政府慎重研究后决策的，数据中心只需秉持"节能提效是绿色低碳的第一能源"的理念，无须多虑，随遇而安即可。

（五）老旧机房的改造

老旧机房并不区分数据中心类型。无论是超大型数据中心、超级计算数据中心、通用数据中心还是边缘数据中心，只要建设的时间足够久，都有老旧机房，都有可能存在按照新的低碳环保和机房等级要求翻建、改建、扩建的需求。国家发展和改革委员会在多个文件中都有加快推进低效数据中心节能降碳改造，老旧基站、"老旧小散"数据中心整合改造的要求；很多地方出台政策，将老旧机房改造列入大规模设备更新行动范围，给予特别奖补。数据中心要抓住这些机会，推进老旧机房的升级。各地已经有了一些可供借鉴的做法，如江苏省采用微模块、堵塞冷热逃逸、气流组织优化、水温智能化调节等方式对老旧机房进行更新。

近几年，各部门、各单位在用的小型数据中心、机房，甚至只有若干个服务器的一两个机柜，被视为云计算冲击下的淘汰对象，从实际情况看，这种判断过于唐突。正是这些在用的数据中心，从 20 世纪 80 年代开始，支持了中国的信息化应用，推动了中国经济社会融入由第三次工业革命带来的信息控制技术时代。数据中心行业要清醒认识，尽管在有关单位统计的总机架数量中，超大型、大型数据中心的机柜数量占比可以达到 70%或更多，其他中、小、微数据中心拥有的机柜、安装的设备，依然承载各地区、各部门、中小企业、事业单位的信息系统，支撑着电子政务、电子商务，以及工厂、医院、学校管理信息系统的运行，它们贴近使用者，能及时响应业务需求，数字中国战略的建设还需要它们继续发挥作用。众多存量中、小、微数据中心的改造、升级和日常设备更新、维护，为数据中心相关产品供应商，特别是中小微企业提供了生计来源，也在一定程度上有助于就业、产出 GDP，这是非数据中心集群驻在地区需要直面的现实问题。

（六）边缘数据中心的提升

边缘数据中心原来泛指部署在网络边缘侧、提供多应用接入网络所需计算能力的计算环境。在数据呈指数级暴涨的大数据时代，需要有小型化、分布式、靠近数据源的边缘数据中心，对大量的原始数据进行预处理，原来意义上的边缘数据中心，有适应相关场景的需求，曾作为数据中心的一个分支取得一些发展。在全国一体化算力网的架构中，边缘数据中心是支撑低时延业务应用的数据中心，满足工业互联网、教育、交通、医疗、金融、能源等行业应用需求，支撑传统行业数字化转型。相对原来对边缘数据中心的定位，全国一体化算力网中的边缘数据中心使用范围有所扩大。

数据中心应对边缘数据中心在全国一体化算力网中的功能和作用进行进一步的梳理，按照新场景，对其规划、设计、管理进行研究，提供分层次的解决方案，如在哪些场景可以通过微模块的方式建设边缘数据中心。如果说建设全国一体化算力网之前的边缘数据中心是一个小众事物，仅被若干对筛选海量数据资源、减少无效网络传输需求强烈的行业所关注，那么依现在的情势，相当多的中、小、微数据中心要以边缘数据中心的称谓新建、存续，这是相当大的一个数量。

（七）需要加快应用落地的技术

1. 5G 技术

5G 技术已融入 74 个国民经济大类，应用案例超 9.4 万个。低时延、高可靠、广覆盖的工业互联网网络基本建成。截至 2023 年年底，5G+工业互联网在全国已创建示范应用项目超 8 000 个，建成 5G 工厂达 340 个，比 2020 年的 70 个有大幅度增长。用 5G 网络代替综合布线，在理论上，建筑面积较大的数据中心特别是数据中心园区具有可行性。对于具有一定综合布线规模的数据中心可以结合新建、翻建、改建等方式提出需求。5G 技术在数据中心应用的重点在于传感器接口。生态问题确实是瓶颈，但是有需求就会有供给。

2. 储能技术

储能技术早已被数据中心广泛采用，支持不间断电源（UPS）供电的电池组就是典型的储能设备。当前要加以研究的有两点。一是储能设备的升级。作为数据中心具体应用场景，选择哪一种储能技术路线制造的设备更具安全性、经济性，是一个值得研究的问题。以锂离子电池为例，我国在该领域发展速度最快且产能领先，电动汽车行业的发展造就了磷酸铁锂和三元锂（镍钴锰酸锂）两大技术分支，它们各有优势，产品种类繁多，性价比突出。那么，数据中心是否可以考虑引入汽车用锂电池？如果向产业链企业提出规格型号需求，可否得到满足，锂离子电池用作供电电池时，该如何选择？可以肯定的是，即使引进和使用过程顺利，由于数据中心不同、所处环境不同、场景不同、投资强度不同，可以有不同的选择。这类决策不应当由数据中心个体通过试错的办法去探索，行业协会应当提供可落地的意见。二是确定参与"源网荷储"的地位和作用。数据中心参与"源网荷储"是为构建新型电力系统助力，并以此得到电网的支持。数据中心以用户的身份，以储能作为手段参与，需要提供大量的储能设备。目前，动员数据中心参与"源网荷储"的一方，看重的是数据中心长期备用的大功率蓄电池，但是这些蓄电池的电量不能轻易挪作他用。极少数的数据中心运营初期由于上架率不高，蓄电池冗余过大，可以参与"源网荷储"，而对于大多数的数据中心来说，参与一体化"源网荷储"的路径还需要进一步研究。

3. 液冷技术

液冷技术是数据中心向智算发展过程中的必然选择。实施液冷技术，液冷产品投入更广泛应用，数据中心需要从三方面着手。一是数据中心新建时，即按照液冷布局需求做相关设计，这样既可以在当期进行建设和投入使用，又可以作为预留，避免当置换液冷服务器设备时，受到机房结构的掣肘。二是在机房装修或者改造时，有投资条件的数据中心，可以全部或者部分按照液冷数据中心的需求进行安排。三是因地制宜推广现有液冷技术产品，包括在传统空调中使用液冷技术推出的风液融合散热产品等。

4. WUE 指标控制技术

我国在对 8 个国家算力枢纽节点的批复函中，提及西部地区节点的节水问题。国家发展和改革委员会在实施《关于大力实施可再生能源替代行动的指导意见》（发改能源〔2024〕1537 号）中提出，支持国家枢纽节点中具有冷水资源的地区建设大数据中心；在数据中心绿色低碳发展专项行动计划中提出了"严格新上项目能效水效要求"，开展新建及改扩建数据中心项目节水评价工作，提升数据中心水资源利用效率（Water Usage Effectiveness，WUE），保证合理用水需求，加强优质数据中心项目用水保障。

微软公司在相关标准中提出，WUE=用于加湿和冷却的年耗水量×L/IT 设备的年耗电量（kW·h），对亚太地区给出的先进（设计）指标为 0.99，而 2021 年的实际执行指标为 1.65。2023 年，北京市发布的数据中心用水定额相关地方标准中，规定数据中心的年取水量与信息设备耗电量（L/ kW·h）之比，先进值为 1.4，通用值为 2.1。2024 年，工业和信息化部征集工业废水循环利用典型案例，用水效率先进的数据中心被列入范围，申报条件是数据中心单位信息设备 WUE 不高于 1.4 L/ kW·h。在数据中心内部，水的主要用途是作为媒质，对空调压缩机进行冷却，对于不能使用自然风作为冷媒的数据中心，WUE 可降低的弹性很小。除寄希望于更好的节水空调设备尽快出现外，数据中心行业要防止内卷。单体数据中心如果出台 WUE 指标相对较高的企业标准，数据中心相关行业协会参考这些企业标准的 WUE 指标，出台行业评判标准，在起草国家标准时，数据中心行业自己树立的 WUE 高指标就会干扰起草过程，最终形成看起来光鲜，而实际难以宣贯的标准，有违制定标准的初衷。

5. 人工智能技术

数据中心行业关注人工智能较早，有的数据中心已经引进人形机器人，用于部分取代人工巡检。从 2022 年年底至 2023 年 3 月，ChatGPT-3 和 ChatGPT-4 相继推出，从大型语言模型发展到全新一代多模态大模型，在全世界引起强烈反响。在这场人工智能技术快速演进的过程中，中国也在加紧布局。国务院总理李强在 2024 年政府工作报告中提出要深化大数据、人工智能等研发应用，开展"人工智能+"行动；工业和信息化部表示，要研究出台推动人工智能赋能新型工业化行动方案。数据中心行业当今的要务，是研究人工智能技术在数据中心落地，已经出现的各类大模型如何应用于数据中心的运营，实现"人工智能+数据中心"。在 ChatGPT 成为热点之前，已经有若干个数据中心做了人工智能技术用于数据中心管理的尝试，有的还提出了数字孪生应用的想法，除了延续这些思路，还有哪些场景可以用到人工智能，需要数据中心的专业人士，特别是年轻技术人员多加关注并研究。

6．余热利用技术

数据中心余热利用技术的提出，是社会关注数据中心用电量的衍生舆论产物。中国信息通信研究院 2024 年出版的《中国绿色算力发展研究报告（2024）》披露，截至 2023 年年底，在数据中心平均 PUE 从 2022 年的 1.54 降至 1.48 的背景下，我国数据中心 810 万在用标准机架，总耗电量仍然达到 1 500 亿 kW·h，占同期全社会用电量 92 241 亿 kW·h 的 1.6%，数据中心是耗能大户已经成为不少官员和专家的刻板印象。数据中心用电量中的很大一部分被转化为废热，用电多、散热量大，直接将废热排入大气会造成能源浪费，促使全球气候变暖，数据中心余热利用顺理成章成为行业热点之一。

但是，正如北京理工大学博士生导师王永真教授在相关报告中指出的，数据中心余热量大但品位低，具有闲置性资源冗余的特点。液体的比热容和导热性能远高于空气，液冷设备的使用，会使部分数据中心余热品位增高，但总体上看于事无补，可适配数据中心的余热利用技术仍然缺乏且不成熟。数据中心余热利用技术的另一个瓶颈是对产出的考量，只有能够用不高于其他同质热源的价格，提供数据中心的余热利用产品，投向市场，被社会接受，才能在造福社会的同时，实现数据中心的正向发展，成为余热利用技术落地应用的理想状态。

（作者单位：中国计算机用户协会数据中心分会）

综合

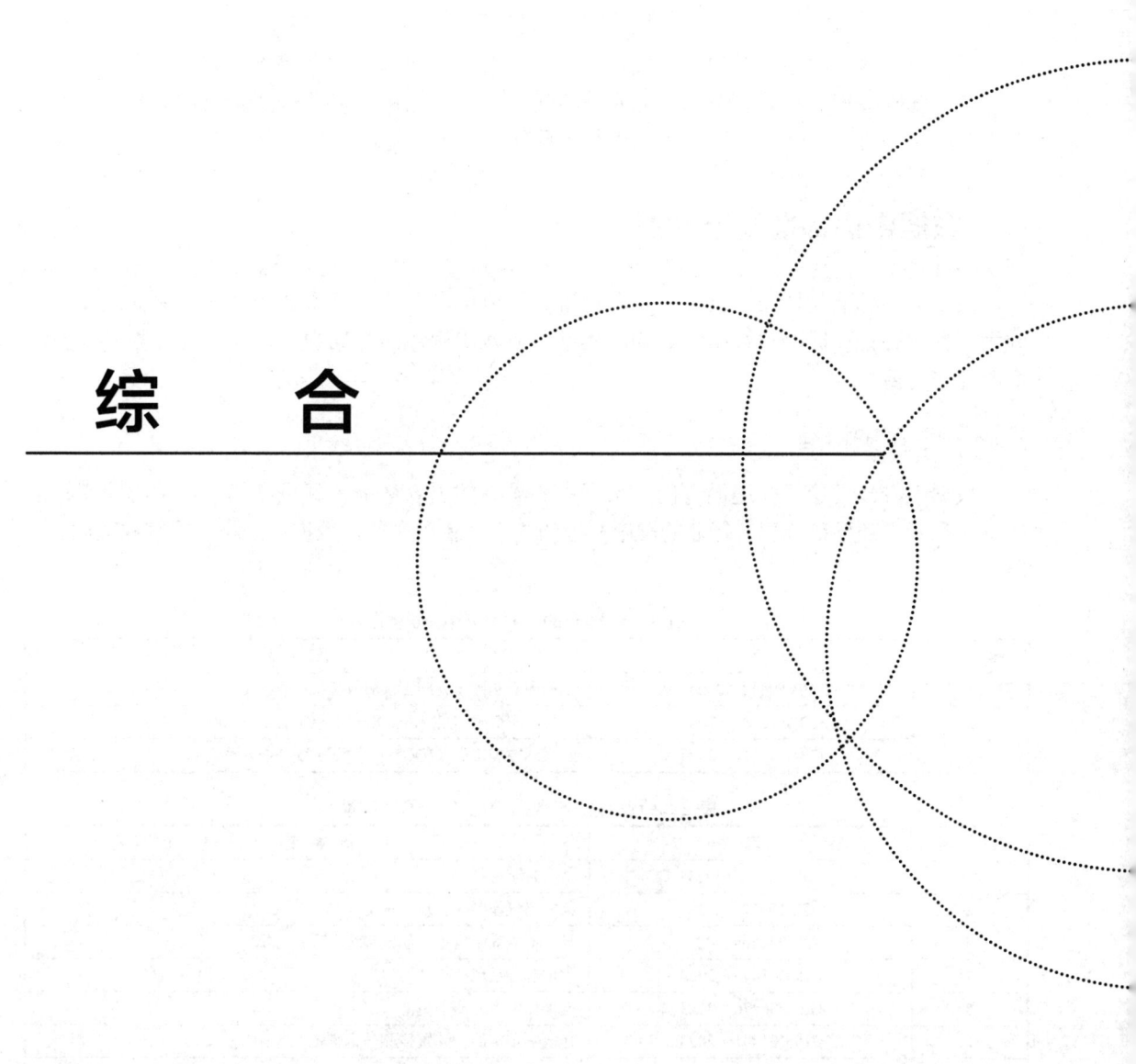

数据中心标准规范的发展

黄群骥　刘东雪　黄　娜

近两年，数据中心仍然保持着高速发展的势头。生成式大模型等人工智能技术的爆发、绿色节能低碳政策的不断更新和实施及液冷技术的逐步应用，促使一些新的相关数据中心标准规范出台，对一些既有的标准规范进行了更新和完善，呈现出加快发展的态势。

一、数据中心标准发展状况

数据中心标准包括国家标准、行业标准、地方标准和团体标准四类，而国家标准又可以分为数据中心直接标准和数据中心相关标准。近两年颁布的数据中心国家标准并不多，团体标准却非常多。

（一）国家标准

数据中心建设除了要遵循专门为数据中心颁布的国家标准，新颁布的数据中心国家标准如表 1 所示，还要符合相关行业的国家标准的要求，新颁布的与数据中心相关国家标准如表 2 所示。

表 1　新颁布的数据中心国家标准

序号	标准号	标准名称
1	GB 50462—2024	数据中心基础设施施工及验收标准
2	GB/T 42581—2023	信息技术服务 数据中心业务连续性等级评价准则
3	GB/T 43331—2023	互联网数据中心（IDC）技术和分级要求

表 2　新颁布的与数据中心相关国家标准

序号	标准号	标准名称
1	GB 23864—2023	防火封堵材料
2	GB 19517—2023	国家电气设备安全技术规范
3	GB 21520—2023	显示器能效限定值及能效等级
4	GB/T 43456—2023	用电检查规范
5	GB/T 36276—2023	电力储能用锂离子电池
6	GB/T 21431—2023	建筑物雷电防护装置检测技术规范
7	GB/T 5700—2023	照明测量方法
8	GB/T 17758—2023	单元式空气调节机
9	GB/T 42729—2023	锂离子电池和电池组安全使用指南

（二）行业标准

数据中心的行业标准主要以工业和信息化部颁布的标准为主，新颁布的数据中心行业标准如表 3 所示，其他行业也有一些关于数据中心的标准，但数量不多。

表 3 新颁布的数据中心行业标准

序 号	标 准 号	标 准 名 称
工业和信息化部		
1	YD/T 4127—2023	互联网数据中心服务能力评价技术要求
2	YD/T 4203—2023	电信互联网数据中心基础设施的防雷与接地技术要求
3	YD/T 4274—2023	单相浸没式液冷数据中心设计要求
4	YD/T 4275—2023	互联网数据中心基础设施监控指标规范
5	YD/T 4411—2023	单相浸没式液冷数据中心测试方法
6	YD/T 4458—2023	数据中心精细化运维技术要求及评估方法
7	YD/T 4624—2023	微型集成化数据中心技术要求
8	YD/T 4625—2023	数据中心能耗管理系统技术要求
9	YD/T 4626—2023	数据中心运营管理系统技术要求和智能化分级评估方法
10	YD/T 4627—2023	数据中心网络智能管控及运维系统技术要求
11	YD/T 4628—2023	数据中心基础设施验证测试技术规范
12	YD/T 4630—2023	边缘数据中心分类分级及技术要求
13	YD/T 4631—2023	面向业务需求的数据中心设计要求
14	JB/T 14405—2023	绿色数据中心用飞轮储能装置
其他行业		
1	JR/T 0265—2023	金融数据中心能力建设指引
2	NB/T 11400—2023	电力数据中心设计规程
3	CH/T 2019—2023	北斗导航基础数据中心维护与管理规范

（三）地方标准

数据中心的地方行业标准主要集中在数据中心的节能和节水领域，除北京市相对数量较多外，其他城市近二年来颁布的数量不多，新颁布的地方标准如表 4 所示。

表 4 新颁布的地方标准

序 号	标 准 号	标 准 名 称
北京市		
1	DB11/T 1282—2022	数据中心节能设计规范
2	DB11/T 2019—2022	能源计量器具配备和管理规范 数据中心
3	DB11/T 2052—2022	绿色数据中心评价指标与方法
4	DB11/T 936.18—2023	节水评价规范 第 18 部分：数据中心
5	DB11/T 1139—2023	数据中心能源效率限额
6	DB11/T 1764.11—2023	用水定额 第 11 部分：数据中心
7	DB11/T 2165—2023	数据中心合理用能指南
其他城市		
1	DB31/T 1395—2023	绿色数据中心评价导则
2	DB4403/T 367—2023	绿色数据中心评价规范
3	DB23/T 3211—2022	"互联网+监管"系统大数据中心数据质量规范
4	DB23/T 3512—2023	大数据中心算力评估规范
5	DB34/T 4641—2023	交通管理大数据中心数据模型建设规范
6	DB36/T 933—2023	数据中心雷电防护装置检测技术规范（江西省标准）
7	DB52/T 1734—2023	数据中心雷电防护装置检测技术规范（贵州省标准）

（四）团体标准

数据中心的团体标准是近几年最活跃的标准，新颁布的团体标准如表 5 所示，但存在的问题很多，主要在于编制质量粗糙，影响力很小，很多标准颁布后就处于无人问津的状态。该类标准确实还需要加强管理和扶持。

表 5 新颁布的团体标准

序号	标准号	标准名称
中国计算机用户协会		
1	T/CCUA 023—2023	数据中心基础设施文档管理要求
2	T/CCUA 002—2024	数据中心基础设施运维服务能力要求
中国电子节能技术协会		
1	T/DZJN 164—2023	数据中心蒸发冷凝氟泵热管空调技术规范
2	T/DZJN 174—2023	数据中心碳标签评价规范
3	T/DZJN 175—2023	数据中心碳排放控制规范
4	T/DZJN 236—2024	边缘计算数据中心基础设施设计标准
5	T/DZJN 249—2024	数据中心间接蒸发冷却塔
6	T/DZJN 250—2024	数据中心蒸发冷却空调系统工程验收规范
7	T/DZJN 251—2024	数据中心自然蒸发冷却气象参数
8	T/DZJN 252—2024	直接蒸发冷却预制化数据中心模块
中国通信标准化协会		
1	T/CCSA 431—2023	数据中心服务器机柜抗地震性能测试和评估方法
2	T/CCSA 432—2023	温室气体排放核算与报告要求数据中心
3	T/CCSA 437—2023	数据中心预制化率评估方法和要求
4	T/CCSA 460—2023	数据中心智能建造能力成熟度评估技术要求
5	T/CCSA 507—2024	数据中心节能减排改造技术要求和评估方法
6	T/CCSA 508—2024	数据中心电能利用效率（PUE）评估和验收规范
中国物质再生协会		
1	T/CRRA 1303—2022	数据中心资源综合利用 工作指南
2	T/CRRA 1304—2022	数据中心资源综合利用 回收处理企业管理规范
3	T/CRRA 1305—2022	数据中心资源综合利用 第三方评价机构管理要求
中国通信工业协会		
1	T/CA 303—2022	水下数据中心设计规范
2	T/CA 304—2022	数据中心机电施工图深化设计技术标准
3	T/CA 305—2023	零碳数据中心分级与评价方法
4	T/CA 306—2023	数据中心热环境数值模拟技术细则
5	T/CA 307—2023	数据中心浸没液冷系统碳氟类冷却液技术要求和测试规范
6	T/CA 602.2—2024	智能计算数据中心设计要求
广东省能源协会		
1	T/GDEA 002—2023	数据中心机房封闭通道设计规范
2	T/GDEA 003—2023	高功率密度数据中心空调系统设计规范
3	T/GDEA 004—2023	数据中心节能控制可视化平台技术要求

(续表)

序号	标准号	标准名称
其他社会团体		
1	T/CQAE 20001—2023	边缘计算数据中心工程技术规范
2	T/CECS 1399—2023	数据中心监控与管理标准
3	T/BFIA 025—2023	金融数据中心能效管理指南
4	T/ZSA 216—2023	相变浸没式直接液冷数据中心设计规范
5	T/CABEE 056—2023	数据中心锂离子电池室设计标准
6	T/QGCML 2798—2023	数据中心可视化管理软件技术要求
7	T/NIISA 004—2023	数据中心环境技术要求及治理规范

二、新颁布的数据中心标准简介

（一）国家标准

1. 数据中心的国家标准

（1）GB 50462—2024《数据中心基础设施施工及验收标准》。该标准总结了近年来数据中心安装工程在设计、材料、设备、施工等方面的实践经验，按照过程控制强化验收的原则，参考有关国际标准和国外先进标准，并在广泛征求意见的基础上进行修订。其目的是加强数据中心基础设施工程管理、规范施工及验收要求，保证工程质量。该标准适用于新建、改建和扩建的数据中心基础设施施工及验收。

（2）GB/T 42581—2023《信息技术服务 数据中心业务连续性等级评价准则》。该标准界定了数据中心业务连续性等级模型，规定了业务连续性等级要求，明确了对应的评价方法。该标准适用于以下内容：建立、实现、维护和持续改进数据中心业务连续性管理工作；选择外包数据中心提供部分设施的，评价供方数据中心业务连续性能力和水平；外部评价数据中心业务连续性等级。

该标准提出的数据中心业务连续性等级模型专注于数据中心本身的业务特点，适用于提供场地服务、云计算（算力）服务和业务处理服务等各种服务类型的数据中心，可用于评价不同数据中心的业务连续性等级，也可指导数据中心提升自身业务连续性等级。

（3）GB/T 43331—2023《互联网数据中心（IDC）技术和分级要求》。规定了互联网数据中心在绿色节能、可用性、安全性、服务能力、算力算效和低碳等方面的技术和分级要求，适用于互联网数据中心的规划、设计、建设、运维和评估。

2. 与数据中心相关的国家标准

（1）GB 23864—2023《防火封堵材料》。该标准规定了防火封堵材料的分类与标记、要求、试验方法、检验规则及包装、标志、贮存、运输。该标准适用于工业与民用建筑物、构筑物及设施中的各种贯穿孔洞、构造缝隙所使用的防火封堵材料或防火封堵组件；不适用于建筑配件内部使用的防火膨胀密封件和硬聚氯乙烯建筑排水管道阻火圈。

（2）GB 19517—2023《国家电气设备安全技术规范》。该标准的目的是使人、环境和产品之间的安全水平得到最佳平衡，使电气设备在产品设计、制造、销售和使用时最大限度减少对生命、健康和财产损害的风险，并达到可接受的水平。该标准给出了各类电气设备产品的基本安全要求信息。

该标准适用于包括由化学能、光能和风能等转化的电能应用范围内的产品或部件。此外，对于那些内部产生的交流电压超过 1 000 V 及直流电压超过 1 500 V 且无法接触的产品，也属于该标准适用范围。

（3）GB 21520—2023《显示器能效限定值及能效等级》。该标准规定了显示器的能效限定值、能效等级、能效计算及测试方法。该标准适用于屏幕对角线尺寸不小于 40 cm，以液晶显示器（LCD）和有机发光二极管（OLED）为显示方式的平面和曲面的普通用途和商用显示器。显示器也适用于以 LED 为显示方式。像素间距大于 0.30 mm 且小于或等于 2.60 mm、最大亮度不大于 3 000 cd/m^2 的 LED 一体化显示终端。

（4）GB/T 43456—2023《用电检查规范》。该标准规定了用电检查工作规范，包括常规用电安全检查、重大活动保障检查、其他检查、证实方法等。该标准适用于依法取得供电类电力业务许可证的企业对其经营区域内电力用户开展用电检查，以及电力用户开展用电安全自查。

（5）GB/T 36276—2023《电力储能用锂离子电池》。该标准规定了电力储能用锂离子电池外观、尺寸和质量、电性能、环境适应性、耐久性能、安全性能等要求，描述了相应的试验方法，规定了编码、正常工作环境、检验规则、标志、包装、运输和贮存等内容。

（6）GB/T 21431—2023《建筑物雷电防护装置检测技术规范》。该标准规定了建筑物雷电防护装置的检测分类及项目、检测要求和方法、定期检测周期、检测流程、检测记录、结论判定及报告。适用于建筑物雷电防护装置的检测。

（7）GB/T 5700—2023《照明测量方法》。该标准规定了照明测量的一般要求、测量仪器和处理方法，以及建筑照明测量、道路照明测量、夜景照明测量和室外作业场地照明测量的实施方法，适用于建筑、道路、夜景和室外作业场地的照明测量，其他场所照明测量可参照执行。

（8）GB/T 17758—2023《单元式空气调节机》。该标准规定了单元式空气调节机的型式与基本参数、技术要求、试验方法、检验规则、标志、包装、运输和贮存，适用于工艺型单元式空气调节机和名义制冷量大于或等于 7 000 W 的舒适型单元式空气调节机。

（9）GB/T 42729—2023《锂离子电池和电池组安全使用指南》。该标准提供了锂离子电池和电池组使用过程中的安全指导和建议，以及锂离子电池和电池组制造厂商向用户提供可能发生危险的相关信息，适用于锂离子电池和电池组的使用。

（二）行业标准

1. 由工业和信息化部发布的标准

（1）YD/T 4127—2023《互联网数据中心服务能力评价技术要求》。该标准规定了互联网数据中心服务能力的服务条件及服务要素，定义了服务能力的各项关键服务指标，提出了服务能力评价的划分要求。该标准适用于评价服务商的对外服务能力水平，整体对服务商承揽互联网数据中心（云数据中心）业务的专业化服务能力进行考量。

（2）YD/T 4203—2023《电信互联网数据中心基础设施的防雷与接地技术要求》。该标准规定了电信互联网数据中心的防直击雷系统、接地和等电位联结结构、设备设施的接地、雷电过电压防护等要求，适用于新建电信互联网数据中心的防雷接地。

（3）YD/T 4274—2023《单相浸没式液冷数据中心设计要求》。该标准规定了单相浸没式液冷数据中心基础设施、IT 设备、液冷系统等相关的设计技术要求，适用于应用单相浸没式液冷技术的数据中心设计和规划。

（4）YD/T 4275—2023《互联网数据中心基础设施监控指标规范》。该标准规定了互联网数据中心基础设施（包括电气、空调及监控系统，不包括 IT 基础设施）应满足的监控指标，适用于互联网数据中心基础设施及其监控和管理系统的建设和应用。

（5）YD/T 4411—2023《单相浸没式液冷数据中心测试方法》。该标准规定了单相浸没式液冷数据中心的测试方法，包括信号完整性、电源完整性、节点稳定性、节点可靠性、节点交互、节点容错、节点硬件性能等方面，适用于单相浸没式液冷数据中心建设和运维中的测试验证。

（6）YD/T 4458—2023《数据中心精细化运维技术要求及评估方法》。该标准规定了数据中心运行维护管理在流程管理、质量管理、设备管理、资源管理、人员与组织管理等关键环节的技术要求和评估方法，适用于数据中心企业使用或构建运维流程体系，以及有关机构进行评价和指导，可供其他相关行业或组织参考。

（7）YD/T 4624—2023《微型集成化数据中心技术要求》。该标准规定了微型集成化数据中心硬件及架构技术要求，包含电气、空调、监控、安防、消防、结构系统等，适用于指导微型集成化数据中心的设计和实现。

（8）YD/T 4625—2023《数据中心能耗管理系统技术要求》。该标准规定了数据中心能耗管理系统的主要功能架构和关键模块的技术要求，适用于全国各地区数据中心能耗管理系统的数据采集、分析、诊断、优化。

（9）YD/T 4626—2023《数据中心运营管理系统技术要求和智能化分级评估方法》。该标准规定了数据中心运营管理系统在监控管理、运维管理、运营管理、安全管理四个方面的技术要求和分级评估方法，适用于数据中心各类型运营管理系统智能化管理能力的等级评估。

（10）YD/T 4627—2023《数据中心网络智能管控及运维系统技术要求》。该标准规定了数据中心网络智能管控及运维系统的系统架构、功能架构、数据中心网络意图实现管理、数据中心网络意图保障管理等功能及关键流程，适用于基于数据中心网络智能管控及运维系统的研发和测试。

（11）YD/T 4628—2023《数据中心基础设施验证测试技术规范》。该标准规定了数据中心基础设施的验证测试质量技术要求，主要为确保电子信息系统安全、稳定、可靠地运行，实现数据中心工程高质量交付、安全适用、节能环保。该标准适用于新建、改建和扩建的数据中心基础设施验证测试。

（12）YD/T 4630—2023《边缘数据中心分类分级及技术要求》。该标准规定了边缘数据中心的定义、边缘数据中心分类和分级的方法及边缘数据中心分级的技术要求，适用于边缘数据中心的规划、设计、建设、运维和评估。

（13）YD/T 4631—2023《面向业务需求的数据中心设计要求》。该标准规定了面向业务需求的数据中心建设和升级改造等方面的设计要求，适用于指导云数据中心、智能计算中心、边缘数据中心及金融等特殊领域数据中心的建设及升级改造工作。

（14）JB/T 14405—2023《绿色数据中心用飞轮储能装置》。该标准规定了飞轮储能装置的环境条件、基本要求、部件技术要求、试验、检验规则、附件与清单、铭牌标识及运输和贮存，适用于绿色数据中心用飞轮储能装置的制造。

2. 其他部门颁布

（1）JR/T 0265—2023《金融数据中心能力建设指引》（由中国人民银行颁布）。该标准规定了金融数据中心治理、场地环境、网络通信、运行管理和风险管控的能力要求，适用于金融数据中心建设与管理。

（2）NB/T 11400—2023《电力数据中心设计规程》（由国家能源局颁布）。该标准适用于满足电力系统（包含国家电网公司、南方电网公司、内蒙古电网公司、各发电集团等）生产调度和数字化应用需求，用于部署服务器、存储设备等设施的场所，还适用于电力数据中心的新建或改建设计。

（3）CH/T 2019—2023《北斗导航基础数据中心维护与管理规范》（由中华人民共和国自然资源部颁布）。该标准规定了北斗导航基础数据中心相关的通信设备、硬件设备、软件系统、保障设施、业务管理、人员和制度及安全与应急保障等维护与管理相关要求。该标准适用于北斗导航基础数据中心维护与管理，其他北斗地基增强系统数据中心及卫星导航定位基准站网数据中心的维护与管理可参考使用。

（三）地方标准

1. 北京市标准

（1）DB11/T 1282—2022《数据中心节能设计规范》。该标准规定了数据中心节能设计总体要求、云边协同节能设计要求、选址和设备布置节能设计要求、建筑节能设计要求、制冷系统节能设计要求、供电系统节能设计要求、智能化管理系统节能设计要求、IT系统节能设计要求等内容。该标准适用于新建、改建、扩建数据中心的节能设计，既有数据中心改造的节能设计可参照实施。

（2）DB11/T 2019—2022《能源计量器具配备和管理规范 数据中心》。该标准规定了数据中心能源计量的种类和范围、能源计量器具的配备原则、能源计量器具的配备要求、能源计量的管理要求、能源计量的数据要求，适用于数据中心能源计量器具配备和管理。

（3）DB11/T 2052—2022《绿色数据中心评价指标与方法》。该标准规定了绿色数据中心的评价对象、评价方法和评价指标，适用于绿色数据中心评价活动，包括数据中心自评价、相关方评价和第三方评价。

（4）DB11/T 936.18—2023《节水评价规范 第18部分：数据中心》。该标准规定了数据中心节水评价的基本要求、评价指标及评分细则，适用于数据中心的节水评价。

（5）DB11/T 1139—2023《数据中心能源效率限额》。该标准规定了数据中心能源效率限额指标要求、统计范围和计算方法、节能措施与管理，适用于全年电力能源消耗量500万 kW·h及以上的数据中心能源效率的计算和考核。

（6）DB11/T 1764.11—2023《用水定额 第11部分：数据中心》。该标准规定了数据中心用水定额的计算方法、用水定额和管理要求，适用于采用水蒸发原理冷却的数据中心的用水管理。

（7）DB11/T 2165—2023《数据中心合理用能指南》。该标准规定了数据中心能源使用的基本要求和节能运行要求，适用于数据中心能源使用的指导和管理。

2. 其他省市标准

（1）DB31/T 1395—2023《绿色数据中心评价导则》（上海市标准）。该标准确定了绿色数据中心评价的范围，规定了设计评价和运行评价等内容，适用于上海市内拥有 100 个机架及以上规模的数据中心绿色评价，而规模小于 100 个机架的数据中心可参照该标准的相关规定执行。

（2）DB4403/T 367—2023《绿色数据中心评价规范》（深圳市标准）。该标准规定了绿色数据中心的评价体系框架、等级划分及评价对象、评价方法、评价程序、评价报告和复核监督，适用于深圳市绿色数据中心的评价活动。

（3）DB23/T 3211—2022《"互联网+监管"系统大数据中心数据质量规范》（黑龙江省标准）。该标准规范了黑龙江省"互联网+监管"系统的数据汇聚过程中对数据质量要求与非标准数据的反馈流程，适用于黑龙江省"互联网+监管"系统大数据中心的数据质量工作。

（4）DB23/T 3512—2023《大数据中心算力评估规范》（黑龙江省标准）。该标准规定了大数据中心算力评估方法，适用于大数据中心算力评估，并为大数据系统研发、测试、生产、应用提供数据参考，同时可作为大数据中心能力的评价依据。

（5）DB34/T 4641—2023《交通管理大数据中心数据模型建设规范》（安徽省标准）。该标准确立了交通管理大数据中心数据模型建设流程，并规定了交通管理大数据中心数据模型建设的数据处理、特征选择、数据建模、模型评估、模型发布等要求，适用于交通管理大数据中心数据模型建设。

（6）DB36/T 933—2023《数据中心雷电防护装置检测技术规范》（江西省标准）。该标准规定了数据中心雷电防护装置的术语和定义、检测项目与判定、常用电子信息系统雷电防护与接地检测、检测一般要求等，适用于江西省行政区域内数据中心的雷电防护装置安全性能检测，不适用于爆炸和火灾危险场所的数据中心雷电防护装置检测。

（7）DB52/T 1734—2023《数据中心雷电防护装置检测技术规范》（贵州省标准）。该标准规定了数据中心雷电防护装置的检测流程、检测内容与要求，适用于数据中心的雷电防护装置检测。

（四）团体标准

1. 中国计算机用户协会颁布的标准

（1）T/CCUA 023—2023《数据中心基础设施文档管理要求》。该标准规定了数据中心基础设施规划设计、建设、运维、优化改造、报废全生命周期文档的管理要求，包括文档的产出、分类、编码、收集、归档、保管、使用、移交与销毁的要求，适用于自用型数据中心全生命周期产出文档的管理，其他数据中心可参照执行。

（2）T/CCUA 002—2024《数据中心基础设施运维服务能力要求》。该标准确立了数据中心基础设施运维服务能力的模型和框架，规定了数据中心基础设施运维服务能力级别及不同级别运维服务能力的要求。该标准适用于数据中心基础设施运维服务组织在制度、人员、资源、技术和过程方面，建立、保持和改进运维服务能力，评价数据中心基础设施运维服务组织的服务能力。

2. 中国电子节能技术协会颁布的标准

（1）T/DZJN 164—2023《数据中心蒸发冷凝氟泵热管空调技术规范》。该标准规定了数据中心蒸发冷凝热管冷却系统的工程设计、设备制造、检验及安装、能效评价的技术要求，适用于新建、改建和扩建的数据中心所采用的热管+氟泵+蒸发冷凝+机械制冷空调机组及系统设计。

（2）T/DZJN 174—2023《数据中心碳标签评价规范》。该标准规定了数据中心碳标签评价的相关术语、核算边界、评价内容和评价划分方法，适用于指导相关方对正在使用的数据中心进行碳标签评价，包括具有温室气体排放行为并应定期核算和报告排放量的法人数据中心，以及视为法人的独立核算的数据中心。

（3）T/DZJN 175—2023《数据中心碳排放控制规范》。该标准规定了数据中心碳排放控制的规范性引用文件、术语与定义、边界、碳排放数据采集与管理规范、碳排放量识别与计算规范、碳排放管理规范和碳排放控制措施规范。该标准适用于指导数据中心行业控制碳排放，也可为数据中心企业开展碳排放有效控制提供依据或方法参考。

（4）T/DZJN 236—2024《边缘计算数据中心基础设施设计标准》。该标准规定了边缘计算数据中心基础设施各系统（选址、建筑结构与防护体系、电气系统、空气调节系统、给排水系统、智能化系统、布线系统、消防与安全、能效要求与能源管控系统等）的设计标准，适用于新建、改扩建边缘计算数据中心工程的规划和设计。

（5）T/DZJN 249—2024《数据中心间接蒸发冷却塔》。该标准规定了数据中心间接蒸发冷却塔（以下简称间接蒸发冷却塔）的术语和定义、型式与基本参数、技术要求、试验方法、检验规则以及标志、包装、运输、贮存等。该标准适用于具有空气预处理模块，利用蒸发冷却原理，以水、空气为介质，能根据数据中心需求产出相应水温，为液冷工作介质降温或供冷凝器散热的复合式间接蒸发冷却塔。以其他液体作为介质的间接蒸发冷却塔制造也可参照该标准。此外，该标准不适用于产生高温冷水的间接蒸发冷却冷水机组。

（6）T/DZJN 250—2024《数据中心蒸发冷却空调系统工程验收规范》。为数据中心蒸发冷却空调系统工程的验收，包括蒸发冷却冷风系统与蒸发冷却冷水系统等正式投入使用前的施工验收工作，适用于数据中心新建及改扩建工程。

（7）T/DZJN 251—2024《数据中心自然蒸发冷却气象参数》。该标准规定了数据中心自然冷却、蒸发冷却空调系统与设备节能设计计算用气象参数，旨在确保蒸发冷却空调系统与设备节能设计相关规范的有效实施，提高节能设计质量。该标准适用于各类数据中心风侧、水侧及制冷剂侧蒸发冷却空调系统和自然冷却系统。该标准中所提供的气象参数适用于自然冷却、蒸发冷却空调的设计计算与设备选型。

（8）T/DZJN 252—2024《直接蒸发冷却预制化数据中心模块》。该标准规定了直接蒸发冷却预制化数据中心模块的运行模式、安装方式及气流组织、技术要求、试验方法、检测规则、标志、包装、运输和贮存等，适用于能够与数据中心直接对接的全新风直接蒸发冷却预制化模块产品。

3. 中国通信标准化协会颁布的标准

（1）T/CCSA 431—2023《数据中心服务器机柜抗地震性能测试和评估方法》。该标准规定了数据中心服务器机柜抗地震性能的测试要求，包括承载要求、动力特性和抗地震考核测试要求及结果评判、分级方式，适用于对数据中心服务器机柜抗地震性能的测试和技术选型。

（2）T/CCSA 432—2023《温室气体排放核算与报告要求数据中心》。该标准规定了数据中心温室气体排放核算的术语和定义、计量要求、核算边界和核算方法、数据质量管理及报告内容和格式，适用于数据中心运营期间的核算与报告要求。

（3）T/CCSA 437—2023《数据中心预制化率评估方法和要求》。该标准规定了数据中心预制化率评估方法和要求，包括全系统类、基础设施类、机电工程、建筑和 IT 系统等，适用于规模大于或等于 100 个标准机架的数据中心。

（4）T/CCSA 460—2023《数据中心智能建造能力成熟度评估技术要求》。该标准规定了数据中心智能建造在工程勘察、工程设计、施工管理、测试验收等阶段的技术要求及数据中心智能建造能力成熟度评估模型，适用于数据中心建造阶段的管理。

（5）T/CCSA 507—2024《数据中心节能减排改造技术要求和评估方法》。该标准规定了数据中心节能减排改造相关的基本规定，节能减排改造流程、建筑布局与建筑热工、信息系统节能、通风与空调系统及给排水系统、电气系统、自动控制和能耗监测系统、节能减排改造评价方法等内容。该标准适用于能效水平不满足 GB 40879—2021《数据中心能效限定值及能效等级》限定值及各地方政策标准规定的数据中心、规模大于 100 个标准机架的数据中心扩建、改建的数据中心，以及节能减排水平主动优化和能效成本持续降低的数据中心。

（6）T/CCSA 508—2024《数据中心电能利用效率（PUE）评估和验收规范》。该标准从数据中心设计阶段、运行阶段对电能利用效率技术、评估和验收要求进行了规范，适用于新建数据中心，改扩建数据中心参照执行，以及独立配电、空气冷却、电动空调的数据中心建筑单体或模块单元的设计、运行阶段电能利用效率评估和验收。

4. 中国物资再生协会颁布的标准

（1）T/CRRA 1303—2022《数据中心资源综合利用 工作指南》。该标准规定了数据中心资源综合利用的工作准则，适用于数据中心与为数据中心提供资源综合利用服务的企业，也适用于为数据中心单位提供服务（评价、碳核查、碳交易、碳资产管理等）的第二方、第三方机构。

（2）T/CRRA 1304—2022《数据中心资源综合利用 回收处理企业管理规范》。该标准规定了参与数据中心资源综合利用企业资质与能力、回收和处理过程、碳减排和管理的要求，适用于推荐符合要求的回收企业和处理企业开展数据中心资源综合利用工作。

（3）T/CRRA 1305—2022《数据中心资源综合利用 第三方评价机构管理要求》。该标准规定了对数据中心资源综合利用工作实施第三方评价机构的通用要求、结构要求、资源要求、过程要求和管理要求，适用于第三方评价机构开展工作。行业协会、相关方可参考该标准对评价机构实施管理。

5. 中国通信工业协会颁布的标准

（1）T/CA 303—2022《水下数据中心设计规范》。该标准规定了水下数据中心的分级与性能要求、选址与系统组成、水下舱体系统设计要求、电气系统设计要求、空调系统设计要求、监控系统设计要求、网络与布线系统设计要求、动力与通信缆线系统设计要求、消防与安全系统设计要求，适用于指导和规范新建、改建和扩建部署于海洋的水下数据中心设计工作。部署于湖泊、江水等水下的数据中心可参照该标准执行。

（2）T/CA 304—2022《数据中心机电施工图深化设计技术标准》。该标准规定了数据中心机电施工图深化设计技术要求，范围包括数据中心通风与空调工程、给排水工程、电气工程、弱电工程及消防工程等机电专业，内容包括数据中心机电专业系统图、施工平面图、机电 BIM（建筑信息模型）、管线综合平面图、剖面图及大样详图等。该标准适用于数据中心机电施工图的深化设计。

（3）T/CA 305—2023《零碳数据中心分级与评价方法》。该标准规定了零碳数据中心评价的基本要求、约束条件、评价体系及评价流程，适用于具备一定低碳发展基础的数据中心企业开展零碳数据中心的创建提升及评价工作。

（4）T/CA 306—2023《数据中心热环境数值模拟技术细则》。该标准规定了数据中心室内外热环境数值模拟、局部热环境数值模拟、热环境瞬态数值模拟的分析对象、建模要求、网格划分、求解过程、结果分析等内容，适用于新建、改建、扩建的数据中心热环境分析、验证及评价。

（5）T/CA 307—2023《数据中心浸没液冷系统碳氟类冷却液技术要求和测试规范》。该标准规定了数据中心浸没液冷系统中碳氟类冷却液的技术要求和测试方法，适用于数据中心浸没液冷系统中的碳氟类冷却液的研发、生产和使用。

（6）T/CA 602.2—2024《智能计算数据中心设计要求》。该标准规定了智能计算中心的总体要求、设备、建筑、电气等方面设计要求，适用于新建、改建和扩建的智能计算数据中心的规划设计。

6. 广东省能源协会

（1）T/GDEA 002—2023《数据中心机房封闭通道设计规范》。该标准规定了数据中心机房封闭通道设计的术语和定义、机房环境要求、典型送回风方式、冷热通道布置原则、气流组织性能指标、监测与调整，适用于新建、扩建、改建的数据中心机房封闭通道设计。

（2）T/GDEA 003—2023《高功率密度数据中心空调系统设计规范》。该标准规定了高功率密度数据中心空调系统设计的术语和定义、通用要求、室内外设计计算参数、空气调节与气流组织、冷源、监测与控制，适用于新建、改建和扩建的高功率密度数据中心空调系统的设计。

（3）T/GDEA 004—2023《数据中心节能控制可视化平台技术要求》。该标准规定了数据中心节能控制可视化平台的术语和定义、节能控制可视化平台、数据交换和数据格式，适用于数据中心节能控制可视化平台的设计、实施与运行维护。

7. 其他社会团体

（1）T/CQAE 20001—2023《边缘计算数据中心工程技术规范》（由中国电子质量管理协会颁布）。该标准为规范边缘计算数据中心的设计、施工、综合测试、竣工验收、运行与维护、弃用与拆除，保证工程的质量，促进技术进步，获得良好的环境效益、社会效益和经济效益，特制定本规范。

（2）T/CECS 1399—2023《数据中心监控与管理标准》（由中国工程建设标准化协会颁布）。该标准为规范和提高数据中心监控与管理水平，保证电子信息系统安全、稳定、可靠运行，做到安全适用、技术先进、经济合理、节能环保，制定本标准。该标准适用于各类数据中心的监控与管理。

（3）T/BFIA 025—2023《金融数据中心能效管理指南》（由北京金融科技产业联盟颁布）。该标准提供了金融数据中心的能效指标、规划建设和管理运营等能效提升指导内容，适用于指导金融数据中心在建设及运营方面的能效管理。

（4）T/ZSA 216—2023《相变浸没式直接液冷数据中心设计规范》（由中关村标准化协会颁布）。该标准规定了相变浸没式直接液冷数据中心的机房基础设施、机柜布局、相变浸没式直接液冷系统、供配电系统和智能化系统等设计要求，适用于应用相变浸没式液冷技术解决方案新建、扩建和改建相变浸没式直接液冷数据中心的规划与设计。

（5）T/CABEE 056—2023《数据中心锂离子电池室设计标准》（由中国建筑节能协会颁布）。针对锂离子电池特性和在数据中心的应用特点，该标准对数据中心锂离子电池室的环境设计、建筑与装修及设备布置、空气调节与通风及给排水、电气设计、消防设计给出相关设计要求，对规范数据中心锂离子电池室的设计，提高数据中心锂离子电池室的安全性有极大的指导意义。该标准适用于室内放置总容量大于 20 kW·h 锂离子电池的新建、改造和扩建的数据中心建筑。

（6）T/QGCML 2798—2023《数据中心可视化管理软件技术要求》（由全国城市工业品贸易中心联合会颁布）。该标准规定了数据中心可视化管理软件的术语和定义、软件要求、模块功能、性能要求、信息安全、产品测试、产品验收及质量评价等内容，适用于数据中心可视化管理软件的设计及应用。

（7）T/NIISA 004—2023《数据中心环境技术要求及治理规范》（由辽宁省沈抚新区互联网数据中心产业技术创新战略联盟颁布）。该标准界定了数据中心环境分级模型，规定了环境管理的对象及分级指标要求，描述了各指标的测量和评价方法，给出了环境治理方法的指南。该标准适用于数据中心评价自身的环境指标，开展环境治理工作；有资格的第三方机构对数据中心环境进行检测；设备制造商参考本文件制造符合数据中心环境指标要求的 ICT（信息与通信技术）设备；新建、改建和扩建的数据中心的规划设计、建设和运行维护。

三、结语

随着智能化技术的不断发展，数据中心必须不断完善其技术和内容，以适应技术的演变。为了确保数据中心技术发展的规范性和指导性，制定与时俱进的新标准显得尤为重要。数据中心标准的发展主要体现在符合社会发展的需求，以及规范和指导新技术、新产品的应用，具体内容可以分为国家标准和其他标准两部分。

（一）国家标准方面

目前，从国家标准层面上看，还需要补充完善检测认证、低碳方面的标准。

1. 检测认证是数据中心非常重要的环节

检测认证是保证数据中心长期安全稳定运行的重要措施。数据中心的生命期一般在 10 年以上，这期间，数据中心会发生很大的变化，所以检测认证不能只在竣工验收时做一次，必须定期检查和认证。现在检测认证的团体标准有很多，由于业务竞争关系，这些标准很难获得，而且质量参差不齐，急需一个公开透明且质量水平上乘的国家标准进行把关和指导。

2. 建设低碳数据中心是未来发展的方向

绿色数据中心的建设这几年已经深入人心，标准较为完善，但缺乏关于碳排放和低碳数据中心方面的国家标准。虽然已经有许多团体标准，但权威性和质量都有待商榷，因此急需有国家标准进行规范和指导。目前，从全国高能耗行业的发展情况来看，国家对数据中心的碳排放进行限制指日可待。

（二）其他标准方面

行业标准、地方标准和团体标准作为国家标准的补充，在数据中心急剧发展的大形势下发挥着重要作用。

行业标准和地方标准可以归纳为政府主导的标准，只是范围有所差异，通常都是针对选址、规划和绿色节能等方面的。由于这方面的标准很多，继续编制会有一定的难度。在一些新兴技术和新领域方面，可能还有编制新标准的需求，如液冷数据中心、智算中心、算力中心和低碳数据中心等几个方面。

团体标准属于市场标准，虽然也受国家监管，但主要由各个行业协会、学会或社团组织管理，具有选题灵活、内容新颖、编制时间短等优势，是目前标准领域最活跃的一支力量，却也造成了一些混乱的局面，如标准内容重复、质量参差不齐、社团组织监管不力等。国家为了提高团体标准的质量，鼓励社会采用优质的团体标准，2023年8月18日，国家标准化管理委员会专门发布了《推荐性国家标准采信团体标准暂行规定》，打通了一条优秀团体标准直升国家推荐性标准的康庄大道，为提高团体标准的编制质量提供了强有力的支持。在国家强化统筹领导、协会加强监督管理、专家严谨编制标准、社会积极推广应用的合力推动下，团体标准必将沿着健康发展的轨道稳步前行、加速发展。

（作者单位：北京科计通电子工程有限公司）

智算中心对基础设施的保障要求

杨 威 王建军 李培仁

近年来,人工智能技术的广泛应用带动了国内外智算中心的高速发展。智算中心主要是面向人工智能应用,提供人工智能算法模型训练与模型运行服务,具有较强的计算力、网络运载力、数据存储力的信息基础设施。智算中心通常由 GPU（图形处理单元）、ASIC（专用集成电路）、FPGA（现场可编程门阵列）等各类专用芯片承担计算工作。智算中心存在多种技术路线,各种技术路线对基础设施的要求具有一定的差异。

一、智算中心发展现状

（一）智算中心业务发展

近几年,智算中心业务在国内外得到了快速发展,尤其是由 OpenAI 研发的 ChatGPT,于 2022 年 11 月推出后,迅速走进人们的生活和工作中。ChatGPT 一经推出便引起了广泛的关注和热议,并在自然语言处理领域产生了重大影响,极大地推进了智算中心的建设和应用。在国家政策的支持和市场需求的推动下,智算中心业务在我国得到了迅速发展。

2023 年,中国智算中心业务的市场规模达 5 097 亿元。随着各地智算产业的投入建设、大模型在边缘侧及端侧算力需求的释放,预计 2028 年,智算中心业务的市场规模或将达到 3.4 万亿元,近五年复合增长率达到 46.3%,其中,语言与语音模态对智算中心业务市场规模的增长贡献最为显著。

人工智能作为科技革命和产业变革的重要驱动力量,推动全球掀起智算中心基础设施建设高潮,千卡级至万卡级算力集群实现规模化落地。中国智能算力规模持续扩大,预计 2027 年将达到 1 117.4 EFLOPS,年均复合增长率为 33.9%。

国内智算中心业务的快速发展受到政策、技术等多种因素的影响,主要体现在以下四个方面。

（1）政策支持。我国政府高度重视智算中心的发展,将其视为推动人工智能产业发展的关键基础设施。多项政策文件,如《新一代人工智能发展规划》《促进新一代人工智能产业发展三年行动计划（2018—2020年）》等,明确了智算中心建设的重要性,并提出了具体的发展目标。2023 年10月,工业和信息化部等六部门联合出台了《算力基础设施高质量发展行动计划》,引导算力基础设施高质量发展,多措并举,协同推进智算中心规划建设,推动数网融合,推动算力产业链发展。

（2）技术创新。随着智算中心的发展,相关技术取得了显著进步,包括高性能计算、大数据处理、人工智能算法等。智算中心在技术方面不断创新,包括芯片技术、服务器技术、网络技术等。

（3）绿色节能。随着人们对节能减排的重视，智算中心在设计和建设中越来越多地采用绿色节能技术，如液冷技术、自然冷却、热能回收等，以降低能耗和碳排放。

（4）产业协同发展。智算中心的发展促进了产业协同发展，包括硬件制造商、软件开发商和服务提供商等。各方通过合作，共同推动智算中心的建设和应用。

综上所述，近几年智算中心在中国经历了快速发展，为未来的人工智能产业发展奠定了坚实的基础。智算中心 IT 设备的创新，对基础设施提出了新的挑战，包括智算中心的布局、智算中心的配电、智算中心的制冷、智算中心的监控管理，以及现有数据中心如何改造才能匹配智算中心的部署要求等。

（二）智算中心的建设情况

（1）建设主体情况。近年来，智算中心在我国得到快速的发展，在建设主体方面，各级政府、运营商、互联网企业纷纷参与其中。政府主导建设的智算中心通常作为公共基础设施，用于支持地方产业与人工智能相互融合，推动产业集群化发展，目前已有超过 30 座城市在积极布局和建设智算中心。

（2）区域分布情况。截至 2023 年年底，我国已投入运营和在建的智算中心主要集中在东部地区和中部地区。其中，东部地区智算中心数量最多，占比 62.5%，以京津冀和长三角地区为主；中部地区占比 17.5%；西部地区和东北地区的智算中心数量占比分别为 12.5% 和 7.5%。

（3）算力规模情况。根据《中国算力发展指数白皮书（2023 年）》，近年来我国算力规模稳步扩张，智能算力保持强劲增长，近六年累计出货超过 2 091 万台通用服务器、82 万台人工智能服务器，计算设备算力总规模达到 302 EFLOPS。

（4）一些智算中心建设情况如下。

深圳开放智算中心：于 2023 年 2 月投入运营，基于国际主流智能算力芯片，可实现高复杂度、高计算需求的千亿级大模型训练，正在加快打造 10 万卡级别的超强算力集群。

北京人工智能公共算力平台（上庄）：一期 500 PFLOPS 算力上线后，将为北京市高校、科研院所、中小微人工智能企业提供普惠算力服务。

北京联通门头沟智算中心：一期 100 PFLOPS 已经建成投产，计划扩展到 300 PFLOPS，未来目标发展到 1 000 PFLOPS。

中国移动智算中心（武汉）：于 2022 年年底开放运营，2024 年智算中心算力规模将达到 6 800 PFLOPS，成为华中地区规模最大的智算中心。

中国移动智算中心（呼和浩特）：于 2024 年 4 月正式建成投产使用，部署约 2 万张人工智能加速卡，人工智能芯片国产化率超 85%，智能算力规模高达 6.7 EFLOPS，填补了我国人工智能大规模应用时所需算力的巨大缺口。

中国移动算力中心北京节点：于 2024 年 6 月正式投入使用，是北京首个大规模训推一体智算中心，项目占地约 57 000 m^2，部署近 4 000 张人工智能加速卡，人工智能芯片国产化率达 33%，智能算力规模超 1 000 PFLOPS。

随着人工智能等新一代信息技术的快速发展，智能算力需求呈爆发式增长，未来预计会有更多的智算中心投入建设和使用。同时，智算中心的建设面临着智算芯片和服务器问题的挑战，目前国内主要有英伟达技术路线、国产华为等技术路线，两种技术路线的芯片、服务器、网络及算力差异较大，对基础设施建设提出了新的要求。

二、智算中心分类

（一）智算中心使用类型

智算中心是通过使用大规模异构算力资源，包括通用算力（CPU）和智能算力（GPU、FPGA、ASIC 等），主要为人工智能应用（人工智能深度学习模型开发、模型训练和模型推理等场景）提供所需算力、数据和算法的设施。智算中心涵盖设施、硬件、软件，并可提供从底层算力到顶层应用使能的全栈能力。智算中心可以归纳为以下 8 种类型。

1. 通用型

客户群体：面向广泛的用户群体，包括企业、研究机构和个人开发者等。
应用场景：适用于各种人工智能应用领域，如图像识别、自然语言处理、语音识别等。
特点：提供灵活的资源分配机制和广泛的服务支持，用户可以根据需求选择不同的计算资源和服务。

2. 行业专用型

客户群体：面向特定行业或领域的企业和研究机构。
应用场景：专注于某一特定领域，如智能制造、医疗健康、金融科技等。
特点：针对特定领域的应用需求进行优化，提供定制化的算法和服务支持。

3. 科研型

客户群体：面向高等院校、科研机构等。
应用场景：支持科学研究中的大规模数据处理和复杂模型训练。
特点：通常配备有更高级别的计算资源和更专业的软件工具，以满足科学研究中的特殊需求。

4. 边缘计算型

客户群体：面向边缘计算场景下的应用，如物联网、自动驾驶等。
应用场景：处理边缘设备产生的大量数据，减少数据传输延迟。
特点：侧重低延迟和高可用性，通常部署在靠近数据源头的位置。

5. 训练型

客户群体：面向专注于模型训练的用户。
应用场景：提供大规模模型训练所需的高性能计算资源。
特点：配备有大量 GPU、TPU 等加速器，支持并行计算和分布式训练。

6. 推理型

客户群体：专注于模型推理的用户。
应用场景：提供高效的推理服务，支持在线预测和实时决策。
特点：优化推理性能，减少延迟，适用于实时应用场景。

7. 混合型

客户群体：同时提供模型训练和模型推理服务的用户。
应用场景：适用于需要同时进行模型训练和推理的应用场景。
特点：提供灵活的资源配置，支持从模型训练到部署的全流程服务。

8. 云原生型

客户群体：基于云原生技术构建的智算中心。
应用场景：支持容器化、微服务化部署的人工智能应用。
特点：利用 Kubernetes 等容器编排工具，提供高度可扩展和弹性的计算资源。

智算中心的分类并不是完全绝对的，可能同时具备多种特性和功能，满足不同用户和应用场景的需求。随着技术发展和应用需求的变化，智算中心类型和分类也在不断发展和完善。

（二）智算中心芯片及服务器

1. 智算中心芯片及服务器分类

智算中心芯片及服务器是专门为人工智能计算提供强大算力支持的关键组件。不同生产厂家不同系列的芯片差异较大，为基础设施的建设提出了新的挑战。以下针对英伟达、华为、摩尔线程、燧原科技、壁仞科技和寒武纪等几家主要厂商的产品进行分类，并简要介绍它们的用电功耗和算力大小。

（1）英伟达（NVIDIA）。英伟达是一家知名的芯片制造商，其产品包括 GPU 和 DPU（数据处理单元）等。英伟达的 GPU 在人工智能、深度学习等领域得到广泛应用。例如，英伟达 A100 GPU 是一款高性能人工智能芯片，具有较高的算力和能效比。在 FP16/TF32 浮点格式下算力为 19.5 TFLOPS，在 FP64 浮点格式下算力为 9.7 TFLOPS；功耗为 400 W(PCIe)/500 W(SXM4)。英伟达 H100 GPU 在 FP16/TF32 浮点格式下算力为 60 TFLOPS，在 FP64 浮点格式下算力为 30 TFLOPS；功耗为 350 W(PCIe)/700 W(SXM5)。

基于上述芯片的服务器解决方案如下。使用 NVIDIA DGX A100：总算力在 FP16/TF32 浮点格式下为 78 TFLOPS，在 FP64 浮点格式下为 39 TFLOPS，功耗为 19 kW。使用 NVIDIA DGX H100：总算力在 FP16/TF32 浮点格式下为 480 TFLOPS，在 FP64 浮点格式下为 240 TFLOPS，功耗为 35 kW。

（2）华为。华为芯片和服务器产品包括鲲鹏处理器、昇腾芯片等。华为的鲲鹏处理器在服务器领域具有较高的性能和可靠性，昇腾芯片则专注于人工智能领域。使用的昇腾系列芯片为昇腾 910，在 FP16 浮点格式下算力为 256 TFLOPS，在 INT8 浮点格式下算力为 512 TFLOPS，功耗为 310 W。

基于上述芯片的服务器解决方案如下。使用 Atlas 800 AI 服务器：总算力在 FP16 浮点格式下为 2 048 TFLOPS，在 INT8 浮点格式下为 4 096 TFLOPS，功耗为 2 kW。

（3）摩尔线程（Moore Threads）。摩尔线程是一家专注于 GPU 芯片设计的公司，产品包括 MTT S100 等。摩尔线程的 GPU 芯片在图形处理、人工智能等领域具有一定的竞争力。使用的芯片为 MTT S60，在 FP32 浮点格式下算力为 14 TFLOPS，功耗为 250 W；使用的芯片为 MTT S1000，在 FP32 浮点格式下算力为 14 TFLOPS，功耗为 250 W。

基于上述芯片的服务器解决方案如下。使用 MTT S1000，在 FP32 浮点格式下算力为 14 TFLOPS，功耗为 250 W。

（4）燧原科技（Enflame-Tech）。燧原科技是一家专注于人工智能芯片设计的公司，产品包括邃思 DTU 等。燧原科技的芯片在人工智能训练和推理等领域具有较高的性能和能效比。使用的芯片为邃思 2.0，在 INT8 浮点格式下算力为 40 TFLOPS，功耗为 150 W。

（5）壁仞科技（Birentech）。壁仞科技是一家专注于通用 GPU 芯片设计的公司，产品包括 BR100 等。壁仞科技的芯片在大规模人工智能训练和推理等领域具有较高的性能和扩展性。使用 BR100 系列芯片，在 FP16 浮点格式下算力为 1 000 + TFLOPS，功耗为 500 W。

（6）寒武纪（Cambricon）。寒武纪是一家专注于人工智能芯片设计的公司，产品包括思元 220 等。寒武纪的芯片在边缘计算、智能终端等领域具有广泛的应用前景。使用的芯片为思元 270，在 INT8 浮点格式下算力为 128 TFLOPS，功耗为 115 W。

2. 典型芯片技术参数对比

根据不同的应用场景，GPU 芯片可以分为游戏级、工作站级、数据中心级等，通常具有更高的计算性能和更低的延迟性。

服务器解决方案：根据应用场景的不同，可以分为专为人工智能训练和推理设计的服务器、边缘计算服务器等。

用电功耗与算力大小有关：一般来说，算力越高，功耗也会相应增加，但随着技术的进步，能效比也在不断提升。

通过上述详细分析，现阶段智算中心基础设施处于建设初期，芯片和服务器技术路线可按照英伟达和华为等两种技术路线进行规划，规划出各个机房的机柜数量、供电容量、制冷能力等，在供电容量和制冷量确定的前提下，选择不同的芯片、服务器技术路线，对应计算得出不同的算力能力。算力能力与芯片种类强相关，基础设施与服务器功耗和平面布局强相关。

3. 智算中心网络架构分类

（1）智算中心的两种网络架构。现阶段，智算中心的网络架构主要包括 InfiniBand 网络和 RoCE 网络两种。这两种网络架构在设备布局、线路数量、传输距离、布线造价、网络性能等方面存在较大的差异，对智算中心基础设施建设提出了新的要求。

InfiniBand 网络：通过子网管理器（SM）进行集中管理，使用信用令牌机制确保在有足够缓冲区时才发送数据，从而避免数据丢包。自适应路由技术能够根据数据包情况动态选择路径，实现最佳负载均衡。

RoCE 网络：采用以太网和 UDP 用户数据报协议传输层，具有更好的可扩展性和部署灵活性。它的流控机制包括优先级流控（PFC）和显式拥塞通知（ECN），结合数据中心量化拥塞通知（DCQCN），能够在保持网络高效运行的同时避免数据丢失。

（2）不同网络架构支持的 GPU 规模。在实际应用中，不同型号的交换机和不同的网络架构所支持的 GPU 规模不同。例如，Regular 基于 InfiniBand HDR 交换机的两层胖树网络架构，单集群最大支持 800 张 GPU 卡；Large 基于 128 端口 100 G 数据中心以太交换机的 RoCE 两层胖树网络架构，单集群最大支持 8 192 张 GPU 卡；XLarge 基于 InfiniBand HDR 交换机的 InfiniBand 三层胖树网络架构，单集群最大支持 16 000 张 GPU 卡；XXLarge 基于 InfiniBand Quantum-2 交换机或同等性能的以太网数据中心交换机，采用三层胖树网络架构，单集群最大支持 100 000 张 GPU 卡。

随着人工智能计算需求的增加，800 G 和 1.6 T 的主流传输方案逐渐成为热点。在选择网络架构时，智算中心需要综合考虑可容纳的 GPU 卡规模、转发路径的跳数、时延要求、成本及实际业务需求等因素。

（3）网络布线种类。AOC（Active Optical Cables，主动光缆）用于短距离连接，通常用于服务器与交换机之间的连接。DAC（Direct Attach Cables，直连铜缆）适用于较短距离连接，成本较低。

（4）智算中心设备部署、机柜布置原则。在二层网络架构情况下，以智算网络汇聚层（Spine）为核心，智算服务器配套 Leaf 交换机（参数面、样本面）向四周辐射；存储安全管理等设备可灵活部署在智算机柜周边或另外距离较近的机房。为保证组网质量和时延要求，尽量缩小 IB 网络架构智算服务器与 Leaf 交换机之间的距离、Leaf 交换机与 Spine 交换机之间的距离，线缆长度均控制在 50 m 以内。尽量缩小 RoCE 网络架构智算服务器与 Leaf 交换机之间的距离、Leaf 交换机与 Spine 交换机之间的距离，线缆长度均控制在 150 m 以内。超距离的平面布置需要替换传输模块种类才能满足业务需求，但是更换传输模块带来的成本增加对智算中心项目非常不利。因此，合理布置智算服务器机柜、网络机柜及管理存储机柜，控制各级布线距离在约定范围，是智算中心机房规划的关键所在。

三、智算中心基础设施规划设计

智算中心 ICT 设备的快速迭代和业务应用的极速变化给基础设施规划设计带来了新的挑战。与传统数据中心相比，智算中心在基础设施需求方面存在一些显著差异。这些差异主要体现在机柜功率、工艺布局、制冷系统、供电架构、备用电源、智能化监控系统、综合布线系统、消防系统、机房承重结构等方面。

（一）机柜功率

传统数据中心以通用服务器为主，单机柜功率通常较低，一般在几千瓦到十几千瓦之间，均以单机柜功率为设计依据。例如，2014 年的数据中心单机柜功率通常在 4 kW～5 kW，而 2021 年的数据中心单机柜功率通常在 6 kW～8 kW。

智算中心以高性能计算芯片为主，如 GPU、TPU 等，这些硬件功率较高，单台机柜 IT 设备功率可能高达数十千瓦甚至更高。网络架构、大模型参数不同的网络交换机数量和存储数量不同，对单机柜功率也略有影响。现阶段，新建万卡级及以上的智算中心的单机柜功率为 40 kW～60 kW，部署 4～6 台英伟达服务器或 8～12 台国产服务器。千卡级以上的中等规模智算中心，单机柜功率为 20 kW，可部署 2 台英伟达服务器或 4 台国产服务器。千卡级以内的小规模智算中心，新建场景单机柜功率为 20 kW，如果采用原有 IDC 改造智算中心，单机柜功率达到 10 kW 为宜，每台机柜部署 1 台英伟达服务器或 2 台国产服务器。

（二）工艺布局

传统数据中心的工艺布局原则是在确定单台机柜功率，满足制冷、供电、空间和网络前提下提升出柜率，能够更多地承载服务器、网络及存储设备。主机房面积和体积满足气体消防相关规范，面积通常为 400～600 m²。采用标准 19 英寸服务器机柜，机柜有效高度通常为 42 U 或 47 U。

智算中心的工艺布局需考虑大模型训练通信时延。机柜内放置 GPU 服务器、网络交换机、存储和管理服务器等，机柜功率与智算芯片品牌型号及网络技术路线紧密相关。机柜内设备功率在 40 kW 及以内，42 U 高度的机柜即可满足使用要求，设备功率为 60 kW 需采用 52 U 机柜。

（三）制冷系统

传统数据中心的制冷系统的作用至关重要，主要包括以下几个方面。一是维持设备合理运行温度。数据中心内部的服务器、存储设备和网络设备在运行过程中会产生大量的热量，制冷系统将这些热量移除，保持设备在适宜的温度范围内运行，以防止因过热导致的设备损坏或性能下降。二是维持设备合理的运行湿度。制冷系统不仅控制设备的温度，还负责调节数据中心内部的环境湿度，确保设备处于最佳状态，避免数据中心因静电或湿度过高对设备造成损坏，从而减少维护和更换设备的频率。三是提高能效。制冷系统通过有效的热管理可以提高数据中心的整体能效。例如，制冷系统采用高效的冷却技术可以减少能耗，降低运营成本。四是保障数据安全。通过确保设备不受过热的影响，制冷系统可以间接地帮助保护存储在数据中心内的数据安全。五是优化气流管理。制冷系统通常与气流管理系统相结合，通过优化气流路径和分配，确保冷却空气能够有效到达需要冷却的设备，提高冷却效率。六是支持高密度部署。随着数据中心内部设备密度的增加，制冷系统需要能够支持更高的热负荷，以确保即使在高密度部署环境下，设备也能保持在安全的环境范围内。七是应急冷却。制冷系统通常配备备用或冗余冷却设备，以确保在主冷却系统出现故障时能够迅速提供替代冷却，防止设备过热。八是适应不同的技术需求。制冷系统需要能够适应不同的冷却技术，如空气冷却、液冷等，以支持不同类型的数据中心架构和技术需求。九是减少噪声。制冷系统通过采用低噪声的冷却设备和技术，有助于降低数据中心内的噪声水平，创造更安静的工作环境。综上所述，传统数据中心的制冷系统对于维持数据中心内部环境的稳定性和确保设备正常运行至关重要。随着技术的进步，制冷系统的效率和能效也在不断提高，以适应不断增长的计算需求和国家政策的相关要求。

智算中心的制冷系统与传统数据中心的制冷系统差异较大。单台机柜功率高，不同服务器对风冷、液冷等冷却方式存在差异，智算中心的制冷部分可以按需定制。例如，英伟达原装服务器，不接受冷板式液冷，现阶段采用风冷冷却方式，既可以采用水冷行级末端形式，又可以采用风墙末端形式。不同服务器风液比例没有统一标准，当前风液比例有 2∶8、3∶7、4∶6 等，需严格按照风液比例进行设计计算和设备选型。国产芯片服务器大部分支持冷板式液冷，如华为 Atlas 整机柜液冷的解决方案。智算中心的制冷系统设计在满足制冷需求的前提下，也需要考虑节能性要求。以北京地区为例，采用冷板式液冷设计，PUE 值应尽可能控制在 1.15 以下，采用"风冷+液冷"方式设计，PUE 值应控制在 1.25 以下，采用纯风冷方式（冷冻水系统+板换模式）设计，PUE 值应控制在 1.30 以下。制冷系统需要注意，在 IB 网络架构情况下，尽可能避免行级空调的方案，否则会增加布线系统的长度和成本。采用"风冷+液冷"方式的智算中心机房，需考虑送风距离等因素，尽可能避免采用 AHU 或者其他类似方案。

智算中心可分为训练型、推理型、混合型等，未来发展将进一步细分不同使用类型的智算中心，甚至一个智算中心内部有不同的业务范围，它们对业务连续性的需求不尽相同。当没有需要不间断运行的业务，即使制冷暂停也不会造成实际损失和严重后果的业务需求时，可考虑取消不间断制冷的配置。

（四）供电架构

传统数据中心要求稳定的电力供应，按照相应等级考虑供电架构和冗余方式。A 级数据中心的外市电通常采用 2N 模式，UPS 采用 2N 模式，部分项目采用 DR 结构或 RR 结构。

智算中心单机柜功率更高，对市电容量和 UPS 容量要求高，但整体供电架构与传统数据中心没有本质区别。智算中心服务器与传统数据中心服务器 2N 的电源模块配置不同，会有"4+2"或"6+3"等配置方式。目前，实际工程中有两种供电架构：一种是采用多套 2N 系统的 UPS，不同段母线分别为智算中心服务器（"4+2"电源模块）引入 3 路 UPS 电源，每段母线带 2 路容量，以此确保当一段母线停电时，智算中心服务器仍然还有 4 路 UPS 电源供电，满足"4+2"的用电需求；另一种是采用 DR 结构或 RR 供电架构，每台智算中心服务器分别引自 3 路 UPS 母线段，在不增加投资的前提下，进一步满足智算服务器的供电要求。

人工智能计算存在功率突增、突减的特点，加之智算集群的计算与集群通信模式特殊，导致智算中心功率不再是一个稳定负载，集群级波动率是云计算的 10 倍，高达 50%。因此，供电系统需要适配功率的快速波动，电源设备必须具备主动防护能力，防止因负载超频运行引发供电系统崩溃、持续低压或电池频繁放电等问题。此外，供电系统可以采用算力混布策略，避免 GPU 集中接入同一路电源，将 GPU、CPU、存储、网络设备混合部署以平抑功率波动；同时电源系统采用并机模式而非单机接入，配合电池储能技术，进一步平缓功率尖峰。

（五）备用电源

传统数据中心使用柴油机组是为了确保在主电源中断时能够迅速提供备用电源，维持数据中心的正常运行。N+1 的冗余方案最为常见，确保即使一台机组出现故障，其余机组仍然可以满足数据中心的电力需求。当 N≥2 时，机组可以通过并联方式连接多台机组同时工作，达到提供更大的电力供应能力。并联方式可以满足大型数据中心大容量需求，通过自动负载分配系统实现机组之间的负载均衡，确保每台机组都能在最佳状态下运行。机组通常配备自动启动装置，主电源中断后几秒钟内自动启动并接入供电系统，确保数据中心的电力供应不间断。为确保市电在长时间断电情况下机组仍能连续运行，数据中心通常会储备一定量的柴油，柴油储备量根据数据中心的功率需求和预期停电时间确定。一些大型数据中心还会设有柴油输送系统，以确保长时间运行时机组能够及时补充柴油。定期维护和测试是确保机组始终处于良好工作状态的关键，包括定期更换机油、滤清器、检查电池状态等。定期进行负载测试，以确保机组在真正需要时能够顺利启动并提供所需的电力。机组通常安装在室外或专门的楼宇室内，需要良好的通风和冷却系统以保持适当的运行温度。机组系统还应考虑配备必要的隔音降噪设备，以减少噪声对周边环境的影响。

智算中心柴油机组的配置方式与传统数据中心柴油机组的配置方式基本类似，同样需要考虑冗余配置、并机运行、自动启动和切换、燃油储备、维护与测试、环境控制等因素。在同等容量、同等需求的情况下，传统数据中心和智算中心对柴油机组备用电源系统并无明显差异。智算中心在不同的业务范围内对连续性要求不同，可以探索柴油机组备用电源系统精细化配置，减小柴发系统的保障范围，节省工程投资、降低运维难度，具有非常重要的意义。现阶段由于实际运行的智算中心还不足以支持业务细化，柴油机组备用电源系统仍然按照传统数据中心的模式进行设计。

（六）智能化监控系统

传统数据中心的智能化监控系统主要包括安防监控系统、动环监控系统（电力监控系统）、楼宇自控系统、DCIM 系统等，实现对数据中心的机电设施和环境参数等进行集中监控、统一管理，确保整个数据中心安全、高效地运行。

智算中心的智能化监控系统和传统数据中心无明显差异。供配电系统、备用电源系统等控制和管理系统基本相同。智算中心机电系统与传统数据中心机电系统的差异主要在于空调制冷系统。某些智算中心的空调系统采用了液冷技术，智能化监控系统需要对液冷系统进行精确的管控。另外，由于制冷系统的差异，智算中心的 PUE 计算模型与传统数据中心的 PUE 计算模型也存在一定的区别。

（七）综合布线系统

综合布线系统是传统数据中心基础设施的重要组成部分，负责连接数据中心内的各个弱电设备，确保数据和信号能够顺畅地传输。综合布线系统通常遵循一定的层级结构，以便管理和维护。

（1）传统数据中心综合布线系统的层级主干布线：从主配线区（MDA）到水平配线区（HDA）或其他主配线区之间的电缆系统。

用途：用于连接数据中心的核心交换机和其他关键网络设备。

类型：通常使用多模光纤（MMF）或单模光纤（SMF）及铜缆（CAT6 或 CAT6A）。

（2）水平布线：从水平配线区到各个服务器机架或工作站的布线。

用途：连接服务器、存储设备和其他终端设备至配线架。

类型：常见的有铜缆（CAT6 或 CAT6A）和多模光纤，有时也会使用单模光纤。

（3）垂直布线：当数据中心跨越多个楼层时，垂直布线用于连接不同楼层间的主配线区。

用途：确保跨楼层的网络设备间能够有效通信。

类型：因其长距离传输能力和抗干扰能力较强，通常使用光纤。

（4）管理区：包括主配线区和水平配线区。

用途：主配线区通常包含核心交换机和路由器等关键网络设备；水平配线区包含配线架和跳线，用于连接水平布线和主干布线。

类型：主配线区和水平配线区中通常会使用配线架和跳线进行设备间的连接。

（5）设备区：服务器机架或工作站所在的区域。

用途：直接连接到服务器、存储设备和其他终端设备。

类型：使用跳线连接到水平布线。

综合布线系统的特性如下。

一是标准化。采用国际标准，如 ANSI/TIA-942 和 ISO/IEC 24764，以确保兼容性和可扩展性。二是模块化。易于添加、删除或更改设备，支持未来的升级和扩展。三是灵活性。能够适应不断变化的需求和技术进步。四是高性能。支持高速数据传输速率，如 10 Gbit/s、40 Gbit/s、100 Gbit/s 甚至更高的速率。五是安全性。采用加密和物理隔离措施保护数据安全。

综合布线系统的规划需要考虑合理规划电缆走线路径，避免干扰和损伤。通过上述的层级结构，综合布线系统能够为数据中心提供一个稳定、高效且易于管理的网络基础设施。

通过上述内容，可以了解智算中心的布线系统与传统数据中心的综合布线系统完全不同，从网络架构、线缆类型到协议生态等方向都有所不同。并且，由于智算中心对网络和布线的特殊要求，已影响到机柜和机房布局，所以在智算中心的规划建设初期，网络架构和布线方案成为智算中心的重要工艺组成部分。

（八）消防系统

消防系统建设是传统数据中心的一项重要安全保障措施，旨在保障数据中心免受火灾的危害。消防系统的建设通常遵循一系列的标准和规范，以确保消防系统的有效性和可靠性。消防系统由火灾探测系统、气体灭火系统、水喷淋系统、干粉灭火系统、机械排烟系统、自然排烟系统、疏散指示系统组成。智算中心的消防系统与传统数据中心无明显差异，均在遵循国家现行消防标准和规范的前提下，确保消防系统安全可靠。

（九）机房承重结构

传统数据中心主机房对承重结构的要求相对较低，一般在 500～800 kg/m² 之间，按照国标规范 8～12 kN/m² 指标即可满足标准服务器和存储设备等的需求。

智算中心通常需要更高的承重结构要求，以支持高性能计算设备的重量，需要达到 1 000 kg/m² 甚至更高，具体取决于部署的设备类型和数量。在设计和建设数据中心时，必须充分考虑承重要求，考虑到未来可能的扩展需求，确保数据中心有足够的承载能力来适应未来的增长。值得关注的是，应避免按照统一的高标准来提高承重结构设计指标，而应尽可能根据规划的智算中心方案，合理排布机柜间距，以确定合理的地面承重结构指标。

四、智算中心未来展望及基础设施应对措施

（一）智算中心 IT 设备未来的发展趋势

智算中心 IT 设备未来的发展趋势涉及芯片、服务器和网络架构等多个方面。随着人工智能、高性能计算和大数据处理的需求不断增长，智算中心 IT 设备也在不断创新和发展。智算中心 IT 设备未来发展趋势可从以下 3 个方面展望。

1. 芯片

GPU 将继续发展，提供更高的并行计算能力和更低的能耗。未来的 GPU 将更注重能效比，支持更高级别的计算精度（FP16、BF16）。GPU 功耗和算力演进每次更新，都会对智算中心的工艺需求带来巨大的影响。

2. 服务器

高性能计算服务器：服务器将继续朝着更高的计算性能和更低的能耗方向发展，采用最

新的处理器和加速器技术。服务器将集成更多的内存和存储资源，以支持大规模数据处理和机器学习任务。

边缘计算服务器：随着物联网和5G技术的发展，边缘计算服务器的需求将持续增长，这些服务器将更加注重低延迟和高能效。

液冷技术：为了应对高性能计算服务器产生的大量热量问题，液冷技术将成为主流，提供更高效的冷却解决方案。

3. 网络架构

随着计算需求的增长，数据中心内部的网络带宽将不断提高，如100 Gbit/s、200 Gbit/s、400 Gbit/s甚至更高的速率。RDMA（Remote Direct Memory Access，远程直接存储器访问）技术将在数据中心内部得到更广泛的应用，提供更低的延迟和更高的吞吐量。

智算中心IT设备未来的发展趋势将围绕提高计算性能、降低能耗、优化网络架构和提高智能化水平等方面展开。随着技术的进步，智算中心将能够更高效地处理复杂的计算任务，以支持更广泛的应用场景。

（二）智算中心基础设施未来的发展趋势

1. 建筑布局

智算中心的建筑布局将采用模块化设计的理念，使智算中心更容易扩展和维护，允许快速部署和灵活调整。模块化设计将进一步细化，使每个模块都成为一个独立的计算单元，可以在需要的地方快速搭建和迁移。为了减少延迟和提高数据处理速度，智算中心将更倾向于分布在用户附近。

为了提高土地利用率和减少占地面积，未来的智算中心可能会采用多层建筑设计，通过垂直空间容纳更多的计算资源。

2. 供电系统

智算中心将越来越多地采用太阳能、风能等可再生能源供电，以减少对化石燃料的依赖，降低碳足迹。电源转换效率将继续提高，减少在电源转换过程中的能量损失。不间断电源系统将变得更加高效和可靠，采用先进的电池技术。智算中心将更多地采用微电网技术，不仅可以使用可再生能源，还可以在必要时与其他电网隔离运行。

随着智算中心的分类趋于细化，UPS的后备时间、备用电源的配置将逐步实现差异化配置，在满足智算业务需求的基础上，适当简化设备配置，降低建设成本。

3. 制冷系统

随着智算中心服务器设备的技术发展，液冷技术将继续发展，成为主流的冷却方式，包括浸没式液冷和直接接触式液冷等，可以提高冷却效率和降低能耗。随着液冷技术的进步，智算中心将能够支持更高密度的计算部署。智算中心将更多地采用热能回收技术，将冷却过程中产生的废热转化为有用的能源，如供暖或其他工业用途。在气候适宜的地区，自然冷却（空气侧自由冷却）将继续被广泛采用，以降低制冷成本。

4. 智能化管理

人工智能和机器学习技术将被广泛应用于数据中心的监控、故障预测、能效优化等方面。

通过人工智能驱动的管理系统，智算中心可以实现更高效的资源调度和故障恢复。随着 5G 和物联网技术的发展，远程监控和自动化管理将更加普及，从而提高数据中心的运维效率。智能安全系统将利用人工智能技术提高物理安全水平和网络安全水平，包括生物识别技术、入侵检测系统等。随着边缘计算的兴起，智算中心将需要支持边缘设备正常运行的管理和监控，确保数据的安全性和一致性。

（作者单位：北京电信规划设计院有限公司
华为数字能源技术有限公司
昆仑数智科技有限责任公司）

规划设计及建设

适应算力需求变化的数据中心容量管理

吴甘星　朱　雷　汤金锐

自 2023 年起，随着 ChatGPT 引发新一轮人工智能浪潮，生成式人工智能的行业应用快速落地，我国智算中心项目建设加速。数据中心的运营者需要在总运营成本和业务发展所需要的资源的双重约束下，分析当前的算力需求和预测未来的算力需求，并确保这些需求在制订容量计划时得到充分的考虑，通过配置合理的服务容量，使组织的算力资源发挥最大能效，提供最佳的服务品质，保障组织的投资按计划进行，避免不必要的资源浪费。

一、算力测算

（一）算力的概念

算力是数据中心的服务器通过对数据进行处理后实现结果输出的一种能力，是衡量数据中心计算能力的一个综合指标，数值越大代表综合计算能力越强，包括以 CPU（Central Processing Unit，中央处理器）为代表的通用计算能力和以 GPU 为代表的高性能计算能力。

在计算机系统的发展过程中，曾经提出过多种方法衡量算力，目前使用最广泛的是"FLOPS"。国内外不少文献及服务器产品参数、国际超算排名都采用 FLOPS 对算力进行描述，工业和信息化部相关政策中也用 FLOPS 衡量数据中心算力。

FLOPS 有以下 3 种常见类型。

（1）双精度浮点数（FP64）：采用 64 位二进制来表达一个数字，精度高，常用于处理数字范围大且需要精确计算的科学计算。

（2）单精度浮点数（FP32）：采用 32 位二进制来表达一个数字，精度较高，常用于多媒体和图形处理计算。

（3）半精度浮点数（FP16）：采用 16 位二进制来表达一个数字，精度低，适合在深度学习中应用。

（二）通用算力和高性能算力

1. 通用算力

CPU 作为通用处理器，偏重支持控制流数据。CPU 每个物理核中大部分的硬件资源被做成了控制电路和缓存，用来提高指令兼容性和效率，只有小部分用来做计算的逻辑运算单元。在常规业务场景下，CPU 足以满足算力需求。

CPU 芯片分为多种架构，主要包含 x86、ARM 等。x86 为主流架构，以英特尔和 AMD 为代表的 x86 服务器 CPU 持续主导市场，占比超过 96%；ARM 架构主要应用在国产 CPU 上，如华为鲲鹏 CPU、中国电子飞腾 CPU 等。

2. 高性能算力

GPU 侧重于数据的计算，内部核心中绝大多数用来做计算的算术逻辑部件（ALU），只有很少部分是作为控制单元和缓存单元，能够提供强大而高效的并行计算能力，在图形显示、信号处理、人工智能和物理模拟等高性能计算领域有着广泛的应用。除 GPU 外，FPGA（Field-Programmable Gate Array，现场可编程门阵列）、NPU（Neural Processing Unit，神经网络处理器）等高性能计算器件也逐渐受到关注。

但由于在常规业务场景下主要采用 CPU 作为运算处理单元，因此本文主要分析 CPU 通用算力。

（三）机柜算力

机柜算力等于机柜内每一台服务器的算力之和。机柜内配置的服务器数量取决于机柜的 U 数，常见的有 42U、47U、52U 等，选用不同规格、不同服务器配置的机柜算力测算如表 1 所示，机柜算力与功耗对比如图 1 所示。

表 1 部分机柜算力测算

序号	机柜类别	服务器型号	服务器数量（个）	机柜算力（TFLOPS）	机柜功耗（kW）	内存（TB）	存储（TB）	高度（mm）
配置 1	42U 标准机柜	华为 TaiShan 2280 (2*鲲鹏 920 5250)	10	9.98	4.95	40	1 400	2 055
配置 2	42U 标准机柜	联想 ThinkServer SR660 (2*Gold 6326)	10	29.70	5.64	40	1 400	2 055
配置 3	42U 标准机柜	浪潮 NF5280M6 (2*Platinum 8358P)	10	53.25	7.51	40	2 000	2 055
配置 4	52U 标准机柜	联想 ThinkServer SR660 (2*Gold 6326)	14	41.57	7.90	56	1 960	2 500
配置 5	52U 标准机柜	浪潮 NF5280M6 (2*Platinum 8358P)	14	74.55	10.51	56	2 800	2 500

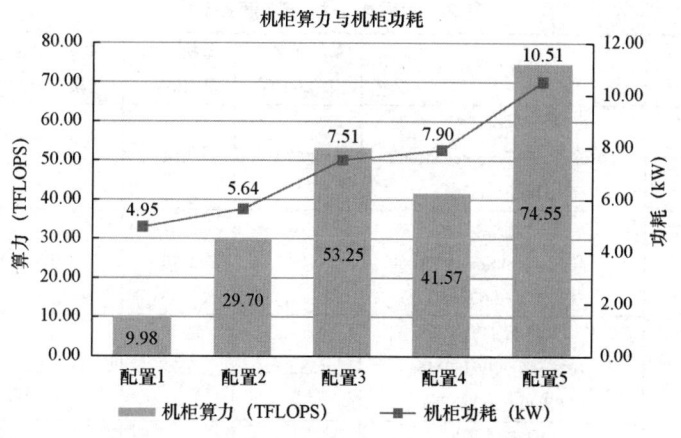

图 1 机柜算力与功耗对比

从表 1 和图 1 中可以看出，机柜算力与机柜功耗整体呈正相关趋势。机柜配置的服务器算力越高或数量越多，则机柜能提供的算力越高，机柜功耗也越高；机柜配置不同架构的服务器，机柜算力和机柜功耗差异巨大。具体对比如下。

（1）配置1和配置2：由于鲲鹏服务器和Intel服务器自身算力的差异，在同样服务器数量、功耗接近时，配置2的机柜算力约为配置1的机柜算力的3倍。

（2）配置2和配置3：同样配置x86服务器，但型号不相同，机柜算力和机柜功耗也有较大差距。

（3）配置3和配置5、配置2和配置4：配置同型号服务器，服务器数量增加，机柜算力和机柜功耗也同步提升。

二、数据中心容量规划

（一）数据中心容量的概念

数据中心的容量主要包括空间、电力、冷却和网络等几方面。只有当这几方面的指标同时具备，才能说明数据中心的容量是可用的。从数据中心运营的角度看，容量管理的核心目的是在总运营成本和业务发展所需要的资源的双重约束下，通过配置合理的服务容量，使组织的IT资源发挥最大能效的服务管理过程。为此，容量管理需要实现3个目标：一是分析当前的业务需求和预测未来的业务需求，并确保这些需求在制订容量计划时得到充分的考虑；二是确保当前的数据中心资源能够发挥最大的效能、提供最佳的服务品质；三是确保组织的投资按计划进行，避免浪费资源。

基于以上的定义和目标，发现数据中心基础设施容量管理的主要对象是数据中心的各类资源，如场地资源、机柜资源、电力资源、制冷资源、网络资源、计算能力资源、备品备件资源和园区配套资源等。在实际的数据中心基础设施管理活动中，一般把机柜资源、电力资源、制冷资源作为容量管理的主要对象。

（二）机柜容量规划

假定业务算力需求为100 000 TFLOPS，则根据表1中机柜的算力数据，可以测算业务算力对应的机柜资源如表2所示，机柜功率与数量资源的对比如图2所示。

表2 数据中心机柜资源规划

序号	业务算力需求（TFLOPS）	机柜型号	单机柜算力（TFLOPS）	单机柜功率（kW）	服务器机柜数量（个）	网络机柜数量（个）	IT功率（kW）
配置1	100 000	42U 标准机柜 10*联想 ThinkServer SR660 (2*Gold 6326)	29.70	5.64	3 367	842	23 741
配置2		52U 标准机柜 14*联想 ThinkServer SR660 (2*Gold 6326)	41.57	7.90	2 405	601	23 741
配置3		42U 标准机柜 10*浪潮 NF5280M6 (2*Platinum 8358P)	53.25	7.51	1 878	470	17 630
配置4		52U 标准机柜 14*浪潮 NF5280M6 (2*Platinum 8358P)	74.55	10.51	1 341	335	17 630

注：服务器机柜与网络机柜数量按4∶1取值。

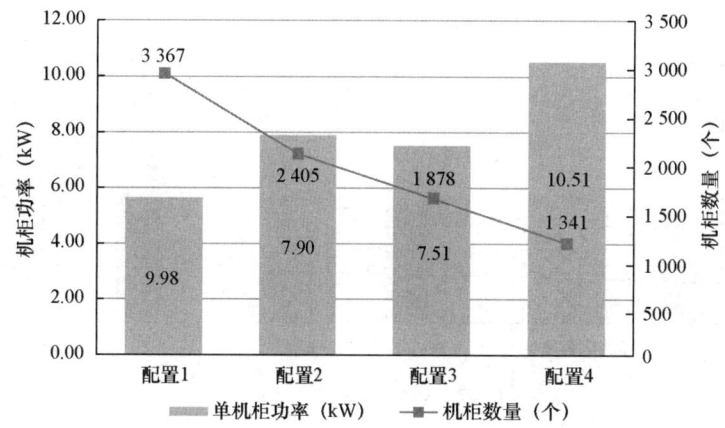

图 2　机柜功率与数量资源的对比

从表 2 和图 2 中可以看出，在特定业务算力需求下，所选择的机柜算力配置决定了数据中心机柜功率密度和数量，进而决定了数据中心资源规划和技术选型。具体分析如下。

（1）对比配置 1 和配置 2、配置 3 和配置 4：在服务器型号配置相同时，U 位数量的增加可以提升单机柜算力密度，功率密度、机柜高度也随之增加，机柜数量会相应降低，但总体的 IT 功率是相同的。

（2）对比配置 1 和配置 3、配置 2 和配置 4：在机柜 U 位相同时，选用算力配置更高的服务器可以提升机柜算力密度，功率密度也随之增加，机柜数量会相应降低。

（3）对比配置 2 和配置 3：配置 3 的机柜功率密度低于配置 2，但其算力密度高于配置 2，也就表示配置 3（算力/功率）更高，约为配置 2 的 1.34 倍。因此，在服务器选型时可以考虑应用算效更高的设备，对数据中心内整体算效进行评估和分析。

除算力外，在机柜资源规划时还应考虑内存、存储、网络等因素影响，保证提供的资源量能够满足实际业务需求，并留有一定的冗余系数和发展系数。

（三）数据中心容量规划

基于表 2 的机柜配置，根据 GB 50174—2017《数据中心设计规范》、GB 40879—2021《数据中心能效限定值及能效等级》等标准规范要求，数据中心资源情况规划如表 3 所示。

表 3　数据中心资源规划

序号	机柜功率（kW）	机柜数量（个）	IT 供电容量（kW）	制冷容量（kW）	供电容量（kW）	机房面积（m²）	辅助区+支持区面积（m²）	总面积（m²）
配置 1	5.64	4 209	23 741	28 388	64 812	12 628	25 256	37 884
配置 2	7.90	3 007	23 741	27 738	64 812	9 020	18 040	27 060
配置 3	7.51	2 348	17 630	20 660	48 129	7 043	14 085	21 128
配置 4	10.51	1 677	17 630	20 298	48 129	5 030	12 576	17 606

注：数据中心 PUE 按 1.3 取值，供电为双回路架构。

数据中心资源容量规划如图 3 所示，面积规划如图 4 所示。

对比配置 1 和配置 2，在单机柜算效相同的情况下，机柜功率密度增加，但总的 IT 供电容量、制冷容量和供电容量均相同；对比配置 1 和配置 3，机柜算效的提升，可以有效降低总规划资源容量，降低成本投入。

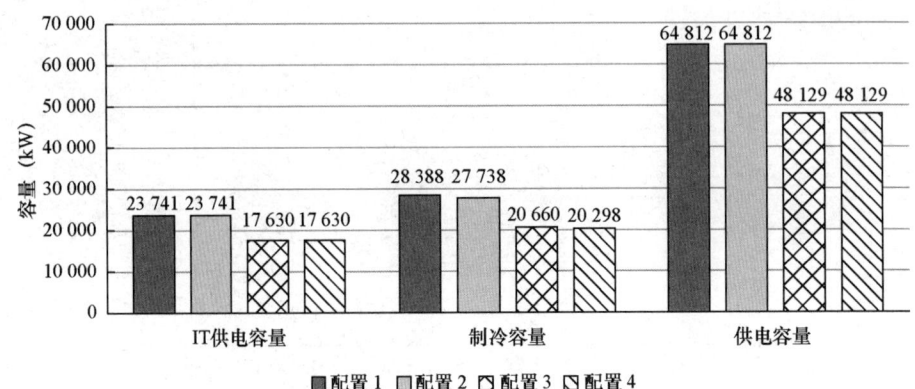

图 3　数据中心资源容量规划

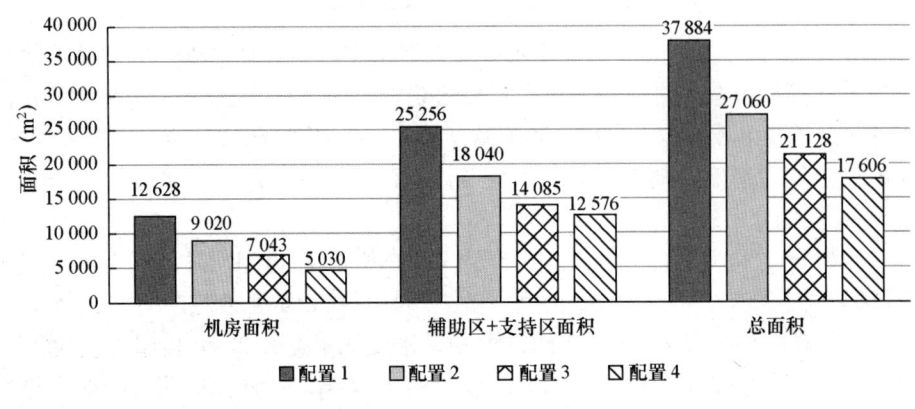

图 4　数据中心面积规划

随着机柜算力密度和功率密度的增加，总机柜数量降低，机房面积和辅助区面积均下降，对比配置 1 和配置 4，总建筑面积相差 2.15 倍，可以有效降低建筑投资成本。

三、算力需求变化下的数据中心容量管理

目前，人工智能技术飞速发展，数据中心（智算中心）作为支撑人工智能运算需求的核心设施，其角色和功能也在不断进化。站在数据中心经营者的角度，智算中心需要做好算力和电力、制冷等制约因素的系统调度。

（一）容量管理的内容

容量管理的内容是在一个机柜或一个机房的维度内，评估机柜空间、电力资源、制冷资源三者之间是否互相匹配，有无某一方面的容量短缺。但在现代的大型数据中心或数据中心集群中，仅仅在机房维度内考虑机柜空间资源、电力资源、制冷资源无法有效地实现容量管理的目标。可将容量管理分为两个不同的维度，一个是场地容量管理的维度，另一个是设备容量管理的维度。

1. 场地容量

在现代数据中心集约化、模块化的发展趋势下，对数据中心场地容量的管理已不再局限

于机柜的空间容量,而应涵盖多层级的工作范畴。特别是在大型的数据中心园区里,算力部署经常处于变动和调整中。数据中心的经营者既要响应客户计划新部署的服务器的上架需求,又要考虑随着业务的开展,何时启动新的机房模块或新机房楼的计划。前者可能只是一项标准化的变更工作,而后者则可能是一项持续半年甚至更长时间的重大任务,需要大量调配数据中心资源。为了实现运营成本和数据中心资源的精确匹配,必须具备多层级的容量规划、分析和预测能力。

因此,场地容量管理有两个目的:一是对数据中心不同层级的机柜资源、电力资源、制冷资源使用率进行定期的分析和调整,确保各类资源的使用达到平衡,减少资源浪费;二是定期进行容量预测和容量规划,根据业务发展实现分期规划和分期投产。数据中心的管理者应制定相应的规则和标准,明确在机房模块的容量达到特定水平时,并在启用下一个机房模块之前,应完成哪些准备工作。同样的原则也适用于楼层乃至整栋楼的容量预测。

2. 设备容量

数据中心的设备容量管理是针对主要容量组件的管理,一般包括变压器、柴油发电机组、UPS、高压直流系统、列头柜、制冷主机和末端空调。

在设备容量管理方面,需关注根据业务发展实现分期规划和分期投产,以实现设备扩容。随着IT负载的不断增加(或减少),调整在用容量组件设备的数量,以控制运营成本。例如,满负荷运转时采用6用2备的模式,当机房初始启用时,由于IT负载率低,可以调整为2用6备的模式。此外,设备的负载管理亦是至关重要的一个方向。

负载管理旨在考察设备负载率变化对系统运行可靠性的影响。在相同额定容量的条件下,设备在不同系统拓扑架构下的容量限制是不同的。以2N架构的配电系统为例,如果双侧的负载各占一半,则任一侧的容量组件所能承受的最大负载(负载上限)不能超过设备额定容量的50%。否则,一旦一侧设备发生故障,该侧的负载会转移至另一侧的配电设备,从而导致超载现象。

(二)容量管理的方法

数据中心容量管理的主要方法包括以下内容。

(1)确定容量管理和业务之间的关系:数据中心需了解业务变化对基础设施运维带来的影响,通过容量管理制订有效的计划。数据中心通过变更管理、配置管理等工作流程,确保容量管理和业务发展同步。

(2)容量管理的模型、公式、算法和设定值:容量管理以数据的采集、统计和分析为基础,进行规划和调优,流程如图5所示。

首先,定义容量管理要素。容量管理要素是容量监视、分析和优化的对象,包括机柜、机房、列头柜、UPS、变压器、柴油发电机、列间空调、冷机等。

其次,定义每项管理要素对应的监视数据。例如,机柜的监视数据包括U数、U位、IT设备标称功率、运行电流等。

再次,确定监视数据的公式、算法。对于设备容量管理,数据中心可以通过直接读取设备的实际容量值来实现数据采集,但对于场地容量管理,数据中心则需要建立模型,通过公式和算法得到实际容量的数值。

最后,定义每个容量设备的设定值。并不是所有从DCIM获取的容量数据都是有效的,必须识别和修正每台设备的容量值。以现代数据中心中被广泛使用的模块化 UPS 为例，设备的最大容量可能是 250 kV·A，可以配置 5 个 50 kV·A 的模块。在数据中心投产的早期，根据当前的业务情况仅配置 2 个模块，那么这台 UPS 的设定标称容量应该是 100 kV·A，而非设备铭牌上所示的 250 kV·A。

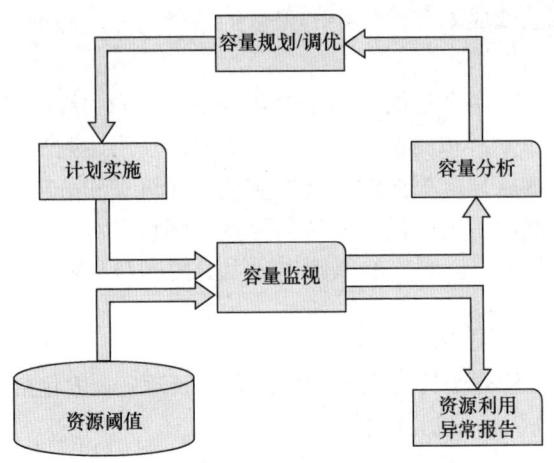

图 5　容量管理流程

以机柜的容量管理为例，作者在多年前进行早期容量管理时，因为监控系统功能尚未强大，采用的方法是确保每路供电的实际电流不超过断路器额定电流的 50%。然而，通过近年来的运维实践观察，发现大多数 IT 设备的双电源并未实现负载的平均分配，因此以前的模式不够精确，还会在主观上导致一定的容量浪费。现在采用的电力资源的容量利用率使用计算公式为

$$容量利用率 = \frac{A / B 路叠加的运行电流}{单路电源上级断路器额定电流} \times 100\%$$

对于微模块或机房模块的制冷容量利用率的计算公式为

$$容量利用率 = \frac{IT 设备热负荷 + 维护结构热负荷}{单台空调额定显冷量 \times 设备开启台数} \times 100\%$$

（3）容量管理的限制：数据中心定义每一个容量组件的容量上限阈值。容量上限阈值既可能是该容量组件设备的标称容量，也可能需要根据系统架构或设备的设定值进行计算。

在容量上限阈值的基础上，可以建立两级容量预警机制，并采取相应的管理措施。数据中心场地容量的预警级别及含义与管理要求如表 4 所示。

表 4　数据中心场地容量的预警级别及含义与管理要求

预警级别	含义与管理要求
黄色	当使用容量大于设计使用容量的 80% 时，定义为黄色预警报警。 对于黄色预警相关内容，该区域在增加负荷时应慎重考虑，除必须安装在该区域的设备外，所有设备建议安装至其他区域
红色	当使用容量大于设计使用容量的 90% 时，定义为红色预警报警。 对于红色预警，不可在该区域、链路增加任何负荷

根据设备本身的特性、系统架构和安全要求设定设备容量的预警限制，如表 5 所示。

表5 数据中心单个设备容量预警限制

设　　备	预　警　限　制	预　警　级　别
变压器（单路）利用率	>47.5%	红色
柴油发电机利用率	>90%	红色
	>80%	黄色
不间断电源（高压直流、UPS）两路叠加利用率	>90%	红色
	>85%	黄色

（4）容量管理的日常监控：得益于 DCIM 产品的不断成熟，目前主流厂商的 DCIM 软件均可以自动实现绝大多数容量设备数据的采集和计算，甚至可以实现实时的数据传递和展示。但目前容量管理比较薄弱的环节是在数据中心现场的配置变化后，相关的变化信息能否及时、准确地传递到 DCIM 系统中。这需要在系统上实现变更管理，以及变更管理的数据自动与容量管理相关联。例如，上文提及的模块化 UPS，当增加新的容量模块后，这个变更的信息在系统中可以直接地关联到该 UPS 的容量设定值，自动进行更替。

此外，这些管理活动可以手动实现，但需要建立一套有效的容量管理程序，并指定人员完成数据的收集、汇总、计算和分析工作。

（5）容量管理的利用率和趋势分析：将每个监视数据的实际值与容量上限阈值进行比较，得出的比值即为容量利用率。数据中心管理者应当定期观察容量利用率，并与业务发展相关的团队进行定期沟通，对业务发展和容量利用率的匹配程度进行评估和预测。

（6）容量管理调优方案的定义和实施：一般情况下，当设备负载率达到黄色预警值状态，且数据中心还有未开启的容量设备（不包含设计冗余）时，应立即申请开启。当设备/系统负载率达到红色预警状态时，应立即申请开启冗余设备，并进行容量分析，提出负载转移的变更方案。

容量调优一般通过变更管理流程进行控制。需要注意的是，容量的调优与数据中心系统配置管理、能耗管理都相关，并非一项简单的工作，在进行容量调优的同时，也要兼顾考虑运行安全和节能降耗的要求。例如，现在多数的大型数据中心都采用变频冷水机组和变频风机的精密空调。根据诸多的项目实践，在数据中心机房精密空调皆采用 EC 变频风机水冷精密空调的情况下，随着变频精密空调负载率下降，空调能耗有较大下降。保持变频精密空调在较低负载下运行是一个有效降低数据中心能耗的途径。例如，当机房的 IT 负荷在设计满负荷的 50%情况下，从容量管理的角度看，安装并开启 50%的空调（不含冗余）是最优方案；而从运行能耗的角度看，安装并运行 100%的空调，让每台空调保持在 50%的负荷，可能是最节能的。这就需要进行综合的平衡，因此建议容量调优的变更应作为重大变更进行管理，应由全国专业化技术委员会或变更控制委员会经过综合讨论决策后实施。

四、项目实践

（一）项目背景

1. 机房分布情况

某数据中心机房总面积约 2 300 m²，共两层，按业务分为 8 个不同的机房区域。主要机房面积及机柜数量如表 6 所示。

表 6 主要机房面积及机柜数量

位　置	机　房　名　称	面积（m²）	机柜数量（个）
六层	机房一	78.22	15
	电信接入机房	73.89	11
	机房二	140.69	30
	机房三	121.27	31
七层	机房四	152.11	29
	机房五	140.69	36
	机房六	110.01	22
	机房七	121.27	32

2．电力系统

数据中心 IT 设备的配电系统为双路供电模式。每一路供电由大楼配电室引入两路 630 A 的市电互投后，与备用柴油发电机组互投，供给 UPS 系统。每套 UPS 系统由 3 台 200 kV·A UPS 并机组成。机房电力最大供应容量为 480 kW，平均单机柜设计容量为 2.2 kW。

3．空调系统

每层机房各划分为两个空调区。每个空调区配备 4 台制冷量为 70 kW 的精密空调，两用两备。每个空调分区的制冷容量为 140 kW。数据中心共分为 4 个空调区，总的制冷容量为 560 kW，如表 7 所示。

表 7 空调分区

空 调 区	机　　房	制 冷 量
专用空调区一	机房三 机房二	140 kW
专用空调区二	UPS 配电室 机房一 电信接入机房	140 kW
专用空调区三	机房七 机房五	140 kW
专用空调区四	机房六 机房四	140 kW

（二）评估方法

本项目从 3 个不同的维度进行容量评估。

1．机柜维度

评估小组采集每台机柜的 IT 设备安装情况，记录每台 IT 设备安装的位置及占用的空间。由于该数据中心建设时间较早，未采用带有支路电流计量功能的精密列头柜，因此评估小组在 PDU 处测量电流值，计算 IT 设备实际的耗电量。比较每个机柜的空调容量使用率和电力容量使用率，分析每个机柜容量不匹配现象的原因。

2. 机房维度

评估小组通过汇总各机柜的空间容量和用电容量，得出每个房间的空间和电力总体使用率，进行交叉比对和分析。

3. 空调维度

数据中心采用2～3个房间共用一套空调系统，采用房间级空调的弥漫式送风。因此，评估小组需将每个空调区的所有机柜空间容量和用电容量汇总，与空调系统容量进行对比分析。

空调系统制冷能力无法精确测量得出。评估小组是通过理论计算获得的容量数据，在计算时考虑了IT设备发热、电力设备设施发热及建筑围护结构发热，人体散热、照明装置散热等，未考虑空调设备折旧损耗、气流组织损耗及冷量流失的损失。

（三）评估分析

1. 机柜空间容量分析

该数据中心部署的全部为42U服务器标准机柜。机柜空间容量分析的范围不包括电信接入机房。统计其他各机房机柜数量及空余可用的机柜U数情况，如表8所示。

表8 机房机柜可用容量

机 房 名 称	机柜数量（个）	总U数	已用U数	可用U数
机房一	15	630	219	411
机房二	27	1134	515	619
机房三	31	1302	568	734
机房四	25	1050	753	297
机房五	29	1218	736	482
机房六	22	924	444	480
机房七	32	1344	643	701

为较好地展现各机房机柜容量分布，进而进行对比分析，评估小组将机房的机柜空间使用率分为以下五等，如图6所示。

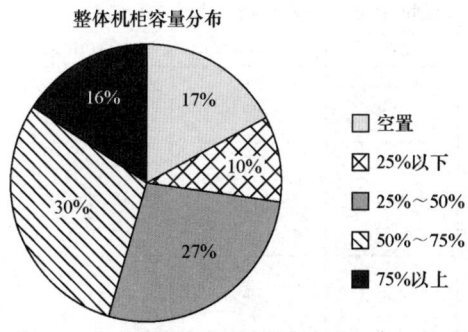

图6 机柜容量分析

从表8和图6中可以看出，随着组织IT业务的发展变化，不同业务类型使用的机房容量使用情况差别较大。数据中心原设计可部署机柜206台，实际部署190台；在实际部署的190台机柜中，空置机柜共17台，完全占满的机柜共29台；六层机房机柜内的IT设备部署密度明显小于七层机房内的 IT 设备部署密度；机房四和机房五的设备部署密度最大，主要原因是这两个机房放置了多台整柜的存储和定制设备。

2. 机房电力容量分析

数据中心配电系统架构比较简单，是典型的 2N 架构。电力系统容量上限为单侧 UPS 机组的容量。本机房由 6 台 200 kV·A UPS 组成 2N 并机系统，因此机房总电力容量为 480 kW，单机柜容量设计为 2.2 kW。机房电力容量分析如图 7 所示。

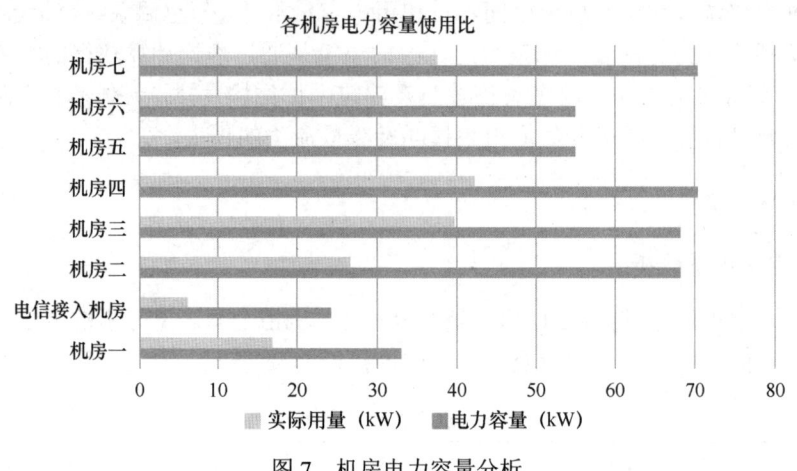

图 7　机房电力容量分析

根据现场采集数据分析，数据中心实际使用了 205.4 kW，占总电力容量的 42.8%。在统计的 190 台机柜中，有 125 台机柜的用电量不到可用量的 50%，其中电信接入机房、机房二和机房五的可用电力余量比较大。另外，机房三、机房四、机房六、机房七都存在较大比例的空置机柜和高负载率机柜，部分机柜的实际容量已超过设计容量。

3. 制冷容量分析

数据中心总制冷量为 560 kW，已耗用冷量为 461.78 kW。冷量消耗分布如表 9 所示。

表 9　冷量消耗分布

空调区	机房范围	制冷容量（kW）	IT 设备发热量（kW/m²）	围护结构发热量（kW/m²）	配电设备发热量（kW/m²）	总发热量（kW/m²）
专用空调区一	机房二 机房三	140	66.3	45.43	0	111.73
专用空调区二	UPS 配电室 机房一 电信接入机房	140	23.1	47.06	60	130.16
专用空调区三	机房四 机房七	140	79.9	45.43	0	125.33
专用空调区四	机房五 机房六	140	47.5	47.06	0	94.56

注：表 9 中 IT 设备发热量按现场实际测量的 IT 设备电功率计算。围护结构发热量按 0.15 kW/m² 计算，该项包括了建筑围护结构发热、人体散热、照明装置散热。配电设备发热量指 UPS 配电室内的 UPS、蓄电池和配电柜等正常运行条件下的发热量。

制冷容量使用情况如图 8 所示。

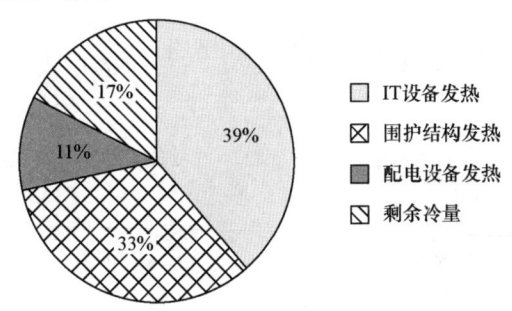

图 8　制冷容量使用情况

根据图 8 得出，总制冷容量已耗用了 83%，仅剩余 17%。

4．综合分析

综合分析的目标是在不改变现有数据中心容量的前提下，对比机柜空间、电力和制冷 3 个容量指标各自能为算力提供多大的部署余量，推算出部署算力的各种可能。

由于不同算力服务器的性能差异较大，因此按照浪潮 NF5280M6 服务器技术指标进行评估分析，如表 10 所示。

表 10　浪潮 NF5280M6 服务器技术指标

品牌	服务器型号	CPU 数量	CPU 型号	算力（TFLOPS）	内存（TB）	存储（TB）	功耗（W）	U 位
浪潮	NF5280M6	2	Platinum 8358P	5.324 8	4	200	751	2

由于空调系统并非按单个房间划分，而是划分成 4 个空调分区，因此评估小组将综合分析分为两个方面，一方面是单个机房的机柜空间容量和机柜电力容量的对比分析，另一方面是每个空调分区的机柜总空间容量、电力容量和制冷容量的对比，如表 11 所示。

表 11　空间容量与电力容量统计

机房名称	空间容量		电力容量		最大可部署服务器数量（台）	最大可增加算力（TFLOPS）
	可用容量（U）	服务器数量（台）	可用容量（kW）	服务器数量（台）		
机房一	411	205	16.1	21	21	111.820 8
机房二	619	309	41.6	55	55	292.864
机房三	734	369	28.5	37	37	197.017 6
机房四	297	148	38.2	50	50	266.24
机房五	482	241	28.1	37	37	197.017 6
机房六	480	241	24.3	32	32	170.393 6
机房七	701	350	32.8	43	43	228.966 4

将表 11 的数据分别按机房空间容量和电力容量进行分析，如图 9 所示。

从图 9 中可以看出：在机柜空间使用率上，机房三和机房五的使用率最低，机房二和机房四次之；在电力使用率上，机房二和机房四的使用率最低，机房三和机房五次之；图 9（a）和图 9（b）的图形分布基本一致，说明各机房的机柜空间占用和电力资源占用比较一致。

分别按 4 个专用空调区进行空间、电力和制冷容量的数据统计分析，对比后得到图 10 所示的结果。

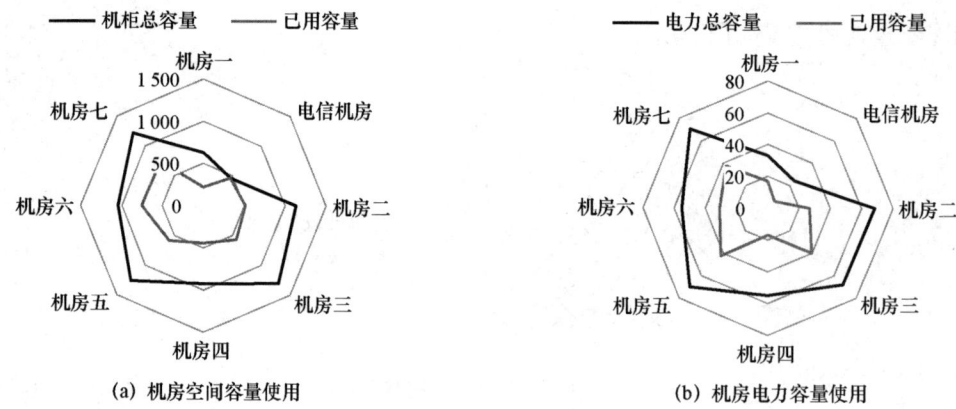

图 9　机房空间容量与电力容量的分析对比

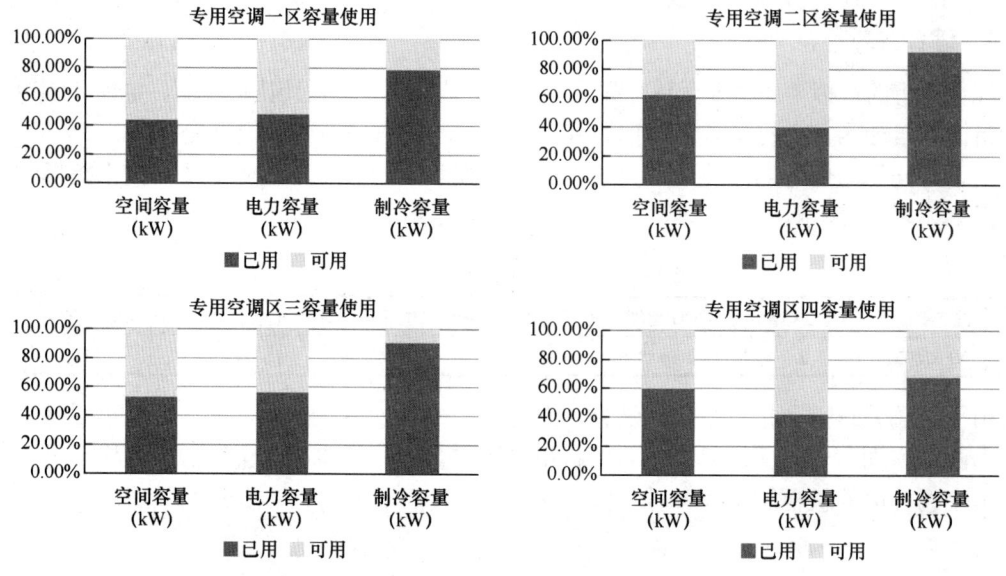

图 10　空调容量使用分析

可以看出各空调区空间容量和电力容量均有较大的未使用余量，可进一步增加 IT 设备，但空调系统的容量相对余量很小。从机房总容量数值看，电力容量还剩余 227.6 kW 可用，而空间容量仅剩余 98.22 kW 可用，如表 12 所示。

表 12　空调容量统计

空调区	机房范围	制冷容量（kW）	总发热量（kW/m²）	可用冷量（kW）	服务器数量（台）
专用空调区一	机房二 机房三	140	111.73	28.27	37
专用空调区二	UPS 配电室 机房一 电信接入机房	140	130.16	9.84	13
专用空调区三	机房四 机房七	140	125.33	14.67	19
专用空调区四	机房五 机房六	140	94.56	45.44	60

将表 12 中的数据与表 11 中的数据进行对比,二者间的最小值应为数据中心当前最多可部署的算力机柜容量上限,如表 13 所示。

表 13 各机房算力容量部署上限

机房名称	电力容量可部署上限(台)	制冷容量可部署上限(台)	算力机柜容量上限(台)	算力(TFLOPS)
机房一	21	13	13	69.222 4
机房二	55	37	37	197.017 6
机房三	37			
机房四	50	19	19	101.171 2
机房七	43			
机房五	37	60	60	319.488 0
机房六	32			

根据以上综合分析,可以得出以下结论:在不调整数据中心各机房现有容量的基础上,数据中心总共最多可部署 129 台浪潮 NF5280M6 型服务器,可为数据中心提供 686.899 2 TFLOPS 算力;当前制约数据中心算力提升的主要容量限制是空调系统的制冷能力。

事物发展逻辑和数据中心行业的实践表明,数据中心的空间、电力和制冷容量并不总是完美匹配算力需求的。随着数据中心业务的不断变化和调整,有时三者的容量差异会非常大。因此,对于既有数据中心,定期进行容量分析和评估是十分必要的。这可以帮助机房管理者跟踪 IT 服务发展的趋势,掌握机房关键资源的真实情况。

(作者单位:中国建筑技术集团有限公司
中体彩科技发展有限公司
中信银行)

数据中心的预制化和模块化

韩 征 赵 昱 李岩松

数据中心预制化即通过标准化、模块化设计，将数据中心主要结构、设备和系统在工厂内预先制造、组装和测试，形成独立的模块。这些模块具有功能性、独立性、组合性和互换性，能够在现场快速拼装成完整的数据中心。近几年，产品制造商、工程集成商甚至业主技术团队都纷纷开展数据中心预制化产品或解决方案的研发，国产品牌的数据中心预制化产品逐渐增多，解决方案日趋成熟。预制化产品由于建设期短、拓展性强、运维便捷、环保高效等特点，已越来越被用户认可。2024年5月，工业和信息化部发布《国家工业和信息化领域节能降碳技术装备推荐目录（2024年版）》，其中数据中心预制模块化技术被列入其中。

一、数据中心预制化的发展背景

（一）建筑行业预制化发展背景

数据中心预制模块化与建筑行业预制化发展密切相关。随着建筑工业化水平的提高和新型建筑材料的不断涌现，预制装配式建筑的生产工艺和施工技术得到了不断改进和完善。因其施工周期短、质量可控、节能环保等优点，预制装配式建筑的规模持续增长。预制装配式建筑的发展带动了建筑行业的产业升级。为此，政府出台了一系列政策措施，旨在推动预制装配式建筑的应用，促进建筑工业化发展，提升建筑质量和效率，实现绿色建筑的可持续发展。

（二）数据中心建设面临的挑战

传统数据中心的建设通常涉及复杂的设计审批流程、工程建设、设备采购和安装等环节。同时，施工天气、设计变更等因素，都会对建设周期带来多重不确定性。一般而言，整个建设周期通常持续1~2年甚至数年，冗长的建设周期削弱了投资者的积极性。在智算中心时代，新摩尔定律提出"宇宙中的智能数量每18个月翻一倍"的概念，标志着技术发展进入新一轮爆发期。然而，传统数据中心的建设周期长，往往无法及时升级新一代技术，这可能导致数据中心面临建成即落后的窘境。

（三）数据中心预制化产生的理论背景

1. 系统集成理论

系统集成通常是对众多的技术和产品合理地选择最佳配置的各种软件和硬件产品与资源，形成完整的、能够解决客户具体应用需求的集成方案，使系统的整体性能达到最优。

在数据中心领域，系统集成理论的应用涉及对围护结构、供电、制冷、机柜、综合布线、安全消防等基础设施的整合和优化。数据中心各个子系统在物理和逻辑上保持一定的独立性，但它们之间又通过系统集成技术相互连接和协作，以确保数据中心的整体稳定运行。预制化数据中心的核心在于其模块化设计，这种设计将数据中心的基础设施各系统划分为独立的模块，并在工厂内完成预制。每个模块都具备独立的功能性和互换性，可以在项目现场快速拼装，从而形成一个完整的数据中心。

2. 供应链管理理论

供应链管理是指在满足一定的客户服务水平的条件下，为了使整个供应链系统成本达到最小，而把供应商、制造商、仓库、配送中心和渠道商等有效地组织在一起进行的产品制造、转运、分销及销售的管理方法。它强调从需求的原点到供应的原点的整个完整链，围绕核心企业，通过信息手段，对供应链各个环节中的各种物料、资金、信息等资源进行计划、调度、调配、控制与利用，形成用户、零售商、分销商、制造商、采购供应商的全部供应过程的功能整体。

数据中心预制化建设需要供应链中各个环节的高度协同，包括设计、生产、运输、安装等，以确保项目的顺利进行。整合供应链中的资源，如原材料供应商、生产设备制造商、运输公司等，形成整体优势，提高项目效率和质量。在供应链中选择具有专业能力和信誉的合作伙伴，确保预制化产品的质量和服务的可靠性。根据项目进展和市场需求，动态调整供应链结构，以确保资源的合理配置和高效利用。

（四）数据中心预制化分类

1. 按功能模块分类

供电设施模块：包括开关柜/配电柜、ATS（自动转换开关）、UPS、变压器等，为数据中心提供稳定的电力供应。

制冷设施模块：负责数据中心的冷却系统，包括冷水机组模块、直膨机组模块、间接新风模块等，以确保设备在适宜的温度下运行。

IT区域模块：为IT设备的安置提供了场所，包括为这些系统供电与制冷的配套基础设施，同时确保为IT人员提供合适的作业环境。

2. 按外观特征分类

集装箱数据中心：将数据中心基础设施部署在标准集装箱内，便于运输和部署，如单体式集装箱数据中心和拼箱式集装箱数据中心。

模块化数据中心：安装在建筑物内，由模块化的功能模块组成，且由建筑物提供配套设施的数据中心，为电子信息设备系统提供服务。

3. 按配置方式分类

部分预制化数据中心：由预制化功能模块和传统的"现场施工"系统结合而成。

整体预制化数据中心：完全由预制化IT、供电和制冷模块构成，所有功能模块均在工厂内完成组装和测试。

一体型数据中心：单个独立封闭空间，且配备齐全，自带IT、供电和制冷系统。

（五）数据中心预制化优势

（1）缩短建设时间：由于大部分工作已在工厂完成，现场安装和组装通常只需几周时间，所以大幅缩短了数据中心的建设周期。

（2）快速响应能力：这种快速部署能力使企业能够更迅速地响应市场需求或灾难恢复需求。

（3）提升可靠性和维护效率：预制化数据中心通常遵循标准化设计和制造流程，确保所有模块的兼容性和一致性，这有助于提高整体系统的可靠性和维护效率。

（4）灵活扩展性佳：可以根据需求进行灵活扩展，新增模块可以与现有系统无缝集成，支持业务增长和技术升级。

（5）节能环保效果好：预制化数据中心往往采用节能和环保设计，优化了冷却和电力使用，使数据中心更加节能和环保。

（6）建设运营成本低：通过标准化和批量生产，预制化数据中心可以降低建设和运营成本。此外，快速部署还减少了施工过程中的人工成本和时间成本。

（六）数据中心预制化标准规范

近年来，一些与预制化数据中心相关的国家标准、行业标准相继出台，如表1所示。这些标准旨在规范预制化数据中心的设计、生产、安装和运行，确保其性能、可靠性和安全性。建设标准涉及多个方面，包括选址、设计、建设、运维等多个环节。

表 1 数据中心预制化相关标准一览表

标准名称	标准号	实施日期	主管部门
数据中心设计规范	GB 50174—2017	2018-01-01	住房和城乡建设部
模块化数据中心通用规范	GB/T 41783—2022	2023-05-01	国家标准化管理委员会
集装箱式数据中心机房通用规范	GB/T 36448—2018	2019-01-01	国家标准化管理委员会
微型集成化数据中心技术要求	YD/T 4624—2023	2024-04-01	工业和信息化部
数据中心预制模块总体技术要求	YD/T 3291—2017	2018-01-01	工业和信息化部
一体化微型模块化数据中心技术要求	YD/T 3290—2017	2018-01-01	工业和信息化部
集装箱式数据中心总体技术要求	YD/T 2728—2014	2014-10-14	工业和信息化部
数据中心电力模块预制化技术规范	T/DZJN 101—2022	2022-09-30	中国电子节能技术协会
微型模块化数据中心技术要求	T/ZGTXXH 005—2021	2021-03-15	中国通信学会
模块化微型数据机房建设标准	T/CECA 20001—2019	2019-06-01	中国勘察设计协会

国外在预制化数据中心建设方面有丰富的经验和成熟的体系，但由于预制化数据中心是一个相对较新的概念，相关标准比较匮乏。2023年12月27日，国际权威数据中心认证机构EPI正式发布《模块化数据中心标准》，范围为室内集装箱式数据中心，该标准对模块化数据中心的结构、电气、布线、安全、消防等关键要素提出了统一规范要求，旨在推动模块化数据中心在全球的规范化应用和可持续发展。

（七）数据中心预制化行业发展情况

QYResearch调研团队最新报告《全球预制模块化数据中心市场报告2023—2029》显示，预计2029年全球预制模块化数据中心市场规模将达到421亿美元，未来几年的年复合增长率

（CAGR）为 17.8%。

全球范围内预制式数据中心生产商主要包括华为、Hewlett Packard Enterprise、Dell、IBM Corporation、Cisco、Vertiv、中兴、浪潮集团、Rittal、中科曙光等。2022 年，全球前五大厂商占有大约 41.0% 的市场份额。

二、数据中心预制化技术

（一）数据中心建筑预制化技术

1. 装配式钢筋混凝土建筑

装配式钢筋混凝土建筑是以预制构件为主要材料，在工厂中完成制作后，运输到现场进行装配而成的建筑，一般分为全装配建筑和部分装配建筑两大类。全装配建筑一般为低层或抗震设防要求较低的多层建筑；部分装配建筑的主要构件一般采用预制构件，在现场通过现浇混凝土连接，形成装配整体式结构的建筑物。

2. 钢结构建筑

（1）单层轻钢厂房建筑。单层轻钢厂房是层数为一层，以轻型钢结构为主体建造而成的工业厂房。轻钢结构主要采用薄壁型钢作为主要承重构件，具有自重轻、强度高、抗震性好等特点。轻钢结构的构件多采用工厂预制，现场组装，因此施工速度快、周期短，适合快速建设的需求。单层轻钢厂房内部空间开阔，可根据生产需求进行灵活布局，提高空间利用率。

（2）钢框架结构建筑。钢框架结构建筑是一种采用钢梁和钢柱作为主要承重构件的建筑结构形式，钢梁和钢柱通过焊接、螺栓连接等方式组成。钢构件多在工厂预制，现场只需进行组装和连接，大幅缩短了施工周期。

3. 集装箱拼接建筑

（1）集装箱单层拼接。将两个或多个集装箱并排放置，并通过焊接、螺栓连接或其他连接方式将它们固定在一起。在连接过程中，需要确保连接牢固可靠，防止松动或变形，从而形成一个更大的建筑单层平面空间。拼接完成后，需要对箱体进行防水和密封处理，以确保建筑内部不受雨水侵蚀和渗水影响。

（2）集装箱多层堆叠。利用集装箱作为基本单元，通过堆叠、拼接等方式构建出多层建筑结构。通过合理的结构设计和抗震加固措施来提高整体的抗震能力。拼接完成后，需要对箱体进行防水和密封处理，以确保建筑内部不受雨水侵蚀和渗水影响。

（二）数据中心设备预制化技术

1. IT 设备预制化

（1）微模块。微模块是以若干 IT 机柜（或机架）、电源单元、空调末端单元等功能机柜为基本单位，包括网络、布线、监控、消防等功能在内的独立运行单元。该模块内全部组件可在工厂预制，具备灵活拆卸、搬运的特点，能够在现场快速组装后投入使用。微模块实质上可以视为一个独立的小型数据中心，能够实现与机房环境的部分解耦，可以快速部署并投入使用。

（2）撬块型 IT 模块。撬块型 IT 模块主要应用在室内，是一种将若干 IT 机柜（或机架）、电源单元、空调末端单元等功能机柜为基本单位固定在结构框架或集装箱式框架内,并将管道、阀门、走线架等整体组合安装在内的设备形式。它通过先进的设计理念、计算软件等方法对各种工艺设备进行打包,使其拥有独立的功能,并可以整体搬迁、运移和吊装。

(3) 集装箱型 IT 模块。集装箱型 IT 模块是一种高度集成、快速部署的数据中心解决方案。它将传统数据中心所需的各种设备(服务器、存储设备、网络设备、电源、冷却系统等)集成在一个或多个标准集装箱内,形成一个独立的、可移动的数据中心单元。

2. 电力设备预制化

(1) 一体式电力模块。一体式电力模块通过深度融合低压配电系统、楼层配电系统、通信电源系统等,实现了集约化设计与部署。它主要由变压器、进线开关、母联开关、SVG(静态无功发生器)和 APF(有源滤波器)补偿模块、UPS 主机、维修旁路开关、馈线开关等核心部件组成。这些部件在模块内部进行高度集成,形成一个整体性强、协同性好的系统。

(2) 撬块型电力模块。撬块型电力模块主要应用在室内,指将与电力相关的设备、元件或系统按照一定的功能和结构要求,集成在一个或多个可拆卸、可运输的撬块上。这些撬块通常包括变压器、开关设备、保护装置、监控系统等关键组件,并经过工厂预制、组装和测试,以确保在现场能够快速安装、调试和运行。

(3) 集装箱型电力模块。集装箱型电力模块是指将电力相关的设备、系统或功能模块集成在标准集装箱内部,形成一个独立、可移动、快速部署的电力单元。这种模块化的设计使电力系统的部署、运维和管理变得更加灵活和高效。

(4) 集成柴发模块。集成柴发模块是将一个标准型的柴油发电机组本体,经过产品优化环节安装在一个定制的户外集装箱之内,并应用子系统集成技术,将自动供油、供配电、应急照明、消音降噪、烟尘净化、消防预警,以及并联管控平台等系统配套集成在集装箱内,形成一套可靠、高效、环保的模块化备用电源平台。

3. 暖通设备预制化

(1) 撬块型制冷模块。撬块型制冷模块主要应用在室内,通过将螺杆制冷压缩机、油分离器、油冷却器、油泵、油过滤器、冷却水泵、冰水泵、水处理器、缓冲器、风机盘管、辅助加热器、预热器等多种制冷设备和组件集成在一个撬块(通常是一个预制好的金属框架或集装箱)内,形成一个独立的制冷单元。这种模块化设计使制冷系统更加紧凑、高效,便于运输、安装和维护。

(2) 集装箱型制冷模块。集装箱型制冷模块是指将制冷设备、控制系统、冷却系统等关键组件集成在一个或多个标准集装箱内部,形成一个独立的制冷单元。这种模块化的设计使制冷系统更加紧凑、易于运输和安装,并降低了现场施工的复杂性和成本。

(3) 预制化全变频氟泵。预制化全变频氟泵技术是指将全变频氟泵制冷系统的各个组件在工厂进行预制化生产和组装,形成一个高度集成、易于部署和运维的制冷模块。这种技术通过智能控制机组部件,实时计算制冷需求,调节各部件工作状态,以达到最佳能效比。

(4) 预制输配装置及管路。预制输配装置及管路是指在工厂内预先制造完成的输配装置和管路系统,包括管道、阀门、法兰、支吊架等组件,经过严格的质量控制和检测后,运输到现场进行拼装和安装。这种预制方式具有标准化、模块化、高效化等特点,能够显著提升工程建设的效率和质量。

三、数据中心预制化的优势

（一）节约建用成本

以电力模块预制化为例，设计阶段可以根据各个项目的不同需求和实际情况，灵活排布配电柜、UPS 等设备的位置，优化电缆走线路由，节省电缆用量。在工艺设计阶段利用钣金附件加装顶部、底部、柜间等电缆走线通道，节省了传统桥架的使用。由于设计阶段优化了设备布局，所以可以节省大量的柜间电缆，大幅节约了电缆用量，从而节省了造价。

1. 预制化低压电力模块与传统低压柜电缆用量对比

以 1 台 2 500 kV·A 变压器，连接 4 台 600 kV·A 的 UPS；型号为 2A-TR11 或 2B-TR11；低压柜宽度为 600 mm；UPS 柜宽度为 800 mm 场景为例，计算 UPS 输入电缆和 UPS 输出电缆的总长度。

预制化低压电力模块方案：计算柜体宽度、电力模块高度、电缆仓高度（若 UPS 下进线，可以省略电缆仓），预制化模块电缆用量总计为 82.00 m，如果电缆系数为 2.50%，则所用电缆长度为 84.05 m。

传统低压柜方案：计算柜体宽度、桥架距地高度、电缆桥架弯头长度、电缆桥架宽度、低压柜侧电缆终端头预留长度、UPS 柜侧电缆终端头预留长度，传统低压柜电缆用量总计为 117.60 m，如果电缆系数同为 2.50%，则所用电缆长度为 120.54 m。

对比结论：二者相差 36.49 m。预制化电力模块方案在电缆使用量上比传统低压柜方案节约近 30%。

2. 预制化集成冷站与传统冷站施工成本对比

土地使用成本。预制化集成冷站土地使用系数为 1.00，占地面积小，且不占用室内空间，可提高数据中心出柜率，而传统冷站土地使用系数为 1.30。

时间成本。预制化集成冷站可以提前设计，在土建完成之前由工厂同步实施生产，时间系数为 1.00。而传统冷站时间系数为 5.00。

直接成本。预制化集成冷站造价系数为 1.25，造价略高，主要增加在集装箱、监控探针等设备造价，但建筑成本低于传统冷站。传统冷站主要采用立体钢结构承台方式，造价系数为 1.00，需要建设室内制冷机房。

材料损耗。预制化集成冷站体积较小，采用数字化精确设计，通过 BIM 设计后，可实现精确下料，工厂内合理调配物料，而传统冷站体积较大。

搬迁复用。预制化集成冷站搬迁复用简单，通过接口拆卸、吊装、起运，即可再利用，设备利旧优势明显。传统冷站搬迁复用较难，仅可复用内部设备。

3. 运营与维护成本的变化

使用预制化数据中心产品，在运营维护阶段的成本变化主要体现在"一站式服务"方面。无论预制化产品集成了多少不同种类的产品，由于"服务合同"是针对集成厂家的，所以从维护和售后的角度来看，它在一定程度上为设备厂和集成厂双方提供了售后的"双保险"，从而提升了维护效率，降低了维护风险，缩减了维护成本，减少了运营支出（Operating Expense，

OPEX）。同时，从技术角度而言，由于预制化产品经过了详细设计和工厂内精细化集成，产品性能得到了进一步优化。此外，通过集成各种弱电传感器、采集器、执行器及优化软件的辅助，预制化数据中心产品在后期节水、节电等指标上实现了显著的提升。

（1）电力模块运营维护成本变化。无论电力模块系统内使用铜排连接还是电缆连接，使用上走线方式还是下走线方式，均按照最优路径原则设计，从而更大程度地避免了线路损耗与均流等问题。这提高了后期使用能效，降低了电力损耗，是后期节省OPEX成本的重要手段之一。

（2）集成冷站运营维护成本变化。预制化集成冷站在设计阶段通过BIM技术完成工厂内组装，优化了系统管路、配电系统、控制系统等布局，在一定程度上增强了系统合理性。预制化集成冷站通过人工智能学习与自控系统的协同工作，结合系统内传感器、采集器、执行器等单元的运用，实现了对系统快速实时调优。因此，运营维护成本将呈现下降趋势。

（二）缩短建设周期

下面以预制化电力模块与传统配电安装方案的建设周期为例，从以下7个方面进行比较。

1．预制周期

预制化方式：预制化设计+配电柜生产+模块预制，共需2个月。传统配电安装方式无此阶段。

2．安装周期

预制化方式每天可吊装就位6~8个模块，对应3~4个配电室。相比之下，传统配电安装方式完成同等工作量需3~4个月。

3．安装内容

预制化方式的安装内容包括吊装、就位、送电前拆包装、压接高压进线、加电测试、投切逻辑验证等，相对规范、成熟、简单。传统配电安装方式的安装内容包括分体设备吊装、并轨组装、放电缆、电缆头制作、电缆压接、精保洁、二次线测试、加电测试、投切逻辑调试，现场变化相对复杂，协调配合耗时较多。

4．可靠性

预制化方式大部分安装工作在工厂内完成，并通过工厂内调试、测试，性能可靠。传统配电安装方式存在交叉作业、成品保护、人为误操作等情况，现场不可控变化因素相对较多。

5．环境无害化

预制化方式采取发货前检测，并配备防潮膜、防尘罩、防撞木质包装、防雨外包装等，安装环境良好，废旧物料回收方便。传统配电安装方式施工现场环境恶劣，存在交叉作业的情况，容易导致污染和误操作，影响设备的精密度，垃圾废物回收困难。

6．现场施工时间短

预制化电力模块采用整体设计、工厂预制、出厂检测等方式，大幅缩短了现场交付时间。由于工厂预制工作和现场土建施工时间并行开展，所以预制化电力模块方案的实际现场交付时间可认为只有吊装、就位、测试的时间。

7. 总体施工周期短

低压柜图纸确认、低压柜排产、配电室工程施工、低压柜安装、施工保洁、调试、交付构成了一个实施周期。在此周期内，低压柜的预制化集成可以与配电室工程同步进行，无须等待环境具备后才进行现场安装。在低压柜排产阶段，预制化的设计已同步启动，节省了后期在现场由施工单位进行施工组织计划的时间。经测算，预制化方式实施周期为67～99天，而传统配电安装方式实施周期为109～141天，预制化方式相较于传统配电安装方式能够缩短约40%的实施周期。

（三）便于运维管理

预制化产品不同于传统方案的最大因素之一就是，以系统的视角而不是以单一设备的视角进行交付和管理。因此，预制化产品在运维层面也有了新的发展和改变。

无论是预制化电力模块还是预制化集成冷站，都是由不同厂家、不同设备构成的集成化产品。这时要把预制化集成产品看作一个整体设备（系统）进行监控和管理、运营和维护。这一点与传统运维模式存在一定的区别和改变。

1. 与传统运维模式的对比

在传统运维模式中，一般低压配电系统依托于动环或电力监控系统，采用远程抄表和现场核对相结合的方式，巡检工作中人工巡检涵盖断路器及铜排温度测试，易损件如风扇状态检查等。预制化集成冷站系统，尤其是冷冻水系统多依赖BA自控系统的监控，再结合人工控制，在系统调优及换季策略上更多地依赖工程师的经验水平，并参考季节周期的历史数据进行调整优化。

预制化产品（系统）在运维过程中，应在设计阶段考虑后期接维、运维需求，如检修路径，拆卸更换部件通道等，还需要考虑自动化运维的接口探针及整体监控软件系统，如在预制电力模块时可以采用设计铜排温度传感器、柜内温度传感器、消防探头、柜内风扇电压电流信号等方式。同理，预制化集成冷站系统也可结合BA系统内各类型传感器、执行器等进行信号采集和控制。但从系统的角度出发，两者均可以依托更高一层的软件系统进行远程巡检、易损件故障预测，甚至可以结合人工智能训练下发的策略进行实时的系统状态调优。这可以减少人工经验依赖，减少人为误判或误操作，可自主平衡人工干预和算法干预的权重，使运维工作从原来的事后维护向事前防范转变。

2. 一体化平台的管理与控制

将数据中心各子系统中独立运行的设备，按照系统单元的方式预制，可以提升信息化管理层级的维度。无论各预制化单元有无专有的软件管理系统，都能够并应该接入一个更高维度的软件控制系统。各个控制子系统输入信息，不再依赖独立的设备状态，或工程师个人的经验进行操作，而是由各个软件控制子系统上层的一体化软件平台来管理，该一体化软件平台用于收集、记录、分析、下发、控制各个专有的软件子系统。

这样的一体化软件平台，更多的是对从各子系统采集来的数据进行合并分析，更关注多维度分析后的系统的风险、能耗水平的变化，以及策略训练的调优。很多大型数据中心基础设施企业,如三大运营商均有一体化软件平台。有些第三方软件公司也开发了类似"DC brain""DC OS"等类别的一体化软件平台,进一步智能管控数据中心预制化基础设施。

四、应用案例介绍

(一)某电信运营商工业化数据中心

工业化数据中心是某电信运营商的一种快速、灵活的数据中心建设模式,如图1所示。其建筑采用单层厂房,形成大平面开放式布局,内部部署双层双联微模块产品,有效利用厂房的高大空间,外部灵活搭配集装箱型制冷模块、集装箱型电力模块、预制化全变频氟泵等模块化设备,可应用在新建和利旧改造的仓库、工业厂房,适用于高大建筑空间场景,全气候区都可用,满足云、边各类数据中心建设需求,从开工至竣工验收,6~8个月即可完成交付。

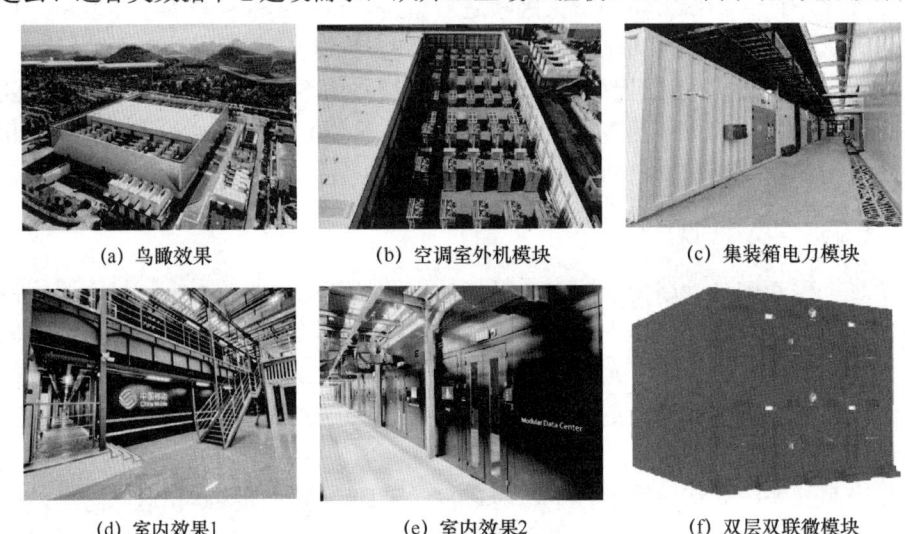

(a) 鸟瞰效果　　(b) 空调室外机模块　　(c) 集装箱电力模块

(d) 室内效果1　　(e) 室内效果2　　(f) 双层双联微模块

图1　某电信运营商工业化数据中心

(二)万国数据中心

万国数据中心在预制化建设方面有丰富的实践经验和成功案例。近年来,万国数据中心以建筑与机电解耦、机电系统极简设计为理念,打造 Smart DC 系列产品,如图2所示。通过预制混凝土建筑或钢结构建筑提供数据中心物理围护空间,该系列产品采用 IT 模块、制冷模块、电源模块、柴油发电机模块提供一整套完整的数据中心系统,目前已在常熟、武汉、重庆、马来西亚柔佛州成功实施。

(a) 鸟瞰效果　　(b) 工厂预制模块设备　　(c) IT方舱

图2　万国数据中心

(d) 配电方舱（撬块型）　　(e) 冷站方舱（撬块型）　　(f) 柴发方舱（撬块型）

图 2　万国数据中心（续）

（三）华为预制化数据中心

华为预制化数据中心主要包括 FusionDC1000A、FusionDC1000B 和 FusionDC1000C 等多个系列，它们各自面向不同的应用场景和需求。

1. FusionDC1000A

FusionDC1000A 采用 ISO 标准的 40 英尺（1 英尺=0.3048 米）或 20 英尺集装箱模块，预集成供配电、温控、机柜、管理、消防等数据中心子系统，如图 3 所示。数据中心基础设施在工厂全预制、预调测，整箱发货，最快仅需一天即可完成基础设施部署，实现即插即用。此外，FusionDC1000A 具有良好的抗震、防风、防尘、防水性能，支持室外直接部署，并能长期运行。这是一种面向室外、新建边缘数据中心的预制一体化数据中心解决方案，目前已在泰国、沙特、埃及等多个地区成功实施。

(a) 总览效果　　　　　　(b) 外观效果　　　　　　(c) 内部效果

图 3　FusionDC1000A

2. FusionDC1000B

FusionDC1000B 由多个集装箱模块平铺拼装而成，预集成供配电、温控、机柜、管理、消防等数据中心子系统，如图 4 所示。它面向无楼、新建中小型数据中心，并支持室外直接部署。该方案采用模块化设计，基础设施预集成于功能模块内，实现预制化交付。现场如同积木式快速搭建，与传统方案相比，建设周期可缩短 50% 以上，目前已在尼日利亚、广东等多个地区成功实施。

(a) 总览效果　　　　　　(b) 吊装效果　　　　　　(c) 外观效果

图 4　FusionDC1000B

3. FusionDC1000C

FusionDC1000C 由多个集装箱模块堆叠拼装而成，预集成供配电、温控、机柜、管理、消防等数据中心子系统，如图 5 所示。它面向无楼、新建大型数据中心，可应用于运营商 IDC、政企及金融总部机房、云数据中心、人工智能计算中心等多种场景，目前已在武汉、成都、东莞、西安等多个地区成功实施。

(a) 总览效果　　　　　　(b) 工厂生产效果　　　　　(c) 外观效果

图 5　FusionDC1000C

（四）腾讯 T-block

腾讯 T-block 为腾讯数据中心产品，贯彻通过产品化方式解决数据中心建设问题的核心思路，从而快速响应业务需求，提供一个稳定可靠的 IT 设备运行环境，如图 6 所示。第四代 T-block 将重点放在电力、空调的产品化，按照搭积木的方式，突破原有土建工程、机电工程耗时耗力的限制，实现全数据中心的模块化配置及快速建设，甚至在场地平整的情况下即可进行建设，无须传统建筑物。T-block 集成了中压、低压、柴油发电、IT 设备、空调系统、办公区域等功能模块，支持随着业务增长逐步投资，可以根据用户需求来灵活按需配置。通过腾讯智维平台，T-block 可以实现自动化和高效运营，其平均 PUE 值可达 1.2x，最低可达 1.1x。

 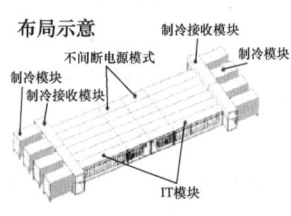 

(a) 外观效果　　　　　　(b) 拼装理念　　　　　　(c) 空调模块

图 6　腾讯 T-block

（五）谷歌数据中心

谷歌运营副总裁表示，在谷歌的理念中，长期效益不仅体现在如何使用电力为服务器供电，还包括如何更高效地设计和建造数据中心。谷歌已经制定了一套完整的设计和建造数据中心的标准流程。谷歌通过模块化、低成本的设计来缩短数据中心的交付周期。谷歌数据中心的建筑结构非常简单，主体机房为宽而矮的单层或者双层建筑结构，建筑两侧搭配变配电模块、柴发模块、冷源模块，如图 7 所示。

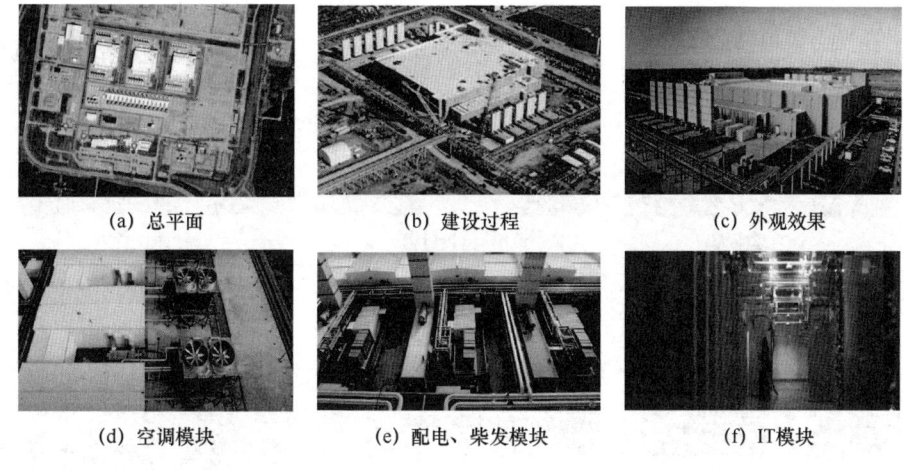

(a) 总平面　　　　　　　(b) 建设过程　　　　　　　(c) 外观效果

(d) 空调模块　　　　(e) 配电、柴发模块　　　　(f) IT模块

图 7　谷歌数据中心

（六）微软数据中心

微软在全球多个地区部署了预制化数据中心，形成了庞大的 Azure 云服务网络。微软的预制化数据中心是一种模块化和高效的解决方案，旨在快速部署、扩展和维护数据中心基础设施。通过使用预制模块，微软能够在较短时间内提供高性能、可扩展和可靠的数据中心服务。微软数据中心的建筑结构同样非常简单，以单层轻钢结构或双层钢结构厂房为主，建筑两侧搭配变配电模块、柴发模块、冷源模块，如图 8 所示。

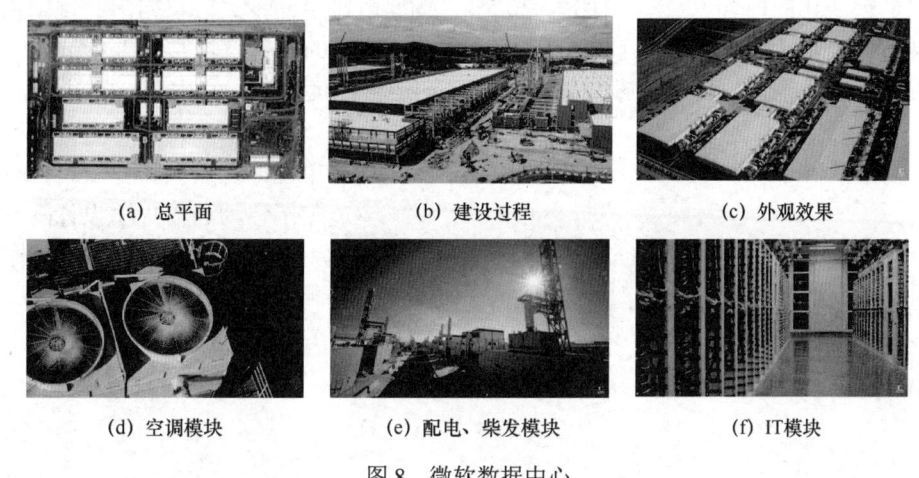

(a) 总平面　　　　　　　(b) 建设过程　　　　　　　(c) 外观效果

(d) 空调模块　　　　(e) 配电、柴发模块　　　　(f) IT模块

图 8　微软数据中心

（七）Facebook 数据中心

2013 年，Facebook 推出了数据中心建设的创新理念——RDDC（Rapid Deployment Data Center，快速部署数据中心），这一理念沿用至今。其数据中心模块化、标准化、预制化水平达到了一个新的高度。建设过程类似于汽车组装，但工作人员在执行任务时需考虑如何将宽 12 英尺、长 40 英尺的钢框架组合，并在里面加入电缆槽、能量输送管、预装照明灯及控制面板。Facebook 还独立设计出新型钢筋框架。在工厂里预先将各种零部件安装在钢筋框架上，然后运送到施工现场直接拼装即可使用。这些框架安装在服务器的上方，集成电缆桥架、输电管道母线等各种电气设备及冷却设备，如图 9 所示。

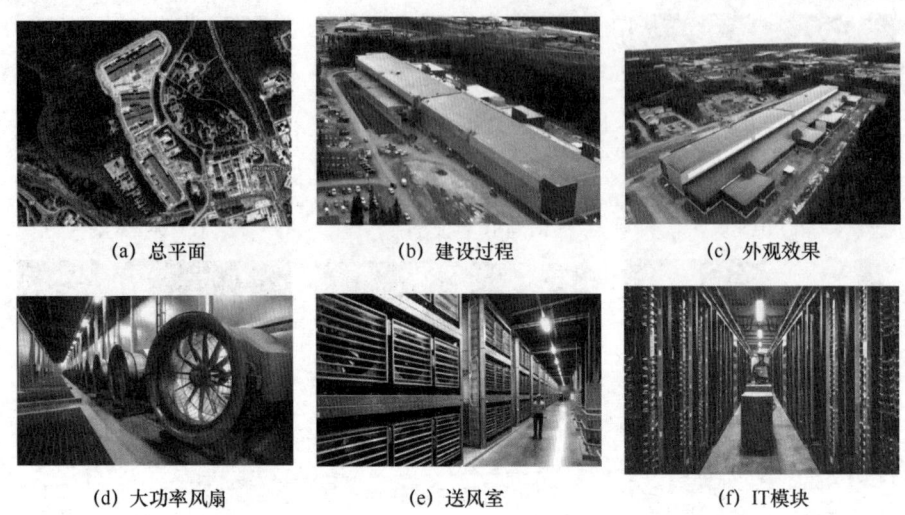

(a) 总平面　　(b) 建设过程　　(c) 外观效果
(d) 大功率风扇　　(e) 送风室　　(f) IT模块

图 9　Facebook 数据中心

数据中心预制化、模块化或将成为高质量快速交付的最佳选择。随着云计算、人工智能等技术的快速发展，数据中心建设需求仍在增长。而在传统的数据中心建设模式中，存在建设周期长、建设速度慢等问题，无法满足设备快速上线的要求。因此，建设速度快、质量高、绿色低碳的预制化、模块化方案优势极大。在工业和信息化部发布的《国家工业和信息化领域节能降碳技术装备推荐目录（2024 年版）》中，共收录了数据中心节能降碳技术 34 项，涉及预制化、模块化的内容 9 项，占比为 26.5%，国家政策也同步支持数据中心预制化、模块化的发展方向。对于企业而言，预制化、模块化数据中心的可扩展性与运维便捷性，使企业能够根据自身业务需求，降低前期投资，简化后期运营，优化资源利用率。

（作者单位：北京天翼祥云科技有限公司
中国移动通信集团设计院有限公司
中建三局集团有限公司）

绿色与节能

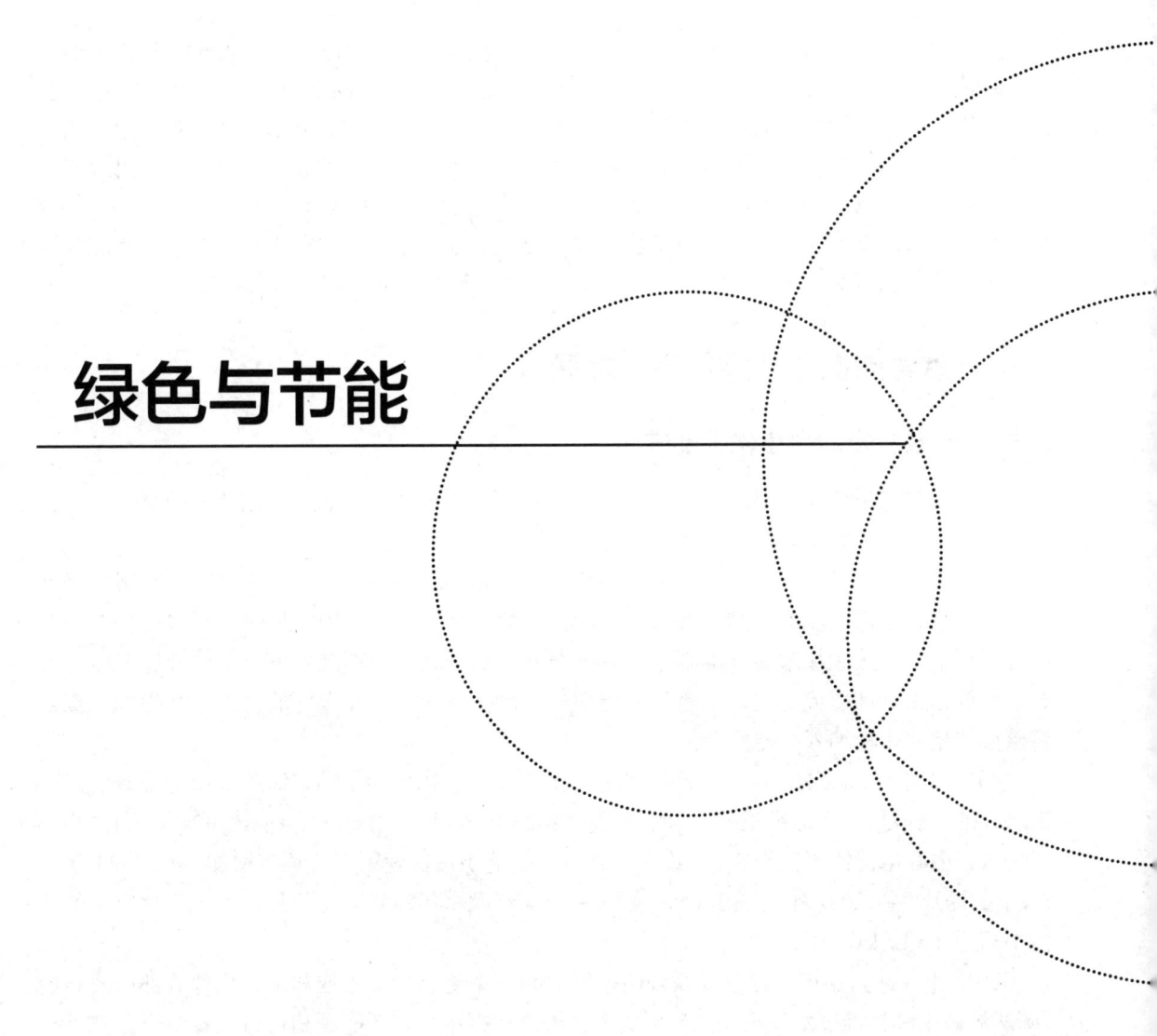

金融数据中心"绿色化"建设与运维

郑匡庆　宋　奇　秦冰月　杨　帆

数据中心作为金融业的关键基础设施，在金融数字化转型过程中发挥着越来越重要的作用。同时，大多数金融数据中心都采用了"两地三中心"或"多地多中心"IT基础设施架构，伴随着规模的快速增长，其能耗受到越来越多的关注。当前，大部分新建金融数据中心已按最新绿色节能标准建设，PUE值可控制在1.3以内。然而，由于建设时间早，机房仍存在布局不合理、制冷效率低、资源负载率及运维效率不高等问题，PUE值普遍在1.6~2.0，能耗方面存在较大降低空间。因此，需要从基础设施建设改造与优化运营的角度出发，合理选择先进可靠的绿色节能技术和运维理念，确保数据中心在节能降碳方面取得实际成效。

一、政策导向促进"绿色化"发展

（一）政策推动绿色化发展进程

"十四五"期间，在我国大力发展数据中心等新型基础设施建设的浪潮下，国家持续出台政策，推动数据中心走高效、低碳、集约、循环的绿色发展道路。

2023年3月，由国家发展和改革委员会、市场监管总局印发的《关于进一步加强节能标准更新升级和应用实施的通知》要求：不断扩大节能标准覆盖范围；加快数据中心、通信基站等新型基础设施领域节能标准制定修订，补齐重点领域节能标准短板；统筹开展节能标准和碳排放相关标准研究制定，从全生命周期角度衔接节能标准和碳排放相关标准指标，探索将碳排放相关指标纳入节能标准。

2023年4月，由财政部、生态环境部、工业和信息化部印发的《绿色数据中心政府采购需求标准（试行）》在运维服务要求中明确：2023年6月起数据中心电能比不高于1.4，2025年起数据中心电能比不高于1.3；数据中心可再生能源最低使用率应逐年增加，从2023年的5%不断提升，到2032年实现100%；数据中心水资源全年消耗量与信息设备全年耗电量的比值不高于2.5 L/(kW·h)等。

2023年4月，由国家标准委联合国家发展和改革委员会、工业和信息化部等部门发布的《碳达峰碳中和标准体系建设指南》中提出：加快数据中心、新能源和可再生能源设备完善与强制性节能标准配套的能耗计算、能效检测、节能评估、节能验收、能源审计等标准；统筹谋划科学配置数据中心等新型基础设施，优化用能结构，采用直流供电、分布式储能、"光伏+储能"等模式，探索多元化能源供应。

2023年12月，由国家发展和改革委员会、国家数据局等五部门联合印发的《关于深入实施"东数西算"工程 加快构建全国一体化算力网的实施意见》（以下简称《实施意见》）中提出：到2025年年底，综合算力基础设施体系初步成型；国家枢纽节点地区各类新增算力占全国新增算力的 60%以上，算力电力双向协同机制初步形成，国家枢纽节点新建数据中心绿电占比超过 80%，算力网关键核心技术基本实现安全可靠，以网络化、普惠化、绿色化为特征的算力网高质量发展格局逐步形成。《实施意见》从通用算力、智能算力、超级算力一体化布局，东中西部算力一体化协同，算力与数据、算法一体化应用，算力与绿色电力一体化融合，算力发展与安全保障一体化推进等五个方面统筹出发，推动建设联网调度、普惠易用、绿色安全的全国一体化算力网。

2024 年 5 月，由住房和城乡建设部起草的工程建设强制性国家规范《数据中心项目规范（征求意见稿）》向社会公开征求意见，对数据中心等级划分依据、能效要求、机电系统要求、抗震等方面做了变动，要求更严格、更具体。数据中心年均 PUE 值被设定在 1.5 以下，新建和改建的大型和超大型数据中心应小于 1.3，并且年均 WUE 值应小于 1.6。同时积极倡导采用可再生能源、蓄冷、储能、余热回收等技术，减少对化石能源的依赖，实现能源结构的优化。通过要求容错系统设备分置不同建筑空间、管线按不同路由敷设，确保在极端情况下系统的稳定运行，减少不必要的能耗损失。

2024 年 5 月，工业和信息化部节能与综合利用司发布了《国家工业和信息化领域节能降碳技术装备推荐目录（2024 年版）》，其中信息化领域节能降碳技术类别包括数据中心节能降碳技术、机房节能降碳技术、数字化绿色化协同转型技术，涉及数据中心供电、制冷、运维等各个阶段的节能技术。鼓励数据中心采用更高效的设备和技术，以降低能耗和碳排放。这不仅有助于提升数据中心的运营效率，还能促进整个行业节能水平的提升。

2024 年 5 月，由国家发展和改革委员会办公厅印发的《关于深入开展重点用能单位能效诊断的通知》（以下简称《通知》），针对能源领域的高效利用与可持续发展，对数据中心等重点用能单位进行全面的能效诊断。《通知》明确了重点用能单位能效诊断的工作目标，围绕建立重点用能单位节能管理档案、摸排重点领域和行业能效水平、摸排主要用能设备能效水平、形成节能降碳改造和用能设备更新项目储备 4 项重点任务，提出重点用能单位能源利用状况报告、节能监察执法、第三方能源审计和诊断服务、能耗在线监测 4 种实施方式，推动数据中心更准确地了解自身能效水平，识别节能潜力和改进点。这有助于数据中心制定更为科学的节能改造计划，保障数据处理和存储的高效性。

（二）金融数据中心未来绿色化发展之路

随着国家促进数据中心节能减排政策的不断出台，对金融机构来说，建设绿色数据中心刻不容缓，发展之路越发明朗。

优化绿色数据中心布局。按照国家"东数西算"战略规划，将对网络传输时延要求高的数据中心建设在上海、北京等金融消费一线城市，将离线分析、后台计算、存储备份类的非实时性数据中心的建设任务转移到可再生能源丰富、土地充足、气候适宜的西部地区。此举旨在就近利用西部绿色能源，缓解一线城市能耗指标紧张、电力成本高等压力，提高数据中心绿色发展水平。目前，国有大型银行，如建设银行、农业银行、中国银行、交通银行已将全国第三数据中心选址布局在资源丰富、气候适宜的内蒙古地区，PUE 值可以控制在 1.2 以下。

推进存量数据中心绿色改造。由于部分金融机构存量数据中心建设较早，PUE 值普遍在 1.6~2.0，存在机房设备空间布局不合理、制冷系统效率低、机房资源负载率及运维管理效率低等问题，节能减排空间较大，所以应积极响应国家倡导的数据中心整合与优化目标，按照绿色、低碳、集约、高效的原则，加快推进存量数据中心节能改造。目前，几家国有大型银行均已规划将建设时间较长的数据中心实施翻新改造，彻底解决能耗高、资源利用率低的问题，通过引入低碳节能新技术，PUE值可降低至政策要求范围内。

加快节能技术应用，提升清洁能源利用水平。积极推动间接蒸发冷却、液冷、自然冷却以及直流供电等基础设施节能技术在大型数据中心应用，同时数据中心应选用节能的低功耗存储和服务器等IT设备。

总的来看，在国家努力实现"双碳"目标及金融业大力推进数字化转型的背景下，金融行业存量机房实现"绿色低碳化"还有很长的路要走，需要统筹安排，积极推进。

二、节能环保驱动"绿色化"建设

（一）引入绿色高效节能设备

数据中心主要由IT设备、制冷系统、供配电系统及照明、安防等其他系统组成，其中IT设备、制冷系统、供配电系统是数据中心的主要能耗来源，应用金融业适配性强的先进绿色型设备实现数据中心设备级节能。

1. 高效IT设备

通过选取高效节能技术降低IT设备用电量，是最直接降低数据中心整体能耗的手段。例如，选取具有电源智能管理功能及支持休眠技术，可根据散热需求动态调整风扇转速的服务器，节约服务器能耗。应用液冷服务器设备，以流体作为中间热量传输的媒介，大幅降低冷却系统能耗。采用支持分级存储、存储虚拟化及虚拟快照等节能技术的存储设备，在实现节能的同时合理调配存储资源。某大银行数据中心通过部署高密度的液冷服务器，解决服务器90%的散热问题，打造金融数据中心液冷机房样板。

2. 高效供配电设备

采用新技术架构，以提高供电系统效率，是实现数据中心绿色节能的重要一环。例如，采用高频UPS、模块化UPS、高压直流等不间断电源新技术，降低供电系统能耗；高频UPS相比工频UPS提高了转换效率，模块化UPS通过采用集成封装的IGBT模块，具有高效率、低功耗的特性；高压直流供电架构减少逆变环节，提升供电效率，并采用模块化结构，可灵活控制模块的开机运行数量，使整流器模块的负载率始终保持在较高的水平；SCB13-NX1智能型环氧浇注式干式变压器，其高压线圈采用树脂绝缘体系满足能效1级负载损耗要求，温控及监测系统可实时预估出干式变压器的老化速率及绝缘剩余寿命。

3. 高效制冷设备

选用更为高效节能的制冷设备，是制冷系统提升能效最直接的方式。对于制冷系统中能耗最大的冷源端，可采用高能效比冷水机组、氟泵空调等高能效技术产品，实现冷源端的节能。对于复杂多样的末端空调设备，可应用变频压缩机、EC风机、焓湿膜加湿等技术，实现末端空调的节能。利用行级制冷、机柜级制冷、液冷等近端制冷技术，缩短制冷气流输送距离、减少冷量损失，以实现制冷设备节能减排。

（二）充分利用自然冷源技术

数据中心全生命周期可依据当地气候条件、室外的空气质量、水源、工程规模、建筑结构等因素，充分利用自然冷源，达到节能降耗的目标。优化制冷架构是数据中心提高自然冷源利用率的重要路径。例如，采用离心机组搭配板式换热器、采用螺杆机组自带干冷器等水侧自然冷却方式；直接新风冷却技术、风冷氟泵空调技术、间接蒸发冷却技术等风侧自然冷却方式，都可以在过渡季及冬季利用自然冷源，而不是依赖传统的电力驱动的制冷系统，实现直接或间接冷却室内空气，减少机械制冷，提高自然冷源的利用率，进而助力数据中心节能降耗。目前，金融各大行在内蒙古和林格尔新建的数据中心，均计划通过引入间接蒸发冷却等一系列自然冷却的绿色节能技术，充分利用内蒙古室外常年低温的自然冷源，大幅缩短制冷压缩机的运行时间，以实现节能降耗。

（三）优化暖通逻辑

1. 末端精密空调运行优化

通过末端精密空调运行优化，结合硬件监控系统对机房服务器进风温度的监控，消除局部热点，开展基于热环境评价指标的数据中心空调热环境研究，比对气流组织和最佳的回风温度，在保证服务器进风温度满足国标要求的前提下，适当提高空调供水温度或回风温度，探索更加合理的空调控制逻辑。同时，利用近、中、远端的压差传感器控制风机转速，通过风机调节保障不同距离的送回风压差满足要求；确定最小阀门开度，合理配置两路冷冻水源供水比例等。

2. 冷源逻辑优化

通过冷源逻辑优化，结合机房负载率、气候环境、运营成本等因素，不断优化暖通系统运行工况，设置合理的自然冷却切换温度，延长自然冷却时间，优化供回水主管压差，二次泵频率降低、综合性能系数（COP）曲线和负荷设置、冷机加减机逻辑混乱、综合电力消耗和水资源消耗优化、水冷冷水机组和风冷冷水机组运行占比下降等，从而不断提高节能减排成效。

3. 实现全面水力平衡

空调水系统在实际运行中存在水力失调问题，水系统的不平衡造成支路及末端水流量分配失衡，导致部分回路流量过剩而另一些回路欠流，从而出现不同区域冷热不均的现象。为了改善局部失衡区域的空调效果，空调冷机、水泵不得不在大流量状态下运行（冷机低温差运行），这直接导致空调系统能耗增加。因此，解决水力平衡问题是确保数据中心机房空调运行稳定及节能的关键。

4. 冷热通道封闭改造

若未设置冷热通道的封闭措施，将导致部分区域气流组织紊乱，出现热气回流、气流短路等情况。这使冷气流无法得到有效利用，个别区域仍出现局部过热现象，导致提高送风温度等节能措施无法实施。因此，运维人员应结合机房设备部署情况，研究机房冷热通道封闭改造方案，将冷通道和热通道进行隔离，以提升机房冷却效果，并降低空调系统能耗。

（四）发展清洁能源技术，转变传统用能结构

随着有关部门和地方政府对数据中心能耗政策的收紧，采用能源按需调配技术降低数据中心整体能耗、使用清洁能源供电的可行性，正在被一些数据中心积极探索。

1. 错峰储能、余热回收

借助错峰储能、余热回收等能源按需调配技术，在保证动力供给的条件下实现数据中心降本增效。利用锂电池及蓄冷罐等储能技术实现平抑电网峰谷电价，提升数据中心电力运营的经济性。通过在谷时进行储能充电，峰时进行放电，实现数据中心锂电池的梯次利用，从而优化供能容量，降低成本。同时，利用余热回收技术提高能源利用效率，通过并入市政热网或利用热泵技术回收数据中心余热为办公区供暖、生活区供热水，减少能源浪费，提高能源利用率。很多部署在北方的大型金融机构数据中心的新机房一般都在冬季采用热泵机组实现机房余热回收，满足办公区的供暖需求，通过余热回收提高能源整体利用效率。

2. 新能源利用比例

提升新能源利用比例，转变传统用能结构，减少电力传输损失。积极参与各地区绿色电力交易，因地制宜采用绿色能源，结合水电、风电、光伏等相关能源直购和绿证采购，优化数据中心能源结构，构建数据中心生态体系中的低碳供应链。在充分利用清洁能源方面，很多互联网企业已领先于金融机构。例如，阿里巴巴张北数据中心利用太阳能光伏发电技术，同时加入张家口风电交易，加速能源结构向清洁低碳化转型。借助清洁能源与储能技术的融合，可有效避免清洁能源受环境因素影响大、供电不稳定等问题，提升数据中心供电架构的可靠性。采用冷热电三联供分布式能源系统作为数据中心主用能源，实现数据中心冷热电自产自销。腾讯上海青浦数据中心采用三联供绿色技术，每年可减少二氧化碳排放量超过 2 000 吨。

3. 引入云端管理

适时引入云端管理，实现大电网、直供绿电、园区储能多能互补智能调度，保障供电安全的同时使效益最佳。诸多绿色供能技术多措并举，从单一供能结构走向多能互补，发储配用联动。

（五）合理选用环保建材设计

1. 机房涂料

应注重环保性能并合理施工，以确保机房环境的健康与安全。选用经环保认证的涂料，尤其考虑无溶剂或低挥发性有机化合物和低重金属的环保涂料，可显著减少有害物质的挥发和对空气的污染。在涂料施工中，精确计量和科学配比可以有效避免过量使用涂料，选择合理的喷涂距离和压力、控制施工温度和湿度能够降低有害物质的释放。

2. 冷却塔飘雾

在使用中水作为冷却水时，应采取相应措施以减少冷却塔产生的飘雾对环境的影响。虽然中水作为冷却水在节约水资源、减少污染、降低成本等方面有明显效果，但其弊端仍不容

忽视，尤其是冷却塔运行时产生的飘雾问题。通过优化冷却系统设计，可以有效减少冷却过程中水的蒸发量，从而减少飘雾的产生。针对中水的水质问题，应根据水质数据及时调整控制中水的 pH 值、各种有机物和杂质的含量，确保水质达到标准。此外，建立飘雾收集系统，并采用物理或化学方法对飘雾进行处理，以去除其中的有害物质，或者将其回收利用于不涉及人体直接接触的其他用途，也是必要的措施。

3. 柴油发电机噪声

柴油发电机噪声以排气噪声为主，在实际工作中既要有效降噪，又要满足发电机组运行时需要的空气流量。在进风方面，可在柴油发电机机房的进风道中采用轴流风机与组合片式消声器相结合的方式；在排风方面，排风口设置应在机组正前方，并在散热器端设置导风扩容消声风管，通过消声风槽降低噪声；在排气方面，可在废气排放系统中增设消音箱，同时用防火岩棉材料进行包扎，这样既可减少机组热量散发至机房，又可降低机组的工作振动；在机房吸声方面，内墙及顶面需安装高效吸音材料，在改善工作环境的同时提高机房的隔音性能。

在数据中心绿色化转型发展的大背景下，金融数据中心应大力推进行业适配性强的绿色节能技术应用落地，勇于探索绿色理念、前沿技术手段试点运行，同时可结合自身特点因地制宜采取适宜的绿色技术，提升绿色能源利用水平，推动金融数据中心节能减排，实现金融数据中心绿色可持续发展。

三、运维管理延续"绿色化"理念

（一）"绿色与安全"难兼得

当前，金融行业的各级数据中心出于运行安全性的考量，大多采用高冗余架构的运行模式，对于制冷设备的选择倾向于采用 2N 模式，如同时运行风冷、水冷两套系统。虽然这种做法在一定程度上确保了数据中心的运行安全，但无法发挥出最优的制冷能效，导致整体的 PUE 值偏高。同时，对运维阶段的能源管控主要基于安全运行的考虑而非能耗管理，因此难以通过节能技术的应用和智能化调控来提升制冷能效。

由工业和信息化部、国家机关事务管理局、国家能源局联合印发的《关于加强绿色数据中心建设的指导意见》明确提出：建立健全绿色数据中心标准评价体系和能源资源监管体系，打造一批绿色数据中心先进典型，形成一批具有创新性的绿色技术产品、解决方案，培育一批专业第三方绿色服务机构。

合理用能、智能运维、高素质运维队伍将会是提升数据中心运维能效、实现绿色化运维的关键，也会是后续数据中心新的发展趋势。

（二）合理降低运维能耗

促进金融数据中心绿色运行，要做到合理用能。运维人员应根据机房实际情况，将切实可行的措施及减排方法纳入机房管理制度中，修订增加关于机房节能减排的管理条款，明确节能管理的制度要求和标准，从管理机制层面制定节能减排办法。

1. 计算机设备安装

可采取的措施如下。一是设备上架安装方向。进风口面向机柜正面冷通道，出风口面向机柜背部热通道，确保计算机设备进出气流方向和机房冷热通道一致。二是计算机设备上下机架时，及时在空 U 位处安装密封盲板，避免机柜冷热气流混乱，造成冷量浪费。三是在机房计算机设备进风侧应放置送风地板，设备热气流出风侧不得放置送风地板。

2. 机房实体环境管理

可采取的措施如下。一是为避免冷气流损失，机房地板线缆走线口应安装嵌入式密封走线槽。二是通风地板应放置在机房冷通道内，热通道内应避免放置通风地板。三是定期开展机房建筑密闭性检查及保温修复工作，保障机房密闭性，避免冷量浪费。四是机房照明应在确保最低照度的前提下，尽量减少非必要照明开启，若条件允许，应优先考虑采用智能照明系统，智能调节机房照明以减少能耗。五是建立能耗管理监控机制，通过 DCIM 等监控系统对机房 PUE 进行采集、跟踪及分析，并采取相应举措应对 PUE 变化。六是在条件允许的情况下，可在设备上架或调整时，利用机房气流组织流体力学计算仿真软件辅助分析、及时发现机房过冷和过热点，确保气流组织达到最优状态。七是对未投产使用机房区域，在不影响其他在用机房设备安全稳定运行前提下，可关闭配套基础环境设备，节约能耗。

3. 机房设备运维

可采取的措施如下。一是根据当地室外环境湿度、机房负载等变化，及时调整机房相对湿度，合理设置除湿机、加湿器、新风机组的工作时间。冬季可适时关闭除湿机设备，夏季可适时关闭加湿机设备。二是遇到夏季极端高温天气，适时开启风冷空调室外机水喷雾系统，有效降低室外散热能耗。三是根据机房内送风温度及精密空调回风温度情况，合理调整精密空调备机数量。四是在确保业务连续性和设备冗余性，不影响设备正常稳定运行的情况下，可视情况切换至经济运行模式。五是针对接近安全使用年限的设备，建议做好更新换代的方案，使用电源效率更高的设备及时替换掉老旧设备，提高电能利用率。六是柴油发电机的开机测试，应根据其带假负载的运行情况，在不影响测试效果的前提下，适当缩短测试时长；定期进行油品检测，对于检测合格的柴油可适量延长油品更换周期，减少柴油消耗。

（三）智能运维提升效率

智能运维从传统运维的"故障发现"到"基于人工智能学习的故障预测"，完成了从监测到自动控制的转变，提升了运维效率，助力数据中心向绿色节能、高效智能方向发展。智能运维通过实时监测各项指标，收集数据并进行分析，可以及时发现潜在的故障征兆，从而提前预警，避免故障的发生或减轻其影响。这不仅提高了系统的稳定性和可靠性，还减少了因故障导致的停机时间。

金融数据中心利用大数据、人工智能等技术，可以减少运维人员调整的频率，更精确地寻找系统的最优工况点，并能实时调整以确保系统始终保持安全和稳定。通过深度的数据自学习，优化系统参数，提高运维效率至小时级乃至分钟级，进一步降低 PUE 值，推动能效管理达到新高度。

提升运维效率可以从以下五方面着力。一是在冷源系统智能调节、模式切换等方面，实现联动控制，冷源群控系统可根据环境温度、管道压力、水流量对冷机、冷塔、水泵、蓄冷罐智能调整节能运行方式以及故障自动切换。二是在机房热环境方面，通过引入人工智能算法和大数据处理，根据 IT 负载率变化和环境变化，推断出最佳冷却策略，实现对温度动态调节，优化气流组织，消除机房热点。三是在IT设备运行方面，实现动态功耗调节、按需供电、智能休眠，通过集合大量不同部件的功耗数据情况，智能调节风扇转速，实现风扇节能调速及精准送风，利用人工智能动态节能算法，在业务闲忙不同时间段，通过智能管控系统对设备功能模块实施动态休眠或唤醒，精确调节设备运行状态。四是在机房设备与实体智能检查方面，智能巡检机器人通过整合多传感器融合、自主导航、图像识别、无线通信、红外热成像等技术，结合对图像、声音、温湿度、气体等的采集与分析，从机器人到管控平台，完成现场复杂繁多的巡检任务，降低运维人员劳动强度，节省运维人力成本。五是在智能照明领域，充分结合网络、传感器与智能控制技术等，实现节能优化控制、电源灵活调节、电力负荷调节等。

目前，金融数据中心运维日趋复杂化，高素质运维队伍不仅能提高智能运维水平，还能根据数据中心自身情况制定出相应的节能减排策略，如老旧数据中心通过冷热通道封闭、下送风改为侧送风封闭热通道等方式降低PUE值，可实现数据中心绿色运维。同时，运维队伍需进行每日监控，实时收集并分析能耗数据。当发现异常情况时，即刻启动调优机制，通过专业人员的精准调整，确保节能目标的实现。从长期运维视角出发，运维队伍应建立定期回顾制度，对未能达成的既定节能目标进行深入研究，合理制订下一步工作计划，确保长期节能目标能顺利实现。

建设绿色数据中心不仅需要技术革新，更需要管理理念和方法的进步。通过智能化运维、精细化管理和持续的技术迭代，不断探索人工智能、大数据等新技术在数据中心运维中的实际应用，从而确保数据中心智能运维的每一步都更加坚定有力。

（作者单位：中国农业银行股份有限公司）

数据中心余热回收利用的发展与研究

劳逸民

2009 年，金融企业总行级数据中心的设计已使用了基于热泵技术的水侧余热回收方案。随着政策的调整，降低 PUE 的要求越来越严格。服务器液冷技术的广泛应用，使数据中心排热品质有所提高，余热回收利用的价值有所增加，应用和研究逐渐变得广泛，并更多地被付诸实践。用户匹配是排热利用方面的一个重点，除了建筑物供热与生活热水预热等应用场景，深入研究、积极探索将低品位长时间热源需求的用户纳入数据中心排热利用的循环链，也是当前形势下减排的主要工作之一。

一、数据中心余热利用的意义和目的

（一）余热利用的意义

余热利用是当前减排工作的技术方向之一。数据中心持续排热在实际应用中必不可少，其他建筑物在冬季则有供热需求。将数据中心产生的余热作为冬季供热的热源，将原本直接排放的热量转化为有效利用，这不仅可以有效降低其他建筑物在供热季对化石燃料的需求，还能减少数据中心无效排热。通过实现能源的双向利用，达到降低碳排放的目的，是余热回收的意义所在。

从当前政策要求降低 PUE 角度出发，以热平衡观点衡量，采用热泵系统为需热用户供热时，可视为同时向数据中心放冷，这使数据中心得到了免费冷源。以热泵系统作为热源为例，数据中心的冷冻水系统相当于水源热泵系统中的水源。相较于目前政策规定的空气源热泵，在室外环境温度极低的条件下，尤其是北方大部分地区，数据中心中温冷冻水作为水源的品质显著优于室外空气。实现双向用能，减少燃料供热的使用和降低排放，是余热利用的意义所在。在政策的指导下，将技术研究与实际应用紧密结合，深入推进，可有效促进余热利用工作的良性发展。

从降低成本方面，在北方寒冷地区，数据中心低品位热源可有效替代当前以化石燃料为主的市政采暖供热系统，从而减少碳排放。

在南方地区，尤其是长江流域，合理利用数据中心余热为特定区域补充供热，能够改善冬季工作和生活室内环境，提高舒适度。这有利于改善体弱人群的生活条件，减少疾病的发生，减轻医疗系统负担，也可通过工作环境的改善提高工作效率。虽然从供热直接经济效益角度出发或许不佳，但可收到社会效益和更广泛范围内的经济效益，体现了企业的责任。

（二）余热利用的目的

冬季供热需求对燃料的消耗在能源消耗中占据较大比重。统计资料表明，在我国北方地区，采暖能耗占全国建筑总能耗的 40%，是建筑能源消耗的最大组成部分。根据住房和城乡建设部的统计，目前全国供热采暖耗能全年约为 1.3 亿吨标准煤，占全社会总能耗的 10%、北方地区总能耗的 20%。鉴于北方地区冬季供热采暖消耗了大量能源，研究供热采暖系统的节能非常必要。

供热能耗由燃料消耗、电能消耗和水资源消耗组成，前两部分约占供热采暖整体能耗的 90% 以上。寻找可替代燃料的热源是减少燃料消耗、降低碳排放的重要途径。

从理论上讲，工业废热、建筑物维持风平衡或卫生条件在冬季的排风、数据中心余热，均有替代化石燃料作为热源被再利用的价值。当考虑热源时，不同的余热或废热品质不尽相同。

另一个研究方向是针对热源的品质和产热连续性寻找适当的供热用户。当数据中心余热具备再利用条件时，应当优先以热用户对热源的需求量确定取热（放冷）系统容量。对于无法消耗或过度取热无意义的部分，应当以采用减排措施为主。

二、数据中心余热特点及利用价值

（一）数据中心的余热

根据任务需求确定的服务器工作状态决定了余热产生量、余热品质及余热连续性。这 3 个条件的确定，是余热利用技术方向是否可行的决定性因素。

从余热利用上述 3 个条件出发，现阶段可将数据中心大致分为通用型互联网数据中心（以下简称通用数据中心）、智算中心及超算中心三类，它们在余热的产生方面各有不同特点。

余热产生量。余热产生量主要由服务器设备装机容量与常态运行功率决定。装机容量越大，实际运行与装机容量比值越高，余热产生量越大。

余热品质。余热品质主要由服务器本身的散热技术决定，采用换热环节更少、冷却介质更靠近发热体的液冷散热技术的服务器构建的数据中心通常具有更高的余热热源品质，在常态条件下热源品质（出水温度）可维持在不低于 45℃。通过研究，当采用自然冷源作为冷却减排措施时，在冬季往往可提供比夏季工况更优质的冷源，但这并非服务器芯片必要的增效条件。相反，适度的、相对稳定的供冷品质是保障服务器连续运行、减少故障率的首要因素。

余热连续性。通用数据中心因业务连续性要求，对基础设施散热保障要求更高，在常年产热连续方面与其他两类数据中心有最优的保障措施，其提供的余热甚至可用于有连续供热保障需求的场景中。

（二）通用数据中心余热特点

稳定、连续、品质相对低是此类数据中心区别于其他类型数据中心的主要特点。在装机容量与实际利用率方面，通用数据中心的余热产生量较优。其缺点是因业务决定的液冷技术应用场景偏少，绝大多数仍以风冷服务器为主，热源品质不高。从空调冷热源设备视角出发，用于直接供热价值不大，当采用冷冻水侧热泵余热回收技术时，通常冷冻水侧水温可常年保持在 15~25℃ 范围内，是极佳的水源热泵系统水源水。

（三）智算中心及超算中心余热特点

智算中心及超算中心是采用液冷服务为主、提供并行计算算力服务的数据中心。智算中心及超算中心与通用数据中心相比，在业务连续性和利用率两方面弱于通用数据中心，尤其是超算中心，但其特点是部署功率密度大、热源品质相对高。由于并行计算对内网传输速度的要求，高功率密度服务器的集中堆叠使此类数据中心功率密度是通用数据中心的数倍至数十倍。根据现有案例，某些以液冷服务器为主的自用超算数据中心常载功率均值可低至设计负荷的 10%~20%，但由于装机容量较大，小时耗电量平均绝对值仍可达到 1 MW，在寒冷地区用于一般办公科研建筑采暖仍可负担 10 000~30 000 m² 空调供热负荷。若这类数据中心 IT 设备发热量波动较大，且有条件辅以储热装置，则具备更好的利用价值。

（四）数据中心余热利用的趋势

减碳政策的出台使得降低数据中心 PUE 的要求越来越迫切。液冷服务器对低品位冷源的适应性恰恰可以有效降低夏季制冷能耗，并在冬季更早地进入自然冷却工况。现阶段，尤其是近五年，从余热转换加工方向（源）看，通用数据中心结合热泵技术对余热进行二次提升利用、智算中心及超算中心结合液冷技术直接取热利用的余热回收实践越来越多；从余热服务对象（荷）看，除了建筑供热，在设施农业或农业设施方面也有大量探索案例付诸实施。一些投资者结合当前政策，利用西部能源价格低、算力建设迁移的趋势提出了在寒冷或严寒地区建设"算力锅炉"，使电力资源就地转化为高附加值算力产品，并与当地冬季供热需求相结合的方式。理论上可有效达到提高所在城市的 GDP 和减少供热碳排放的双重作用。

三、数据中心余热利用研究的发展与实践

（一）余热利用的发展历程

根据掌握的资料，大型数据中心余热利用的国内研究自 2010 年前后开始。2007 年 11 月 13 日，惠普公司收购数据中心顾问公司 EYP，2008 年前后惠普公司开始与国内各大设计院合作开展中大型数据中心设计。受行业习惯影响，当时国内绝大多数更早涉及数据中心设计和运营的单位普遍认为数据中心业务相对独立和重要，机电基础设施系统应保持足够的独立性和完全自主可控，不应与其他系统产生过多的衔接。另外，PUE 要求并不严苛，也无减碳需求。这些因素导致数据中心能源综合应用研究相对缓慢。得益于民用建筑设计院的介入，从建筑机电角度出发，数据中心由于接触各类项目的广度，在整合大型园区各类建筑物用能方面有更深入的思考。通过与惠普公司等相关数据中心行业领军者的充分交流，在了解工艺设备需求的基础上，结合当时温湿度独立控制相关研究的进展，一些采用冷冻水系统的数据中心逐渐由以为人员服务为主的低温水能源（常规冷冻水出水温度为 7℃，供回水温差为 5~6℃），转变为为 IT 设备负荷供冷的按需系统，该系统采用更高的冷源冷冻水出水温度（蒸发器出水温度为 12~20℃，供回水温差为 5~6℃），并采取了冬季水侧自然冷却供冷的措施。通过以上调整，一方面结合工艺设备实际需求降低了冷源品质，更多时间可利用自然冷源，另一方面调整后的冷冻水温度与水源或水环热泵系统在冬季采用冷凝热供热时的蒸发器温度相适应。这使冬季利用热泵机组向热用户供热的同时，向数据中心供冷、实现双向用能、减少就地排放成为可能。

（二）余热利用的方式

当前，数据中心建设，尤其是算力建设需求，使数据中心余热仍处于快速增加过程中，

这也凸显了数据中心采用余热利用方案的必要性。随着政策配套和行业壁垒的突破，数据中心余热将像光伏发电和风力发电一样可通过热网输送至周边用户并取得适当的经济收益，这也将促进数据中心余热回收利用的发展。数据中心余热回收方式主要分为水侧余热回收、空气侧余热回收及氟侧余热回收三种。

1. 水侧余热回收

水侧余热回收是最广泛采用的技术，也是最成熟的技术。按照用热方式，可分为直接使用、热泵提升；按照取热方式，可分为中温冷冻水取热、冷却水取热。

在直接使用方面，目前已有一些机构正在或计划实施，通过液冷技术提供算力服务的同时，将余热服务于周边热用户。之所以从液冷技术出发，是因为液冷服务器可直接提供满足一部分用户需求的用热品质的热源。在个别地区，甚至可以做到数据中心在夏季完全无须机械供冷、冬季可对外供热的全年运行状态。在民用建筑中，液冷服务器所提供的热源配合盘管可直接向游泳池供热而无须进行热源品质提升。

如前所述，热泵提升技术更加成熟，且可广泛应用于基于水系统的原有通用型数据中心节能改造。这些数据中心在改造过程中往往有提高冷冻水温度的需求，且多数存在少量办公科研类建筑或用房伴随使用的情况。

冷却水取热方式与冷冻水取热方式的差异主要在于当采用开式冷却塔供冷时，冷却水由于洁净度较差，需要设置换热器与热用户加以隔离。一些冷水机组生产厂商也推出了可满足供热需求的冷凝器，该冷凝器能够适应供热工况而无须额外增加换热器。

南方一些城市由于缺乏市政热网，常采用空气源热泵作为热源，与水源热泵系统相比，在偏低的室外空气温度条件下其供热能效比远低于以数据中心中温冷冻水作为水源水供热的水源热泵机组。令人遗憾的是，当前在一些城市的节能设计政策中，这种采用数据中心中温冷冻水双向用能的水源热泵系统尚不被认定为绿色能源应用范畴，尽管其效率高于空气源热泵。

2. 空气侧余热回收

空气侧余热回收因为气体比热容远低于水，管道（风管）尺寸大、占用空间多，所以通常就近服务于个别冬季需供热的房间。中国建设银行北京生产基地数据中心楼顶层的水泵房是较早采用空气换热器满足冬季防冻要求的案例之一。后期一些案例中将热管空气换热器引入数据中心项目，也取得了较好的应用效果。这类应用非常适合在位于外区的电池间、报警阀室、钢瓶间、库房等冬季需要维持适当温度的场所使用。更进一步，当室外设备布置合理且在冬夏季节可通过控制排气气流方向时，冬季将数据中心余热排放至空气源热泵进风侧也可起到提高空气源热泵能效比的作用。

3. 氟侧余热回收

氟侧余热回收是近年加以研究的方向，在技术方面，可应用于从小到大各类采用蒸汽压缩式电制冷的系统。直膨系统压缩机出口的气态制冷剂管路，通过附加的第一级水氟换热器被冷却后再进入原系统配套的冷凝器中。无论水氟换热器是否参与换热过程，原有配套冷凝器均可满足制冷剂系统散热需求。热水循环系统的待加热水进入水氟换热器被加热后进入储水罐储存，此循环的动力为热水泵。若水氟换热器满足卫生标准要求或系统较小，可将热水循环直接设计为开式系统，采用容积式换热器，由自来水直接补水，加热后的水供用户使用，适用于对热水品质要求不高的系统。设有储水罐（可视为耦合罐）的系统可提供更稳定的热水供应，当对热水品质有较高要求时，可在热水出口附加受温度控制的二次加热器作为再热措施。根据制冷剂回路及水氟换热器的维护需求，可按需增加维护用阀门及旁通管路。直膨式系统的余热回收方式适合于科研类小型高密度计算数据中心的改造项目。经余热回收加热的热水更适合于用热时间不稳定或热品质较低的应用场景，如洗手用水、地板采暖用热、需要预热的系统补水等。与小型直膨式系统类似，大型冷水机组可在冷凝器端直接取用较高温度的热水。

（三）余热利用的场景和实践

近五年余热利用实践越来越多，受行业及政策影响，付诸实际使用的余热利用基本用于带有数据中心建筑的园区建筑物自用供热方面，且多数是基于水源或水环热泵技术的方式。2020年，随着液冷服务器应用的普及，其稳定且偏高的热源品质可更直接地应用于建筑物冬季空调供热而无须经过热泵系统提升热源品质。基于液冷服务器特点直接利用排热的技术大大降低了冬季热源二次提升品质的能耗和造价，更易于被使用方接受。这促进了数据中心余热回收技术的发展和应用。

此前，关于如何进行余热回收的方案研究较多，但对适宜的用热对象的研究较少。随着数据中心对降低PUE要求的提升，对余热利用的需求增加，因此，对低品位余热利用对象的探索工作也越来越受到重视。针对开发商或投资商而言，无论是降低PUE还是余热利用，其本质都是寻求数据中心全生命周期总拥有成本最低的过程。

通过近几年的研究和总结，关于余热回收的整体架构已形成相对完善的体系。现阶段总体可归纳为如下五方面。

1. 自用优先原则

目前，受政策滞后、行业壁垒等因素所限，从快速实施角度出发，余热回收以自有数据中心+办公研发类园区自用的项目实践为主，也较易于实现。

2. 尽早整体规划原则

项目立项初期是用能全面规划的最佳节点。当确定采用数据中心余热回收为园区服务的技术方案后，可减少外部市政资源的引入，尤其是市政热力、天然气等供热热源或介质的使用，并减少市政资源建设压力和接入造价。目前，大量数据中心已进入升级改造阶段，将采用数据中心余热回收技术对前期以市政热力为主的供热系统进行改造。完全以数据中心余热替代市政热力的经济性不及早期规划的效益显著。

3. 用户品质需求优先原则

无论采用何种热源方式供热，满足用户对品质的需求始终处于第一位，这是品质相对较差的数据中心余热的劣势。但随着一些新型热泵机组（二氧化碳热泵机组）的应用逐步广泛，即使低品位余热也可被提升至50~90℃出水，这已经可以满足绝大多数民用建筑用热品质需求。

4. 液冷服务器直用优先原则

在数据中心余热中，采用液冷服务器的供冷介质允许有较高的供回水温度。当前采用浸没式液冷或冷板式液冷的服务器，源侧进出水温度可达33~41℃。虽不足以覆盖散热器采暖系统用热，但对于地板辐射供热与空调系统供热仍有一定的应用空间，尤其是有一部分设施农业和畜牧业用热需求。

5．经济利益与社会效益并重原则

单独计算数据中心余热回收的效益或许并不显著，尤其是在我国长江流域及更偏南的地区，主要原因包括用热时间短、平均负荷低。但从提高环境舒适度的角度出发，即使是在广州、深圳地区，在冬季短时间内也可通过低品位热源供热提供更加优良的室内环境温度，尤其适用于医院病房和康养建筑这类人员体质相对较差的建筑中。

四、数据中心余热利用的经济性测算

（一）用于民用建筑供热方面的经济性测算

北方地区由于城市热网完善、供热周期较长，采用热泵余热回收技术能够有较好的经济性；相比之下，南方地区从经济性角度考虑，采用该技术的效益则相对较差。相关单位对一个位于武汉地区的"数据中心+办公园区"项目，进行了数据中心余热利用价值的项目前期理论分析。项目的利用场景如下：在冬季利用热泵技术蒸发器向数据中心提供中温冷冻水，冷凝器向办公建筑提供空调用热水。该项目的分析结果如下。

1．项目所在地气象条件

全年最低室外温度为-3.9℃；室外干球温度小于5℃的平均温度为2.5℃，累计时长为1 170 h；室外干球温度小于8℃的平均温度为4.2℃，累计时长为2 062 h。

2．建筑物情况

建筑（含办公及研发）面积为37 500 m^2，屋面面积为7 250 m^2，外墙面积为19 800 m^2，建筑物体积为219 900 m^3，窗墙比为0.5；计算体型系数为0.09。

3．数据中心（机房）情况

设置机柜共计2 750架，每架机柜的功率为8 kW，安装功率为22 000 kW。考虑分期实施、实际运行负载率在内的同时系数为20%，余热产生量为4 400 kW。通常条件下，分期实施的数据中心园区办公类用房均在首期建成投产，因此必须校核初期服务器运行产生的余热是否可满足整体供热需求，若不能全部满足，则需要增加备用热源或采取储热措施削峰填谷。

4．围护结构热工参数

屋面传热系数为0.7 W/m^2·K；外墙传热系数为1.0 W/m^2·K；外窗传热系数为2.8 W/m^2·K；负荷简化计算中，房间高度修正系数、朝向修正系数及渗风修正系数均按1计算。

5．负荷计算

在室内设计温度为18℃的条件下，分别计算3个负荷值：室外最低温度空调负荷，用以校核热源总量是否足够；室外温度低于5℃时，年累计小时平均温度2.5℃工况下的负荷；室外温度低于8℃时，年累计小时平均温度4.2℃工况下的负荷。

6. 计算结果

武汉地区某数据中心办公及研发部分热负荷计算结果如表 1 所示。

表 1　武汉地区某数据中心办公及研发部分热负荷计算结果

室外温度（℃）	-3.9	2.5	4.2
供热负荷（kW）	634.41	449.01	399.76
累计时长（h）	—	1 170.00	2 062.00
总供热量（kW·h）	—	525 340.77	824 311.38
单位面积负荷指标（W/m²）	16.92	11.97	10.66

考虑人员舒适度，以室外干球温度 8℃作为供热系统运行便捷条件，根据上述计算得出的结论如下。

在武汉地区，当室外温度达到最低时，单位建筑面积负荷指标为 16.92 W/m²，余热回收量应能满足此指标的需求。本项目建筑面积为 37 500 m²，热源装机容量应不小于 634.41 kW（不含新风负荷，本项目计算新风负荷的耗热量为 393.0 kW，按前述数据中心 4 400 kW 的发热量计算，可全部满足园区供热需求，无须补充其他热源或储热措施）。项目全年供热负荷总量为 824 311.38 kW·h，单位面积年供热量为 21.98 kW·h/m²。

7. 热泵及水泵设备选择分析

以计算供热面积指标 16.92 W/m² 为计算指标，当供热建筑面积为 37 500 m² 时，选用热源设备的供热量为 634.5 kW。若供热能效比为 2，则耗电量为 317.3 kW，满载运行时蒸发器供冷量为 317.3 kW。冷凝器温差以 10℃计算，水流量为 27.3 m³/h；蒸发器温差为 6℃，水流量为 45.5 m³/h；冷凝器循环泵扬程 32m H_2O；效率为 80%，运行功率为 3.0 kW；蒸发器循环泵扬程 38 m H_2O，效率为 80%，运行功率为 5.9 kW，如表 2 所示。

表 2　热泵及水泵设备选择分析表

	耗电量（kW）	供热量（kW）	供冷量（kW）
热源机组	317.3	634.5	317.3
冷凝器循环泵	3.0	—	—
蒸发器循环泵	5.9	—	—
合计	326.2	634.5	317.3

8. 项目前期理论分析结论

（1）电能利用率：（634.5+317.3）/326.2≈2.917。

（2）采暖季能耗：总供热量为 824 311.38 kW·h，总供冷量为 412 155.69 kW·h；总耗电量约为 282 188.75 kW·h。

（二）用于数据中心园区非机房建筑供热的经济性测算

仍以前述武汉地区的数据中心+办公园区项目为基准，项目中数据中心空调计算负荷为 30 200 kW（包含新风及所有数据中心楼使用区域在内），与 IT 设备装机容量的关系为装机容量每 1 kW 服务器设备需要提供 1.372 kW 的供冷量；当采用水冷冷水机组方案时，经计算，CLF（冷负荷系数）值为 0.186，即 1 kW 服务器装机容量需要的供冷量为 1.372 kW，年平均空调系统耗电量为 0.186 kW，单位供冷量的耗电量为 0.136 kW（0.186/1.372），空调系统能效比为 7.378。

供热季水源热泵机组可提供的供冷量为 412 200 kW·h；由前述系统能效比折算耗电量为 55 900 kW·h，对比数据中心全年耗电量，几乎可忽略（当 PUE 计算中这部分电量计入科研办公建筑时，相当于数据中心年净减空调系统耗电量 55 900 kW·h）。在供冷的同时可向办公建筑提供 824 300 kW·h 的供热量。

依照目前的电力折算标准系数计算：当量值为 1.229 吨标煤/万千瓦时，等价值为 3.6 吨标煤/万千瓦时；以上能源消耗（或节约）当量值为 6.86 吨标煤；等价值为 20.11 吨标煤。

已用热计算的热力折标系数为 0.034 1 吨标煤/百万千焦耳，相当于节约 101.2 吨标煤。

经济性：以北方地区供热收费计算（南方地区无此项，以北方替代），按每平方米每年 30 元的供热价格计算，本项目供热系统采用外部热源的年运行费用为 112.5 万元。

通过以上研究发现，在武汉等地区，采用水源热泵机组结合数据中心与园区办公做到冷热双向利用对数据中心降低 PUE 贡献不大，但确实可减少有供热需求建筑物的供热系统造价和运行费，且可明显提高冬季室内舒适度。本项目在园区后期规划中尚有大量康养和医疗建筑，使用数据中心余热作为热源，再采用其他热源作为适当补充，能够取得较大收益。以项目 4 400 kW 余热量、16.92 W/m² 热指标计算，本案例数据中心余热可为 260 000 m² 建筑面积供热，即使考虑加入新风负荷，按 50 W/m² 热指标计算，也可负担 88 000 m² 建筑面积的供热需求。

（三）用于设施农业供热的经济性测算

近两年，数据中心余热应用于设施农业的研究更为普遍，一些拥有数据中心的企业正在探索利用余热为自建温室大棚供热的方案。通过对设施农业的深入研究，一般常见瓜果蔬菜及一些水果（草莓）冬季适宜的温度在日间为 20～30℃，夜间为 10～20℃；北京地区采用带保温措施的玻璃温室时，单位面积供热指标为 200～400 W/m²。一座宽 8～11 m、长 60～80 m 的温室，总面积为 480～880 m²，耗热量为 96～352 kW；以一座稳定发热量在 1 000 kW 的数据中心计算，余热量可用于 3～10 座这样的温室。对北京地区冬季气象参数进行分析，室外气温低于 10℃ 的累计时长达到 3 649 h，年时间占比为 41.65%，期间平均温度为 0.9℃。折算年供热量需求达 350 300～1 284 400 kW·h。若完全以数据中心余热替代其他热源，可节约标煤 43.0～157.7 t。若以全时段维持室温 20℃ 计算，单位面积年供热消耗热量均值（按单位负荷 200 W/m² 的低位值计算）约为 466.2 kW·h/m²。若在夜间维持 10℃ 条件下，单位面积年供热能耗指标约为 422 kW·h/m²（低位值负荷）。

以北京地区为例，参照 2023—2024 年居民供热价格 0.16 元/(kW·h)计算（非居民供热用热价格不是定值），即使按 422.0～466.2 kW·h/m² 计算，成本也为 67.5～74.6 元/m²。根据相关资料，大棚西红柿亩产较高产量约为 5 000 kg/亩，折合单位面积 7.5 kg/m²。在不考虑损耗和其他费用（人工、化肥等）的情况下，收购价为 10 元/kg 时才可能实现收支平衡，而 2024 年 7 月 17 日北京新发地农副产品批发市场的西红柿价格仅为 3 元/kg（同期某全国连锁超市的终端销售价格为 7.9 元/300g，折合 26 元/kg）。对应计算，这需要产量达到 22.5 kg/m² 或热价降低至 0.05 元/kW·h 才有可能实现不亏损，这在以化石燃料为主的单一供热系统中当前几乎无法实现。若采用液冷数据中心余热回收供热，不经热泵提升热源品质，仅增加排热输送能耗条件下方有条件实现收支基本平衡。

综上所述，由于政策、供热距离的原因，目前针对设施农业的数据中心余热回收试点，多在相关数据中心园区所有者（或建设方）内部进行。试验中受距离较近的因素影响，供热输送能耗降低，热源温降幅度小，可有效保障供热品质，生产的农产品主要用于提供员工福利，优势是减少了运输、化肥使用等流通环节的费用，且可让购买者直接看到（减少农药化肥使用的）环保效果。

无论如何，数据中心余热利用的研究和实验已经广泛开展，随着政策配套和价格因素调整，在各类应用场景中将具备更多的经济和社会价值。

（作者单位：中国建筑设计研究院有限公司）

供 配 电

电力模块在数据中心的应用

曾凯军　康德学

供配电系统在数据中心基础设施中占据重要地位，随着数据中心 IT 设施不断往高密度方向发展，以往的供配电系统建设方式交付周期长、运维困难大、智能化程度不高等短板凸显，无法适应建设工期、用地面积比较紧张的数据中心需求。基于以上原因，建设周期短、预制化程度高、占地面积省、系统效率高的电力模块解决方案应运而生，电力模块是将 0.4 kV 变压器、进线柜、母联柜、无功补偿柜/APF 柜、UPS 输入输出柜、UPS、旁路柜和馈线柜，以及可灵活增配的 ATS 柜、油机进线柜等，整合为一体化的解决方案，可使数据中心供电系统更加简洁，有利于数据中心的快速建设部署和今后的运维管理，提升保障品质。

一、电力模块技术的简要发展过程

（一）电力模块技术起源

近年来，随着数据中心算力提升，单机柜功率由早期的 2~3 kW，发展到 6~8 kW，再发展到 10 kW 甚至以上，配电室面积占数据中心面积的比例越来越高，而数据中心主机房面积占比越来越低，对数据中心的建设和发展有一定的限制。

传统配电方案存在以下 3 个困难。一是配电室占地面积大。根据测算，数据中心单柜功率密度由 4 kW/柜提升至 8 kW/柜，对应配电室面积提升约 50%，配电室面积增加，相应就会压缩主机房空间。二是传统配电系统由于配电链路很长，且 UPS 输入/输出全部采用线缆连接，在 UPS 设备效率已经趋于极高水平的前提下，优化供电链路线缆损耗已成为进一步提升供电系统效率的关键措施。三是传统配电系统现场多家设备集成，现场交付存在大量敷设线缆、压接铜鼻子、做线及端接的工作，使配电系统整体交付周期很长；因此，急需引入工程产品化和预制化解决方案，以期实现配电系统的快速交付，保证客户业务快速上线。

相对传统配电方案有所改进的电力模块方案开始投入应用。电力模块的优势是显著的：可以节省 30%以上的配电室面积；由于采用工厂预制、预调试，现场交付周期比传统配电方案缩短 60%以上；电力模块配电柜与配电柜之间、配电柜与 UPS 主机等均采用铜排连接，减少了线损，可使配电系统整体效率提高 1%左右；具有完善的监控系统和全链路的温度监控，可实时了解电力模块系统内变压器、母排、开关等关键设备的运行情况，减轻运维人员的工作压力。

（二）电力模块技术发展趋势

随着电力模块在数据中心的扩大应用，从技术发展方面来说，在保证配电系统可靠、稳定、安全运行的前提下，会逐渐往高度集成化、智能化、供电方式多样化发展。

高度集成化。相比传统的配电解决方案，电力模块以产品化的理念，高度集成了变压器、无功补偿柜、低压配电柜、UPS 等设备，也可根据项目实际情况灵活组合，满足不同场景数据中心的使用需求。

智能化。基于人工智能的应用,预测性分析、预测性维护会在电力模块中得到应用,如处理数据中心供配电系统三相不平衡问题,对用电数据进行分析,提前处理供配电系统中可能存在的隐患等。

供电方式多样化。从节能和降低投资成本方面考虑,电力模块采用直流对后端IT负载供电整体效率会高,供配电系统简洁;从可靠性、稳定性方面考虑,电力模块采用交流对后端IT负载供电技术更成熟,可靠性会更高。直流供电和交流供电两者会长期共存。随着供配电技术的发展,高压UPS也将逐渐应用于数据中心的供配电系统中,能部分取代低压UPS和HVDC(高压直流),从而使供配电系统链路更加简洁高效。

(三)国内数据中心电力模块技术应用情况

目前,电力模块在国内数据中心行业应用趋于普遍,尤其是在互联网和IDC类型的数据中心应用较多。

2019年,以阿里巴巴为代表的数据中心首先推出了从10 kV到240 V的一体化供电系统,即巴拿马电源,简化数据中心供电架构,节省空间和投资成本。与传统IDC供电方案相比,10kV到240 V的配电链路投资成本较传统方式下降40%以上,功率模块效率达98.5%,安装空间可减少一半,将释放更多IT电力空间,给数据中心初期投资和出柜率带来极大的价值提升。

在第三方Colo(托管机房)数据中心,用户自行采购变压器、低压成套柜、交流UPS电源等设备进行集成,UPS和配电柜采用电缆连接,在一定程度上达到了减少施工周期、节省投资成本的主要目的。这种建设方式被认为是电力模块方案的雏形。

在运营商数据中心,用户逐步在新建数据中心采用电力模块方案,电力公司只提供10 kV进线柜,在后端采用电力模块,包含变压器、进线柜、母联柜、无功补偿柜、UPS输入/输出柜、UPS、旁路柜及馈线柜,电力模块内设备都在工厂预制、预调试、现场组装。某运营商新建数据中心,一次性采购6套2 500 kV·A电力模块,整体交付时间仅20天,大幅缩减了项目整体交付周期。

近年来,金融行业数据中心电力模块得到推广应用。某证券公司由于配电室层高和配电室整体狭长的原因,经过多轮方案讨论和调研,最终采用电力模块方案,在电力模块UPS前后端单独配置了输入输出开关,使UPS整机与电力模块解耦,便于后期维护,可靠性更高;配置了一体化的电力监控,运维更方便,更精细化;电力模块整体节省30%以上的占地面积,成功实现交付。另外,在金融行业也有部分银行开始在数据中心批量使用电力模块方案,一次性采购几十套2 500 kV·A电力模块。

二、电力模块技术的分类和优势

(一)不同电力模块技术的分类与比较

电力模块技术的分类有多种:根据安装环境不同,可分为室内安装的电力模块与室外安装的集装箱式电力模块;根据后端配电性质可分为配置UPS的交流电力模块与配置HVDC的直流电力模块。

1. 室内安装的电力模块

适用于有完善土建基础设施的场景,将变压器、低压配电柜、UPS系统、智能电力监控管理系统按照整体解决方案设计,对外预留标准的一次、二次接口,各柜体间采用工厂预制的铜排连接,实现工程产品化。内置的智能电力监控管理系统对电力模块内的变压器、低压柜、UPS设备、铜排温度等进行集中监控管理,从而实现数据中心的快速部署及智能化监控管理。电力模块各组成部分均满足室内安装标准,设备安装环境及消防系统需按规范中对变配电室的要求来设计和建设。室内安装的电力模块形态如图1所示。

图1　室内安装的电力模块形态

2．集装箱式电力模块

集装箱式电力模块又称电力方舱,适用于户外、仓库或山洞等非常规安装场景,全工厂预制,无须新建楼宇,将变压器、低压配电柜、不间断电源系统、智能电力监控管理系统集成在标准集装箱内,并集成暖通系统、消防系统、防雷接地系统等功能。可单个集装箱安装,也可以多个或多层堆叠使用,现场安装简单,可满足不同规模数据中心用电需求。集装箱式电力模块的集装箱使用年限为25年左右。集装箱式电力模块形态如图2所示。

图2　集装箱式电力模块形态

3．交流电力模块

交流电力模块由变压器、进线柜、母联柜、无功补偿柜/APF柜、UPS输入输出柜、UPS、旁路柜及馈线柜等组成。当市电正常时,市电通过整流器、逆变器向负载供电,同时为蓄电池充电;当市电异常或中断时,蓄电池作为电源,通过逆变器向负载供电;当逆变器、蓄电池等中间环节故障时,通过切换开关(STS)切换至交流旁路,确保负载供电。

交流电力模块的优点是UPS技术成熟,系统输出的电能品质高。市电经过整流、逆变后向负载供电,能避免市电电网的电压波动对负载的影响,实现对负载的无干扰稳压供电。UPS不同工作模式之间的切换时间为0 ms,工作模式切换不会影响负载端的连续供电。

4．直流电力模块

直流电力模块由变压器、进线柜、母联柜、无功补偿柜/APF柜、HVDC输入输出柜、HVDC、旁路柜及馈线柜等组成。正常工作时,交流电通过整流模块、直流配电模块为IT设备供电,并为蓄电池组充电;当市电断电或市电质量不满足要求时,HVDC通过蓄电池组给负载供电。

直流电力模块的优点是相较于交流电力模块,没有逆变环节,电能损耗较低;相对于UPS设备,HVDC内部结构简单,故障点相应减少;有利于新能源电力接入。

（二）电力模块应用优势

在数据中心单机柜功耗攀升，建设周期要求缩短的背景下，电力模块快速交付、结构紧凑、占地面积小、系统效率高、智能化程度高、成本低的优势更为凸显。

1．建设周期短

传统的变配电系统建设模式由不同设备厂商提供设备，现场制作电缆进行设备连接，而电力模块采用模组化标准设计，工厂预制的铜排并柜连接，采用预制化、去工程化的交付方式，整体工期最多可缩短 2/3，实现快速部署。

2．占地面积小

以 300 个机柜、2 套 2.5 MVA 电力模块为例。传统配电方案按两排分布，A 和 B 两路变电间总长度为 30 m，按两排摆放的情况下其总深度为 7 m，故 A 和 B 两路 2.5 MVA 的传统变配电间面积为 210 m^2。而预制式电力模块方案同样设定为 A 和 B 两路，变配电间总长度为 34.0 m、宽度为 4.1 m，可计算出 A 和 B 两路 2.5 MVA 电力模块变配电间面积不超过 140 m^2。根据电力模块集约化设计，配电间面积节省 30%，在 2.5 MVA 系统配置下，可额外安装 30 个机柜。

3．系统效率高

相对于传统方案，电力模块内部采用全铜排连接，减少了接触点，降低了系统整体的接触电阻，可以使系统效率提升 1%左右。

4．成本低

人工成本节省。电力模块作为一个整体的变配电系统产品，在工程设计时只需考虑总进线、馈线、总通信、整体尺寸，电力模块方案整体工厂预制，监控系统工厂预调试；现场实施交付，人工成本显著节省。

材料成本节省。柜体间采用预制母排连接，连接路径为最优路径，减少导体用量，且现场无须设置电缆桥架；电力模块还对配电架构做了集约化设计，UPS 采用主旁同源设备，将 UPS 市电输入与旁路输入开关合并，在 UPS 配置外部输入输出开关的情况下取消 UPS 内部开关。综合上述情况，采用电力模块方案初始投资成本可下降约 5%。

三、电力模块技术路线和解决方案

（一）交流电力模块技术

首先，由变压器将 10 kV 输入降压至 0.4 kV 输入至低压进线柜，通过母联柜连接 B 路电力模块实现 A 和 B 两路配电系统互为备份。其次，通过补偿柜内设置 SVG 模块及 APF 模块对电网的无功功率进行补偿，并治理谐波成分，以达到净化电网的目的；由 UPS 输入/输出配电柜搭配多台 UPS，组成 UPS 并机供电系统给后端 IT 设备提供稳定可靠的洁净电源保障。最后，通过末端馈线柜将 UPS 输出分配至各个机房区域给 IT 负载供电，实现系统可靠运行。

按照国标 A 级数据中心规范标准，数据中心配电系统采用 2N 供电架构，交流电力模块典型电气系统架构如图 3 所示。

典型 2.5 MVA 电力模块系统包括 1 个 2 500 kV·A 变压器、1 个进线母联柜、1 个 SVG、

1个维修旁路柜、2个UPS输入柜、4个600 kV·A UPS主机、2个UPS输出柜及配套馈线柜，顶部以全铜排连接，交流电力模块典型电气系统架构如图4所示。

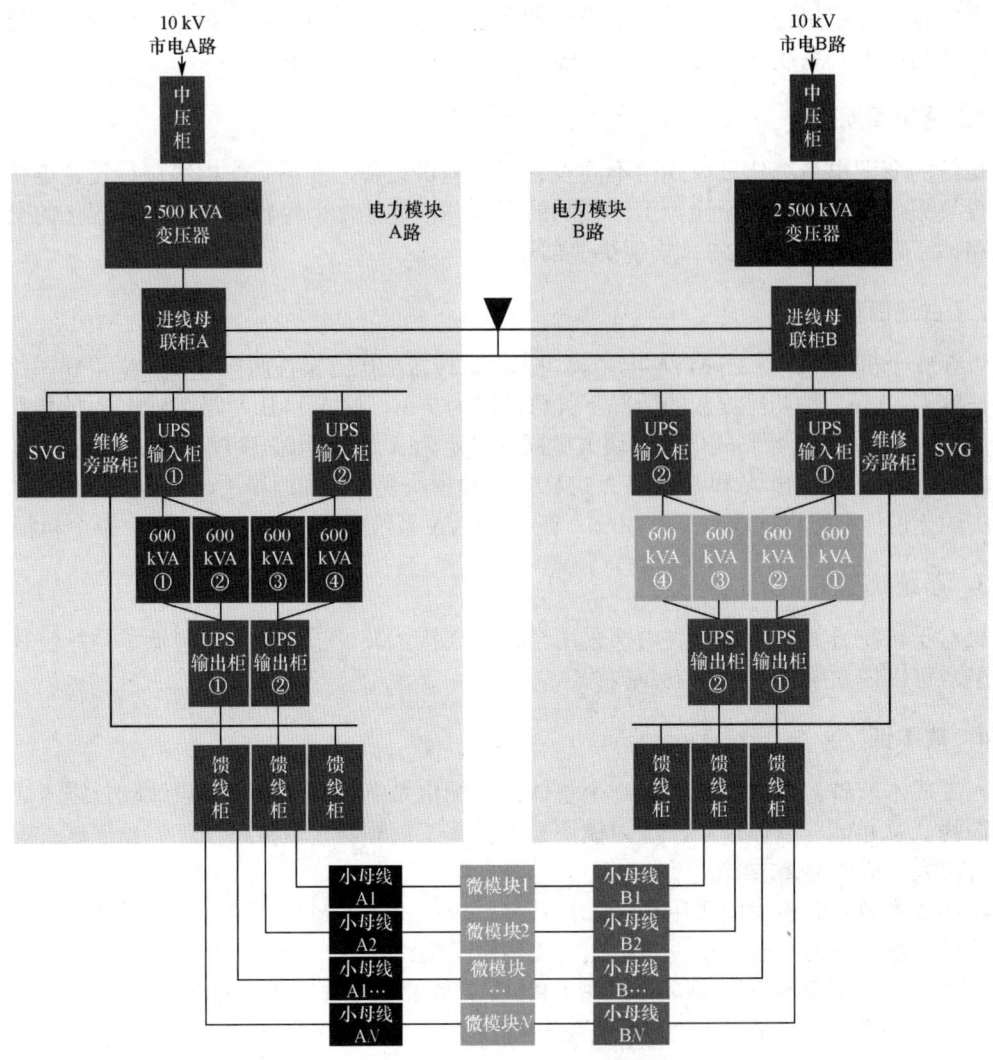

图3　交流电力模块典型电气系统架构

变压器 2 500 kVA	A01 进线	A01 母联	A03 SVG	A04 UPS 输入	A05 UPS 输入	UPS1 600k 塔式	UPS2 600k 塔式	UPS3 600k 塔式	UPS4 600k 塔式	A06 UPS 输出	A07 UPS 输出	A08 维修 旁路	A09 馈线 1	A10 馈线 1

图4　交流电力模块典型柜体布局俯视图

通过电力模块的高度融合，解决了原传统配电系统中UPS输入低压成套、UPS系统、UPS输出低压成套等多品牌设备风格形象一致性差的问题；在保证风格统一的同时，通过全链路电力监控系统，实现电力模块的智能化监控。

（二）直流电力模块技术

首先，由变压器将10 kV输入降压至0.4 kV输入至低压进线柜，通过母联柜连接B路电力模块实现 A 和 B 两路直流配电系统互为备份。其次，通过补偿柜内设置 SVG 模块及 APF 模块对电网的无功功率进行补偿，并治理谐波成分，以达到净化电网的目的；由 HVDC 输入柜、HVDC 主机及直流输出配电柜给后端负载供电。最后，通过末端馈线柜将 HVDC 输出分配至各个机房区域给 IT 负载供电，实现系统可靠运行。直流电力模块原理如图 5 所示。

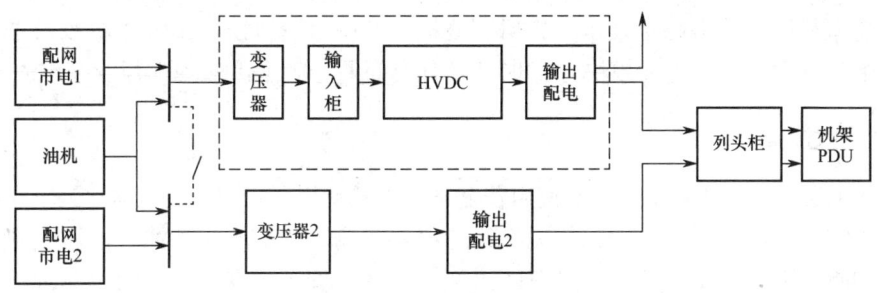

图 5　直流电力模块原理

按照国标 A 级数据中心规范标准，数据中心配电系统采用 2N 供电架构，直流电力模块典型电气系统架构如图 6 所示。

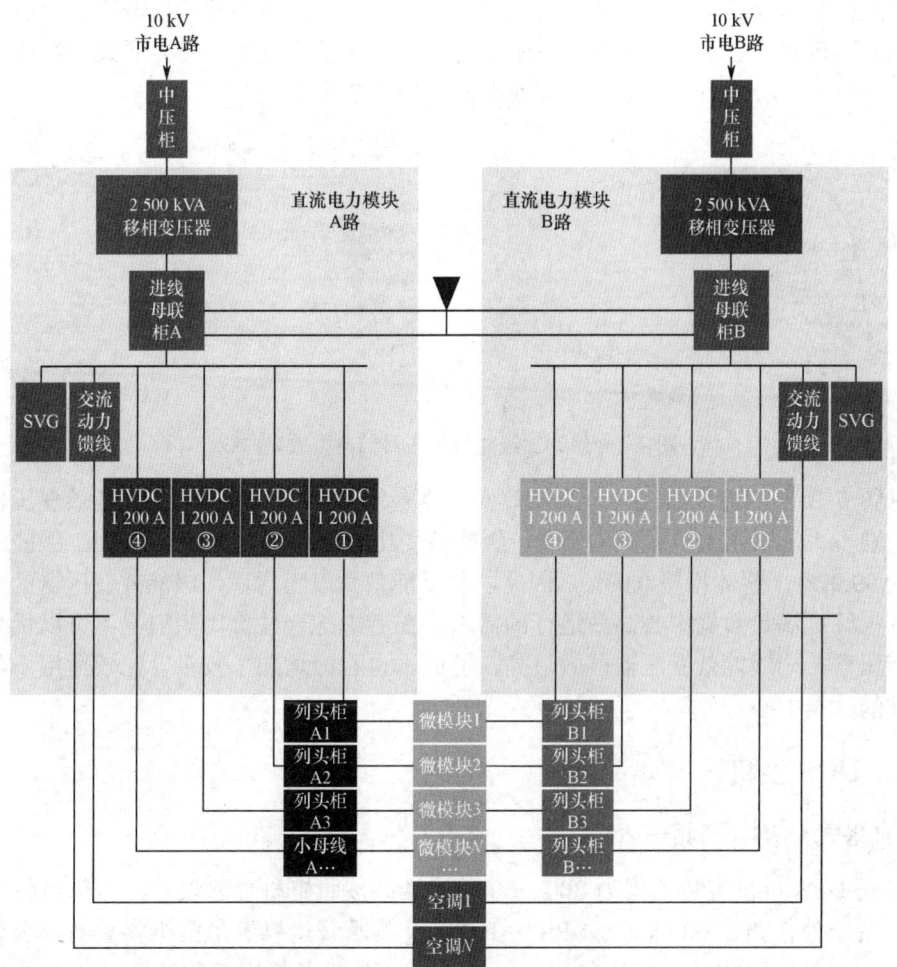

图 6　直流电力模块典型电气系统架构

四、电力模块重要部件及应用选择

电力模块系统包括变压器柜、进线柜、母联柜、无功补偿/APF 有源滤波柜、UPS 输入/输出柜、UPS 主机、维修旁路柜及末端机房馈线柜。其中，变压器、UPS 主机以及进线和联络开关布局相对更为重要，电力模块方案也可以有繁简两个版本，应当视行业需求差异选择。

（一）变压器

在数据中心中，10 kV 变压器的使用普遍采用干式变压器。干式变压器作为一种环保型的电力设备，它的绕组采用高温固化的无机绝缘材料隔离，内部不含油漆、油污或其他可能导致爆炸的物质。因此，干式变压器具有防火阻燃性好、安全可靠、便于使用和维护等优点，广泛应用于数据中心中压系统。

根据能效等级，可以将干式变压器分为一级、二级及三级能效变压器，三级能效变压器代表型号为 SCB12，二级能效变压器代表型号为 SCB14，一级能效变压器代表型号为 SCB18，其中一级能效变压器具备最高的能效等级及最低的损耗，二级能效变压器次之，三级能效变压器表现最不理想。鉴于节能需求，目前数据中心常用的干式变压器主要为一级或二级能效变压器，一级、二级能效变压器的典型效率曲线如图 7 所示。

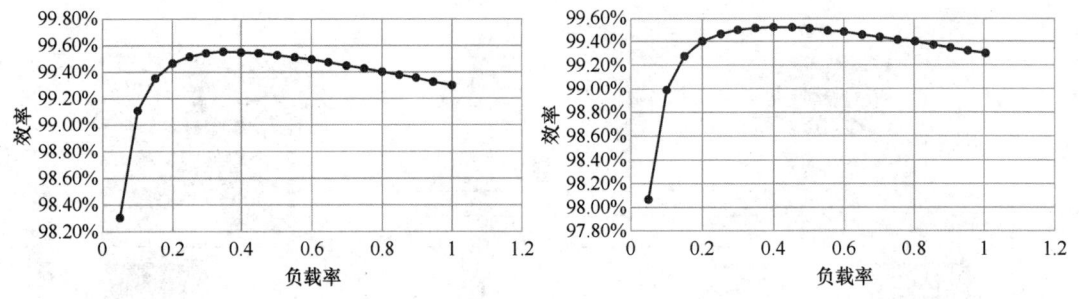

图 7　一级、二级能效变压器的典型效率曲线

根据图 7 所示的能效曲线，一级能效变压器整体运行效率略高于二级能效变压器，但整体效率差别不大。以 40%负载率为例，一级能效变压器的效率为 99.95%，而二级能效变压器的效率为 99.92%；整体相差 0.03%。因此，从高能效角度考虑，二级能效变压器的整体效率已经可以很好地满足数据中心高效运行的需求，在考虑综合性价比的情况下可以优先选择二级能效变压器；一级能效变压器能效最高，但成本也相应增加了较多，比较适用于部分追求极致高效的数据中心。

（二）UPS 主机

1. 纯塔式 UPS（高频一体式）

纯塔式 UPS 单机容量范围为 300～600 kV·A；按照整机理念设计，内部器件选型按照全功率选型器件，如在 600 kV·A UPS 中 IGBT 及晶闸管均以满足整机容量需求选型；具备独立的三相结构，机内无环流现象；其可靠性最高且具备低载高效的特点，主要倡导"不会坏"理念。

2. 塔式 UPS（功率柜并联式）

塔式 UPS 按照单功率柜 200～600 kV·A 颗粒度进行并柜，主要目的是匹配更高单机容量，如需要 1 200 kV·A，可由 3 个 400 kV·A 功率柜并联或 2 个 600 kV·A 功率柜并联，其可靠性较高，但不如纯塔式 UPS。

3. 模块化 UPS（全热插拔）

模块化 UPS 内部由多个小功率模块并联而成，产品主流功率模块的范围在 50～100 kV·A。所有功率模块、旁路模块等均可实现热插拔，任一模块失效时均在线撤换，因此以高可用、高效率闻名，主打"坏不怕"理念。

4. 类模块 UPS（假塔式）

类模块 UPS 内部由多个小功率模块并联而成，但取消了插拔端子并在功率模块外围增加封板，整体外观与纯塔式 UPS 相似。因此，它既没有纯塔式 UPS 的高可靠性，又不具备模块化 UPS 的可热插拔特性，数据中心在应用时需规避。

对于不同行业的数据中心，可在上述四种不同类型 UPS 中灵活选择，选择时的主要关注点在于数据中心的定位。例如，对于金融行业的数据中心，可靠性、稳定性为第一要求，因此适合选择纯塔式 UPS，以保证在高可靠性前提下，实现低载高效的要求。而对于追求极致节能或具备明显分期扩容需求的数据中心，如互联网及运营商行业数据中心，建议选择高频模块化 UPS，以通过模块轮休的方式，保证 UPS 始终处于最佳的供电负载率水平，进而实现效率的最优水平。

（三）进线和联络开关布局

以数据中心 2.5 MVA 配电系统为例，变压器后端进线及联络开关，考虑额定满载情况下电流约 3 600 A，对应进线及联络开关至少 4 000 A；针对 4 000 A 进线和联络开关是否需要分柜布局。目前行业内主要有两种做法：一是分柜布局，即进线和联络空开独立分柜；二是叠装布局，即进线和联络空开叠装于同一个机柜。进线和联络开关布局方式对比如表 1 所示。

表 1　进线和联络开关布局方式对比

分　类	分柜布局	叠装布局
安规距离	大	小
散热性	好	差
物理分隔	有	无
可靠性	高	低
维护性	好	差
成本	高	低

从安规距离和散热性考虑，2 500 A 以上的大容量断路器，建议使用分柜布局，这有利于断路器运行散热和更好的安规距离；从可靠性和维护性考虑，也建议 2 500 A 以上的大容量断路器使用分柜布局，这有利于后期断路器运维的便捷性。

（四）电力模块的简繁版本

鉴于各行业特点及需求差异，对应电力模块方案应用侧重点会存在差异，目前行业主流电力模块方案常见为简、繁两种版本。

1. 极简版电力模块方案

该方案整体设计理念以满足项目基本要求为核心，在电力模块系统中将进线空开和母联空开叠装布置，并取消了 UPS 原本独立的外置输入/输出开关柜，采用 UPS 内置"负荷隔离开关+熔断器"保护方式。该方案最大特点是集约、极简，做到极致节省空间，因此，适用于部分改建、扩建数据中心，但原配电间空间不足的情况，以及追求极致出柜率的互联网或运营商行业数据中心。

由于极简版电力模块方案减少了外置输入/输出开关柜，采用内置"负荷隔离开关+熔断器"保护的方式，所以会存在如下困难：一是若 UPS 发生短路，尽管熔断器能够提供保护，确保系统安全运行，但 UPS 内部空间小，熔丝上方带电难以更换；二是若熔断器未能提供保护，则短路电流会让前端进线总开关跳闸，造成该路停电，负载 2N 供电一路掉电，带来极大的风险；三是当 UPS 生命周期结束，可通过更换功率模块进行更新，但若 UPS 与主铜排连接处发生氧化等情况则需要更换整台 UPS，需要断开前端进线总开关，与前述情况相同，也会造成该路停电，负载 2N 供电一路掉电，同样存在巨大的风险。

因此，从上述角度考虑，极简版电力模块方案可适用于互联网或 IDC 非核心数据中心，对于追求高可靠定位的数据中心场景，如政企、金融机构等，其总部数据中心并不适配。

2. 高可靠版本电力模块方案

该方案整体设计理念以高可靠性为定位，最大限度地保留了传统数据中心供配电系统各部件。高可靠版本电力模块具备如下优点。一是具备 UPS 独立外置输入输出柜，取消 UPS 内部重复的 UPS 开关；UPS 输入/输出开关柜内断路器可实现 UPS 短路状态下的分断保护及过载保护；此外，由于具备独立的 UPS 输入/输出开关柜，对于 8~10 年的 UPS 在更换时可实现后端负载不间断更换，兼顾可靠及维护便捷。二是按照高可靠标准，不妥协、不减配，严格按照 2 500 A 以上断路器分柜布局；断路器容量选型按照满足极限满载供电需求核算，实现电力模块容量及布局的高可靠。三是电力模块内部的各部件未做减配，整体成排布局，相比于极简版电力模块需要更长的配电间空间布局，新建数据中心可灵活布局，但改造扩建数据中心需要评估空间。

综上考虑，高可靠版本电力模块方案具备容量和布局高可靠的特点，非常适用于追求高可靠、高稳定的数据中心，如政企、金融机构等数据中心场景。

五、电力模块面临的挑战和研究方向

（一）电力模块面临的挑战

电力模块在数据中心供配电系统中的应用已经比较普遍，得到了用户、设计院和数据中心行业人士等的认可，但也面临着一些挑战，主要包括以下几点。

1. 节能降耗

当下数据中心建设面临的挑战之一是如何降低数据中心的 PUE，其中，数据中心供配电系统被视为节能的第二重点（第一重点是空调）。数据中心供配电只是国家电力行业一个较小的应用分支，但整个电力行业的节能技术研究及应用已发展至相当成熟的阶段，对数据中心供配电系统产生了积极的影响,如 UPS 效率目前可以达到 97%。数据中心供配电系统在节能降耗方面的侧重点是加强管理,避免因非设备因素导致的能源浪费,同时做好宣传工作,以防止不符合实际的内卷式高指标影响数据中心作为信息化基础设施的稳定性。

2. 智能运维

目前,数据中心电力模块的智能运维还处于初级阶段,较难实现统一的、跨系统的、数据相关性的匹配度分析。这意味着在数据中心的运营和维护过程中,实现电力模块智能化管理和分析仍然面临技术上的挑战。

3. 行业规范化建设

近年来,电力模块在数据中心的应用逐渐兴起。然而,我国还没有相应统一的标准规范出台,各个厂家使用的标准规范存在差异。例如,同样的配置和容量,不同厂家生产的电力模块的长度、深度、高度等尺寸不一;电力模块内部 UPS 与配电柜之间有的采用电缆连接,有的采用铜排连接等。这些都是电力模块规模化发展面临的挑战。

(二)需要重点研究的方向

未来电力模块技术研究主要以符合数据中心高质量发展为核心目标,主要包括以下几个研究方向。

1. 节能降耗水平进一步提升

通过采用高效 UPS/HVDC 及高能效变压器实现高效节能降耗,同时可在 2N 系统中,在保证可靠性基础上,UPS 尝试采用"1 路智能 ECO+1 路整流逆变"的方式,进一步提升供配电系统效率。

2. 智能化电力模块进一步发展

跟随人工智能应用发展的趋势,充分利用人工智能和机器学习技术的落地应用成果,提高数据中心所用电力模块的自动化管理水平。通过基于数据中心配电系统数据训练人工智能模型,预测性地灵活调整数据中心的运行模式,从而提高能效并降低运营成本。

3. 精细化管理手段进一步智能化

通过集成整体电力监控系统,以精细化管理思维,将配电系统各关键部件和关键连接点统一监测,以人工智能加持理念,加入关键器件健康管理,全链路温度监测和开关整定复核等功能,实现配电系统的精细化管理。

4. 预制交付方式进一步普及

提高电力模块与各类数据中心的匹配度,强化工程"产品化+预制化"理念,将电力模块系统整体工程预制,现场积木搭建,施工周期缩短的理念,通过实际工程影响、行业协会推荐、政府政策鼓励、市场作用引导等方式,转化为保证业务快速上线的优势,以数据中心供配电系统的高质量发展为目标,保证甲乙双方、建设方与使用方的双赢。

(作者单位:科华数据股份有限公司
中国工商银行股份有限公司)

钠离子电池　盐水电池　镍铁电池在数据中心应用的探索

周传建　张霄鹤

随着数据中心规模的快速扩展，能源需求也在不断增加，作为备用能源的蓄电池，需求量也随之增长。特别是有些数据中心以备用蓄电池为能源，参与"源网荷储"，支持新型电力系统的构建，更是加大了对蓄电池的需求。当前，数据中心正经历着开始逐步告别铅酸电池，磷酸铁锂、全钒液流电池的份额不断增长的阶段。在这个过渡时期，对钠离子电池、盐水电池和镍铁电池在数据中心中的应用展开探索，分析其在技术性能、使用寿命、可持续性等方面各自的优势，为数据中心替代铅酸电池提供了更为丰富的选择方案。

一、钠离子电池在数据中心的应用

（一）钠离子电池技术简介

1. 钠离子电池的工作原理

钠离子电池的工作原理是基于钠离子在正负极之间的可逆插入和提取，从而实现电能的储存和释放。钠离子电池主要由正极（一般采用碳材料或其他金属氧化物）、负极（通常采用金属钠）、电解液和隔膜组成。在充电过程中，钠离子从正极材料中释放出来，通过电解液和隔膜，迁移到负极材料中；而在放电过程中，钠离子从负极材料中释放出来，迁移到正极材料中，以实现电荷的相反移动。钠离子电池的工作原理如图1所示，与锂离子电池的工作原理类似。

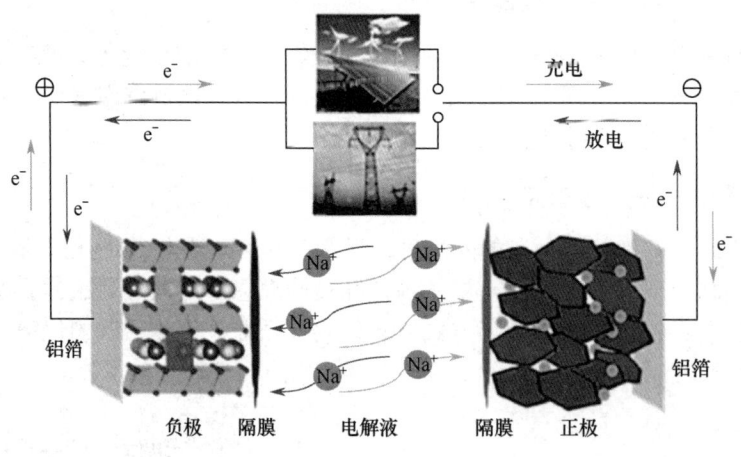

图1　钠离子电池的工作原理

钠离子电池的核心特点是电解液中钠离子的浓度在充放电过程中保持不变，因此钠离子电池又被称为"摇椅式电池"。这种特性使钠离子电池在充放电过程中能够维持钠离子的连续流动，从而保证钠离子电池的连续工作。

2. 钠离子电池的研究与发展

近年来，钠离子电池作为一种新兴的储能技术，在基础研究和工程化探索方面得到了迅速发展。由于全球锂资源的有限性和价格上涨，钠离子电池以其成本低廉、资源丰富的优势，成为研究的热点。钠离子电池的研究主要集中在以下几个方面。

（1）正极材料的开发。钠离子电池的正极材料研究主要集中在过渡金属氧化物、硫化物和层状氧化物等方面。例如，P2 型层状结构的 $NaNi_{0.33}Li_{0.11}Ti_{0.56}O_2$ 通过锂离子掺杂提高了材料的价态转换效率，进而改善了电化学性能。此外，NASICON 结构的 $NaTi_2(PO_4)_3$ 和三维碳结构复合的材料研究也取得了重要进展。

（2）负极材料的研究。碳素材料，如高定向热解石墨（HOPG）和活性炭等，已被广泛研究并用作钠离子电池的负极材料。通过化学嵌入法将钠离子引入碳素材料中，可以有效地提高钠离子电池的能量密度和循环稳定性。

（3）电解液与隔膜的优化。水系电解液和有机钠离子电解液的研究是钠离子电池发展的重要方向。水系电解液的研究主要集中在提高电池的安全性和循环稳定性，而有机钠离子电解液则专注于提高能量密度和循环性能。

（4）电池设计与性能优化。钠离子电池的设计包括电池结构设计、成组工艺优化及电池管理系统的开发。通过对电极材料、电解液、隔膜、制造工艺等方面的综合优化，可以进一步提升钠离子电池的综合性能。

（5）预钠化技术的研究。为了提高钠离子电池的首圈效率，研究者开发了一系列预钠化技术。在电池的首次充电过程中，这些技术在负极材料表面形成钠化层，以减少首圈不可逆反应的发生。

钠离子电池的研究与发展面临着诸多挑战，包括电极材料的稳定性、电解液的离子传导性、电池设计的优化等。然而，随着材料科学、化学、物理学等相关学科的不断进步，钠离子电池的技术将不断成熟，其在低速电动车、数据中心后备电源、通信基站、家庭和工业储能、大规模储能等领域的应用前景广阔。

（二）钠离子电池在数据中心的应用潜力

1. 低成本钠离子电池的能源解决方案

与传统的锂离子电池相比，钠离子电池在原材料获取、成本控制及安全性方面具有明显的优势。钠元素在地壳中储量丰富，这不仅能够降低电池成本，还可以减少对稀缺的锂资源的依赖。此外，钠离子电池的内阻较低，有助于提高能量的转换效率，同时其原材料成本低廉，进一步增强了其在低成本能源解决方案中的竞争力。

根据对钠离子电池的研究，优化电极材料和电解液可以显著提升钠离子电池的性能。例如，正极材料的优化可以提高钠离子电池的能量密度，而负极材料的改进则可以增强钠离子电池的循环稳定性和倍率性能。同时，电解液的改进可以提高钠离子电池的离子传输效率，进一步提升钠离子电池的整体性能。

在实际应用方面，钠离子电池已经在低速电动车、通信基站、家庭和工业储能等领域展示出可行性。在数据中心的应用中，钠离子电池可以提供一种经济有效的备用能源解决方案。数据中心的能源需求独特，不仅需要高密度、可持续的能源供应，还要考虑成本和维护的问题。钠离子电池的引入，不仅可以降低数据中心的运营成本，还可以提供一套安全可靠的备用能源系统，以应对可能的电力中断或高峰负载。

2. 钠离子电池的稳定性与安全性

钠离子电池在稳定性与安全性方面的表现是其商业化应用的关键。钠离子电池与锂离子电池相比，不但具有一定的成本优势和资源优势，而且在实际应用中，钠离子电池的稳定性与安全性都有一定的优势。

在电解质材料方面，与锂离子电池常用的有机溶剂电解液相比，钠离子电池通常采用更为安全的水系或固态电解质。水系电解质的不燃不爆的特性为钠离子电池提供了较高的安全性。然而，水系电解质的电化学窗口相对较窄，这限制了其在高电压应用中的使用。固态电解质可以提供更高的安全性和稳定性，但其在钠离子电池中的应用仍处于研究阶段。

在电极材料方面，电极材料需要具备良好的结构稳定性和电化学稳定性，以保证钠离子快速、可逆脱嵌，同时避免破坏电极材料的结构和损失活性物质。例如，层状氧化物和NASICON结构的材料在钠离子电池中展现出良好的电化学性能。

在热稳定性方面，钠离子电池在工作过程中可能会遇到严重的热稳定性问题。研究表明，钠离子电池具有比锂离子电池更高的起始分解温度和更低的最高热失控温度，这表明钠离子电池在高温下具有更好的安全性。

钠离子电池的稳定性与安全性在很大程度上取决于其电解质和电极材料的性能。通过优化电解质材料和电极材料的设计、提高材料的电化学稳定性和热稳定性，钠离子电池有望在储能领域发挥重要作用，并逐步推动其在数据中心应用场景中的实际应用。

二、盐水电池在数据中心的应用

（一）盐水电池技术简介

1. 盐水电池的工作原理

盐水电池是一种利用食盐（通常是氯化钠）作为电解质的化学电源。它的工作原理基于原电池和电解池的基本原理，即通过化学反应在电池的两个电极之间产生电动势。

在盐水电池的一个常见形式中，食盐水作为电解质，在电池的外部电路中建立起一个电化学电池，其中较活泼的金属（负极）和较不活泼的金属（正极）被食盐水隔开。在此过程中，食盐水作为电解质发挥着传递离子（通常是氯离子和钠离子）的作用，这些离子在电极间移动并参与电极反应。

负极通常涉及较活泼的金属，如锌（Zn）或铜（Cu），它们与氯离子反应形成金属氯化物。反应式可表示为

$$Zn \rightarrow Zn^{2+} + 2e^- \quad Zn + 2Cl^- \rightarrow ZnCl_2 + 2e^-$$

正极材料通常是较不活泼金属，如铜，它接受电子但不参与化学反应，因此反应式为

$$O_2 + 2H_2O + 4e^- \rightarrow 4OH^- \quad （碱性/中性环境）$$

在此过程中，电子从负极流向正极，通过外部电路产生电流。同时，电池内部的化学反应促使化学能转化为电能，为外部设备提供动力。

盐水电池的特点是氧化剂和还原剂几乎完全隔离，这提高了化学能转化为电能的效率和能量利用率。盐水电池通常具有较高的能量密度和功率密度，这使它们适用于低功率的应用场景，如某些类型的传感器、起停系统等。此外，盐水电池具有较好的循环寿命，这是因为其化学反应产物通常对电池性能的影响较小。

然而，盐水电池存在一些局限性。例如，此类电池的工作电压通常较低，且对环境条件（温度）比较敏感，这可能会影响电池性能和安全性。经过多次充放电循环后，电池性能可能出现下降，从而影响使用寿命。由于盐水电池的工作介质涉及腐蚀性化学物质，因此需要妥善处理以确保使用安全。如何寻找既具有良好电化学性能又成本低廉的电极材料，以便将盐水电池应用到实际的能源解决方案中，是其未来技术发展的重点。

2. 盐水电池的研究与发展

盐水电池的研究主要集中在提高能量密度、循环稳定性和安全性等方面。金属负极材料，如锌和铝，因其低成本和良好的电化学性能而被广泛研究。然而，这些材料的理论比容量相对较低，制约了电池整体容量，而且存在枝晶生长和电极材料腐蚀等安全问题。因此，需要研究者致力于开发新型的负极材料，以提高电池的性能和安全性。

在电解液的选择与优化方面，盐水电池的研究集中在寻找合适的电解质盐，以确保盐水电池具有良好的离子传导性和电化学稳定性。例如，使用不同的盐，如硫酸盐、氯化物和有机酸盐等，可以调整盐水电池的电化学性能，包括电压、能量密度和循环寿命。电极材料的选择也是盐水电池研究的一个重要方面。研究者试图通过改进电极材料的化学组成和结构，从而优化盐水电池的电化学性能。例如，研究者可以通过对电极材料进行表面处理或添加官能团来提高其电化学活性和电化学稳定性。

此外，在盐水电池结构的设计与优化及制备、生产中需要不断优化盐水电池的整体性能，确保盐水电池的安全性和可靠性；还需致力于研究和开发高效、经济的盐水电池制备技术和生产流程，以降低盐水电池的生产成本。

盐水电池作为一种具有成本效益和可持续潜力的储能装置，其研究和发展受到越来越多的关注。通过持续的材料创新和工艺优化，盐水电池有望在未来的备用能源市场中扮演更重要的角色。在实际应用中，盐水电池常用于低成本的能量存储解决方案，如太阳能和风能储存系统也可用于电网的峰谷平衡、电动汽车充电站备能，以及作为低成本备用能源系统。

（二）盐水电池在数据中心的应用潜力

1. 高性能盐水电池的能源解决方案

盐水电池的主要优势是简单的化学原理和低成本的材料。与锂离子电池相比，盐水电池所使用的材料通常更容易获取，成本更低，这对于对长期运行和成本效益有严格要求的数据中心来说，是一个重要的考量因素；其设计也能更容易地进行扩展，以实现所需的能量输出，这同样符合数据中心的重要需求。

盐水电池的另一个优势是对环境条件的适应性。其电解质可以使用海水或工业废水，为数据中心提供了一种更环保的能源解决方案。此外，盐水电池的内阻通常比其他类型的电池更低，这意味着它可以提供更高的能源效率和更长的使用寿命。

目前，盐水电池的局限性主要表现在以下几方面。盐水电池的能量密度通常低于锂离子电池的能量密度，这意味着在满足相同容量需求时，盐水电池需要占用更大的空间；盐水电池的使用寿命和温度稳定性也需要进一步改进。对于数据中心而言，电池的稳定性和使用寿命是重要的考量因素，因为任何中断都可能对业务产生影响。

高性能盐水电池作为数据中心的能源解决方案，在成本、环保和适应性等方面都具有明显的优势，是一个值得探索的选择。但其在能量密度、使用寿命和温度稳定性等方面仍有待提升。未来的研究可以集中在提高盐水电池的性能和可靠性，以及探索新的电解质配方和电极材料，以进一步增强其作为数据中心能源解决方案的潜力。

2．盐水电池的环境适应性与可持续性

盐水电池的工作温度范围通常较宽，如镁空盐水电池的工作温度范围为-30℃～80℃。它可以在较为恶劣的环境条件下工作，且不依赖电网充电；工作时无二氧化碳等废气产生，无噪声，且金属氧化物属于轻金属，因此不会对环境造成污染。例如，铝-空气电池在使用过程中无毒害物质排放，无高温、碰撞爆炸的风险。部分盐水电池在待机状态下，电解液与电池分离，处于断路状态，从而减少了安全隐患。由于没有电解质腐蚀，所以盐水电池可实现长期储存。

在可持续性方面，盐水电池通过金属和电解液发生的电化学反应直接发电，属于非一次性电源，通过更换金属极板（镁合金板、铝板等）和电解液可长时间、持续发电。此外，海水或具有一定浓度的盐水也可作为电解质，来源广泛。例如，在海底科学仪器和军用设备中，金属溶解在海水中，可以提供几年到几十年的电能。在突发停电等情况下，盐水电池可快速通过添加盐和水来发电，作为应急电源使用。一些应急包中的盐水电池，在遇到紧急情况时能自动开始工作。在废旧电池的回收中，相关技术可实现电池的"绿色再生"，降低对环境的影响，并有助于资源的再利用。

盐水电池的环境适应性与可持续性是其应用探索的重要考量因素。盐水电池以原料丰富、成本低廉、无有害溶剂和低环境影响等特点，成为数据中心和其他需要可靠、低成本及环保能源存储场景的理想选择。

三、镍铁电池在数据中心的应用

（一）镍铁电池技术简介

1．镍铁电池的工作原理

镍铁电池是一类将镍元素作为正极材料，铁元素作为负极材料的二次电池。在这一类电池中，镍正极和铁负极的电化学反应是工作的核心。

铁负极在电池放电的过程中，通常会发生氧化反应，铁原子失去电子成为铁离子，电子则通过外部电路流动到正极。这个过程可以表示为

$$Fe \rightarrow Fe^{2+} + 2e^-$$
$$Fe^{2+} + 2H_2O \rightarrow Fe(OH)_2 + 2e^-$$

镍正极在电池放电的过程中，镍元素作为还原剂，接收电子发生还原反应，形成镍的低

价态，电子则流向负极。这一反应可表示为

$$Ni(OH)_2 + OH^- \rightarrow NiOOH + H_2O + e^-$$

在充电过程中，上述反应的方向相反。铁负极还原，而镍正极氧化。电池的能量正是由这些电化学反应产生的化学能转化而来的。

镍铁电池的结构设计包括正极材料、负极材料、电解液和隔板等关键组件。镍铁电池的结构与充放电原理示意图如图 2 所示。正极材料通常是镍的化合物，如镍氢、镍氧化物或镍硫酸盐等，负极材料则是铁。电解液通常是一个能够促进离子传输的介质，隔板则用于隔离正负极，防止电子或离子接触，确保电池的安全性和充放电时的离子选择性。逃逸值是镍铁电池的安全泄压装置，用于在过充、高温或异常产气时释放内部压力，防止电池壳体破裂。电池容量是指电池在标准条件下（温度为 25℃、放电率为 0.1 C）可释放的总电量，单位为安时或瓦时。端子柱分为正极端子柱和负极端子柱。正极端子柱通常使用镀镍铜柱（耐碱腐蚀，导电性好），用于连接镍正极板组。负极端子柱通常使用钢柱或铜镀锡柱，用于连接铁负极板组。板组分为正极板组和负极板组。正极板组（Nickel Plate Group）的活性物质使用多孔烧结镍基板填充 $Ni(OH)_2$（放电态）或 NiOOH（充电态）。正极板组的结构为极板表面压纹或穿孔以增加比表面积，从而提升反应效率。负极板组（Iron Plate Group）的活性物质使用铁粉（Fe）与导电剂（石墨）压制而成，从而放电生成 $Fe(OH)_2$。负极板组的防钝化设计为添加硫化物（FeS），从而抑制氢气析出的副反应。

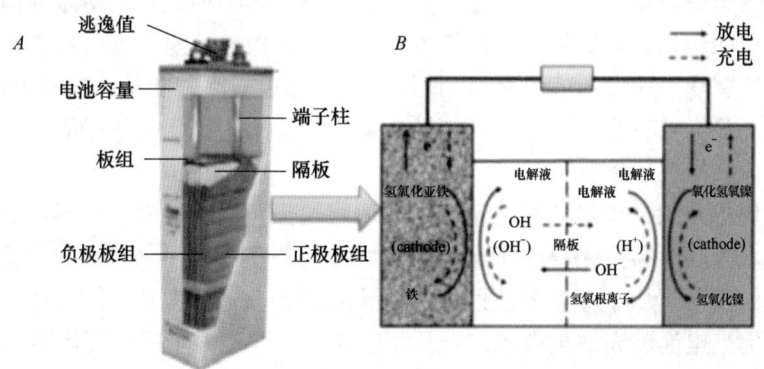

图 2　镍铁电池的结构与充放电原理示意图

镍铁电池的综合性能，如能量密度、功率密度、循环寿命、充放电效率等，都与其材料特性、电池设计和制造工艺紧密相关。例如，铁负极的性能问题、活性物质的电势范围、电化学活性和电化学稳定性，以及正极材料的选择，都会直接影响镍铁电池的性能和应用范围。随着材料科学和电化学研究的深入，镍铁电池的性能将会不断提升。

2．镍铁电池的研究与发展

镍铁电池特有的性能优势在多个领域中展现出应用潜力，尤其是在对成本和使用寿命要求较高的场合。

镍铁电池的核心优势在于成本效益、使用寿命及安全性。与其他类型的电池如锂离子电池相比，镍铁电池在成本上更具优势，因为镍和铁作为原材料相对丰富且价格更低廉。此外，镍铁电池在充放电循环中的表现出色，拥有较长的使用寿命，这对于需要长期稳定输出的应用场景尤为重要。在安全性方面，镍铁电池不含任何有害重金属，使用过程中对环境友好，降低了后期的环境风险。

在实际研究中，镍铁电池的性能得到了进一步提升。例如，通过对铁负极材料和镍正极材料的优化，可以显著提高电池的电化学性能。在负极材料的优化中，通过材料改性、纳米复合等策略，以及原位硫化和碳包覆等技术，可以有效解决铁负极的钝化问题，同时提高其电导率和循环稳定性。在正极材料的研究中，通过改进制备工艺、开发新型正极材料，如硒化镍或锌硒化物等，能够提高电池的能量密度和充放电性能。这些新材料能够提供更高的比容量和更优异的循环、倍率性能。

碱性镍铁电池作为一种典型的镍铁电池类型，在新能源汽车、便携式充电器、不间断电源设备（UPS）等领域具有广泛的应用前景。通过材料和工艺的不断优化，镍铁电池的性能将不断提升，应用范围也将进一步扩大，为能源存储带来更多的选择。未来，镍铁电池或将在更多的应用场景中，特别是在对成本和使用寿命要求更为严格的应用领域中替代其他类型的电池产品。

（二）镍铁电池在数据中心的应用潜力

1. 镍铁电池的高能量密度优势

镍铁电池的高能量密度特性是其备受关注的重要因素之一。锂离子电池虽然在便携电子设备和新能源汽车中占据主导地位，但成本高、资源分布不均及安全隐患等问题限制了其在大规模储能领域的应用。相比之下，镍铁电池以成本低廉、资源丰富、环境友好等特点，在大容量储能领域展现出巨大的应用潜力。镍铁电池能够以更高的能量输出和更长的使用寿命，提供更大型的能量存储解决方案。这一特性使镍铁电池成为替代传统铅酸电池和其他成本效益较低的电池体系的理想选择。

在实际应用中，镍铁电池的高能量密度表现通过正负极材料的优化得以提升。例如，使用三维石墨烯水凝胶（GH）作为铁负极材料，不仅可以促进电子转移和加速离子扩散，还为可逆的氧化还原反应提供了更多的活性位点，从而显著改善了铁负极的性能。这种改进的铁负极材料能够提高电池的充放电效率，延长使用寿命，并进一步提升整体的能量密度。

此外，镍铁电池正极材料的开发也在不断进步。优化正极材料的制备工艺和结构设计，可以实现更高的能量密度和更好的循环稳定性。例如，氢氧化镍微米球$[Ni(OH)_2MSs]$作为正极材料，其出色的导电性和多孔表面结构有效地促进了电子的转移和离子的扩散，从而进一步提升了镍铁电池的性能。

镍铁电池的高能量密度优势是其在现代能源系统中应用的重要推动力。通过正负极材料的不断优化和创新，以及电池整体设计的优化，镍铁电池有望在未来的能源存储领域发挥更加重要的作用。

2. 镍铁电池的循环寿命与维护

镍铁电池作为一种成本低廉、环境友好且具有高能量密度和高安全性特点的二次电池，在电能储存系统中的应用受到了广泛关注。然而，镍铁电池在实际应用中循环寿命的优化和维护策略是提升其应用价值的关键。

镍铁电池的使用寿命受多种因素影响，包括正负极材料的电化学稳定性、电解液的成分与性质、电池设计的优化、使用条件，以及维护策略等。在负极材料方面，铁的来源丰富、成本低廉，但其电化学性能相对较差，容易发生钝化，限制了镍铁电池的充放电周期。优化铁负极材料，如利用原位硫化和碳包覆技术，可以有效提高其电化学性能，延长电池的使用寿命。例如，$Fe_2O_3@C$（碳包覆氧化铁）负极材料通过双重改性，不仅提高了电导率，还减少了硫离子的不可逆损失，从而显著提升了电池的循环稳定性。

正极材料的选择也是影响镍铁电池使用寿命的重要因素。在碱性二次镍铁电池的构建研究中，氢氧化镍微米球作为正极材料，其良好的导电性和多孔表面结构有效促进了电子的转移和离子的扩散，进而提升了电池的电化学性能和使用寿命。

在维护策略方面，电池管理系统（BMS）的设计至关重要。通过对电池的特性测试，建立电池模型，并对电池管理系统进行研究和讨论，可以实现对镍铁电池的精准监控和管理。例如，通过内阻特性测试为镍铁电池的充放电建立合理的充电策略，减少能量损耗，延长镍铁电池的使用寿命。

镍铁电池的使用寿命与维护是一个系统工程，需要从材料选择、电池设计、使用条件及维护策略等多方面综合考虑。通过对这些关键因素的优化，可以有效提升镍铁电池的循环寿命，拓展其在电能储存领域的应用前景。

四、五种蓄电池性能参数及经济效益对比

铅酸电池、锂离子电池（包括磷酸铁锂电池、三元锂电池）、钠离子电池、盐水电池和镍铁电池，各自有着不同的优势，其性能参数及经济效益对比如表1所示。

表1 铅酸电池、锂离子电池、钠离子电池、盐水电池和镍铁电池的性能参数及经济效益对比

项 目	铅酸电池	锂离子电池		钠离子电池	盐水电池	镍铁电池
		磷酸铁锂电池	三元锂电池			
标称储能容量[E/(kW·h)]	1 000	10 000	10 000	10 000	2 000	5 000
能量密度（W·h/kg）	30~50	250~300		100~150	20~40	30~80
功率密度（W/kg）	100~300	500~1 000		500~1 000	100~300	100~300
循环寿命（次）	200~500	500~2 000		2 000~5 000	500~1 000	1 000~2 000
循环次数（次）	3 700~4 200	4 000~6 000	2 500~3 000	4 000~5 000	5 000~7 000	10 000~12 000
储能循环效率（%）	75~80	86~90	88~90	84~90	75~80	80~85
年循环平均衰退率（%）	3.60	1.50	3.60	1.50	2.50	2.00
放电深度（%）	70	90	100	100	80	90
每月自放电率（%）	>10	<10		<10	变化大	<10
充电效率（%）	80~85	85~95		80~90	80~90	70~80
工作温度（℃）	0~45	−20~60		−20~60	室温	−20~60
成本[美元/(kW·h)]	50~100	150~300		100~150	50~100	200~300
初始容量投资成本[元/(kW·h)]	500~800	1 000~1 300	1 200~1 600	700~900	300~500	1 400~1 800
初始功率投资成本（元/kW）	300~500	320~420	400~500	400~500	300~500	400~500
单位容量维护成本（O&M/%）	4.60	3.70	5.00	3.70	3.00	4.00
折现率（%）	8	8	8	8	8	8
安全性	中	中		高	非常高	高

(续表)

项　　目	铅酸电池	锂离子电池		钠离子电池	盐水电池	镍铁电池
		磷酸铁锂电池	三元锂电池			
应用场景	汽车启动，UPS电源	消费电子产品，电动汽车		大规模储能，如电网平衡	小型便携式设备	工业和军事
优点	成本最低，技术成熟	高能量密度，长循环寿命		成本低，资源丰富	安全，成本低	使用寿命长，维护简单
缺点	能量密度低，循环寿命短	成本较高，缺乏安全性		能量密度较低，低温性能差	能量密度低，功率密度有限	重量大，能量密度低
经济效益分析	初始投资低，更换频繁	初始投资高，运营成本低		初始投资较低，运营成本适中	初始投资低，维护成本低	初始投资适中，维护成本低
环境影响评估	含铅，环境污染风险高	含有稀有金属，回收工艺复杂		不含稀有金属，回收潜力大	使用海水制备，对环境友好	含重金属，但易于回收

五、钠离子电池、盐水电池、镍铁电池的应用展望

（一）对数据中心备用能源改进的潜在影响

数据中心节能日益受到重视，对备用能源的效率期望不断提高，扩大钠离子电池、盐水电池、镍铁电池的应用，进而为数据中心备用能源的改进提供了新的可能性。

1. 钠离子电池

钠离子电池具有成本低、资源丰富等优点，对于数据中心备用能源革命存在多方面的潜在影响。

成本效益。数据中心的运营需要大量的电力支持，钠离子电池成本在100~150美元/(kW·h)，相对较低的成本使数据中心在能源存储和备用电源系统的建设方面能够降低投入成本。

规模储能。钠离子电池的能量密度为100~150 W·h/kg，虽然低于锂离子电池，但在大规模储能应用中仍有一定优势。数据中心可以利用钠离子电池进行大规模的电力存储，以应对用电高峰和低谷，实现电力的优化调配和节能减排。例如，在用电低谷时储存多余的电力，在高峰时段释放储存的电能，减少对电网的依赖和高峰时段的高额电费支出。

资源可持续性。钠离子电池的原材料钠资源丰富，而锂离子电池依赖锂等稀有金属资源。这使得钠离子电池在长期的大规模应用中，能够更好地保障原材料的稳定供应，降低因资源短缺导致的成本波动和供应风险，有助于数据中心实现长期稳定的能源供应。

然而，钠离子电池存在一些局限性，如能量密度较低和低温性能差等问题。在寒冷地区的数据中心中，可能需要额外的保温和加热措施来保障钠离子电池的性能。由于能量密度问题，钠离子电池需要占用较大空间用来安装电池系统。

2. 盐水电池

安全保障。盐水电池具有非常高的安全性，这对于数据中心至关重要。数据中心承载着大量的关键信息和业务，任何电力故障或安全事故都可能导致严重的后果。盐水电池的安全性可以降低数据中心因电池故障引发的火灾或爆炸等安全事故的风险。

成本优势。盐水电池的成本为50~100美元/kW·h，相对较低的成本有助于数据中心在能

源存储方面降低投资和运营成本。

环保特性。盐水电池使用海水制备,在生产和使用过程中对环境更加友好。数据中心作为能源消耗大户,采用环境友好型的能源存储技术,有助于提升整个行业的可持续发展能力和社会形象。

然而,盐水电池的能量密度仅为 20～40 W·h/kg,功率密度有限,这意味着需要大量的盐水电池才能满足数据中心的能源需求,可能会占用较多的空间。其循环使用寿命为 500～1 000 次,相对较短,需要更频繁地更换或维护,增加了运营成本和管理难度。

3. 镍铁电池

使用寿命与稳定性。镍铁电池的循环寿命在 1 000～2 000 次,使用寿命长且维护相对简单。在需要长期稳定运行的数据中心中,使用寿命长的电池系统可以降低更换和维护的频率,减少运营成本和维护工作量,从而保障数据中心的不间断运行。

可靠性。镍铁电池在工业和军事等对可靠性要求较高的领域有一定的应用,其可靠性在数据中心的能源供应中发挥重要作用。稳定的电力输出可以确保数据中心的服务器、网络设备等关键设施在任何情况下都能正常运行,降低因电力中断导致的数据丢失和业务中断风险。

但是,镍铁电池的能量密度为 30～80 W·h/kg,相对较低,需要占用较大的空间用来存储相同能量的电能;并且质量较大,对于数据中心的安装和布局会带来一定的挑战。此外,镍铁电池的成本为 200～300 美元/(kW·h),相对较高,会增加数据中心在能源存储方面的初始投资。

综上所述,钠离子电池、盐水电池、镍铁电池在数据中心的应用,不仅能够提高能源利用效率,还能减少环境污染,推动数据中心能源结构的优化升级。未来,随着相关技术的进一步发展和成本的进一步降低,预计将有更多的新型电池技术被应用于数据中心。

(二)钠离子电池、盐水电池、镍铁电池的未来研究方向

1. 钠离子电池

钠离子电池的研究方向主要集中在材料优化、电解质改进和电池结构设计三个方面。为了提升钠离子电池的能量密度,研究人员正致力于开发高性能的正负极材料,提高钠离子嵌入和脱出的效率。同时,研发人员通过改进电解质,研发新型材料以提高钠离子电导率和稳定性,降低钠离子电池的内阻,从而提升钠离子电池功率性能。此外,钠离子电池结构设计的优化是提升钠离子电池性能的关键,研究方向包括调整电极的孔隙率、厚度和集流体设计,以改善钠离子电池的充放电性能和使用寿命。

钠离子电池要解决的技术问题,主要包括能量密度的提升、使用寿命的延长和低温性能的改善。尽管钠离子电池在使用寿命上已有一定进展,但要实现更长时间的稳定循环,仍需解决电极材料在反复使用中的结构退化问题。在低温环境下,钠离子电池性能的显著下降也促使研究人员不断寻找适应低温环境的新材料和技术。

2. 盐水电池

盐水电池的研究方向是提高能量密度、延长使用寿命和提升功率密度。通过对电极材料、电解液配方和电池结构的改进,研究人员正在努力提升盐水电池的能量密度,以提高其在不

同应用中的适用性。同时，研究人员深入研究电极反应机制和老化过程，有望找到提高循环稳定性的方法。为了提高盐水电池的充放电能力，优化电极结构和电解液的离子传输性能也成为重要的研究方向。

提升盐水电池性能，仍存在较大难度。因其能量密度和功率密度相对较低，在短期内实现显著提升面临技术瓶颈。此外，盐水电池在长期使用中的稳定性和耐久性有待提高，才能满足实际应用的需求。

3. 镍铁电池

镍铁电池的研究方向聚焦于电极材料创新、电池管理系统优化及系统集成与应用拓展。通过研发新型的镍铁电极材料，研究人员希望能够提高电极的比容量和活性物质的利用率。同时，更先进的电池管理系统可以精确控制充放电过程，从而提高镍铁电池的整体性能，延长使用寿命。此外，针对不同应用场景，镍铁电池的系统集成研究在逐步推进，以拓展其应用领域。

镍铁电池具有较大的质量和体积，限制了在某些应用场景中的使用，轻量化和紧凑化成为未来研发的重点方向。同时，镍铁电池相对较高的成本促使研究人员通过技术创新和规模化生产降低生产成本，以提升镍铁电池的市场竞争力。

随着钠离子电池、盐水电池、镍铁电池技术的不断发展和成熟，数据中心将会构建一个更加多元化的备用能源生态系统，从而进入一个更加绿色、智能和可持续的时期。未来，数据中心的能源管理将不再仅局限于效率与成本的单一维度，更会通过这些新型储能技术的应用，集中彰显对环境保护的担当与社会责任的践行。

（作者单位：珠海东帆科技有限公司）

数据中心柴油发电备用电源系统的应用和发展

韩宇 江峰 陈晓

根据 GB/T 2900.50—2008《电工术语 发电、输电及配电 通用术语》中的定义，备用电源（Standby Power Supply）是当正常电源中断或不宜使用时能够接替使用的电源。通常来说，备用电源是在主电源失效或中断时，能够提供电力支持的系统或设备，确保在电力供应中断的情况下，关键设备和系统能够继续运行，从而避免数据丢失、业务中断和设备损坏。备用电源系统对于电力供应要求极高的数据中心尤为重要。数据中心备用电源系统是确保数据中心关键设施和服务在主电源故障时能持续运作的重要可靠电力保障。柴油发电机组作为数据中心备用电源的重要组成部分，其效率和环保性不断提高，为支撑数字经济的空前发展，发挥着更加重要的作用。2022 年 12 月 30 日，国家市场监督管理总局、国家标准化管理委员会对中华人民共和国国家标准 GB/T 2820.1—2022《往复式内燃机驱动的交流发电机组 第 1 部分：用途、定额和性能》进行了更新发布，该标准已于 2023 年 7 月 1 日生效实施。标准中增加了数据中心功率等相关内容。

一、柴油发电机组的功率

ISO 8528-1:2005《往复式内燃交流发电机组 第 1 部分：用途、定额和性能》从发布到废止的十几年时间里，全球数据中心进入迅猛发展时期。数据中心的发展历程，从最初的几十至数百千瓦，已经扩展到数万甚至园区级别的十万千瓦。数据中心行业已经成为现代社会基础设施的重要组成部分，因此安全性与经济性成为数据中心建设的核心要求。在最新版本的 ISO 8528-1:2018《往复式内燃机驱动的交流发电机组：第 1 部分：应用、定额和性能》中引入了新的功率等级：数据中心功率（Data Center Power，DCP）。新标准在 14.1 中规定：发电机组的功率是指发电机组端子处为用户负载输出的功率，不包括基本独立的辅助设备所吸收的电功率。

（一）功率定额

发电机组的功率定额是在额定频率、功率因数 $\cos\varphi$ 为 0.8（滞后）条件下，以千瓦（kW）为单位表示的功率。该功率定额由制造商根据商定的安装和运行条件进行标定，并应明确发电机组的功率定额种类。应使用由制造商标定的功率定额种类。除非经用户和制造商达成一致，否则不得使用其他功率定额种类。

（二）功率定额种类

在数据中心发电机组选型时，通常会选择使用持续功率（COP）、基本功率（PRP）、限时运行功率（LTP）、应急备用功率（ESP）及数据中心功率。

1. 持续功率

定义：在商定的运行条件下，按照制造商规定的维修间隔与维护方法进行保养时，发电机组为恒定负载持续供电且每年运行时间不受限制的最大功率。

2. 基本功率

定义：在商定的运行条件下，按照制造商规定的维修间隔与维护方法进行保养时，发电机组为可变负载持续供电且每年运行时间不受限制的最大功率。

除非往复式内燃（RIC）机制造商另有规定，否则需要遵循以下要求。在 24 h 周期内，发电机组的允许平均输出功率（P_{pp}）应不大于基本功率的 70%。当遇到瞬态负载波动或突然增加负载时，发电机组需提供额外的电能，这部分附加功率通常是发电机组额定功率的 10%。除非另有说明（并结合现场运行状况，具体可参照制造商提供数据表），在 12 h 运行周期内，允许 10%的过载功率可在连续或中断后再启动的情况下持续运行 1 h。当要求允许的平均输出功率大于规定值时，宜使用持续功率。在确定一个可变功率序列的实际平均功率（P_{pa}）时，小于基本功率 30%的功率应视为 30%，停机时间不应计算在内。

3. 限时运行功率

定义：在商定的运行条件下，按照制造商规定的维修间隔与维护方法进行保养时，发电机组每年供电达 500 h 的最大功率。

4. 应急备用功率

定义：在商定的运行条件下，按照制造商规定的维修间隔与维护方法进行保养时，当公共电网出现故障或在试验条件下，发电机组每年运行达 200 h 的某一可变功率系列中的最大功率。在 24 h 的运行周期内，允许的平均输出功率应不大于应急备用功率的 70%，除非往复式内燃机制造商另有规定。实际的平均输出功率（P_{pa}）应低于或等于定义应急备用功率的平均输出功率。当确定某一可变功率序列的实际平均功率时，小于应急备用功率 30%的功率应视为 30%，停机时间不应计算在内。

5. 数据中心功率

定义：在无限制运行时间的条件下，发电机组能为可变或连续电力负载提供的最大功率。根据供应地点和可靠市电的供应情况，制造商有责任确定其能够提供何种功率水平的发电机组用来满足这一要求，包括硬件和软件，或者维护计划的调整。发动机驱动的交流发电机组是数据中心的可靠备用电源，不得在持续加载时与市电并网。

二、柴油发电机组的性能等级

（一）性能等级的分类

为满足各供电系统的不同要求，定义了以下 4 种性能等级。

G1 级。这一级的发电机组应用于只需规定其基本的电压和频率参数的连接负载。例如，用于照明或其他一般用途的简单的电气负载。

G2 级。这一级的发电机组应用于其电压特性与公用电力系统。当负载发生变化时，可有暂时且被允许的电压和频率的偏差。例如，用于泵、风机、卷扬机或照明系统的发电机组。

G3 级。这一级的发电机组应用于对发电机组的频率、电压和波形特性有严格要求的设备。例如，用于电信负载和晶闸管控制的负载。需要注意的是，整流器和晶闸管控制的负载对发电机电压波形的影响需要特殊考虑。

G4 级。这一级的发电机组应用于对发电机组的频率、电压和波形特性有特别严格要求的负载。

根据 GB 50174—2017《数据中心设计规范》规定，数据中心使用的发电机组至少要满足 G3 级。

（二）发电机组功率的选用因素

1．按负载需求选择

从运行时间的角度考虑，持续功率与基本功率可满足年运行时间不受限制的需求；限时运行功率与应急备用功率年运行时间限制分别在 500 h 和 200 h；数据中心功率在市电供应可靠的前提下，可以满足年运行时间不受限制的需求。

从运行平均负载的角度考虑，基本功率及应急备用功率的平均负载限制小于或等于 70%；持续功率、限时运行功率和数据中心功率的负载率可在 100%及以下。

2．按照功率额定值选择

从最大功率的角度考虑，发电机组的最大功率应大于或等于负载的最大功率。负载的最大功率需根据数据中心的实际运行状态进行计算，不考虑应急电源供电时，可以不必计入运行的负载容量。

从平均负载率的角度考虑，发电机组所能提供的平均负载率应大于或等于负载的平均负载率。

从瞬态特性需求的角度考虑，除要求的稳态功率外，还应考虑由附加负载（电动机启动）引起功率的突然变化而影响的频率和电压特性，满足任何负荷期望的接受状态。

3．按照额外温升选择

高温、灰尘及整流器、变频器等类型的负载使发电机的温升升高超过限定值，应选用比绝缘材料低一等级的温升材料。例如，采用 H 级绝缘的发电机温升不超过 F 级，采用 F 级绝缘的发电机温升不超过 B 级。

4．按照实际功率折损选择

在现场实际条件下，功率会有一定的折损。例如，由于数据中心现场环境温度、海拔、冷却通风等因素的影响，发电机组的功率无法达到额定值，所以需要考虑降低功率以适应实际使用需求。

三、中压和低压柴油发电机组

柴油发电机组作为备用电源，能够在市电中断时迅速启动，确保数据中心的连续运行，避免数据丢失和业务中断。根据电力系统的设计和数据中心的规模,柴油发电机组可分为低压和中压两类,两类发电机组在输出功率、应用场景、并机能力等方面各具特点,对比情况如表1所示。

表1 中压柴油发电机组和低压柴油发电机组的对比

特征	低压柴油发电机组	中压柴油发电机组
电压等级	一般为400 V(380~415 V)	一般为6.6 kV、10.5 kV、11.0 kV
输出功率	较低,通常单机功率在2 MW以下	较高,可达几兆瓦
动力电缆与布线	使用较粗的电缆,适合短距离布线	使用较细的电缆,适合长距离布线,电缆损耗较少
系统复杂度	相对简单,控制和保护设备多集成在机组上	较复杂,需要独立的开关设备和控制室
成本	初期投资成本较低,但随着数据中心规模扩大,电缆和配电成本增加	初期投资成本较高,但电缆和配电成本较低,总体运行成本更优
维护与操作	维护较简单,操作简单	需专业人员维护、操作复杂度较高
适用场景	适合小型到中型数据中心,电力需求较低	适用大型数据中心,高功率需求,远距离电力输送
效率与损耗	效率较低,电流大导致电缆损耗较大	效率较高,电流小,电缆损耗小
并机能力	并机台数少,相对操作简单	并机台数多,系统复杂,并机系统设计多为冗余配置
系统安全性	相对安全	需要更严格的安全措施和专业操作

(一)低压柴油发电机组

电压等级。低压柴油发电机组通常在380~415 V的电压等级工作,这是标准的商业和工业用电电压。

容量。多台低压柴油发电机组并机后容量通常在4 000 kW以下,适合中小规模的数据中心。

系统集成。由于低压柴油发电机组的电压较低,电缆的直径较小,易于安装和维护,但电流较大,需要更密集的电缆布局。

成本。低压柴油发电机组的初期投资成本较低,但随着数据中心规模扩大,可能需要并联多台低压柴油发电机组,增加电缆和配电成本。

扩展性。并联多台低压柴油发电机组使系统复杂化,增加维护难度,而且能为之配套的总输出开关和总母线排选择不多。

优缺点。低压柴油发电机组的优点是易于安装和维护;低压配电系统相对简单,不需要复杂的高压开关设备;能够快速部署,适合快速搭建的小型或中型数据中心。其缺点是当电流大、电缆长度增加时,电力损耗也会增加。

(二)中压柴油发电机组

电压等级。中压柴油发电机组在数千伏特的电压等级下工作,如6.6 kV、10.5 kV或11.0 kV,减少电流,降低电缆损耗。

容量。单个中压柴油发电机组的容量可以达到几兆瓦,满足大型数据中心的高功率需求。

系统集成。中压供电系统需要独立的开关设备和控制室,以确保安全和高效运行。

成本。中压柴油发电机组的初期投资成本较高,但电缆和配电成本较低,总体运行成本更优。

高功率密度。中压柴油发电机组适合大型数据中心的高功率需求,能够减少电缆布局和配电成本。

优缺点。中压柴油发电机组的优点在于较高电压能够减小电流，从而降低电力传输损失，这使中压柴油发电机组适合远距离电力输送。其缺点在于需要更高水平的安全措施，由更专业的人员进行操作和维护，在初期投资时需要更高的设备成本和基础设施建设成本。

在选择低压或中压柴油发电机组时，数据中心管理者需要综合考虑电力需求、可用空间、成本预算和长期运维成本等因素。随着数据中心规模和电力需求的增长，中压柴油发电机组因其更高的效率和成本效益而变得越来越受欢迎。然而，对于小型或分布式数据中心，低压柴油发电机组仍然是一个适合且经济的选择。

四、柴油发电机组并机应用

（一）柴油发电机组的并机

在数据中心中，柴油发电机组的并机运行是确保电力连续性和系统冗余的关键。数据中心的电力需求通常要求很高，对电力供应的连续性和稳定性有着严格的要求。为了满足这些要求，柴油发电机组通常可采用手动、全自动、半自动三种并机方式。

手动并机。手动并机是最基本的并机方式，适用于规模较小的数据中心或老旧的发电机组。操作员通过观察同步指示器或使用同步表，手动调整发电机组的频率和电压，直到它们与电网或已运行的发电机组匹配，然后手动闭合并机开关。手动并机操作相对简单，但对操作员的技术要求较高，且并机速度较慢。

全自动并机。全自动并机是现代数据中心中最常用的方式，尤其适用于大型数据中心和需要高度自动化和冗余的环境。在这种模式下，当主电源（市电）中断时，系统会自动启动一台或多台柴油发电机组，并在短时间内实现自动同步和并机，无需人工干预。一旦主电源恢复，系统自动解列发电机组并冷却后延时停机。这种方式提高了电力供应的可靠性和响应速度，降低了人为错误的可能性。为了提高并机的可靠性，宜采用柴油发电机组原厂的含有并机功能的机组控制器。

半自动并机。半自动并机结合了手动和全自动的特性，通常用于中等规模的数据中心。在这种模式下，发电机组的启动和并机检测过程可以自动完成，但合闸并机和分闸解列需要手动操作。这种方式能够人为控制并机和解列台数，并机速度不受影响，减少操作员的工作负担。

数据中心的柴油发电机组并机方式的选择取决于数据中心的规模、电力需求、冗余要求和自动化水平。随着技术的进步，全自动并机和智能控制技术已成为现代数据中心电力保障系统的重要组成部分。

（二）柴油发电机组的并机应用

数据中心柴油发电机组的并机系统是确保数据中心在遭遇市电中断时能够维持电力供应的关键技术。并机系统允许多台柴油发电机组协同工作，提供稳定、可靠的备用电源，以保障数据中心内机柜、网络存储设备及其他关键基础设施的不间断运行。数据中心柴油发电机组并机系统的关键作用体现在以下6个方面。

一是自动负载均衡。并机系统通过自动负载均衡，确保每台柴油发电机组都在其最高效的工作点运行，避免某台机组过载或轻载，从而延长柴油发电机组的使用寿命，提高整体系统的效率和可靠性。

二是自动调整并机/并网。根据数据中心的实时电力需求,自动调整并机/并网运行的发电机组数量。在低负荷时段,只运行少量机组;在高负荷时段,增加并机机组的数量,以满足峰值电力需求。这种方式可以提高能源利用效率,减少不必要的能源浪费。

三是数字控制技术。现代数据中心的并机系统通常采用先进的数字控制技术,包括微处理器控制的并机控制器、远程监控系统和智能负载管理系统,实时监测各发电机组的运行状态,包括电压、频率、负载、油压、水温等关键参数,自动调节发电机组的输出。并机系统的主控柜通常配备有通信接口 Modbus485 或 RJ45,提供 RS-485 或 TCP/IP 协议与数据中心的电池管理系统或其他管理系统集成,实现远程监控和控制。这些技术可以实现发电机组的精确控制、故障诊断和预测性维护,从而提高电力系统的可靠性和效率。

四是冗余设计。数据中心通常采用 N+M（M≥1）的冗余配置,即在正常运行状态下,至少有一台额外的柴油发电机组作为备用电源。当任一机组发生故障或需要维护时,备用机组可以无缝切换,确保供电的连续性。冗余设计有多重安全保护机制,如过载保护、欠频保护、逆功率保护等,确保在异常情况下系统能够安全运行,保护发电机组和电网不受损害。

五是快速启动。在市电故障时,柴油发电机组能够迅速启动,并在短时间内完成并机,快速恢复数据中心的电力供应,减少宕机时间,确保业务连续性。

六是智能化管理。数据中心的柴油发电机组并机系统不仅提供关键的电力保障,还可以通过高效运行,提升数据中心的能源效率和运营成本效益,确保业务的连续性和数据中心的高可用性。

五、柴油发电机组供配电系统架构

按照柴油发电机组的供电电压等级分为低压供电系统和高压供电系统。

（一）低压供电系统

低压供电系统的供电电压为 400 V,主要有 2N 发电机组供电系统、N+1 切换发电机组供电系统、N+1 并联发电机组供电系统三种。

2N 发电机组供电系统。2N 发电机组供电系统为低压柴油发电机组一用一备,一一对应。此系统投资成本高,具有容错性、可靠性。但逻辑切换较为复杂,需要采集主备发电机组、低压柜、联络柜之间的状态及故障信号并加以判断,运行场景较多。

N+1 切换发电机组供电系统。相比 2N 发电机组供电系统,此系统只采用一台备用机组作为后备,结构简单、投资成本低,当任意一台主发电机组故障时,备用机组启动运行。

N+1 并联发电机组供电系统。此系统相对于 N+1 切换发电机组供电系统,容错性更好,相对于 2N 发电机组供电系统,投资成本更低。此系统采用了母线分流的方法,可以降低母排上的电流,最大程度地避免了对母排电流容量的制约。

（二）高压供电系统的分类

高压供电系统的供电电压为 6 kV 或 10 kV,主要有 N+1 单母线并联高压发电机组供电系统和 N+1 单母线分段并联发电机组供电系统两种系统。

N+1 单母线并联高压发电机组供电系统。该系统先将中压柴油发电机组统一并机到一条应急母线上，再由这条母线将中压电力分配至各电源进线母线。中压柴油发电机组按 N+1 配置，确保即便一台中压柴油发电机组发生故障，系统仍然能够正常供电。该系统结构简单，成本较低。

N+1 单母线分段并联发电机组供电系统。该系统先将每台中压柴油发电机组分别引至两段应急母线上，再由这两段应急母线分别将电力引至电源进线母线。当有一条应急母线故障或维护时，该系统可以通过另一段母线仍能保证系统正常供电。中压柴油发电机组按 N+1 配置，确保即使一台中压柴油发电机组发生故障，系统仍然能够正常供电。该系统结构复杂，成本较高。

（三）不同系统之间的对比

决定使用哪种系统一般要考虑经济成本、维护性和运行可靠性等因素，不同的系统有不同的优势，建设方要根据自身的实际情况来决定系统。

从成本和可靠性角度考虑，一般采用 N+1 单母线并联发电机组供电系统；从可在线维护考虑（一般是考虑 Uptime Institute 的 T3 认证），采用 N+1 单母线分段并联发电机组供电系统，该系统投资成本相对较高，容错性好，但操作流程较为复杂，对运维人员能力要求较高。

六、数据中心备用电源的发展趋势

随着全球算力需求的不断增长及人工智能的快速发展，作为数据中心备用电源的柴油发电机组行业正面临着新的发展机遇和挑战。随着需求侧的增强、备用电源新技术的涌现和环保意识的增强，备用电源也出现了一些新的技术和形式。小型数据中心往往因为业务等级及投资成本，选择 UPS 作为备用电源，电池保障时间满足业务需求即可。柴油发电机组和 UPS 是中型及以上数据中心供电系统中的两大核心备用电源设备。当市电中断时，柴油发电机组与 UPS 将共同为数据中心的基础设施供电，二者的可靠性直接影响着整个数据中心供电系统的可用性。伴随着成本控制及环保要求越来越高，数据中心备用电源必然向智能、绿色和多种能源相结合的方向发展。

（一）技术创新与智能化发展

1. 数字化技术的应用

随着信息技术的迅速发展，数字化技术已在柴油发电机组行业中得到广泛应用。安装传感器和数据采集设备，可以实时监测柴油发电机组的运行状态和性能指标，并进行数据分析和预测，从而实现对柴油发电机组的精细管理和优化调度。此外，人工智能、大数据和云计算等技术被应用到发电机组的设计、运行和维护中，提高了整个系统的效率和可靠性。

2. 新能源技术的应用

随着新能源技术的快速发展，备用电源系统正逐渐向新能源技术转型。太阳能发电、风能发电和生物质能发电等新能源技术已经在数据中心项目中得到广泛应用。这些新能源技术具有环保、可再生和分布式的特点，可以有效减少人类对传统能源的依赖，降低能源消耗和污染排放。

（二）环保与节能要求提升

随着人们环保意识的增强，柴油发电机组行业面临着减少污染排放的压力。尤其是对于传统柴油发电机组来说，减少燃烧产生的二氧化碳、氮氧化物、颗粒物等污染物的排放已成为一个重要任务。因此，柴油发电机组制造商需要不断优化燃烧技术，采用先进的污染控制设备，以降低柴油发电机组对环境的影响。

提高能源利用效率是柴油发电机组行业发展的重要方向之一。通过改进柴油发电机组的设计和运行模式，能够提高能源利用效率，减少能源浪费。例如，采用高效的燃烧技术、余热利用技术和能量回收技术，可有效提高柴油发电机组的能源利用率，降低运行成本。

（三）其他备用电源形式

1. 天然气发电机组

近年来，天然气发电机组市场呈现快速增长的趋势，主要得益于以下因素。为了减少对传统化石燃料的依赖，许多国家鼓励使用清洁能源，天然气作为较为清洁的燃料被广泛使用，从而推动了天然气发电机组市场的增长；天然气价格的下降使其在发电领域具备更高的竞争力，进一步促进了天然气发电机组市场的发展；随着节能减排政策的深入，天然气发电机组越来越多地受到数据中心的重视。冷热电联供系统的天然气发电机组提供更高效率、更低排放，为数据中心提供更为环保的能源选择。

2. 混合能源系统

为了提高能源的利用效率和可靠性，备用电源系统开始集成多种能源，如太阳能光伏、风能、气电、水电等与储能系统的组合。这些混合能源系统不仅能提供备用电源，还能在正常情况下降低对传统电网的依赖，实现能源的自给自足。

3. 微电网

微电网能够独立于主电网运行，结合可再生能源和储能设备，为特定区域或设施提供可靠的电力供应。在备用电源设计中融入微电网概念，可以增强系统的灵活性和韧性。

4. 氢燃料电池

依托清洁高效的能源转换技术，氢燃料电池作为备用电源的应用范围正在逐步扩大。尤其适合长时间备用和远程站点场景，能够提供连续且几乎零排放的电力。

（四）行业发展前景

随着人工智能技术的发展和全球算力需求的扩张，数据中心单机功率越来越大，整体对电能的需求也越来越大，对电力可靠性的要求越来越高。而作为数据中心的备用电源——柴油发电机组在未来的发展中具有广阔的前景。随着高效节能技术的进步，柴油发电机组的技术水平不断提高。新一代柴油发电机组采用了更高效、更节能的技术，使发电效率得到提升，能源利用率更高。高效节能技术不仅能够降低燃料消耗、减少排放，还能降低运行成本、提高经济效益。因此，高效节能技术的应用将进一步推动柴油发电机组行业的发展。与此同时，太阳能、风能等新能源技术的快速发展，正推动能源结构向多元化、清洁化升级，这也为柴油发电机组的发展提供了协同创新的契机。未来，新能源与柴油发电机组将在各自优势领域协同发力，共同构建更可靠、更绿色的能源保障体系，形成"多元互补、协同发展"的良性格局。

[作者单位：卡特彼勒（中国）有限公司
中国建筑设计研究院有限公司
利星行机械（上海）有限公司]

空调与制冷

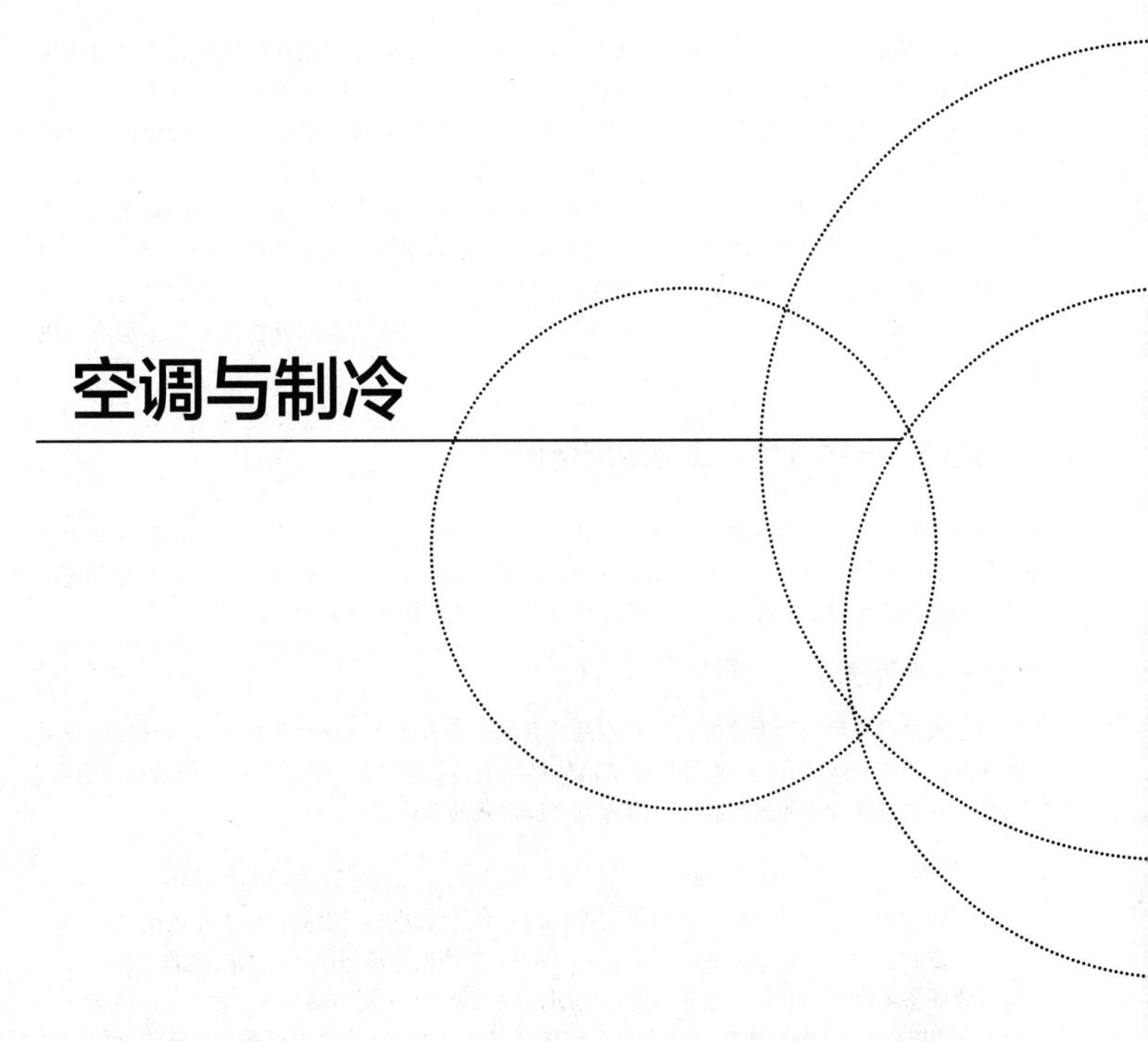

数据中心液冷技术应用的新发展

曹维兵 曾凯军 高 健 郑 巍

液冷技术是近年来应用于数据中心的一项新技术，核心原理是利用液体传导热量实现冷却的目的。在数据中心，液冷技术通常采用去离子水或乙二醇溶液作为冷却液，与服务器等发热器件直接或间接接触，从而转移热量，确保服务器等电子设备处于适当的运行环境。由于液冷技术所使用的冷却液具备高热导率和高比热容、良好的绝缘性能、良好的流动性、良好的化学稳定性等特质，特别是冷却液的比热容远大于空气，使液冷技术相较于传统的风冷技术，冷却效率高出 1 000～3 000 倍，而且对环境要求更低、效率更高，所以近年来在数据中心有所应用。2022 年年底，随着 ChatGPT 的推出，人工智能得到广泛应用，对算力的需求呈爆发式增长，数据中心开始更多地选用液冷技术部分替代传统空调作为机房环境解决方案。

一、液冷方式的分类与现有应用情况

根据冷却液与服务器发热元器件（芯片）是否接触，将液冷方式分为直接液冷和间接液冷两类。直接液冷可分为浸没液冷和喷淋液冷，浸没液冷又可分为单相浸没液冷和相变浸没液冷；间接液冷主要是冷板液冷，冷板液冷可分为单相冷板液冷和相变冷板液冷。

（一）冷板液冷

冷板液冷是一种间接液冷方式。冷板液冷是通过冷板将发热器件的热量间接传递给在封闭的散热流道中的液体介质，再通过冷却液体将热量转移的冷却形式。冷板一般是由铜合金、铝合金等导热金属构成的封闭腔体，内部有不同形式的散热流道。

1. 概况

一个数据中心完整的冷板液冷包含三个部分：位于室外的一次侧，位于室内的二次侧，以及一次侧和二次侧的冷量换热分配单元（CDU）。在冷板液冷系统中，二次侧的中高温液体负责吸收服务器产生的热量。这些热量在 CDU 中传递给一次侧冷却介质（水、乙二醇溶液、氟利昂），并通过一次侧的散热设备将热量转移到室外空气中。冷板液冷系统的耗电部件主要是二次侧介质泵、一次侧介质泵（水泵或制冷剂泵）和冷却塔（蒸发冷凝器）或干冷器（风冷冷凝器）。如果使用的是相变冷板液冷，CDU 可以取消，耗电部件可以进一步减少。目前主流应用的冷板液冷系统有两种：一种是水水 CDU 的冷板液冷系统，主要在于一次侧为水冷，如图 1 所示；另一种是氟水 CDU 的冷板液冷系统，主要在于一次侧为氟冷，如图 2 所示。

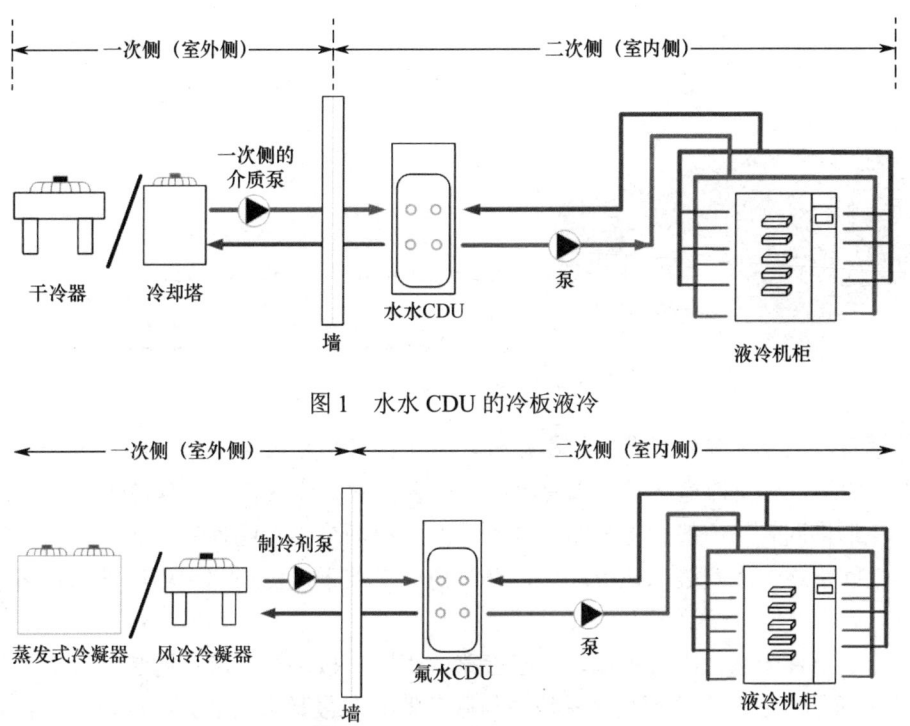

图 1 水水 CDU 的冷板液冷

图 2 氟水 CDU 的冷板液冷

2. 关键部件

（1）CDU 是冷板液冷中的关键设备，由结构件箱体框架、板式换热器、二次侧水泵及水系统装置，以及检测与控制传感器等组成。CDU 核心功能是一次侧与二次侧的热量交换，以及二次侧的冷量输送与分配。

根据 CDU 的结构形式和机柜对应位置，又可分为两种：服务于多个液冷机柜的机柜（集中）式 CDU，如图 3 所示；安装于液冷机柜内部，专为本液冷机柜供冷的机架（分布）式 CDU，如图 4 所示。

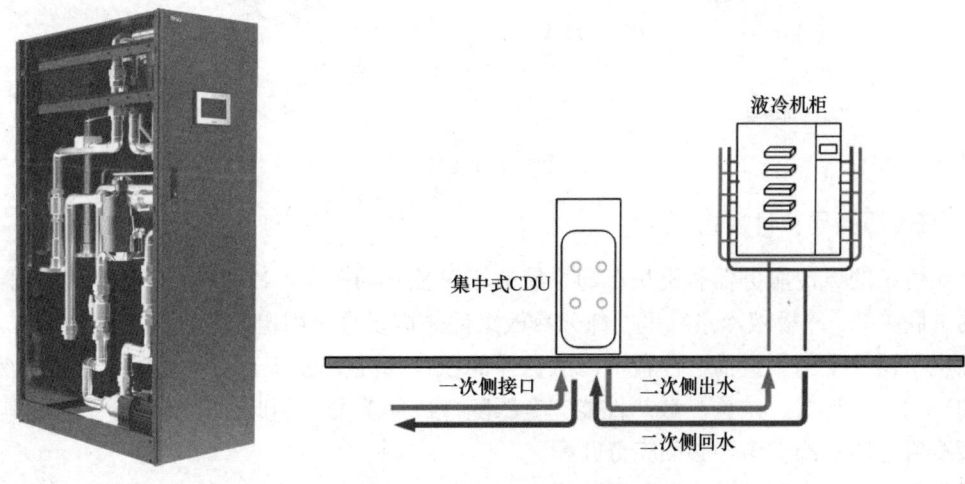

图 3 机柜（集中）式 CDU

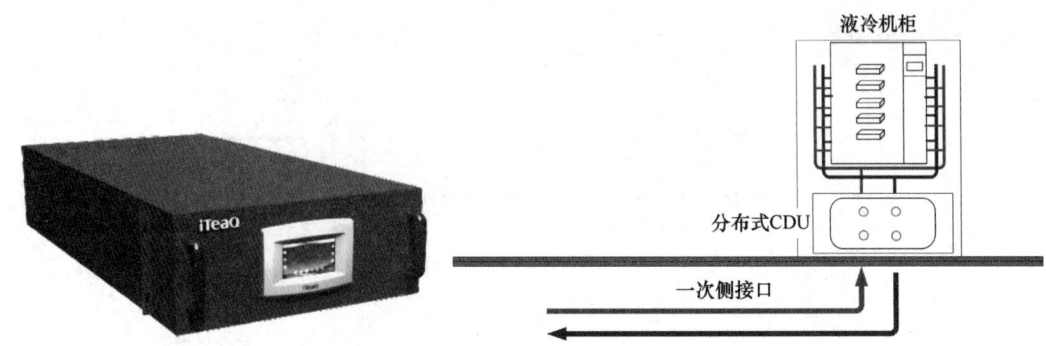

图 4　机架（分布）式 CDU

（2）垂直分液单元安装于液冷机柜后部，每个液冷机柜安装进水、出水各一条。垂直分液单元由主流道、分支流道、排气阀等组成，具备集液、分液和排气等功能。

（3）环形供回管路一般由主管路、分支管路、截断或排气阀件等组成。有静电地板的场所，环形供回管路一般安装在地板底部，有时也会安装于机柜顶部。环形供回管路功能是集液、分液。

（4）冷板组件一般由冷板单体、连接管路、供回液接头和漏液检测装置等主要零部件构成，如图 5 所示。它是在冷板液冷系统中与服务器关联最紧密的部分，也是最不容易与服务器解耦的部分。

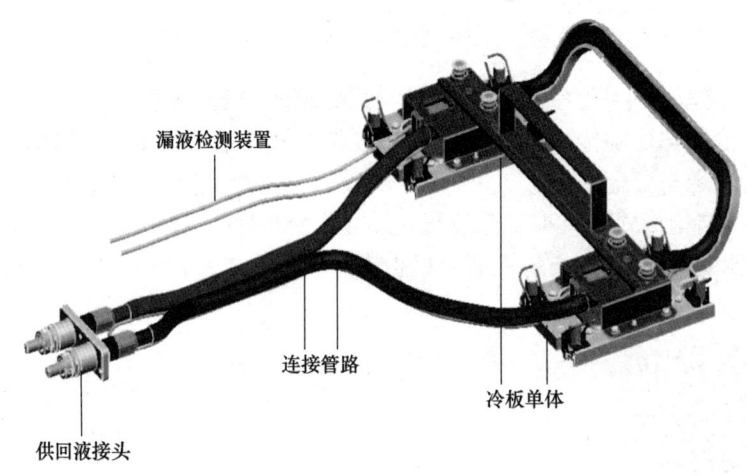

图 5　冷板组件

3．液冷服务器交付模式

相比传统的风冷服务器和机房冷却系统的相对独立的关系，冷板液冷系统与服务器有着紧密的关联关系。冷板液冷系统里的部分冷板组件是需要直接固定在液冷服务器的 CPU/GPU 等发热电子器件上的。目前，冷板液冷服务器的设计标准无法统一，冷板组件一般是液冷服务器的一部分，形式、结构、散热性能完全跟随液冷服务器。因此，冷板液冷系统的其他部分与液冷服务器的冷板组件必须充分匹配。

根据目前市场上服务器厂家的匹配模式，液冷服务器有三种交付模式，如表 1 所示。

表 1　液冷服务器的三种交付模式

交付模式	IT 设备侧交付内容	交付说明
模式一	液冷服务器	和目前的风冷服务器类似，只交付冷板液冷服务器，指定接口、冷却介质及流量等参数
模式二	液冷服务器+液冷机柜	液冷服务器和液冷机柜一起交付，客户只需匹配二次 CDU 和对应接口管路即可
模式三	液冷服务器+液冷机柜+CDU+二次侧管路	液冷机房内部由服务器厂家统一交付，客户只需匹配一次侧冷源系统即可

（二）浸没液冷

浸没液冷是一种直接液冷方式。浸没液冷是指将服务器的发热器件或服务器整体置于冷却液介质中，依靠冷却液升温或相变传递热量。

1. 概况

根据冷却液在冷却电子器件的过程中是否会发生状态改变，即相变，浸没液冷分为单相浸没液冷和相变浸没液冷两类。两类浸没液冷的原理如图 6 所示。

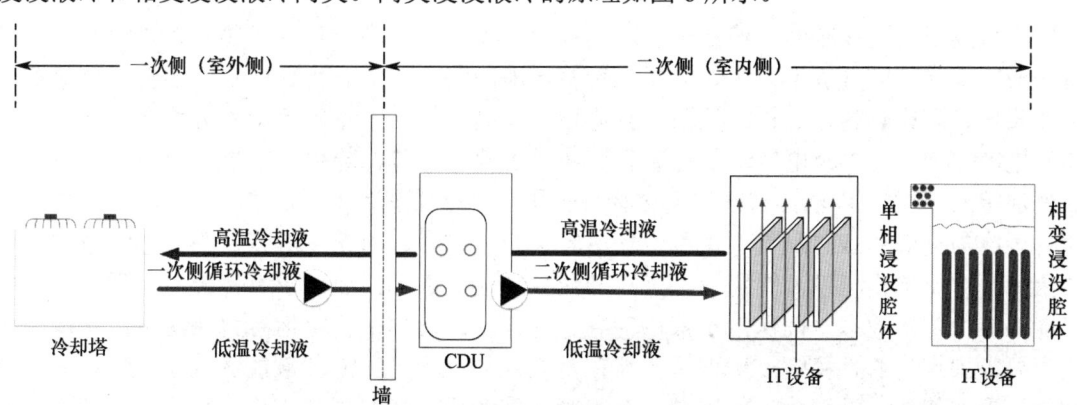

图 6　单相/相变浸没液冷

单相浸没液冷由位于室内的二次侧、位于室外的一次侧，以及 CDU 组成。二次侧循环泵将冷却液从单相浸没腔体（Tank）底部流经浸没的发热 IT 设备传递热量，再从单相浸没腔体顶部流回 CDU 与一次侧进行热交换；一次侧循环泵（水泵或制冷剂泵）将热量传递至外部散热装置（冷却塔、蒸发式冷凝器、干冷器、风冷冷凝器）。单相浸没液冷在散热过程中冷却液几乎不蒸发，没有产生压力变化，因此，单相浸没液冷无须使用气密密封容器。一款单相浸没液冷（技嘉科技 AIPO-EBO）的容器内部俯视图，如图 7 所示。

相变浸没液冷的原理和冷却路径与单相浸没液冷的基本相同，二者主要差异在于相变浸没冷却二次侧冷却液仅在相变浸没腔体内部循环，相变浸没腔体内顶部为气态区、底部为液态区。相对单相浸没液冷，相变浸没液冷使用的冷却液沸点较低，低沸点的冷却液吸收 IT 设备热量后发生相变气化。气化产生的高温气态冷却液会逐渐汇聚到相变浸没腔体顶部，与顶部的冷凝器发生换热后，高温气态冷却液冷凝为低温液态冷却液，在重力作用下回流至腔体底部，实现对 IT 设备的散热。

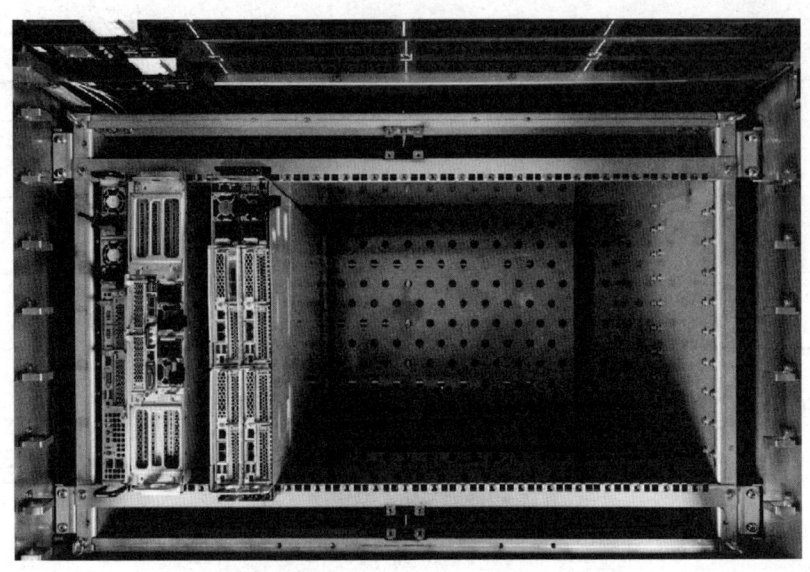

图 7　技嘉科技 AIPO-EBO 的容器内部俯视图

2. 冷却液

冷却液是浸没液冷的关键技术，冷却液的种类、流速均影响其换热效率。用于电子设备的液体冷却剂应具有不易燃、无毒且价格低廉的特点，具有优良的热力学特征，包括高导热系数、高比热容、高传热系数，绝缘性高、黏度低。常见的冷却液分为介电冷却剂和非介电冷却剂，其中介电冷却剂有芳香烃（二乙苯、甲苯、苯和二甲苯）、脂肪类（石蜡、矿物油等）、硅酮（硅油）和碳氟化合物等。非介电冷却剂有水、乙二醇及这两种物质的混合物。冷却剂的沸点、黏度、密度、比热容、表面张力、填充率等特性都是影响散热的重要因素。对于单相浸没液冷而言，其冷却液除前述要求外，还要求有高沸点，吸收热量后仍能保持稳定的液态，确保浸没液冷的各部件在换热过程中安全运行。相变浸没液冷则相反，要求沸点较低且稳定，确保服务器在常规发热过程中，冷却液能够气化，气化后的冷却液汇聚在相变浸没腔体顶部区域，与冷凝器接触后，能够顺利液化。相变浸没液冷的冷却液以氟化液为主。

3. 优势与劣势

与传统风冷和冷板液冷相比，浸没液冷的优势和劣势突出。其优势在于：该技术采用全自然冷却方式，风液比为 0，在不同环境温度下耗电差异不大，从而实现较好的节能效果；由于全浸没，IT 设备处于热均匀性较好的环境内，这有助于提升电子设备的使用效率和稳定性；浸没液冷运行时噪声低，且能够实现较高的服务器密度。其劣势在于：浸没液冷与服务器解耦难度大，严重依赖服务器的材料兼容性，导致使用成本增加；随着高密度的服务器配置及相变浸没腔体的使用，单台机柜质量剧增，对机房承重要求大幅度提高；冷却液的日常更换增加了成本。

（三）喷淋液冷

喷淋液冷是一种直接液冷方式，将冷却液直接喷淋至 IT 设备的发热器件或与之连接的固体导热材料上，达到对 IT 设备进行散热的效果。

1. 概况

喷淋液冷由位于室内的二次侧、位于室外的一次侧,以及 CDU 组成,如图 8 所示。在 CDU 内冷却后的冷却液被二次侧泵通过管路输送至喷淋机柜内部;冷却液进入机柜后直接通过分液器进入与服务器相对应的分液装置,或将冷却液输送至进液箱以提供固定大小的重力势能,从而驱动冷却液通过分液装置进行喷淋;冷却液通过 IT 设备中的发热器件或与之相连的导热材料进行喷淋制冷;被加热后的冷却液将通过回液箱进行收集,并通过泵输送至 CDU 与一次侧进行热交换。一次侧循环泵(水泵或制冷剂泵)将热量传递至外部散热装置(冷却塔或蒸发冷凝器/干冷器或风冷冷凝器)。

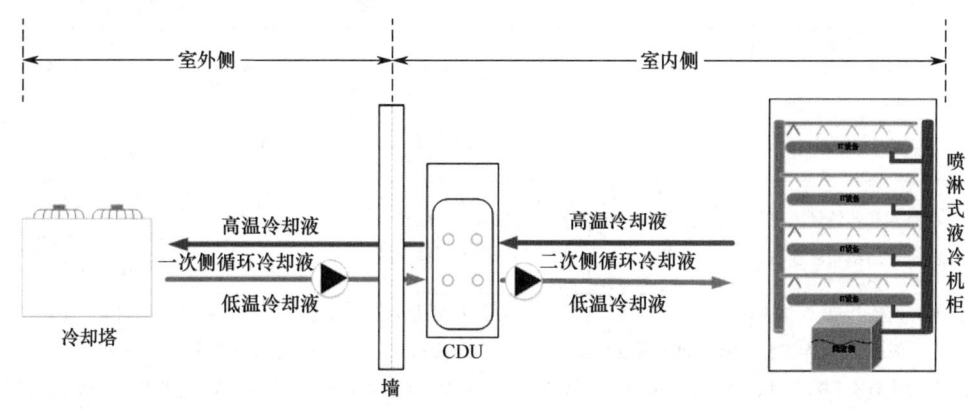

图 8 喷淋液冷

2. 冷却液

喷淋液冷的冷却液直接与电子设备接触并进行热交换。冷却液的性质直接影响服务器的传热效率及运行可靠性,因此应当具有以下特性:安全性,无腐蚀、无毒、不易燃;良好的热力学特征,冷却液应具备高导热率、高比热容、低黏度;稳定性,冷却液正常使用寿命不小于 10 年;绝缘性,冷却液在实际使用的情况下击穿的电压应不低于 15 kV/2.5 mm;材料兼容性,对电子设备上所使用的主要材料无不良影响;贮藏、使用和废液处置应当符合环保要求,工作人员无意接触也不至于产生毒理学反应。

3. 关键技术

一是喷淋液冷集成技术。喷淋冷却集成了基于标准机柜规范设计的喷淋液冷机柜,集成了由泵组、热交换器、过滤器、阀门阀组构成的(冷却液)冷却单元,还集成了无风扇设计、整体密封、基于标准机架式服务器架构的喷淋液冷服务器。二是喷淋液冷单向循环散热技术。冷却液进入服务器,喷淋芯片和主板的发热单元,传递热量后的高温冷却液返回冷却单元,重新冷却为低温冷却液,然后再次进入服务器进行喷淋,冷却液全程无相变。

(四)三种液冷方式的对比

经过近年来的实践,业界从投资成本、电能利用效率(PUE)、可维护性、供应链成熟度、应用案例数量、对服务器的影响等方面进行了对比,进行了综合技术分析。液冷方式的综合对比如表 2 所示。

表 2 液冷方式的综合对比

液冷方式	间接液冷		直接液冷		
	冷板液冷		浸没液冷		喷淋液冷
	单相冷板液冷	相变冷板液冷	相变浸没液冷	单相浸没液冷	
投资成本	初始投资中等，运维成本低	初始投资中等，运维成本低	初始投资及运维成本高	初始投资及运维成本高	—
PUE	★★★★	★★★★★	★★★★★	★★★★★	★★★★
可维护性	较简单	简单	复杂	复杂	复杂
供应链	★★★★	★★	★★★	★★★	★★
应用数量	智算比较多	少	超算较多	超算较多	很少
对服务器的影响	服务器和传统风冷服务器接近，增加一定成本；与服务器解耦相对容易		服务器是颠覆式设计，增加成本较多；与服务器解耦困难		对服务器的定制改造要求高，成本增加；与服务器解耦困难
综合技术分析	初始投资中等，运维成本相对低，PUE收益中等，部署方式与风冷相同，从传统模式过渡较平滑	初始投资中等，运维成本低，PUE收益不错，部署方式与风冷相同，从传统模式过渡较平滑	初始投资最高，PUE收益最高，需使用专用容器，服务器结构需改造为刀片式	初始投资较高，PUE收益较高，部分部件不兼容，服务器结构需新设计	初始投资较高，运维成本高，液体消耗成本高，PUE收益中等部署，部署方式同浸没式，服务器结构需改造

总的来说，单相冷板液冷因其跨行业技术优势，以及对现有服务器架构无须进行根本性改造，已成为当前数据中心液冷技术的主流，占据市场份额较大。然而，随着单位面积发热的迅速提升，相变冷板液冷和浸没液冷展现出广阔的发展潜力。

相比之下，喷淋液冷作为一种过渡性技术，因其安全性和适配性难以满足未来需求，正逐步被市场淘汰。

二、数据中心液冷的应用情况

（一）国外

1964 年，IBM 公司推出了全球首款使用冷冻水冷却的计算机 System 360，开创了液冷计算的先河。2008 年，IBM 公司发布了液冷超级计算机 Power 575。2009 年，英特尔公司推出矿物油浸没散热系统。2018 年，谷歌公司宣布其数据中心将逐步采用液冷技术，推动行业转型。2021 年，富士通公司的冷板液冷技术在富岳超级计算机上得到大规模应用。而世界最快的超级计算机美国橡树岭国家实验室的 Frontier，则采用了 CoolIT 的冷板解决方案，为其加速卡和 IP 处理器提供冷却。

（二）国内

国内在液冷技术领域的探索取得了显著进展。2011 年，中科曙光公司率先开展液冷服务器研究，并于 2013 年成功推出首台冷板液冷服务器和浸没液冷验证机型。华为、浪潮信息、联想、阿里巴巴等公司在 2015—2018 年间相继实现了液冷服务器的大规模商用落地。

2019年，中科曙光公司全球首创"刀片式浸没相变液冷"技术，实现了单机功率密度高达160 kW，其TC4600E-LP液冷刀片服务器的液冷部分PUE小于1.1，技术全球领先。2021年，阿里云公司推出了单相浸没液冷方案——磐久Immersion DC 1000，将绿色液冷技术与高效算力平台结合，整体能耗降低了34.6%。

2022年，浪潮公司发布了涵盖通用、高密度、整机柜和人工智能服务器的全栈液冷产品线，全面支持冷板式液冷技术。同年，维谛技术、艾特网能和科华数据等主流厂商也推出了全链条液冷系统和风液融合解决方案，进一步推动了液冷技术的广泛应用与创新。

三、液冷方式的新发展方向

（一）相变冷板液冷

相变冷板液冷指冷却液在冷板中发生相变，转化为气液两相或完全的气相状态，流出冷板，流向热交换器。与单相冷板液冷冷板相比，相变冷板液冷冷却液在冷板内部吸热后会发生相变，利用气化潜热可以增加单位面积散热量，如图9所示。同时，一些公司和机构也在研究取消CDU，从而实现进一步节能。

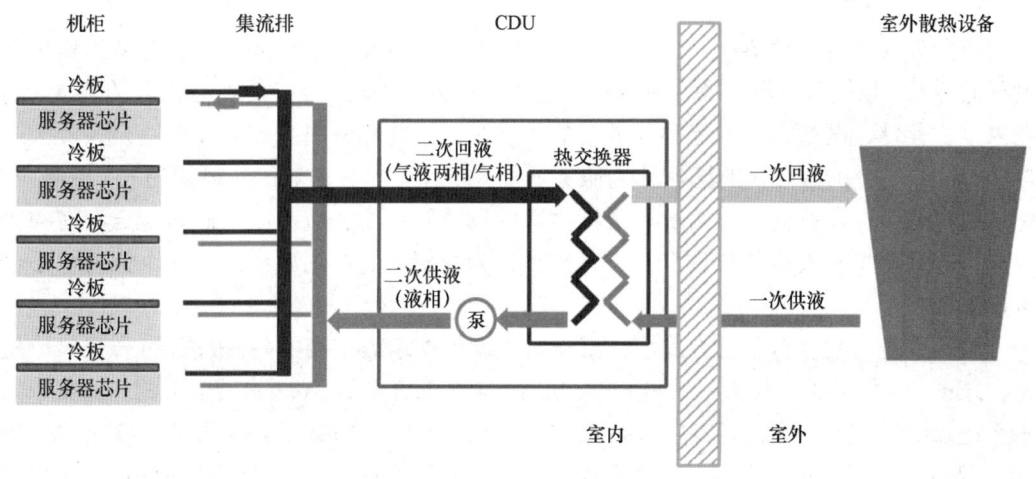

图9 相变冷板液冷

相变冷板液冷在冷板内部一般使用微通道流动沸腾换热技术，可以通过流道结构的设计、流体接触面表面处理和使用纳米流体来强化这一换热过程。

两相冷板式液冷有以下几个显著的特点。

一是对流沸腾换热系数和热流密度强相关。一般而言，热流密度越大，换热系数越高。在高热流密度散热场景下，如大于100 W/cm^2，两相冷板液冷更具优势。

二是冷却工质一般使用不导电液体，如R1233ze、R1234yf、Novec 7000等。这些液体的沸点在常温附近，易挥发，即便泄漏也不会危害服务器主板，系统工作压力较低。

三是冷板材料具有高热导率，如铝、铜或合金，以提高热传递效率。

四是在两相冷却工质选用方面，通常会优选沸点较低、绝缘性能优异、无毒不可燃的冷却工质。冷却工质和所有暴露在冷却工质中的材料（浸润材料）之间必须具有相容性。现阶段氢氟烯烃类的R1233zd和R1234yf已被国外一些先进的两相冷板液冷供应商选取使用，氢氟烃类的 R134a 也被国内一些厂家作为两相液冷冷却工质使用，但其较高的工作压力，对系统的气密性提出了严格的要求。另外，国外对制冷剂限制趋紧，部分第三代制冷剂（氢氟烃）需要尽快有替代方案。

（二）负压冷板液冷

冷板液冷面临的主要挑战在于液体泄漏带来的问题。为应对这一问题，负压冷板液冷应运而生，其核心在于通过无泄漏设计、自动加注和排放功能，以及自动冷却剂防腐监测和控制，实现风险降低和效率提升。负压冷板液冷的最大好处是液体泄漏不会损坏服务器，只会让空气进入，但能够迅速将空气排出。在泄漏发生之前，工作人员可以通过预防措施避免硬件损坏和系统停机。

负压冷板液冷，全称是负压冷量换热分配单元液冷，最大亮点是真空不漏水且轻微泄漏能继续维持运行，同时减少了快速接头的使用，能解决冷板液冷应用的最大挑战——泄漏问题。这一定会促进冷板液冷的普及和应用。但是如此解决思路，势必付出更多设计成本，该技术是否真正能够在行业得到应用和发展还有待观察。

（三）风液融合

目前业界认为有两种情况，需要数据中心采取风液融合，以更为经济、有效地实现对电子设备的冷却。第一种情况，当冷板液冷带走服务器内部 GPU/CPU 等核心部分的热量，而还存在内存、存储、网络、电源等部分散发的热量时，这些热量应当靠风冷解决。风冷部分的散热量与液冷部分的散热量的比值称为服务器的风液比，即使风液比从最初的 6:4 慢慢向 1:9 变化，它也依然存在。第二种情况，数据中心内风冷服务器和液冷服务器是混合存在的。客观存在风冷散热量和液冷散热量，二者之比可称为数据中心规划风液比，这个比值也不会无限接近于 0。

一般认为风液融合有五种方式。方式一：一次侧冷塔或干冷器+冷板液冷+传统风冷机房空调。方式二：集中式冷却水系统+冷水主机+冷冻水机房末端+冷板液冷。方式三：集中式冷却水系统+水水 CDU+冷板液冷+水冷 DX 冷冻水双冷源。方式四：蒸发/风冷冷凝器+氟水 CDU+冷板液冷+风冷机房空调。方式五：悬浮多联热管主机+氟水 CDU+冷板液冷+热管末端空调。风液融合的五种方式对比效果如表 3 所示。

表 3 风液融合五种方式分析对比表

对比项	方式一	方式二	方式三	方式四	方式五
风液融合度	★★	★★★	★★★★★	★★	★★★★★
节能性和动态控制	物理融合，节能性和风冷服务器方案关联，不易动态控制	一次侧和冷却水可融合，风液比越高节能性越差。实现动态控制复杂困难	可以充分利用自然冷，可通过水温粗线条实现动态节能控制	物理融合，节能性和风冷服务器方案关联，不易动态控制	更充分利用自然冷，可通过压力精准实现动态节能控制
施工工程	风液两套系统，工程交叉施工	一次侧水系统施工，北方冻土地区不友好	一次侧水系统施工，二次侧水系统和水冷双冷源交叉施工	一次侧氟管施工融合，二次侧和风冷机房空调交叉施工	风液同源，工程同源无交叉施工

（续表）

对比项	方式一	方式二	方式三	方式四	方式五
风液比动态	不可调	基本不可调	在一次侧冷水系统提前考虑的基础上，可以做到风液比动态可调	不可调	中等颗粒度分布式冷源，可以根据风液比分步骤动态调整
后续运维	有两套系统，水系统维护，运行时间越长越烦琐	水系统维护，运行时间越长越烦琐	水系统维护，运行时间越长越烦琐；不建议用开式冷却塔	运维简单	颗粒度合适，运维相对简单
WUE 耗水	★★★	★★	★★	★★★★★	★★★★★
适应性	适合中小数据中心	只适合大型IDC	只适合大型IDC	特别适合中小数据中心	适合中大数据中心

四、液冷技术扩大应用面临的问题

尽管液冷技术有很好的适用性，尤其是在适应高密度数据中心的发展中有广阔的前景，但其进一步扩大应用还需要解决一些问题。

一是液冷产品的标准化。从全球范围看，用于数据中心的液冷产品在液冷通用市场中暂未形成大规模影响，目前为数不多的为数据中心生产液冷产品的厂商，其产品设计使用的规格各异，标准化程度不高。不仅厂商之间的兼容、互通存在困难，甚至本厂产品因客户不同、批次不同也不能做到完全兼容使用，严重影响用户体验。

二是交付与运营成本。液冷相比空气冷却，初期投资和建成之后的运维成本相对较高，对后续的应用规模有重要的影响。液冷系统整体框架结构、CDU、二次侧管路等所用材料成本较高，需要新材料或工艺进一步降低成本。

三是冷却液质量需进一步提升。气味、毒性，以及降解性、挥发性和回收处理的方便可靠程度，都会给液冷产品在数据中心的扩大应用带来阻碍。

四是应用案例的宣传推广。当前除了关注新建智算中心的液冷应用情况，还要研究既有数据中心在更新改造时，如何经济、安全地适应液冷技术、液冷产品。还需要研究将液冷产品用于边缘数据中心的问题，多管齐下，提高液冷技术在数据中心的渗透率。

（作者单位：北京世纪互联宽带数据中心有限公司
科华数据股份有限公司
中国光大银行
北京真视通科技股份有限公司）

数据中心空调系统 AI 调优技术应用

田 旭 胡芳彧

空调系统的能耗在数据中心的总能耗中占据相当大的比重，据估算，冷却系统的能耗可占数据中心总能耗的 30%~50%。目前，大多数数据中心的空调系统通常采用定频运行模式，不能根据实际负载和环境变化进行动态调整，导致在低负载时浪费能源。在保证电子设备适宜运行环境的前提下，优化空调系统的运行效率成为数据中心节能、进一步实现绿色发展的重要途径。人工智能（Artificial Intelligence，AI）调优技术为数据中心空调系统的调优提供了强大的工具和方法。

一、数据中心空调系统 AI 调优技术应用的背景

利用 AI 调优技术改善数据中心空调系统的运行效率已成为业界关注的焦点，有政策法规要求、经济效益驱动、技术成熟可用三个驱动因素。

（一）政策法规要求因素

我国提出"双碳"目标后，减排成为社会共识。数据中心属于集中用能大户，受到社会各界的关注。近年来，国家出台了多个文件，明确提出数据中心的节能要求，各省、自治区、直辖市在贯彻绿色发展、节能减排要求、数据中心布局等文件中，具体限定了各类数据中心的 PUE 值。在数据中心内部，空调系统的能耗占比很高，因此政策法规要求的落实责任，首先应当在空调系统中落实。

与此同时，越来越多的数据中心建设者、运营者认识到绿色运营的重要性，将节能减排作为企业社会责任（CSR）的一部分。这不仅有助于提升企业形象，还能满足客户对环保和可持续发展的需求，进一步推动客户对高效、智能冷却解决方案的需求。

（二）经济效益驱动因素

数据中心竣工并投入运营后，能耗支出在运营成本中占比很大。随着技术的进步、设备的更新，能耗支出具有一定的弹性。因此，采用 AI 调优技术提升数据中心空调系统的运行效率，其最大的动力是成本效益。通过优化空调系统，可以显著降低能源消耗和维护成本，从而提高运营的经济效益，实现更高的投资回报。数据中心能耗支出比重的下降，使其在与同行竞争激烈的市场中，占据有利位置。例如，在收入不变的情况下，企业雇用更优秀的员工，购买更先进的设备，从而形成正向循环，获得竞争优势，吸引更多客户。

（三）技术成熟可用因素

数据中心是全社会 AI 调优技术应用者的一小部分。虽然 AI 调优技术的应用不是起始于

数据中心行业，但经过各行各业相似环境的实际使用，目前已经发展为成熟可用阶段。数据中心采取拿来主义直接将其应用于空调系统调优，不存在技术门槛。这种跨行业的技术交流使用，为数据中心空调系统性能的提升、管理的精细化提供了广阔的空间和可能。

AI 调优技术不仅应用于空调系统调优，还将促进 AI 在数据中心的深化应用。数据中心生成了大量的实时数据，对这些数据进行决策优化，从数据中挖掘深层次的规律和趋势。这不仅能提升冷却系统效率，还能为数据中心的智能化管理提供科学依据，支持数据驱动的决策过程。同时，AI 调优技术在数据中心空调系统的调优过程中实现智能温湿度控制、故障诊断、预测性维护、能源管理优化、动态资源分配等需求，将促进上游设备、产品提供商改善产业生态，为使用精密空调的各行各业提供支持，进一步完善产业链。

二、数据中心空调系统 AI 调优技术实现的途径

（一）AI 控制空调系统的原理

空调系统设备间的运行是相互耦合且相互影响的。同一个负荷需求，系统可以有很多种不同的运行方式来满足。在 AI 控制空调系统中任一控制参数的改变，对该系统中各设备的能效都将产生正面或负面的影响。基于设备实际性能特性曲线，寻找该系统优化平衡点至关重要。因此，空调系统的节能控制必须考虑各个设备之间，以及风、水系统各设备之间控制的相互影响与联系，将空调系统作为一个整体来考虑，以整个系统的能效最大化作为控制优化目标，从而实现整体系统的优化节能。

AI 控制空调系统将整个冷站系统作为一个整体来考虑，采集该系统实际运行参数，动态建立该系统设备模型（包括冷水机组、水泵、冷却塔、管路水力、末端精密空调等能耗模型），掌握空调系统内部各设备间的影响与联系，在保证需求的前提下，对该系统进行实时优化计算，动态寻找在该情况下该系统最低能耗时各设备的最优运行控制参数，如图 1 所示。

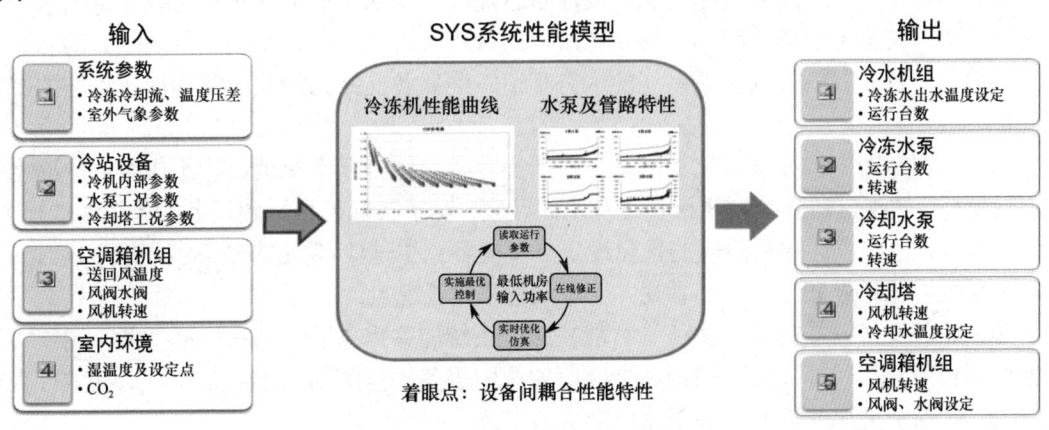

图 1 AI 控制空调系统优化

AI 控制空调系统可根据输入的该系统配置情况（包括冷站设备配置、机房级空调设备配置、负荷、设备性能模型、控制策略等），动态计算出该系统的全年能耗情况。AI 能够在不同负荷、不同工况、不同控制策略的条件下对该系统的能效进行模拟计算，从而模拟使

用该系统前后的能耗情况,进行全年逐时能耗计算。在能耗模拟软件中使用的优化算法与现场服务器底层优化引擎服务完全一致,计算得到的能耗结果可完全反映现场实际情况。

AI控制空调系统致力于提高整个系统的能效,通过长期数据积累,主动优化该系统的控制算法,确保该系统能够长期运行在高效区。该系统会实时记录每台冷水机组的能效(COP)、冷冻水工况、冷却水工况、精密空调工况,并形成三维曲面图。根据模型,充分考虑各个设备耦合运行的联系与影响。

AI控制空调系统的主要技术包含以下内容。

(1)负荷预测控制。该系统可实现冷热站负荷的预测及负荷的拆分。负荷预测基于现场实际运行数据,且负荷预测模型可根据实际运行数据进行修正,以确保模型的准确度。负荷预测结果最终会影响其他控制环节。

(2)AI控制空调系统联动深度优化控制。该系统以冷站系统能效最优、能耗最低为控制目标。该系统可根据设备能耗模型进行遍历寻优控制,以便获得最优控制方式。在设备服务周期内,实现全系统优化控制,从而能够适应设备性能的改变。

(3)冷水机组深度优选。针对空调主机的节能控制,根据空调负荷的变化,选择最佳性能的机组组合进行运行,以确保空调主机在较高的效率区间内持续运行。

(4)冷水机组出水温度设定值深度优化。根据室外干湿球温度、月份、系统总冷量及舒适性需求,结合冷水机组能耗模型、冷冻泵能耗模型、房间级空调能耗模型自动调整冷冻水供水温度设定值。

(5)冷冻水泵台数与频率深度优选。在冷冻水泵系统中,变流量智能控制子系统能够实时计算当前负荷所需的冷冻水流量,并推算出在满足该流量及压力条件下所需运行的水泵工作频率,使该状态下泵组所消耗的总能耗最低,实现泵组电量消耗总和最低的控制目标。

(6)冷冻水温差设定值深度优化。根据室外干湿球温度、机组能耗模型、水泵能耗模型、需求冷量,优化控制冷冻水泵台数及频率。当冷冻泵变频控制时,确保维持最小控制压力,以保障最不利末端设备的正常运行。

(7)动态水力平衡深度优化控制。变流量智能控制子系统能够通过对空调系统的水力分配施以干预,使每个空调环路均能够获得所需的冷冻水流量,实现空调系统的水力动态监测和自动调节,从而有效控制空调系统的水力平衡,确保各支路的能量分配均衡和良好的制冷效果。

(8)末端精密空调深度优化控制。根据所需冷量及结合精密空调、冷水机组、冷冻水泵等能耗模型,实现自适应控制风机转速和水阀开度;基于实际数据构建设备及系统性能模型,确定冷冻水供水温度、送风温度的优化设定点(按需),以整体满足末端环境需求,同时,确保风水系统以能耗最低为原则,寻找并下发最优控制工况点。

(9)服务质量前馈控制。变流量智能控制子系统能够提供服务质量控制功能,用户可以根据空调预测负荷状况设置一周内各个时段的不同服务质量级别,也可以随时对其进行查询或修改,在保证需要的情况下实现输出能量的有效控制。

(10)机器学习自适应算法引擎。AI控制空调系统以自学习性、自适应性为工艺指导,可根据不同建筑特点、负荷特点进行针对性调节。该系统具备广泛的适用性,可根据不同厂家的通风空调系统设备性能实现统一调节。

(二) AI 控制空调系统的架构

1. 逻辑架构

AI 控制空调系统采用 B/S（浏览器/服务器）架构，其后台配置功能可对项目、页面、组件、数据、报表、报警、联动等进行配置与管理，可完全支持后期工厂运营的应用扩展，满足在该系统中同时集成接入其他机电设备子系统及运营信息子系统的需求，以适应后期的建设与运营。

AI 控制空调系统配置页面可对项目展示的页面进行新建、编辑、删除等配置。当项目管理的设备及参数发生变化时，通过配置组态页面对当前项目进行配置修改即可满足使用要求，无须进行二次开发。通过较高的可配置性为后续搭建厂务整体设施系统智能化平台提供接口预留。

AI 控制空调系统提供标准化的 HMI（人机交互）组态功能，支持不同层级用户（操作员、工程师、管理人员等）对显示要求的个性化定制。该系统在组态点位数量和操作站数量上均无限制，支持标准化的 HMI 功能，并允许用户通过拖曳方式配置监控画面。同时，该系统支持 HMI 页面在线升级，用户可以通过工程师站二次编辑后，以网络形式升级所有操作员站，从而降低运维成本。

AI 控制空调系统支持图形化组态、图形化开发功能，支持自适应画面分辨率与布局设计、自定义图库、历史曲线功能、报表功能、数据处理功能，支持广泛使用的图形对象及具有动态功能的组件、控制参数可自定义功能组件，支持外部组件。通过可视化拖曳的方式，用户能够方便地将各种图表组件与设备相关的数据源关联，无须编程，即可将平台上接入的设备数据可视化展现。图表组件包括表格、折线图、柱状图、饼图、条形图组件。

AI 控制空调系统充分体现"分散控制、集中管理"的设计理念，冷水系统的 AI 节能控制系统由管理层和控制层二级结构组成。各个相对独立的受控子系统或设备，相应设置现场控制器（或控制子系统）且能各自分立实现控制功能；各个现场控制器（或控制子系统）能通过网络连接集成到统一的软件平台上，实现集中监视和管理，也可通过模式切换由各自本地控制器独立控制。

2. 数据架构

AI 控制空调系统数据架构分为数据底层、数据采集、数据处理、数据计算、数据存储、数据服务、数据展示，如图 2 所示。

（1）数据底层。冷站中的冷水机组、水泵等系统通过各种标准接口（OPC、BACnet、LonWorks、ODBC、RS-485/422/232、Modbus 等）和非标准接口实现各应用系统的信息（运行数据和命令）的转换和实时传送。

（2）数据采集。系统按照设定信息数据采集周期采集数据（采集频率间隔 $\leqslant 5$ s）。采集子系统任务模块主要与子系统进行通信，通过数据接口驱动方式获取子系统的数据。临时数据库则作为采集数据的临时存储，支持断点续传功能。

（3）数据处理。数据处理层包括数据清洗、消息队列与数据治理。消息队列采用 Kafka 作为数据中转的枢纽。Kafka 是一个分布式、分区、多副本的服务，可以实现高效的消息系统功能。

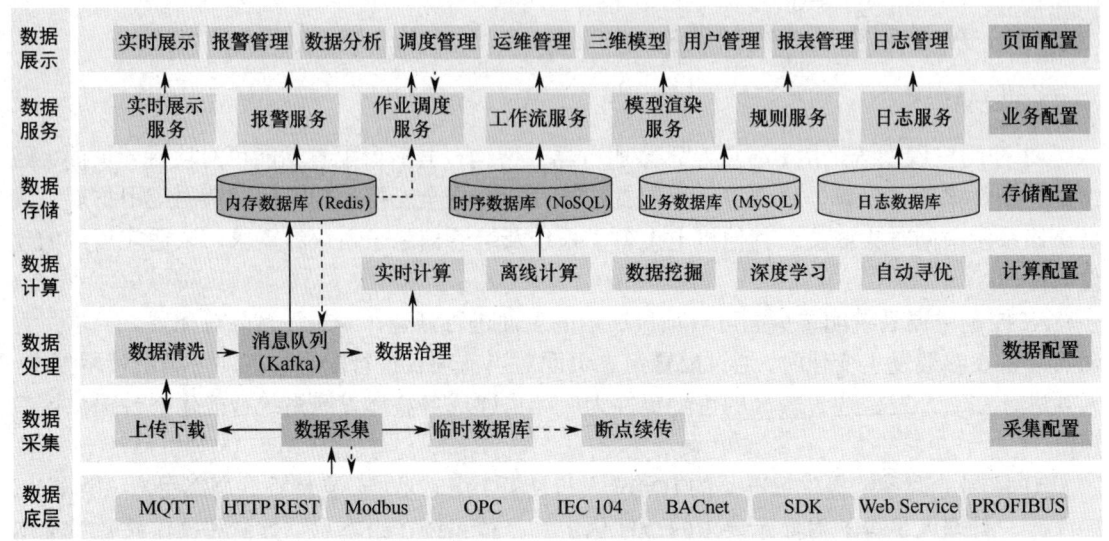

图 2　AI 控制空调系统数据架构

（4）数据计算。数据计算层包括实时计算、离线计算、数据挖掘、深度学习和自动寻优等。系统按照一定的计算规则对采集的数据进行处理、计算，然后提供到数据库存储和前台页面展示应用。数据计算层以计算公式辅助配置表，实现平台的数据计算功能。

（5）数据存储。数据存储层包括内存数据库、时序数据库、业务数据库和日志数据库。内存数据库采用 Redis 进行存储，通过快速读取 Redis 中的实时数据，基于 Web Socket 通道方式，将数据推送到 Web 微服务做数据展示。时序数据库采用 NoSQL 数据库，以存储系统运行历史数据，并采用数据的定时存储方式。业务数据库采用 MySQL 关系型数据库，存储项目的配置信息。日志数据库采用 Elasticsearch，以存储用户的操作日志、系统运行日志、调度指令下发日志、故障报警日志等。

（6）数据服务。数据服务指平台业务数据的微服务，该层包括实时展示服务、报警服务、作业调度服务、工作流服务、模型渲染服务、规则服务、日志服务等。数据服务层从数据存储层获取数据，并以功能服务的方式，将数据整理好并返回给数据展示层。

（7）数据展示。该层以 Web 的方式进行数据展示，包括实时展示、报警管理、数据分析、调度管理、运维管理、用户管理、日志管理等。数据展示的主要流程：浏览器发送请求给 Web 服务，当 Web 服务接收到请求后，通过调用与业务对应的服务，将查询结果返回给浏览器。

（三）AI 控制空调系统对冷冻子系统的控制

AI 控制空调系统可根据系统的负荷实时变化，结合项目设备参数校核建立的冷冻水泵性能模型，可计算出在不同的流量、扬程和运行频率等运行工况下的水泵能耗。根据满足系统总冷量需求和冷热站全局优化的原则，并确保在冷冻水环路系统最不利末端水量要求得到满足的前提下，动态确定冷冻水末端供回水压差的设定点。系统根据这些设定点来动态调整水泵台数与变频器频率，以确保在整个系统运行范围内能效达到最优。

如图 3 所示为某项目系统冷冻水工况性能寻优的三维曲面图截屏，X 轴为冷冻水出水温度，Y 轴为冷冻水供回水温差，Z 轴为冷冻水系统总功率（包括冷机和冷冻水泵功率），图 3

清晰地体现出冷冻水出水温度、冷冻水供回水温差/压差及冷冻水系统总功率的关系，为冷冻水系统优化运行提供基础。

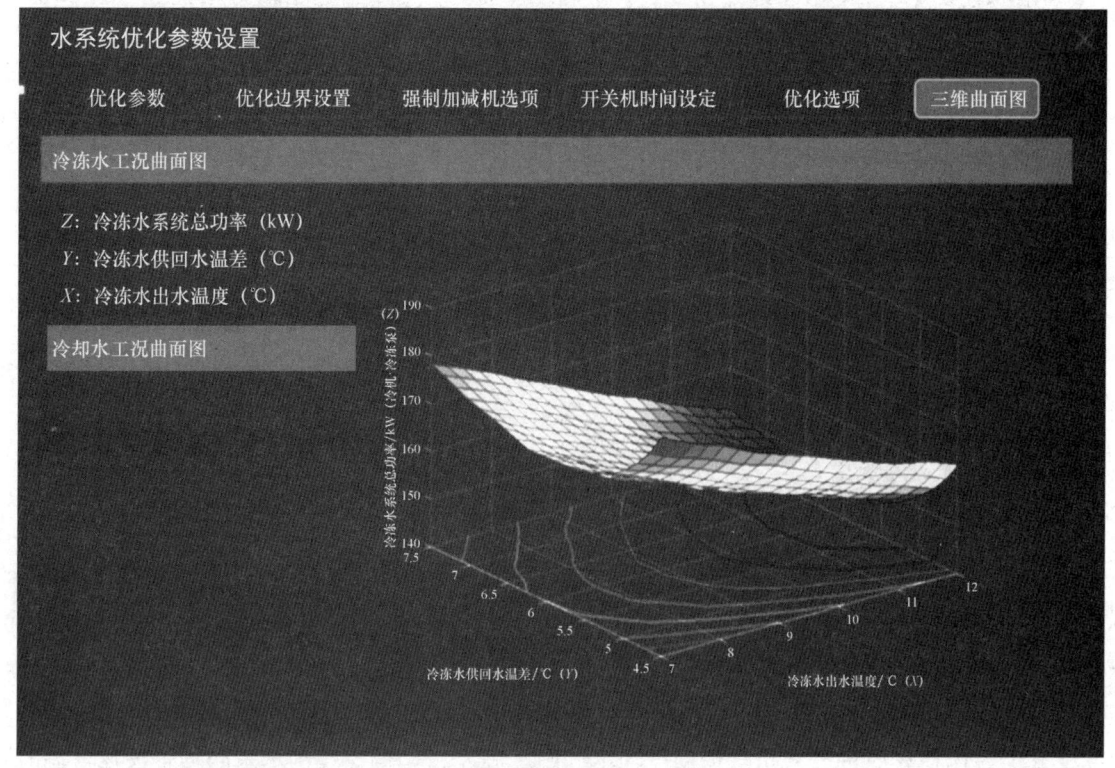

图3 冷冻水系统工况三维曲面图

AI控制空调系统根据优化设定的供回水压差设定点，自动调整冷冻水泵的运行转速，在满足最不利末端的供水需求的前提下，通过智能化控制策略优化冷冻泵的运行频率，确保冷冻水系统在经济区运行。冷冻水泵频率设定原则：压差低于设定值+偏差时，增加水泵频率；压差高于设定值-偏差时，降低水泵频率，频率不低于30 Hz；单台水泵运行且水泵频率降至下限，压差仍高于设定值-偏差时，水泵频率不变，开启压差旁通阀调节开度。

（四）AI控制空调系统对冷却子系统的控制

对于冷却水泵运行优化，AI控制空调系统根据进塔水温及出塔水温、机组能耗模型、冷却水泵模型，确定为使系统整体效率达到最高的冷却水温差设定点，根据该设定点来动态调整冷却水泵台数与变频器频率。对于冷却塔运行优化，根据室外干湿球温度、机组冷却水温效率曲线、需求冷量，择优确定使系统整体效率达到最高的冷却水出塔水温设定值。根据冷却水出塔水温设定值，动态调整冷却塔台数及变频器频率，使冷却塔与机组能耗最低。

如图4所示为冷却水工况性能寻优的三维曲面图截屏，X轴为冷却塔出水温度，Y轴为冷却水供回水温差，Z轴为冷却水系统总功率（包括冷机、冷却水泵及冷却塔总功率），图4清晰地体现出冷却塔出水温度、冷却水供回水温差及冷却水系统总功率的关系，为水系统及整个空调系统优化运行提供基础。

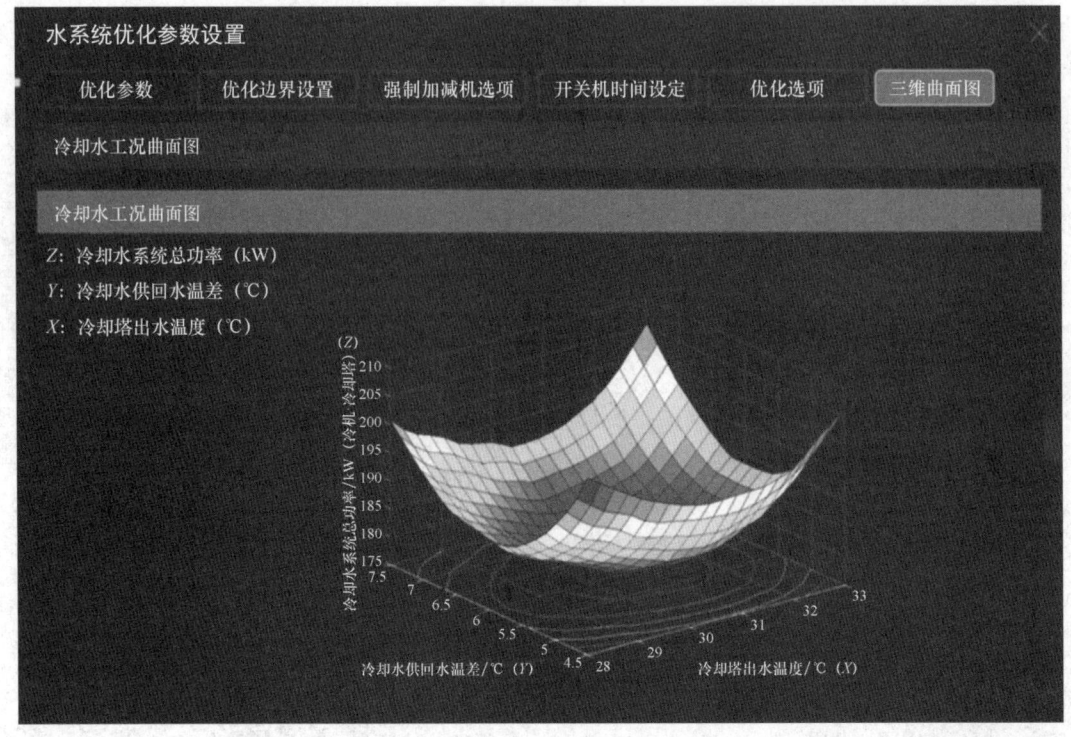

图4 冷却水系统工况三维曲面图

冷却水供回水温差设定值,由AI控制空调系统根据当前的冷负荷和设备性能模型,进行深度寻优迭代计算后得出。系统根据冷却水供回水温差自动调整冷却水泵的运行转速,温差大于设定值+偏差时,增加水泵频率;温差小于设定值-偏差时,降低水泵频率。频率不低于30 Hz。

冷却塔出水温度设定值,由AI控制空调系统根据当前的冷负荷和设备性能模型,进行深度寻优和迭代计算后得出。根据冷却塔出水温度自动调整冷却塔风机的运行台数及频率(偏差值可设定):出塔温度高于设定值+偏差时,整体提高风机运行频率;出塔温度低于设定值-偏差时,整体降低风机运行频率,频率不得低于30 Hz。若频率达到下限而出塔温度仍低于设定值-偏差时,按组关闭风机设定值低于冷却塔出水极限温度时,自动修正为极限温度。在群控系统上用户能选择是否启用自动修正功能。

当冷却水总管出水温度小于保护温度(18℃)(可设)且风机频率为30 Hz(可设)运行时,持续10分钟(可设)后,冷却塔自动减载一组冷塔。当冷却水总管出水温度大于保护温度(32℃)(可设)、检测到风机未全开且风机频率均为45 Hz(可设)运行时,持续10分钟(可设)后,冷却塔自动加载一组冷塔。

(五)AI控制空调系统对机组的群控

AI控制空调系统是一个多参量非线性、时变性的复杂系统。AI控制空调系统根据实际设备情况,建立冷水机组的物理模型。准确合理的冷水机组物理模型反映实际设备的基本运行特性,符合冷水机组独有运行曲线,并可由此模型计算出在各运行工况下的主机能效。根据满足工艺设计、冷量需求和空调系统全局优化的原则,动态设定冷水机组冷冻水出水温度,并进行合理的加减机判断,降低耗电量。冷热源机组对加减机的控制,充分考虑了主机在加减机的过程中保持较高的能效值。

在 AI 控制空调系统中，负荷预测模块将自动预测冷负荷需求与趋势。机组群控模块根据过去的能效、负荷需求、各个冷机累计开启时间、冷水机-泵-冷却塔的功率和待命冷水机的情况来自动选择设备的最优组合。冷冻水和冷却水阀门将根据冷水机的选定情况进行开启或关闭操作。

（六）AI 控制空调系统对空调末端的控制

AI 控制空调系统具有对数据机房通风空调系统设备进行监视、控制和模拟的功能，对机房内温湿度等进行监视。AI 控制空调系统具有单台设备的点动控制、一组设备的控制及按照预定模式的控制，结合室内冷热需求、室外温湿度及供回水温度，调节空调末端风机的运行频率，并保证风机、风阀的控制联锁。

AI 控制空调系统对空调末端各设备的运行参数进行实时监测，包括空调末端的设备通信状态、风机运行状态、送风温度、回风温度、风速挡位、风系统设备实时功率、系统设备启停控制设定、风机运行频率设定值、送风温度设定值、回风温度设定值和风速挡位设定值等。

节能模块对室外温、湿度数据、室内最不利环路压差、最远端机房温湿度进行实时监测，为计算运行效率、室内负荷等提供数据基础，也为确保机房安全运行与计算室内负荷提供数据基础。

AI 控制空调系统可以对空调末端进行安全保护。确保空调末端的设备在安全运行边界内运行，满足机房负荷需求，保障空调末端设备安全运行。设备运行设置安全上下限边界，包括回风温度上限保护、回风温度下限保护、送风温度上限保护、送风温度下限保护等，并可根据设备安全性能测试结果设定点控制参数的阈值，使空调末端的设备保持在安全运行工况范围内运行。当设备发出告警信息时，产品界面实时显示告警上报设备详细信息，包括设备位置、通信状态、实时运行状态参数和预警详情描述等，算法停止调优，待告警消息消除后再在优化运行模块处单击按钮继续调优。

（七）AI 控制空调系统对负荷的预测

负荷预测利用大数据技术，将气象信息、用户作息规律、历史运行数据等不同种类的相关数据，通过抽象的量化指标表征与负荷之间的关系。结合业务需求、历史数据、实时数据、AI 执行反馈，实现对负荷变化趋势更为精确的感知与预测，提高预测精度，如图 5 所示。

AI 控制空调系统综合考虑气象变化、负荷类型、节假日及重大事件等影响，对冷站供能区域内的用户侧冷/热负荷进行即时预测和短期预测。预测周期可实现每小时更新或分钟级更新，滚动预测未来 24 小时负荷变化趋势。此外，系统可根据各用户负荷变化同时计算综合冷/热负荷需求参数及变化曲线。

预测模型在功能设计时，根据用户侧负荷的历史数据，利用用户负荷模型对用户侧负荷进行预测；通过对负荷预测中各种预测模型的分析，为优化控制提供优化依据。根据以上设计考虑，提出负荷预测模型，如图 6 所示。

预测模块通过访问数据库，并采集历史数据、气象数据、节假日工作日运行差异数据和其他可能严重影响负载的数据，按照分类输入给预测模型。数据模型处理模块的输入包括存储在数据库或数据暂存器中的影响因素，如时间因素、天气光照因素和随机因素等。其输出为冷热电的累积量、瞬时量、最值、新能源发电量和根据需要输出的其他参数。根据数据模型处理模块，自主选择最佳模型组合进行预测，模型可根据经验自定义关键参数。

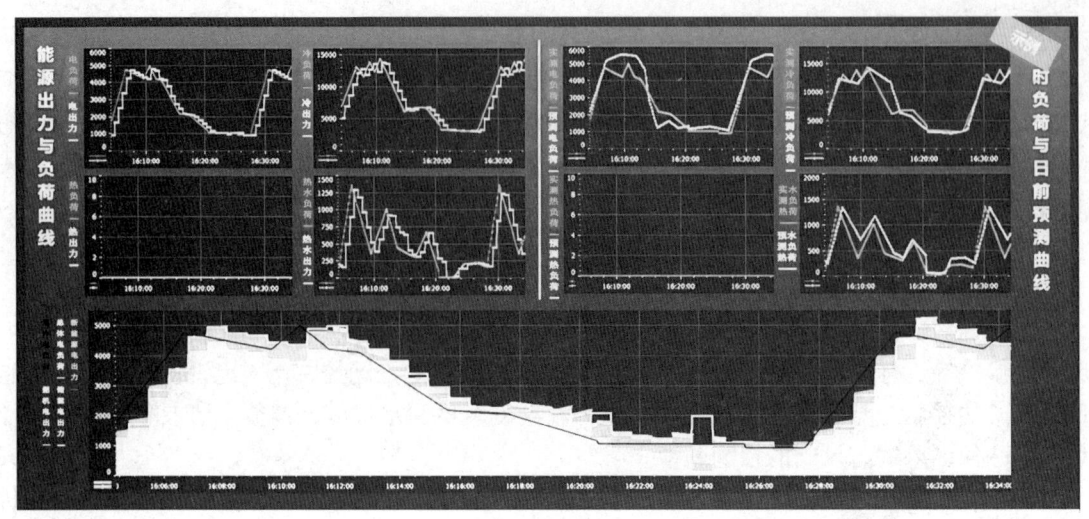

图 5　负荷预测

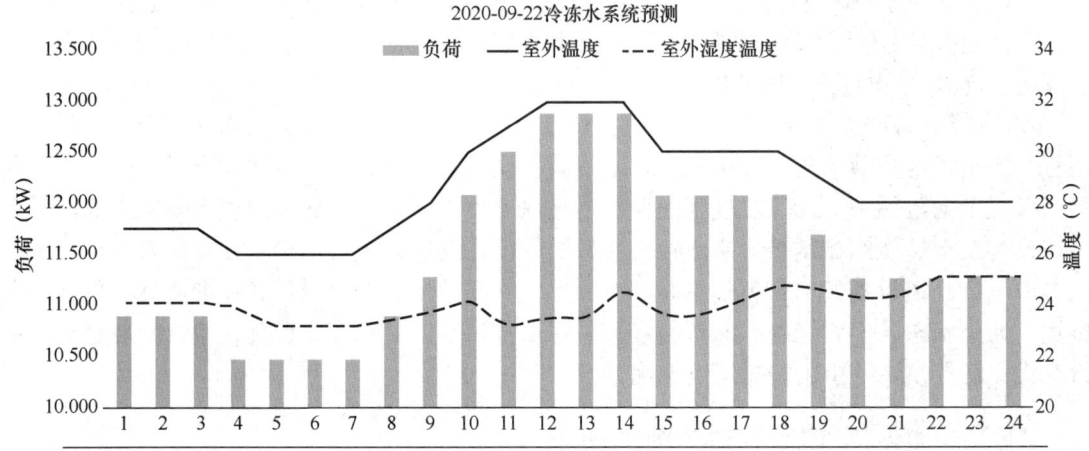

图 6　负荷预测模型对当天负荷的预测

预测结果以表格和曲线两种方式显示，如图 7、图 8 所示，预测数据写入预测后的优化调度模块。

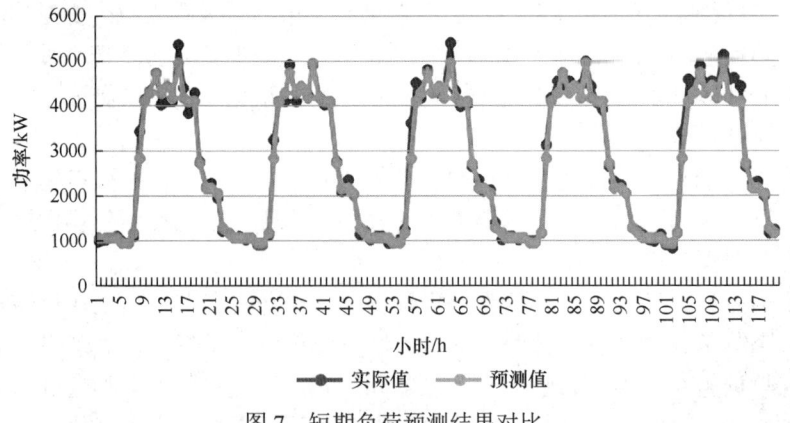

图 7　短期负荷预测结果对比

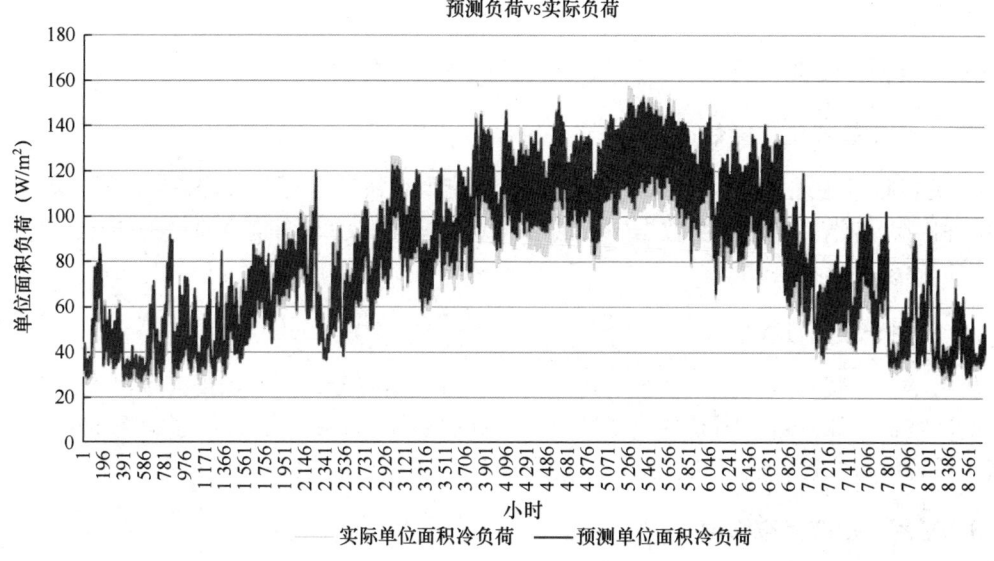

图 8　长期负荷预测结果对比

（八）AI 对 PUE 的管理

近年来，主管部门对数据中心进行的能源技术评价，PUE 指标不断降低，各种节能措施不断应用在数据中心建设中，其中 AI 系统可发挥关键作用。AI 系统将群控系统的控制颗粒度减小，在合理的范围内可自动调整、切换系统的运行情况，降低运维人员的专业要求。

AI 系统通过数据记录和数据分析，生成图表，不断学习优化进一步逼近数据中心节能的极限值，挖掘数据中心的节能潜力，将所有设备整合为一个整体，提高系统的综合能效，进一步降低整体数据中心的 PUE 指标。数据中心 PUE 的降低路线图如图 9 所示。

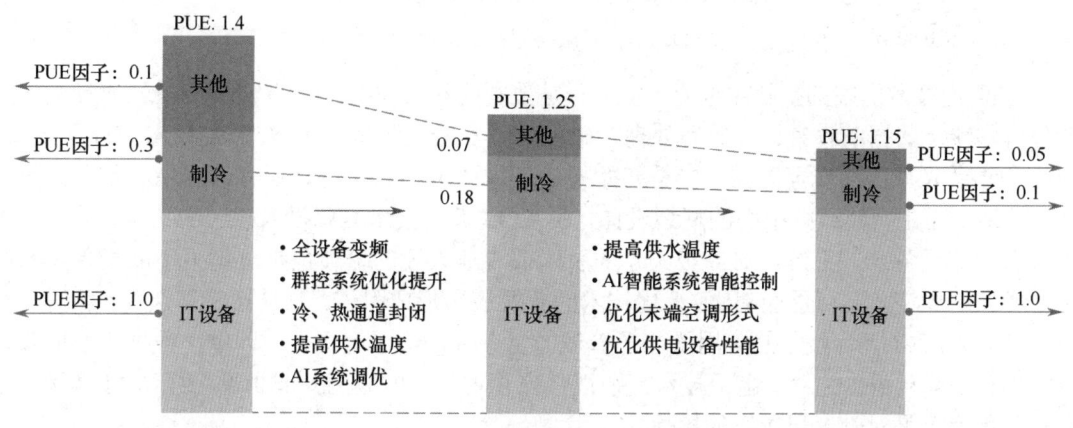

图 9　数据中心 PUE 的降低路线图

三、AI 调优技术在数据中心空调系统应用展望

目前，AI 调优技术已经在一些数据中心空调系统中得到初步应用。数据中心规模不断扩大，对高效、稳定运行的需求日益增加，节能要求越来越严格，将 AI 调优技术运用于数据中

心空调系统，将成为 AI 在数据中心中的主流应用。

（一）应用领域

1. 应用于智能优化能效

AI 调优技术通过分析大量的运行数据、优化空调系统的运行参数，实现能源的最优使用。例如，利用深度学习算法预测数据中心的冷热负荷变化，动态调整冷却设备的运行状态，避免冷热负荷过度或不足。

2. 应用于预测性维护

利用 AI 调优技术对空调系统的传感器数据进行实时分析，可以提前预测设备的潜在故障，安排维护工作，避免因设备故障导致的数据中心停机。这不仅减少了设备的停机时间，提高了系统的可靠性，还延长了设备的使用寿命，降低了维护成本。

3. 应用于动态负载管理

AI 调优技术实时监控数据中心的负载变化，动态调整空调系统的运行模式，AI 算法能够即时处理海量数据，识别环境变化和设备状态的细微波动，并迅速做出响应。例如，在高负载时自动增加冷却能力，在低负载时减少能耗，确保数据中心在不同负载下都能高效运行，提高整体运行效率和可靠性。

4. 应用于环境监测与调节

AI 调优技术可以综合考虑外部环境因素（天气变化、电力供应情况等）和内部资源因素（温度、湿度、气流等环境参数），并自动调节，以维持最佳的运行环境。这有助于延长服务器的使用寿命，提高整体系统的稳定性。

（二）面临的挑战

AI 调优技术面临的挑战主要有三点。一是数据隐私与安全。AI 调优技术依赖大量数据进行分析，涉及数据的收集、存储和处理，确保数据安全是实施运用 AI 调优技术的首要挑战，因此需要采取有效的安全措施。二是初始投资成本的增加。无论是既有数据中心空调系统的升级改造，还是新建数据中心的规划设计，引入 AI 调优技术需要投入相应的资金，除了购置软件和硬件设备部署系统，对高级人才的引入或专业人才的培训也是一笔不小的投入，初始投资增加的经济负担可能会对 AI 调优技术的普及应用形成阻碍。三是技术复杂性。相对传统的管理方式，AI 调优技术的应用增加了管理的复杂性，除了解决人才问题，数据中心的管理方式也存在需要磨合之处。由于技术复杂性带来管理失控的案例并非少见，引入 AI 调优技术在一定程度上是对管理层决心的挑战。

（三）发展趋势

AI 调优技术在数据中心空调系统中的应用，将与信息技术的发展形成互动，相互促进。首先，未来的 AI 调优技术将会与物联网（IoT）深度融合，通过大量传感器实时采集数据，进一步提升空调系统的智能化水平，实现更精细的控制和优化。其次，在 AI 调优技术的加持下，空调系统的控制机制与性能将具备更强的自主学习能力。系统能够根据环境变化和运行数据，不断优化自身策略，实现自适应管理，灵活性和效率将得到大幅提升。最后，随着 AI 在更大范围应用于数据中心的其他管理系统（电力管理、服务器管理等），原本用于空调系统的 AI 调优技术，将与整体数据中心管理系统融合、集成。数据中心空调系统的 AI 调优技术将成为数据中心智能化管理的一个模块，共同为提升能源效率、系统可靠性和运营效率发挥作用。

（作者单位：北京电信规划设计院有限公司

北京英沣特能源技术有限公司）

运维与运营

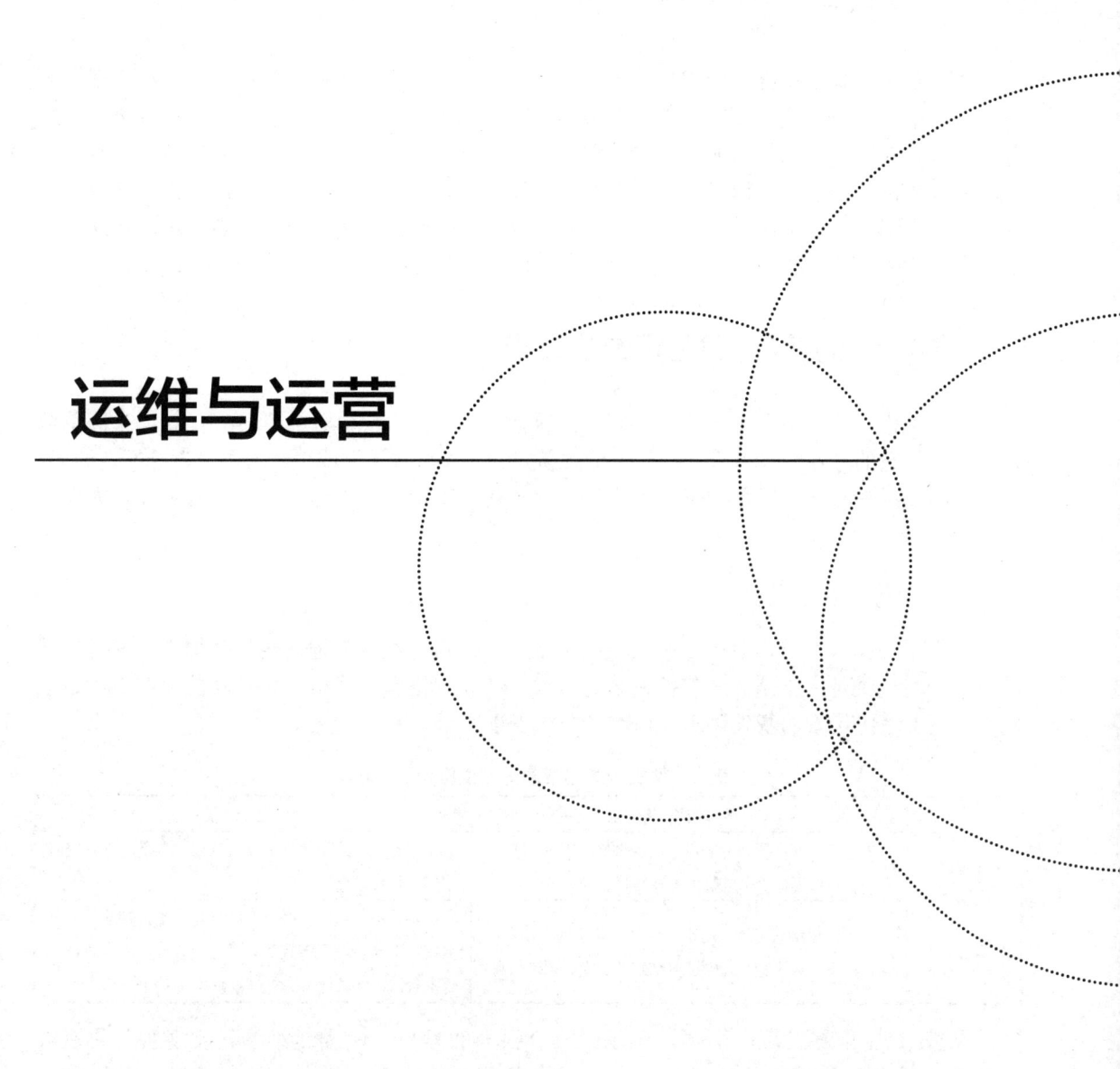

智慧化运维在数据中心园区的实践和展望

李 源 孙 爽 杨 霏

随着数据中心产业规模的增长,越来越多的数据中心以建筑群、生产园区等形式建设而成。生产园区中的办公、生产、服务人员的规模动辄达到千人以上,生产园区相应集合了生产、办公、开发、会议、培训、住宿等功能。这类生产园区以保障数据中心安全为核心,同时为人员提供各项服务。相对于一幢或者多幢建筑的数据中心,机房和园区一体化的特点,使数据中心园区的运维具有全场景、全要素的特点。在此情况下,引入智慧化运维模式有助于保证运维的质量,从而更好地保障数据中心园区既有功能的发挥。

一、数据中心园区智慧化运维的特点

通俗地讲,数据中心园区运维的需求既包括"保安全",又兼顾"服务好"。如果简单地通过人员扩充的方式满足需求,管理单位容易陷入"人海战术"或"经验主义"的不良循环,发生这种情况的根本原因是过度依赖人工。智慧化运维相比人工运维,具有以下六个方面的特点。

(一)两类运维场景

数据中心园区的结构会产生两类运维场景。一类是一幢或多幢建筑的数据中心既有的运维场景,另一类是由于园区还包括办公、开发、会议、培训、住宿等多项功能而产生的运维场景。两类运维场景的基础设施和运维场景如表1所示。

表1 两类运维场景的基础设施和运维场景

类 别	基 础 设 施	运 维 场 景
生产运行类	外市电、变压器、发电机、配电设施、UPS、IT设备、机房空调、冷水机组、蓄冷罐、监控系统	流程管理、监控管理、能效管理、容量管理、空间管理、告警聚合
园区管理类	边界、道路、电力、用水、燃气、非机房空调、电梯、教室、会议室、充电桩、维修、食堂、倒班公寓	访客管理、园区安防、消防管理、车辆管理、外委考核、资产管理、会议管理、工位管理、园区急救、食堂餐饮、倒班住宿、一键报修、满意度调查

从表1中能够发现,两类运维场景具有很大的差异。两类运维场景实现智慧化运维的前提是设备和设施运行信息的数字化。设备和设施的运行状态、能耗情况、故障预警等信息要进行实时搜集、采集和反馈,产生足够的数据,反映两类运维场景的运行态势,从而对智慧化运维系统分析预判运维需求,辅助管理人员确定运维措施奠定基础条件。遇到紧急状况可以及时发现,这使得运维团队能够迅速采取响应措施,保障数据中心园区的正常运行。

（二）三种运维数据

数据中心园区结构及两类运维场景，必然产生来自两个方面的数据。一是来自机房的数据，这是一幢或多幢建筑的数据中心所产生的数据，除了数据量成倍增加，其他差异不大；二是来自园区的数据，与一幢或多幢建筑的数据中心相比，除了建筑物及环境的数据成倍增加，还增加了一些新类型的数据，如园区道路、车库、生活区、物业保安等非IT类保障机构的数据。如果从数据变化频率角度观察，数据中心园区的运维数据可以分为静态数据、动态数据和管理数据，运维数据分类如表2所示。

表2 运维数据分类

分 类	典 型 数 据
静态数据	机房：地理位置、建筑信息、设备台账、设备配置、值班表、电话表、操作手册、应急预案
	园区：房间表、车位表、访客信息、库房信息、服务人员信息、供应商信息
动态数据	机房：负载率、机房容量、温湿度、报警、故障
	园区：园区人数、车位数量、耗材数据、报修数据
管理数据	机房：值班计划、维保计划、变更日历
	园区：工单数据、考核数据、满意度数据

三类运维数据的搜集、采集的完整程度是智慧化运维系统发挥作用的关键。对于数据中心来说，由各类传感器、摄像头等自动获取的数据，采集、存储和应用相对顺利；地理位置、建筑结构、各个机房面积等相对固定的数据，一次性采集并存储后可以在较长时间内发挥基础作用。对于智慧化运维系统来说，虽然数据变化不频繁，但其重要性不容忽视，因为这些数据的变化直接影响运维系统的智能化程度。例如，值班表数据涉及发生异常时哪位当值人员的手机会报警；工单数据反映报修设备的恢复进度。

（三）运维感知一体化

运维感知一体化是实现由分散管理到集中统筹高效管理的重要技术手段。由于数据的隔离，机房和园区管理者往往各自建立并运营独立的感知体系，导致沟通成本增加、故障蔓延和连锁风险增加。当前，运维感知一体化作为关键的技术趋势，正逐步成为实现智慧化运维的首要策略。这种趋势不仅是技术进步的结果，更是应对日益复杂和庞大数据中心园区管理挑战的迫切需求，需要整合和统一管理整个数据中心园区资源，以实现更高效的运行和管理。

园区对自然灾害、人员活动、水侵、安防等异常方面的感知往往早于机房，能为机房产生预警作用；机房则在电能质量方面感知更为敏感，可为园区提供预警。运维敏感领域互补如表3所示。

表3 运维敏感领域互补

敏 感 领 域		运维感知一体化
园 区	机 房	带来的新优势
自然灾害	电网质量	感知电网波动。洪涝、高温等灾害
访客管理、活动轨迹	运维、维保服务管理	实现园区访客活动、履约的闭环管理
易燃易爆品、施工、动火	场地管理	实现园区主动防火场景全覆盖
供暖服务	热能回收	节能降耗，提升工作环境舒适度

目前的监控系统往往侧重于设备基础指标的监测，而运维感知一体化则从多维度、全方位地进行监控。运维感知一体化不仅能够提升管理的精细化水平，还能够提高对数据中心园区各项指标的全面监控和分析能力。这种多维度、全方位的监控不仅提高了监控的全面性和深度，还能够精准识别问题的根源，加速问题的定位和解决过程。运维人员可以实时获取设备状态、能耗情况、环境数据等多维度信息，全量信息互相印证分析，迅速识别故障，有效降低运维风险，提升运营的可靠性和稳定性。

（四）数据互通共享

智慧化运维的关键是打通数据之间的壁垒，实现数据互联互通，充分共享。数据中心园区在建设初期会规划各类设备的监控系统，这些监控系统基本都是独立运行的，如监测状态、能源消耗、安全态势等系统。独立运行的监控系统相互之间信息流通不畅，导致监控效率低下、响应速度缓慢。例如，当一个数据中心出现市电大面积停电异常时，电力监控系统第一时间反应，由于其他监控系统与电力监控系统是独立不互通的，相关信息难以迅速传递至其他专业领域，导致延误了问题的解决时间。

实现数据互通共享，需要统一园区级数字化管理标准，保障数据的一致性。数据中心园区内部不同类型的数据往往是分离的、数据格式是多样的。数据标准不统一的情况使得在整合信息进行综合分析时面临重重困难。例如，若要实现对整体能效的优化，需要综合考虑机房电力负载、办公室空调效能等多方面因素。但如果这些因素无法进行集成并加以分析，将难以实现最优化的运维决策。

实现数据互通共享，需要在园区一级搭建运维数据平台，整合各个管理实体的数据，联通园区管理数据与机房管理数据，将来自各个方向的信息集成到一个统一的平台中，实现统一视图展示。通过运维数据平台，不同设施和系统之间可以实现更高效的协同管理。例如，当天气温度和入园人数发生较大变化时，基于对两方面数据分析的结果，空调系统可以自动调整以优化能效。运维人员可以在一个界面上，对不同设施和系统进行更高效的协同管理，查看整个数据中心园区的状态，迅速发现并解决问题。

（五）运维资源共享

在运维资源一定的前提下，资源共享是实现运维资源利用率最大化的有效途径。在智慧化运维模式下，资源共享是一种重要的运维策略和实施方式。它改变了以往偏向于独立运行和资源配置的做法，转向通过集中管理和共享资源，有效优化资源利用效率，提升运维的灵活性和响应速度，实现运维效益的最大化。运维资源共享包括以下三个方面。

一是人力共享。人力共享提高了数据中心运维在人力配备和调度方面的灵活性和弹性，这是园区化数据中心独有的优势。例如，当在非工作时间机房发生漏水事故时，由牵头部门指挥，调动协调其余部门值班人员协作处置，快速应急响应，确保数据中心园区的稳定运行。当非IT设施发生应急情况时，园区安防、物业、保洁、食堂、园林等专业人员与机房电力、空调值班人员可以实现劳动联动，通过智慧化调度实现人力、物资、机制的节约。

二是物资共享。在智慧化运维模式下，数据中心园区会改变机房和园区物业单独管理，每个管理单位都需要独立购置和配置硬件设备，从而导致资源浪费和成本增加的情况。物资共享不仅可以共享某些核心设施，如电力供应系统、制冷设备、网络基础设施等，还可以合理减少备品备件、办公用品的库存。通过统一管理和共享物资，数据中心可以达到避免重复投资，减少能源消耗，降低运营成本的目的。

三是机制共享。在智慧化运维模式下，数据中心园区各系统可共享同一套安全基础设施和安全管理机制，如统一的入侵检测系统、身份认证和访问控制策略等，能够提升安全防护效果，减少安全漏洞和风险，保护数据中心的信息资产和业务连续性，同时降低管理成本。

（六）实现预防性维护

数据中心园区实现预防性维护是数据中心管理及运维人员所秉持的理念。实现预防性维护的前提是数据中心园区的数字化达到一定程度，并具有一定的统一性，确保数据互通共享、运维感知一体化。预防性维护不仅是对数据中心运行状态的实时监测，更是基于历史数据和趋势分析叠加产生的更高层次的功能。

预防性维护的重要性在于降低潜在风险和故障带来的损失。与基于事后处理和即时反应的运维模式不同，预防性维护是通过实时数据采集和分析，结合历史数据，提前识别潜在的设备故障迹象所进行的有目的维护。例如，数据中心园区通过监测设备的温度、湿度、电压等参数，结合历史数据、模型或者人工智能，预测可能的故障时间点，从而及时进行维护和更换，避免设备故障对数据中心园区运行的影响。以空调部件故障预测为例，众所周知空调水阀为易损件，空调依靠水阀的开度调节水量进而控制空调的送风温度，水阀的开度与负载量有一定比例关系，通过分析水冷空调水阀开度和负载量的关系，纵向、横向对比同台设备不同时期、不同设备相同时期的开度，综合研判水阀是否按需开合，如明显脱离正常开合范围则提示水阀有故障风险。

预防性维护能够优化数据中心园区内资源的配置和利用效率。通过对数据中心园区各个设备、电源等资源进行全面监控和管理，运维人员可以实现资源的动态调配和优化配置。例如，根据设备的负荷情况和运行状态，合理调整空调系统的工作模式、温控策略和耗材更换周期，达到节约能源消耗，降低运营成本的目的；通过分析机柜的利用率和空间布局，预防性维护能够优化设备的部署，提升整体资源利用效率，使数据中心的性能和效率达到最大化。

预防性维护能够显著提升服务质量和用户体验。目前，数据中心最终用户对于数据中心园区的可用性和响应速度要求越来越高，通过运维大数据的分析和预测，可以实现对服务质量的实时监测和预警，及时发现并解决潜在的性能问题，确保数据中心园区的稳定运行和高效服务。

预防性维护实现了运维模式的变化。通过预防性维护降低风险、优化资源配置、提升服务质量和用户体验等多方面的应用，数据中心园区智慧化运维从被动式管理转变为主动式智能运营，为数据中心安全、可靠地支撑所承载的信息系统正常运行提供强有力的支持，为各行各业的数字化发展、数字中国建设提供坚实的保障。

二、数据中心园区智慧化运维实践

某商业银行的北京生产园区是一个实施智慧化运维的综合数据中心园区。园区建筑面积近 29 万 m^2，有 8 栋主建筑：3 栋为数据机房楼，建筑面积超过 13 万 m^2；1 栋为柴发楼；1 栋为 ECC 楼；其余 3 栋建筑为办公、研发、综合服务建筑。园区入驻单位主要是该银行数据中心、软件研发子公司、托管单位等，入驻人员超过 4 000 人。

该商业银行自主研发了智慧园区管理平台。平台面向园区生产机房运营管理和入驻办公人员的各类服务，按照智管、智服、智用三大板块规划，涵盖了银行大型数据机房管理、机房 3D 可视化管理、园区访客管理、安全管理、园区检查、风险识别、应急处置、施工管理、车位管理、会议管理、餐饮管理、扫码报修等专项板块。平台采用物联网、云计算、大数据和人工智能等技术，于 2022 年初步建成，2023 年逐步迭代优化，2024 年产生效益。

（一）园区全场景管理

1. 运营驾驶舱

智慧园区管理平台聚焦数据中心园区安全运行，覆盖机房电力、机房空调、机房弱电等。除此之外，运营驾驶舱还兼顾展示园区对安全性要求较高的物业设施，如燃气、汽车充电桩、消防栓等园区重点设施，实现了园区重点设施一站式运营管理。某银行自研运营驾驶舱应急的交互界面如图 1 所示。

图 1 某银行自研运营驾驶舱应急的交互界面

在机房基础设施运营管理方面，运营驾驶舱支持的主要功能包括数据中心 PUE 实时监控与分析；数据中心报警自动定位，显示位置、展示突出的动态效果、声音报警、可调级别展示；数据中心预测性展示，预测机房健康度，用不同颜色显示健康、待优化、不健康等状态。

2. 3D 可视化

智慧园区管理平台借助数字孪生技术，实现数据中心万台基础设施的全量复制，定位精度达到管线级和部件级，使基础设施的位置关系一目了然。借助 3D 可视化技术，驾驶舱监控报警的故障，定位时间可以压缩到秒级，定位精度达到部件级，智慧园区 3D 可视化管理界面如图 2 所示。

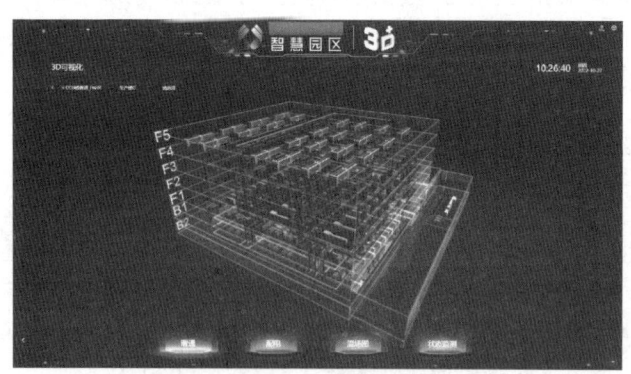

图 2 智慧园区 3D 可视化管理界面

机房基础设施通常布置在地下室、屋顶、夹层等隐蔽工程内,导致不易观察。3D可视化较大程度地改变了运维依靠人海战术和纸质图纸,现场情况需要从监控系统人工读取信息后再对应到图纸上的操作方式,较大地改善了原有效能低下、极易出现误判断和误操作的状况。

3D可视化实现的主要功能包括数据中心全局信息可视化、资产可视化、告警可视化、环境监测可视化、容量可视化、机房电力可视化、机房空调暖通可视化、运维可视化、场景和视图联动、系统结构可视化、能耗可视化、容量可视化、工单可视化等。3D可视化在处置停电事件时,可以根据区域的立体分布,快速找到故障的源头;在处置高温事件时,可以直观地观察到气流蔓延的趋势;在处置漏水事件时,根据水蔓延趋势可以快速找到漏水的源头。

对于以隐蔽工程为主的机房基础设施来说,从2D到3D观察维度的提升带来的不仅是展示效果的提升,还在基础设施运维管理领域发挥强大作用。管理决策提供了高效支撑,让运维人员彻底告别纸上谈兵的管理模式,在故障感知、影响范围判断、应急指挥等方面实现质的提升。故障设备详细信息达11类,基础设施的平均故障响应时间由120秒降至30秒以内,平均故障处置时间缩短30%。

3. 多维感知

智慧园区管理平台已实现的多维感知功能主要包括四个方面。一是多维信息感知。机房基础设施管理、监控、预测、人工、机器人五套系统报警信息相互对照,综合判断各系统告警信息的真实性与有效性。二是应急预案自动匹配。平台根据报警信息关键字,实现机房漏水、UPS输出中断等预案的自动匹配、发布。三是实施应急指挥。通过与一线人员的App互动,平台掌握应急到场时间、处置时间、完成进度,形成有管理价值的运维数据。四是应急处置历史数据应用。将历史真实案例处置时间、处置预案等信息自动分析,为运维人员提供参考。

平台的园区级水侵感知功能集合了机房消防水压感知、排水泵启动感知、冷冻水补水泵工作感知、地下室漏水探测信号等数据,可以识别机房楼内因洪涝、消防、冷冻水管道爆裂等多种原因导致的水侵事件,比以往单一的机房漏水报警系统更加全面,感知更加敏感和准确。该功能还可通过报警信息的人工智能学习,由平台自动推送最匹配的应急预案到移动端,指导并反馈现场应急情况。

(二)安全生产管理

1. 数据驱动

智慧园区管理平台打破以事件驱动的既有模式,采用数据驱动为核心,依托边缘计算、大数据、人工智能等新技术,利用该商业银行自主管理经验和技术经验,建立了智慧化维护的数学模型,实现了报警信息多维对比、故障影响自动判断、应急预案自动推送、健康度预测等功能。平台的特点体现在以下四个方面。一是驱动引擎。平台以数据进行驱动,有别于既往管理平台的流程驱动方式。二是智慧程度。平台具备的三性(自比较性、自省性、自预测性)预测、3D可视化、数据联动等智慧化功能,提升工作效率和安全管控能力。三是数据处理能力。平台采用边缘计算、大数据和人工智能技术,使数据处理能力更加高效,对运维的管理作用提升更加明显。四是平台定位。既往的管理平台以解决信息分散、提升数据整合能力为目标，附带的 3D 可视化功能定位也多以宣传展示为主，而智慧园区管理平台从整体运行安全角度进行全场景规划设计，实现管理领域的全覆盖，平台的定位是覆盖全部运维场景的管理工具。

2．预测性运维

智慧园区管理平台通过数据建模和人工智能模型训练，预测性维护日益精准。平台已经部署了 UPS 蓄电池、电容器、冷机高压预警等预测模型，通过构建预测模型，实现设备健康度评估和故障预测，实施差异化的运维策略，提高设备产出效能。通过建立优化模型，动态调整运行基线，提高管理效率，降低运维成本。平台针对设备开展部件级维护，减少停机时间乃至实施不停机操作，推动由计划运维、被动运维到按需运维、主动运维的转变。

以平台已经应用的冷机高压报警预测模型为例，该商业银行北京生产园区数据机房采用可利用自然冷的风冷冷水机组，夏季运行时因气温、杨柳絮、散热环境、部件老化或故障等原因，可能会引起机组报警。目前，使用高压告警预测模型可以提前预测报警发生概率，对高概率机组进行提前干预处理，从而减少机组告警停机。模型的建设分四步进行。第一步是处理数据，平台根据冷机故障记录和数据采集规则，整理选取入模数据，形成训练集、测试集等数据。第二步是构建样本，包括正样本、负样本，总样本量超过 1 000 个，数据量超过 5 000 万条。第三步是构建模型，平台按照纯业务、纯数据及混合三类驱动指标模型进行训练，通过训练学习，将故障预测结果与测试集数据进行比对，归纳总结故障发生前的现象特征，自动完善判断模型。第四步是评估效果，平台通过 KS、AUC 等风控评价指标进行科学评估，评估模型准确率、精确率、覆盖率。

除风冷机组外，智慧园区管理平台还实现了蓄电池、环境温湿度、电容等系统及部件的预测性运维功能。

3．运行直播

智慧园区管理平台建立运行直播间模块，实时采集、展示生产系统主要参数，给应急指挥、远程指导、远程查岗提供高效手段。已授权人员可以登录运行直播间，通过固定或者移动终端调取值班室、配电室、柴发室等重点设备的视频实况，了解运行现场情况。

（三）物业管理

1．园区管理

智慧园区管理平台通过互联互通，解决在现行管理模式下的园区数据孤岛、信息壁垒的问题，打造统一数据平台。物业管理方面实现了对工位空间、会议资源、文体设施等公共资源的动态管理和在线分配，通过实时跟踪使用情况，建立信用机制，自动调整资源池，合理分配人员、工具等运维资源。资产管理方面通过在线盘点功能，资产清单一键生成，资产状态实时监测，发生变化即自动报告并记录，提高了资产管理的精确度和精细化水平。

2．园区服务

智慧园区管理平台提供定制化、高科技、无感式、智慧化服务，通过一键报修、自助预约、智能派单、自动推送、资源共享等功能，服务响应时间缩减 20% 以上，业务办理时间减少 66%，访客管理等业务办理效率由 2～3 分钟缩短至 5～10 秒，特别是共享工位、共享车位、智慧餐饮、访客自助、自助文体预约等系统功能显著提高了客户的满意度。

三、数据中心园区智慧化运维展望

（一）空调暖通领域的运维

鉴于人工智能在机房基础设施领域代表性的应用是空调暖通系统的人工智能逻辑控制技术，应当在空调暖通系统方面做进一步的加强。人工智能逻辑控制技术加持的空调暖通管理调优，基于数据模型计算，可动态实时进行，准确度高、反应速度快，使智慧园区管理平台实现更多功能。例如，在能耗方面，平台可视化供配电链路和制冷链路，收集基础数据，通过能耗分布识别节能空间，明确节能的改进方向；在诊断调优方面，平台可通过算法进行能效诊断，对能效异常项进行统计分析；在持续优化方面，平台可随 IT 功率和室外环境温度变化，自动进行模型训练，时刻保持模型精度，节能效果较稳定；在节能管理方面，平台可提供节能统计报告、节能对比图等，简化管理工作。在平台运行过程中，定期评估模型效果，如发生设备劣化、工况突变等情况，并再次触发人工智能模型训练+数据推理机制，择优保留效果较好的模型。

（二）机器人运维

相对于工业自动化流水线使用工业机器人，数据中心运维使用机械机器人特别是人形运维机器人的机会较少。目前已经投入探索的是替代人工巡检，优势和必要性需要进一步观察，既有功能需要进一步完善。人形运维机器人需要具备的功能包括以下内容。

1. 识别与判断

在数据中心，应用人形运维机器人的首要目标是确保对关键基础设施设备运行状态的准确识别和判断，如对高低压柜的断路器状态、保护压板、综保信号灯、电压指针及指示灯的状态识别；UPS 运行指示灯状态的识别；变压器的温控器、温度识别；直流屏的直流输出开关状态、信号屏状态识别，或指定区域异物杂物识别（垃圾、大件物品）和特殊标识识别（安全作业标识等）。

2. 对比

基于运行基线和各类设备的设定值，在巡检过程中人形运维机器人应具备对比巡检数据及设备初始值的能力，以便对异常值和异常状态实时反馈至后端监控系统，并在执行的巡检任务表单中重点标注体现，提醒运行人员应加强关注。除此之外，人形运维机器人还应能与各类监控系统，如电力监控系统、蓄电池监控系统等数据做对比，统筹策划，判断告警真伪，以辅助运维人员进行决策。

3. 与人配合

除了预置的定时例行巡检任务，人形运维机器人还应支持定点检查能力，即遇有人工发送的指令，可通过机柜号定位到特定设备，并按要求检查读数等；支持人工远程操控人形运维机器人在既定轨道或路线上进行检查和巡视；能够实现通过人形运维机器人的实时视频在线对现场进行检查;当有人员进入该区域作业时,能够对作业人员进行定位和视频记录等各种与运维人员配合的场景,实现远程操作查看和与现场互动;若遇应急恢复环节,人形机器人可代替人工现场观察2小时。

(三)基于数据的预测性运维

未来预测性运维是解决"设施故障无法提前预测,应急事件只能被动处置"困境的方式。未来预测不再完全依赖人类的运维经验和千篇一律的固有运行逻辑,未来预测方式将逐步减少人类经验的影响。数据中心园区智慧化运维应当具备三个特点。一是改变预测驱动方式,对园区生产、办公、开发、会议、住宿等功能区的管理工作,均由流程驱动改变为数据驱动。二是数据价值更为凸显,既往的专家经验被数字化,融入管理模型,管理平台结合运行数据发出预测性的运维指令。三是工具更加多元,社会生活中现有经济、管理、娱乐等领域的预测工具将优化引入数据中心行业,结合数据中心园区智慧化运维的实际得以应用。

(四)期待的运维效果

经过不断的升级完善,数据中心园区智慧化运维的效果将达到新的高度,具体表现为以下内容:风险管控能力大大加强,实现风险的早期识别和趋势判断,从被动应急转变为主动前瞻,防患于未然;提升运维水平和效率,改善应急响应和处置能力,增强风险识别能力,通过预测减少耗材和备件等辅助费用的支出;优化运维管理模式,通过对设备部件级全生命周期的预测,提供差异化管理建议;动态化、阶段性地实现将人逐步从重复性工作中脱离出来,每个运维人员的认知、能力、经验将在数据管理和数据模型设计方面发挥更大作用,从而降低运维人员的劳动强度。

(作者单位:中国建设银行股份有限公司)

人工智能机器人助力数据中心运维

赵 地 张 炜

业界较为一致地认为,在人工智能技术加持下的数据中心运行管理,最急需并且最有可能取得显著成果的领域就是数据中心运维。人工智能机器人特指一类集成了高级人工智能算法、自主导航技术、环境感知功能、远程操控功能的软件与硬件结合的智能运维系统。目前,在部分数据中心试验应用的拟人形态机器人,在一定程度上使用感知技术和无线传输技术,实现数据的采集、传输,在一定范围内实现了与自然人对话、动作的交互效果,起到了自然人本来就可以做到但囿于环境条件、人力成本等因素无法做到的作用。拟人形态机器人的使用是数据中心智能运维的起步,相信数据中心会随着人工智能技术应用的潮流,顺势而为,重塑运维模式,提升运维效能,助力数据中心的高质量发展。

一、数据中心运维的现状

(一)现有数据中心运维工作内容

在人工智能机器人尚未普及之前,数据中心的运维主要依赖人工操作的管理方式。现有运维模式主要工作有以下内容。

(1)运维监控。运维人员需要24小时不间断地监控服务器、网络设备、电源系统等关键组件的运行状况,通过监控软件实时查看各项指标,如CPU使用率、内存占用、磁盘I/O等。

(2)定期巡检。为了预防潜在的故障和问题发生,运维人员会定期对数据中心的服务器等IT设备硬件状态、网络连接、电源线缆、冷却系统等进行巡回式检查,观察其是否处于正常工作状态。

(3)故障响应。当监控软件发现异常进行报警,或有值班人员发现事故时,运维人员需要迅速响应,进行故障诊断和问题排查,通常是对日志文件的分析、系统配置的检查及硬件部件更换等现场处理操作。

(4)运维更新。运维人员通过安装补丁、升级系统、配置更改等方式,对数据中心的软件进行定期升级更新,对硬件设备进行定期维护。

(5)资产管理。运维人员负责管理硬件设备、软件许可证、备件库存等数据中心资产,通常是对资产进行登记、盘点、报废等工作。

(6)文档记录。运维人员需要详细记录所有的运维活动,包括监控日志、故障处理记录、维护更新日志等,确保运维工作的可追溯性,使运维活动和处理事故的经验能够实现知识共享。

(7)安全防护。数据中心的安全性至关重要,运维人员需要执行安全策略,包括防火墙配置、入侵检测、数据备份等,防止数据泄露,避免数据中心受到来自网络的攻击。

现有运维模式在保障数据中心运行中发挥了重要作用。但随着数据中心规模的不断扩大，设备设施的技术含量越来越高，各种传感器的广泛应用，数据中心的运维具备采用技术含量更高、能力更强的运维方式的环境和条件，从而催生了人工智能机器人技术的引入和应用。

（二）现有数据中心运维存在的不足

当前，数据中心运维方式大多是以独立的软件记录显示部分设备设施的运行数据，由人工进行视读、判断，作出运维决策。与技术日益发展、业务需求更加丰富的数据中心现状相比，其存在的不足包括以下5个方面。

（1）故障响应时间长。由于数据中心依赖人工监控和巡检，故障响应时间较长。在某些情况下，故障可能在被发现之前就已经对业务造成了影响，导致服务中断或数据丢失。

（2）环境适应性差。在现有运维模式下，数据中心的环境适应性较差。面对不断变化的业务需求和技术环境，现有运维模式可能难以快速调整和优化，从而影响数据中心的稳定性和可靠性。

（3）知识和经验传承困难。由于运维工作高度依赖个人经验和技能，知识和经验的传承往往面临挑战。新员工需要较长时间才能熟悉工作，而资深员工的离职可能导致知识和经验的流失。

（4）人力资源紧张。随着数据中心规模的扩大，运维工作量急剧增加，导致运维人员的工作强度加大，人力资源变得紧张。长时间的高强度工作可能导致运维人员疲劳，从而影响运维效率和质量。

（5）人工成本持续增加。在现有运维模式下，数据中心需要雇佣大量运维人员，并投入资金用于培训。随着数据中心规模的不断扩大，这些成本会持续增加，造成较大的经济压力。

现有运维体系存在的不足，已经在一定程度上影响了数据中心的效率、安全性和高质量发展。为此，越来越多的数据中心开始探索和采用人工智能机器人技术，提高运维的自动化、智能化水平，降低运维成本，提升服务质量。

二、人工智能机器人的技术特点与优势

（一）人工智能机器人具备的能力

人工智能机器人作为数据中心运维的新质生产工具，具备的能力可以为运维带来革命性的变革。人工智能机器人具有以下9个关键技术能力。

（1）自主学习能力。人工智能机器人具备自主学习能力，能够通过算法自主分析历史运维数据，识别模式和趋势，从而不断优化自身的运维策略和行为，适应变化的数据中心环境。

（2）自然语言识别处理能力。人工智能机器人集成了自然语言处理技术，能够理解并响应人类的语言指令。运维人员可以通过自然语言与机器人交互，提高操作的便捷性。

（3）计算机视觉能力。人工智能机器人利用计算机视觉技术进行图像识别和分析，这在巡检和故障诊断中尤为重要。人工智能机器人可以识别设备状态、读取仪表数据，甚至可以检测物理损伤。

（4）大数据处理能力。人工智能机器人能够高效地处理数据中心产生的大量数据，快速识别其中的异常模式和潜在问题，为预防故障和优化运维提供数据支撑。

（5）自动化执行能力。人工智能机器人可以自动化执行多种既定运维任务，如监控系统状态、巡检设备、故障诊断和修复等，显著提升了运维效率，减少了人工干预的影响。

（6）广泛适应能力。人工智能机器人有高度的集成性和兼容性，能够与现有的数据中心管理系统无缝对接，利用现有的数据和工具进行运维工作；能够适应不同数据中心的环境和运维任务，调整行为和策略，满足特定的运维目标。

（7）预测性维护能力。通过分析设备的历史运行数据和实时监控数据，人工智能机器人能够预测设备可能出现的故障，提前进行维护干预，减少意外停机时间。

（8）辅助决策能力。人工智能机器人不仅能够执行任务，还能够提供决策支持。通过分析数据和预测结果，人工智能机器人能够为运维人员提供基于数据的建议，帮助他们做出更加明智的决策。

（9）安全防范能力。在设计人工智能机器人时，考虑有可能受到来自外部网络的攻击，赋予了人工智能机器人自主识别能力，并建立了与安全系统的协作机制，从而提升了数据中心管理的数据安全性和系统稳定性。

（二）人工智能机器人加持数据中心运维的优势

人工智能机器人在数据中心运维中展现出了多方面的优势，这些优势不仅提升了数据中心的运营效率，还增强了系统的可靠性和安全性。人工智能机器人在数据中心运维中的优势体现在以下5个方面。

（1）提高运维效率。人工智能机器人能够全天候24小时不间断地执行任务，不受人类生理需求的限制，如睡眠、休息等，持续的工作能力大幅提高了数据中心的运维效率。人工智能机器人执行任务时具有一致性和准确性，实现全面细致检查，显著地减少了人为操作可能存在的疏漏和错误情况。在重复性高、精度要求严格的任务中，人工智能机器人的表现尤为突出。

（2）提高运维质量。人工智能机器人能够处理和分析大量复杂数据，其自动化执行能力加快了数据处理与异常识别速度，为运维人员提供了深入的洞察和建议，帮助他们做出基于数据驱动的决策，显著缩短了故障响应时间。人工智能机器人可以快速适应数据中心升级、改造的新环境、增加的新设备、运用的新技术，减少因迭代更新带来的学习时间。人工智能机器人独有的与机器学习相关的数据分析能力，能够预测潜在的故障，将预防性维护变为现实。人工智能机器人嵌入的网络入侵防范功能，可以执行自动化的信息安全检查和入侵检测，及时发现、响应并报警来自网络的安全威胁。

（3）降低总体成本。人工智能机器人可以分析数据中心的资源使用情况，智能地调整资源分配，既能保障系统以最优状态运行，又能提高设备设施资源利用率。在人工智能机器人加持下的数据中心运维，可以利用知识库功能，以及在存储和共享运维过程中的经验和教训，以更少的人力资源投入，达到更高质量的运维效果，从而降低总体成本。

（4）支持绿色发展。从数据中心外部层面看，使用人工智能机器人有助于减少能源消耗，在保障数字化先进水平的前提下，实现"双碳"目标。从数据中心内部层面看，有些运维任务可能对工作人员造成潜在危害，如高温、高电压、噪声、辐射等，人工智能机器人可以在大多数情况下避免工作人员受到伤害。

（5）提升客户满意度。人工智能机器人的使用，通过发挥前述各种优势，将从整体上提升数据中心的运行可靠性，有助于提高数据中心的客户满意度，增强数据中心作为独立经济实体的市场竞争力。数据中心作为政府、企业事业单位中的职能部门，其正常运行保障了本单位业务运行的连续性、信息的安全性，有助于树立数据中心的正面形象。

三、人工智能机器人的初步应用

人工智能机器人出现的时间尚短，无论是具备自主研发能力的数据中心，还是专业的软件开发公司，人工智能机器人的应用大多处于探索阶段，真正进入试用阶段的案例寥寥无几，应用尚未达到普及的程度。根据数据中心近年来的实践情况，人工智能机器人在数据中心运维中的初步应用如下。

（一）基础设施监控与管理

人工智能机器人在数据中心的基础设施监控与管理中执行自动化巡检任务，监测温湿度、空气流动和电力消耗等关键参数；实时收集数据，分析趋势，预测潜在故障，达到提前进行维护的目的。此外，人工智能机器人能够协助进行资产跟踪和管理，确保设备配置的准确性。在紧急情况下，人工智能机器人可以快速定位问题源头，协助快速响应，减少系统停机时间，保障数据中心的高可用性和运行效率。

（二）智能化巡检

人工智能机器人巡检功能如表1所示。

表1 人工智能机器人巡检功能

巡检功能项	功 能 描 述
环境数据检测	人工智能机器人可以配备温湿度传感器、SO_2、PM2.5/PM10颗粒物、苯甲醛等，定期测量数据中心的环境水平，以帮助优化数据中心的运行环境
设备状态检测	人工智能机器人可以扫描并监测数据中心服务器、配电柜等设备的指示灯、指针仪表、多态开关、数字表、二维码、液晶屏等状态，以便及时发现故障或异常情况
设备表面红外温度检测	人工智能机器人通过检测和记录物体表面的红外辐射来测量温度的设备。它使用红外辐射的原理来捕捉和转换物体发出的红外光谱，然后通过图像处理和温度计算，将其转换为对应的温度值
噪声检测	人工智能机器人通过使用声音采集装置和人工智能分析算法，对环境中的噪声水平进行测量和评估，以便及时采取相应的措施
风速检测	人工智能机器人采用风速仪测量和监测机房内空气流动的速度。适当的风速可以帮助控制温度和湿度，保持服务器和其他设备的正常运行

（三）资产盘点

人工智能机器人利用视觉二维码技术进行资产盘点，完成了现有数据中心运维工作中的部分资产盘点工作。机器人资产盘点功能描述表如表2所示。

表2 机器人资产盘点功能描述表

功 能 描 述	详 细 描 述
自动识别	通过高清摄像头识别设备上的二维码标签
实时数据更新	扫描后即时更新资产信息，如位置、型号等
资产跟踪	追踪资产移动和变更情况，确保记录的准确性

(续表)

功 能 描 述	详 细 描 述
快速盘点	高效完成大规模资产盘点，提升盘点速度
异常检测	检测资产位置错误或缺失，并及时报告
数据整合	将资产数据与数据中心管理系统同步
报告生成	自动生成包含资产清单和状态的详细报告
减少人为错误	减少盘点过程中的人为输入错误
容量管理	分析空间和能源使用，辅助设备和能效管理
支持远程操作	允许远程启动盘点任务，减少现场工作需求

（四）其他

1. 随工引导

人工智能机器人的随工引导功能可以做到：实时监控工作人员，确保遵守安全规程；提供远程协助，通过视频通话指导复杂任务；记录工作过程，采集、回传、记录相关数据，供总结、追溯、培训、审计时使用；自动导航至指定工作区域，提高作业效率；在紧急情况下快速响应，引导人员至安全区域。

2. 服务器处置

服务器处置机器人是与人工智能机器人配套使用的硬件设备，在人工智能机器人的指挥下，自动化搬运、定位服务器，用于服务器的安装或场景的调整。服务器处置机器人能够按照指令，识别空槽位，安全地将服务器放入机架或从机架取出，减少人工搬运的需求。此外，服务器处置机器人还能够进行库存管理和环境监控。

四、人工智能机器人应用案例

（一）项目概述

交通银行新同城数据中心位于上海市闵行区，总面积约为9.9万 m²，包括核心机房区、辅助机房区和运维管理区三大区域，是目前交通银行最大的数据中心。新同城数据中心项目采用国家A级机房标准建设，设计使用年限为100年，并遵循Uptime Tier IV 国际最高标准，规划设置了5 550个机柜，能够容纳10万台服务器，于2023年8月竣工交付。

（二）智慧运维目标

新同城数据中心配置人工智能机器人，应用于数据机房、UPS间、冷冻机房等区域，覆盖了数据中心大部分运维场景，实现设备巡检、环境监测、安全监控、数据智能采集分析、状态报警、资产盘点等功能。

智慧运维的目标是将人工巡检和人工智能机器人巡检相结合，形成全新的运维模式；打造全新的运维模式，最合理分配机器人和人力，让运维更智能，更高效，为客户提供更优质的运维服务；打破人工智能机器人巡检和人工巡检的隔墙，完善设备数据采集、告警核查等机制，形成更高效更数据化的管理模式。智慧运维总体架构如图1所示。

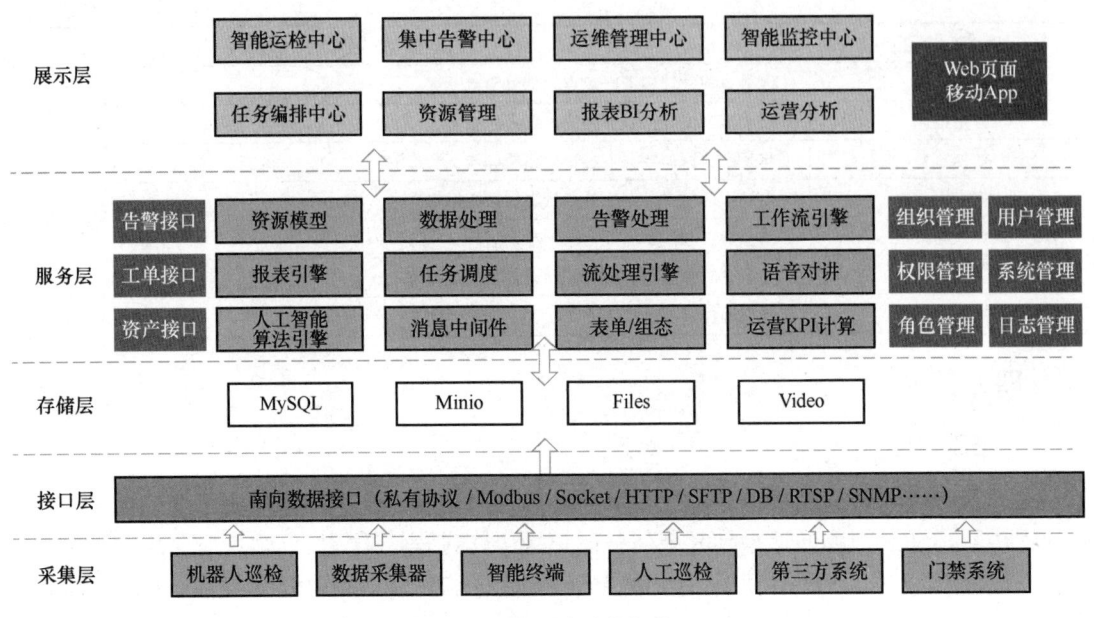

图 1 智慧运维总体架构

（三）应用效果

1. 智能巡检

人工智能机器人可以对数据机房 200 个工作点位以及 2 381 台 IT 设备进行巡检、红外测温。人工智能机器人对数据机房 IT 设备（网络/安全设备、服务器及存储设备）、列头柜进行巡检，实时检测机器人周边环境温湿度、气体。数据机房的巡检准确率大于 99%，单次巡检时间 4 小时，每天可进行巡检 4 次以上。

人工智能机器人对 UPS 机房 72 个设备进行图像识别、红外扫描。人工智能机器人对数据机房的中低压柜、UPS、配电箱进行巡检，实时检测机器人周边环境温湿度、气体。数据机房的巡检准确率大于 99%，单次巡检时间 40 分钟，每天可进行巡检 12 次以上。

同时，通过对基础设施的简单改造，能够实现人工智能机器人跨机房巡检功能，使人工智能机器人的工作效率大为提升。

2. 与 DCIM 系统对接

人工智能机器人现场采集数据，通过 API 接口上传至 DCIM 系统，对 DCIM 系统数据进行有效补充，如机柜容量管理、资产信息、巡检管理、能效管理等。DCIM 系统主页及人工智能机器人控制入口界面，如图 2、图 3 所示。

3. 随工引导

人工智能机器人通过搭载传感器和摄像头，识别并核实工作人员信息，引导工作人员到工单指定位置，语音播报安全信息，并监督工作人员的操作流程，实时记录工作细节，进行违规行为分析告警，提高作业效率和安全性。

图 2　DCIM 系统主页

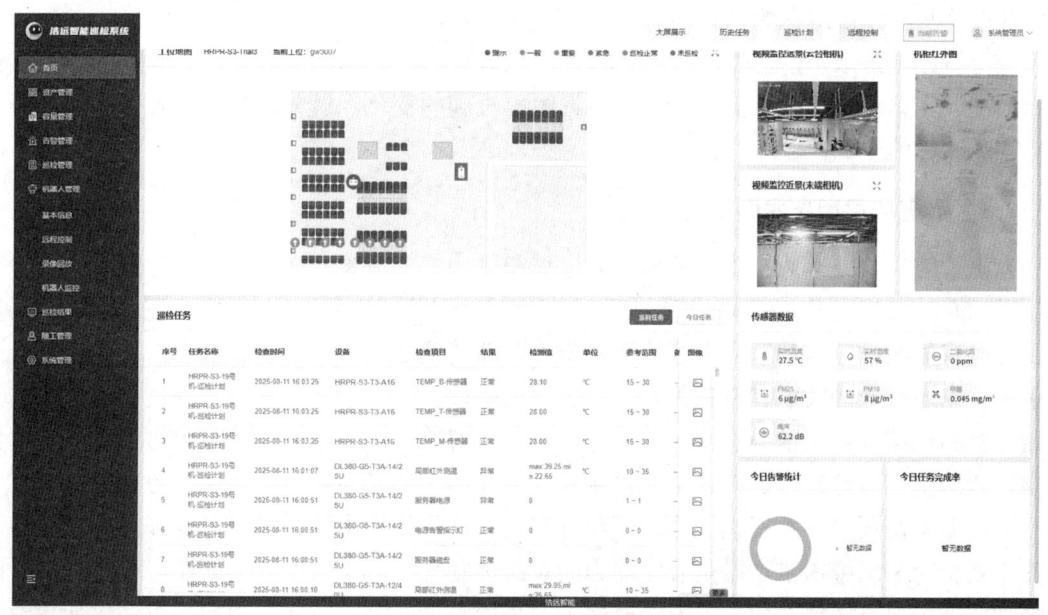

图 3　人工智能机器人控制入口界面

4. 资产盘点

人工智能机器人利用视觉识别技术，如高清摄像头和模式识别算法，自动识别数据中心内的设备标签和资产信息，实现快速准确的资产盘点，提高盘点效率和准确性。

5. 第三方告警工单核查

人工智能机器人与第三方告警系统对接，收到告警指令，形成工单，定点核查告警情况。若需要人工进行维修处理，人工智能机器人自动到机房门口迎接维修人员，并随工引导至告警工位，维修过程全程录像。完成维修后，人工智能机器人可辅助核查告警已解除，随后带维修人员出机房。

五、人工智能机器人带来的挑战与展望

（一）挑战

1. 运维角色转变

人工智能机器人的应用，使数据中心运维由运维人员全权负责，转变为运维人员与软件、硬件复合的人工智能机器人共同完成。现有由运维人员主要负责的日常监控、巡检、故障排查和修复等重复性高的工作，改由人工智能机器人承担；采集、汇聚、存储、分析数据及作出智能研判的复杂工作，也由人工智能机器人承担。

运维人员的日常工作发生了改变，从执行者转变为监督者和策略制定者。运维人员需要监控人工智能机器人的运行状态，确保其按照既定的策略和流程工作，还要根据数据中心的实际运行情况，不断优化人工智能机器人的工作策略。运维人员需要具备精湛的技术能力和分析能力，能够对人工智能机器人的工作结果进行评估和优化，还要分析人工智能机器人收集的数据，从中发现潜在的问题和需要改进之处。

保持智能运维水平的工作，也要由运维人员承担。运维人员要紧盯人工智能技术的发展，不断调优、完善人工智能机器人；结合数据中心设施的变化，调整策略，使人工智能机器人适应客观环境的变化。

2. 人工智能适用技术的挑战

人工智能机器人在数据中心的初步应用取得了一定的成果，在数据中心运维中的优势得以显现，但与在其他成熟行业的应用相比，仍有一些差距。一是适用范围。基于成本的考量，并不是所有的运维工作都适合人工智能机器人，即使现在期待人工智能机器人替代运维人员的事项，也还有一些技术有待完善。二是算法准确性。人工智能机器人依赖复杂的算法进行数据分析和决策。算法准确性直接影响运维质量。解决这一挑战需要不断优化算法，通过机器学习和深度学习等技术提高算法的预测和分类能力。三是系统可扩展性。万事皆在变，人工智能机器人需要更加重视模块化设计和分布式系统架构的采用，以具备良好的可扩展性，适应不断变化的运维需求。四是容错能力的系统健壮性。人工智能机器人在运行过程中可能会遇到意外情况，需要在成本容忍的前提下，采用设计冗余等方式，使部分组件出现故障时人工智能机器人仍能继续运行。五是技术兼容性。尽量使用符合行业标准的技术和器件，建立持续更新机制，适应不断涌现的新技术。

3. 安全伦理的塑造

人工智能机器人在数据中心运维中的初步应用也引发了安全伦理的争议，即当数据中心出现事故隐患或者发生事故时，应当"由谁负责"。这与电动汽车自动驾驶出现交通事故的责任争议有相似之处。目前，要注意以下六个问题。

一是伦理标准。随着人工智能机器人技术的发展，需要建立伦理标准来指导设计和使用，包括确保机器人的使用不会损害人类利益，尊重客户的权利和自由。二是数据隐私。人工智能机器人处理大量数据时，必须确保遵守数据保护法规，防止敏感信息泄露，应对

策略包括实施严格的数据访问控制和加密技术。三是算法透明。人工智能机器人的算法需要透明，以便运维人员理解其行为逻辑；提高算法的可解释性，有助于建立信任并防止潜在的偏见或错误。四是信息安全。人工智能机器人既可能成为外部网络攻击的目标，也可能被内部人员植入不当甚至有害的程序，要加强防火墙和入侵检测系统，定期进行安全审计，保护人工智能机器人免受攻击。五是持续监控与评估。运维人员和系统开发、硬件生产厂商要对人工智能机器人的性能进行持续监控和定期评估，确保人工智能机器人的行为符合伦理和安全标准。六是责任归属判定。在人工智能机器人执行任务时，需要明确行动的责任归属，要制定清晰的责任框架，确保在发生故障或错误时，能够明确责任并采取相应措施。

4．现有人员的培训

现有人员包括数据中心分管领导、部门主管和一线运维人员。人工智能机器人在数据中心运维中得到应用，需要前述人员通过相应的学习、培训，使自己的知识结构、操作技能做出及时调整，包括以下五个方面。

一是理解新环境。通过培训全面理解人工智能技术在运维中的价值和潜力，提高接受程度和使用意愿，并在新环境中提升技能，开拓新的职业道路，促进个人职业生涯的成长。

二是适应新角色。人工智能机器人的参与改变了运维人员的工作重点，他们需要从执行者转变为监督者、策略制定者和决策者。适应这些新角色需要对工作流程和职责有深刻理解。

三是技术熟练度。运维人员需要熟悉人工智能机器人的操作和管理，熟练使用新的工具和技术方法。这要求他们接受专业的技术培训，以提高对机器人系统理解的深入程度、使用的熟练度。

四是问题解决能力。即使在高度自动化的环境中，也可能遇到需要人工干预的复杂问题。通过持续培训，提升运维人员在人工智能机器人参与运维条件下，解决所出现问题的能力。

五是团队协作。实践证明，团队成员之间协作是保障事业成功的重要因素，在人工智能机器人介入的情况下，团队协作增加了新的因素，正向负向皆有，需要运维部门的主管，发挥桥梁作用，上传下达，有效沟通，塑造和谐环境，确保团队能够有效地与人工智能机器人协同工作。

（二）展望

在数据中心运维领域的应用中，人工智能机器人将实现更深层次的融合与创新。随着机器学习、深度学习等技术的不断成熟，人工智能机器人将展现出更高的智能化水平，能够更加精准地预测系统故障、自动调整资源配置，并优化能源使用，进一步提升数据中心的运营效率和可靠性。

人工智能机器人在决策支持方面的能力，将得到更充分地发挥。随着人机协作模式的不断优化，人工智能机器人将与人类专家形成更加紧密的合作关系，通过分析海量数据，为运维策略提供科学依据，共同应对复杂的运维挑战。

未来的人工智能机器人将更加注重数据保护和网络安全。面对日益严峻的网络威胁，人工智能机器人从安全运维的角度考虑，加强数据中心应对网络威胁能力。人工智能机器人在伦理和可解释性方面将会取得较大进展，建立起业内人士对人工智能运维的信任。

人工智能技术的普及将带来应用成本的降低。随着人工智能技术在社会各个行业应用的普及，边际成本下降是必然趋势，数据中心可以从容地选择成本低、效率高、更适应的人工智能技术，武装人工智能机器人。

（作者单位：浩德科技股份有限公司）

安全和防护

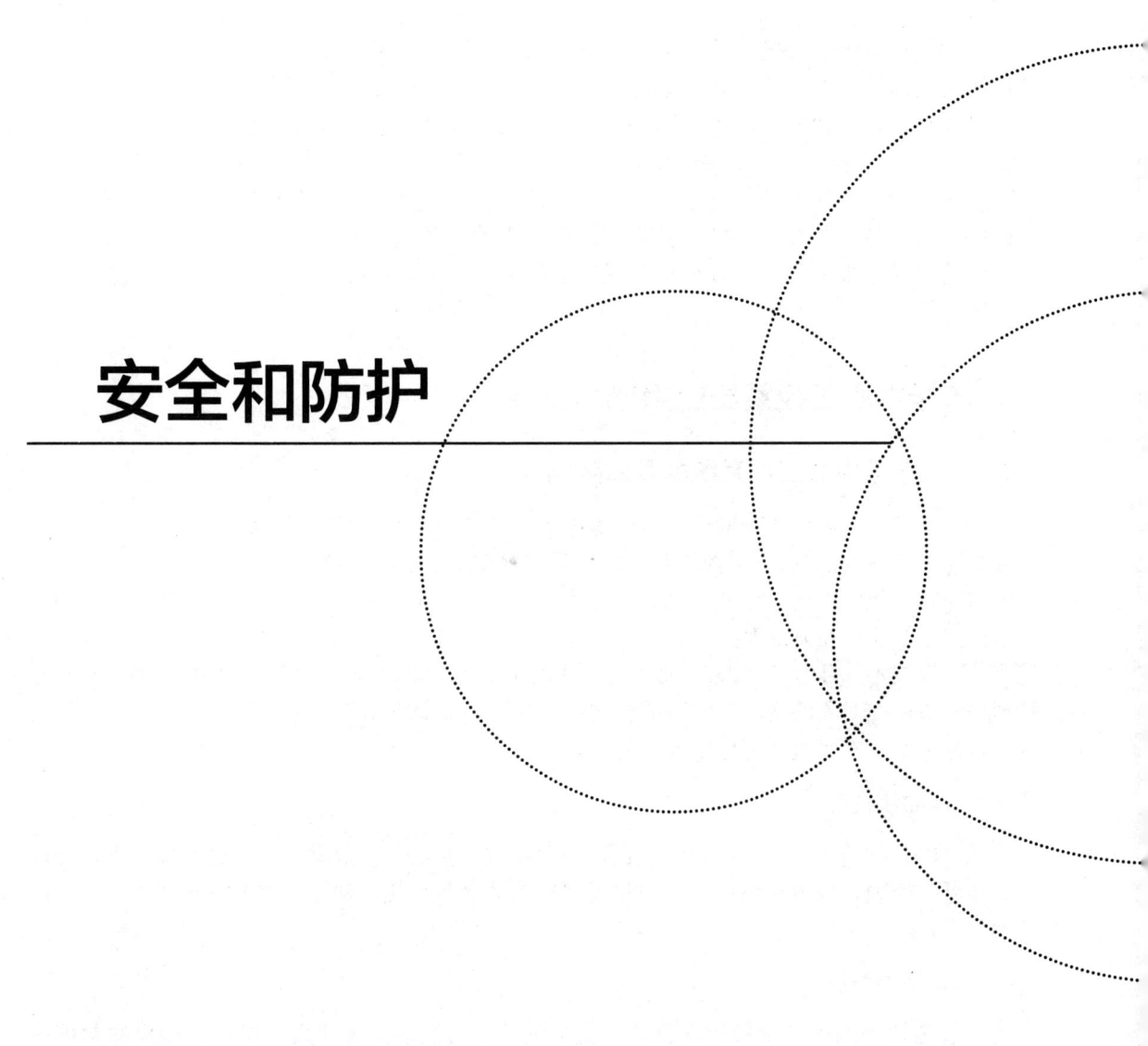

数据中心工业控制系统安全

许 超 张圣悦

工业控制系统(简称"工控系统")是工业生产运行的核心基础,由各类自动化运行、过程控制及监控的业务流程管理系统构成。工控系统安全是指为保护工控系统免受网络攻击、恶意软件及其他安全威胁,确保工控系统的可用性、完整性和保密性而采取的一系列措施和技术。近年来,随着工控系统的广泛应用与功能升级,工控系统在特大型、大型数据中心的应用也逐渐普及。然而,工控系统结构日趋复杂、数据交互频繁,网络安全威胁也已成为特大型、大型数据中心面临的挑战。因此,数据中心的专业人员必须深刻认识到这一问题,通过采取相应的安全措施提升工控系统的安全防护水平,切实保障数据中心安全稳定运行。

一、数据中心工控系统的组成与发展

(一)数据中心工控系统的基本架构

工控系统是专为工业环境设计的自动化控制系统,常见类型包括可编程控制器(PLC)、集散式控制系统(DCS)、监控与数据采集系统(SCADA)等。在数据中心领域,根据被控对象和控制功能的不同,这三类系统均有应用。目前,工控系统应用最广泛的是由机房动力环境监控系统发展而来的数据中心综合监控系统。根据 GB/T 51409—2020《数据中心综合监控系统工程技术标准》,该系统需要实现对数据中心内基础设施运行状态的集中监测、控制与管理,并与被控对象的现场控制系统相结合,共同构成数据中心的工控系统。

数据中心工控系统架构包括如下五层。

1. 感知执行层

该层由各种传感器、监控设备、执行装置组成,负责收集数据中心内的监控数据,如温度、湿度、压力、电流、电压等,同时根据控制命令执行相关动作,如电机转速调节、阀门开闭等。

2. 现场控制层

该层包括可编程控制器、集散式控制系统等,它们根据感知执行层设备收集的数据进行逻辑判断和决策分析,并向感知执行层的执行装置下达控制指令,以控制数据中心的设备运行。

3. 网络层

该层由工业以太网、现场总线等通信技术组成,负责连接感知执行层、现场控制层、集中管理层、安全层等各级的系统设备,实现数据的传输和通信。

4. 集中管理层

该层包括各类集中工控软件、应用程序、人机界面、监控系统、数据管理等,为管理人员提供操作界面,使其能够集中监控数据中心的运行状态,开展数据分析并进行决策与调度管理。

5. 安全层

该层包括工业防火墙、工业主机安全防护系统、工业入侵检测系统、工业安全检测与审计系统等,它们保护数据中心工控系统免受外部攻击与内部威胁。

以上五层是从功能维度进行的划分,在实际生产环境中,可能存在相邻两层的功能由同一设备实现的情况,即在物理上并未分离。

(二)工控系统在数据中心的作用与功能

工控系统在数据中心中扮演着至关重要的角色,主要作用和功能包括以下内容。

一是集中监控。工控系统可实时监控数据中心内的电气系统、空气调节系统、给水排水系统及环境系统,确保设备始终在最佳状态下运行。工控系统可以集成视频监控、门禁系统、消防系统等,提供物理和消防安全监控能力。

二是数据的采集与分析。工控系统能够采集和分析数据中心的运行数据,为运维人员提供决策支持,进而优化数据中心资源和能源利用效率,降低运行成本。

三是故障诊断与预测维护。通过监测设备的运行状态和性能指标,工控系统可以及时发现潜在故障并进行预测性维护,从而减少意外停机时间。

四是自动化运维。工控系统可以实现数据中心的自动化运维,降低人工依赖,提高运维效率和准确性。

(三)数据中心工控系统在智能化浪潮下面临的机遇与挑战

1. 机遇

在智能化浪潮下,数据中心工控系统面临着诸多机遇。一是国家政策对数据中心的智能化和绿色化发展给予大力支持。2024年7月3日,国家发展和改革委员会等四部门联合印发了《数据中心绿色低碳发展专项行动计划》,明确提出"强化人工智能节能技术应用,结合智能运维平台,实现数据中心算存运及基础设施资源的高效协同联动"。二是数据中心行业的发展驱动技术创新。这包括高效变配电设备、液冷技术、自然冷却技术、节水冷却技术等。这些技术的发展为工控系统带来了新的应用场景和市场需求。三是数据中心行业人才短缺和运营成本压力,驱动数据中心运营者从手工运维向智能化运维转变。根据 Uptime 组织 2023 年数据中心年度调查,提升能源效率和缺少合适员工是行业最关注的问题,而这也正是智能化运维需要解决的问题。

2. 挑战

当前工控系统面临的挑战主要有以下几个方面。一是系统整合时存在技术壁垒。不同厂商提供的自动化工具和工控系统在接口形式、通信协议、开放程度、兼容性上可能存在差异。二是效率和风险并存。工控系统的发展虽能提升运行效率,但自动化系统本身也可能成为网络攻击的目标，漏洞和入侵风险也需要加强防范，否则被攻击后的损失将会更大，还存在较高的服务中断风险。三是专业人才短缺。传统数据中心运维团队以机电相关专业为主，缺乏具有自动化、数据分析和人工智能技能的专业人才，这限制了智能运维的实施和发展。

二、数据中心工控系统安全的威胁分析

（一）当前数据中心工控系统面临的主要安全风险

当前数据中心工控系统面临的主要安全风险包括以下6个方面。

1. 系统及软件的脆弱性

工控系统采用的服务端和客户端操作系统、实时嵌入式操作系统及工业控制应用程序，在首次部署后因需保障运行连续性，往往难以进行安全补丁升级，导致系统安全防护存在不足。根据关键基础设施安全应急响应中心的数据，截至2024年6月，相关漏洞数量超过3 800个，其中漏洞数量排名前十的厂商包括西门子、施耐德等传统大厂。

2. 主机和应用安全风险

服务器、网络设备、操作终端存在弱口令泛滥、用户权限配置不合理、非必要端口未关闭等问题；同时，主机防护能力不足表现为缺少杀毒软件、病毒库长期未更新、缺少漏洞扫描系统、终端安全响应系统。

3. 安全区域防护风险

由于工控系统网络缺乏安全规划，网络结构不规范，导致网络边界不明确。工控系统网络内部未根据业务和功能进行必要的安全区域划分和隔离，且缺少对安全区域的边界防护。

4. 通信传输风险

常用的Modbus、CAN等工控通信协议采用明文传输数据，缺乏加密技术和数据校验功能。随着物联网技术的发展，LoRa、NB-IoT等无线传输技术逐渐得到了应用，这类技术更容易受到窃听或干扰。

5. 访问控制风险

工控系统缺乏网络准入和访问控制机制，上位机和下位机、边界入口、不同安全区域之间的访问、通信和控制缺少身份鉴别和权限控制。

6. 网络审计监控风险

工控系统网络缺少对异常流量和日志的统一分析系统，无法监控网络运行健康状况、探测潜在威胁。许多安全产品不支持工控协议解析，导致无法识别针对工控协议的恶意攻击。

（二）当前国际形势对数据中心工控安全的启示

随着全球地缘政治冲突加剧，关键基础设施保护成为各国政府网络安全战略的核心。在俄乌冲突期间，网络战成为军事行动的重要组成部分，网络攻击行为频发，并波及冲突中心的周边国家。黑客组织"匿名者"对俄罗斯900多个核心工控系统发起网络攻击，对俄罗斯

关键行业的生产运营带来了持续性的危害。乌克兰电力网遭受过大规模的网络攻击，导致20余万人遭遇停电事件，攻击者利用恶意软件侵入多个电力控制系统，成功关闭了多座变电站。

2021年发布的《关键信息基础设施安全保护条例》明确提出"运营者依照本条例和有关法律、行政法规的规定以及国家标准的强制性要求，在网络安全等级保护的基础上，采取技术保护措施和其他必要措施，应对网络安全事件，防范网络攻击和违法犯罪活动，保障关键信息基础设施安全稳定运行，维护数据的完整性、保密性和可用性"。数据中心作为支撑关键基础设施运行的重要组成部分，其安全性受到高度关注。数据中心工控系统是当前全面安全体系中的薄弱点和风险点。因此，专业人员需要认识到网络战的现实威胁，通过采取相应的防护措施，应对日益严峻的国际形势和网络安全挑战。

（三）数据中心工控安全事件典型案例分析

"震网"病毒攻击伊朗核设施是一起典型的工控安全攻击事件。"震网"病毒于2009年1月左右开始大规模感染伊朗国内相关计算机系统。它最初通过感染USB闪存驱动器传播，同时利用微软和西门子产品中的7个漏洞发起攻击，以及被感染网络中的其他WinCC计算机，一旦进入系统，它便会尝试使用默认密码来控制软件。2010年11月29日，伊朗总统内贾德公开承认，黑客攻击导致伊朗境内部分浓缩铀设施离心机发生故障。据报道，"震网"病毒可能破坏了伊朗核设施中约1 000台离心机。一位德国计算机高级顾问指出，由于"震网"病毒的侵袭，伊朗的核计划至少拖延了两年。从"震网"病毒来看，工控安全攻击风险可能导致关键基础设施中断，严重危害国家安全、国计民生与公共利益；且这类攻击具备复杂性、隐蔽性和持续性，即便是物理隔离的内部网络，也可能受到网络安全攻击。

结合数据中心实际场景，若没有健全的漏洞防护和病毒检测防御手段，即便常规数据中心的工控网络与外界隔离，攻击者仍能利用社会工程学、供应链攻击、钓鱼邮件、跳板机、无线接入等手段，将病毒预埋进机电设备控制器、嵌入式设备、服务器、操作终端中。这些病毒会在设备接入工控系统时通过工业通信网络横向或纵向移动，进而感染机电系统的前端控制设备、执行攻击代码，引发空调停机、电力跳闸等系统整体中断事件，为数据中心带来极大的运行风险。因此，物理隔离不是工控安全的"万灵药"，只有对标相关标准建设完善数据中心工控安全防护体系，加强工控安全管理意识和管理手段，才能保障数据中心运行安全。

三、数据中心工控系统安全管理措施

（一）数据中心工控安全的现行标准与规范

工控系统相关的国家及国际标准主要包括以下三项。

GB/T 36324—2018《信息安全技术 工业控制系统信息安全分级规范》涵盖了安全等级、安全要求、安全实施和安全测评等方面，为工业控制系统的信息安全等级划分提供指导。

GB/T 40813—2021《信息安全技术 工业控制系统安全防护技术要求和测试评价方法》规定了工业控制系统安全防护技术要求、保障要求和测试评价方法，适用于工业控制系统建设、运营、维护等，在附录中给出了电力、石油、轨道交通等场景的典型应用。

IEC 62443涵盖了工业自动化和控制系统的安全，包括多个部分 IEC 62443-1-1、IEC 62443-2-1等，涉及术语、概念、模型、安全风险分析、安全需求比较、信息安全概念与方法等。

上述标准从多个方面定义了工控系统安全防护应执行的技术或管理规范，但是缺少结合数据中心典型应用场景的参考指南，目前行业内也缺少成熟的解决方案。

（二）数据中心工控安全管理面临的挑战与存在的不足

数据中心工控安全管理面临的挑战与存在的不足主要包括以下 9 个方面。

一是安全风险认识不足。部分组织对工控系统安全风险的认识不足，导致安全防护措施不到位。例如，工控系统普遍运行在易受攻击的操作系统下，且很少或不更新补丁，采用弱口令，开通远程访问服务。

二是技术防护措施不足。工控系统在设计时未充分考虑网络安全问题，导致现有安全机制无法应对不断涌现的安全威胁，如缺乏有效的边界防护、监测审计等。

三是物理安全与环境控制。工控系统受控物理边界外的传感、探测和控制影响缺乏足够的物理安全控制，容易被物理入侵，且没有专业技术人员进行定期检查，大大增加了安全风险。

四是供应链安全管理。工控系统的供应链可能存在安全风险。例如，使用未经充分网络安全评估的产品和服务，这可能导致潜在的安全漏洞。

五是漏洞管理。工控系统的漏洞管理不足。例如，对已知漏洞的修复不及时，缺乏对新漏洞的及时响应和防护措施。

六是数据安全。数据中心工控系统在数据收集、存储、使用等环节可能缺乏有效的安全保护措施，如数据分类分级、重要数据识别、数据出境安全评估等。

七是安全运营与应急响应。一些组织可能没有建立完善的工控安全事件应急预案，或缺乏定期的应急演练，在发生安全事件时可能出现响应不及时的情况。

八是安全意识与培训。工控系统相关的管理和运维人员可能缺乏足够的安全意识和专业技能，这就限制了组织对工控系统安全的管理和维护能力。

九是安全投入不足。工控系统信息安全投入不足，特别是在年度预算执行中，安全预算往往较少，导致无法实现安全防护全覆盖。

解决这些挑战需要组织从安全管理和技术防护两方面同时入手，建立完善的安全管理体系，加强技术防护措施，增强安全意识，提高安全技能，确保数据中心工控系统的安全稳定运行。

（三）数据中心工控系统的安全防护措施建议

参考国内外相关标准，数据中心工控系统安全按照纵深防御的整体架构规划，安全防护措施主要包括以下 6 个方面，如图 1 所示。

1. 边界安全

根据数据传输方式和操作权限实施分区分域管理，通过部署工业防火墙、工业网闸等设备进行隔离。结合数据中心工控业务场景，可划分为现场控制安全域、数据采集安全域、无线传输安全域、终端接入区、管理服务器区，各区域分别采用物理或逻辑隔离的网络设备构建不同网络区域，区域间的数据通信应通过工业防火墙进行管控。根据安全威胁级别采用不同的管控措施，以此限制安全事件的传播范围，确保即使某个区域设备受到攻击，其他网络区域仍然可以保持安全。必要时可将工控系统与其他不安全网络隔离，关闭物理端口，避免潜在的网络攻击。

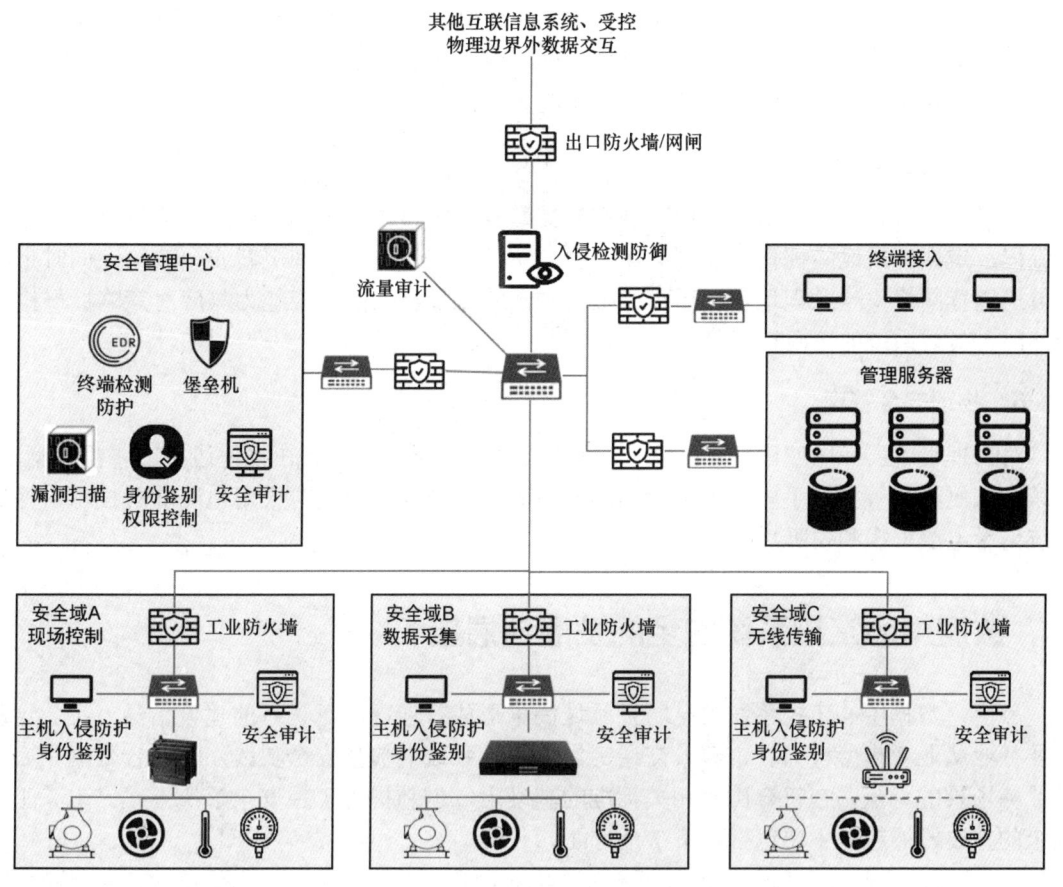

图 1　数据中心工控安全纵深防御体系

2. 主机与终端安全

部署防病毒软件和终端检测防护系统用于检测和拦截恶意软件的入侵；采用软件白名单技术，限制终端仅允许安装经过批准的应用程序，同时禁用不必要的服务、关闭闲置端口；实施用户统一身份鉴别与访问代理机制，根据最小权限原则控制用户对主机及终端的访问权限，防止非授权访问；访问关键应用服务时，需采用双因子认证，严格限定访问范围和授权时效；此外，需确保操作系统和应用程序处于最新状态，及时应用安全补丁以修补已知漏洞。

3. 系统数据安全

对重要监测数据和控制指令，需在传输和存储全过程进行加密处理，即便数据被盗取，攻击者也无法非法使用；使用身份验证机制，如数字证书等，确保通信双方的身份真实可靠；实施数据完整性校验，保障数据在传输过程中不被篡改；利用防火墙、流量审计设备对通信数据进行实时分析，及时发现异常通信行为；同时定期对数据进行备份并实施隔离存储。

4. 安全检测审计

部署入侵检测系统，实现监测异常流量活动，及时发现潜在安全威胁；运用漏洞扫描技术，通过自动化工具对网络、系统及应用程序进行全面扫描，识别潜在安全漏洞与风险点，列出漏洞信息、严重性级别及修复建议；定期审计分析运维操作过程与系统日志，检测异常登录和可疑活动，及早预警潜在安全事件；同时对网络流量实施集中监控、分析与评估，精确识别潜在安全威胁、网络性能瓶颈及合规性问题。

5. 安全运营管理

应设置专人负责网络安全管理，制定涵盖数据保护、访问控制、应急响应等方面的标准与流程，定期开展风险评估，识别潜在威胁与系统脆弱性，审查和更新安全政策；同时定期对员工进行网络安全意识培训，通过模拟安全演练测试员工的响应能力与应对策略；严格限制外部人员对系统的访问权限。

6. 物理安全管理

对物理设备所在区域进行分区管控，只有授权人员才能进入；在物理边界部署视频监控、门禁、入侵检测等技术手段，严格控制出入口的物理访问；必要时采用电磁屏蔽技术，保护系统免受电磁干扰和窃听。

四、数据中心工控系统安全的发展与展望

目前，数据中心工控系统安全防护领域尚未形成行业内广泛认可的建设指导方案。这就需要行业从业者借鉴电力、市政、交通等领域工控系统的典型安全实践，再结合数据中心工控业务场景的特点，在符合国家相关标准的基础上，创新提出工控安全解决方案。未来工控安全的重要发展趋势主要包括以下7个方面。

1. 全网络层级安全防御

以太网协议分为七层，每一层都可能成为攻击者的突破口。因此，需对所有网络层级实施综合安全防御。例如，在第二层部署 802.1X、Portal 等认证机制，提升访问的安全性；在第三层增加路由策略和 ACL 访问控制列表，基于 IP Sec 技术对数据进行隔离和加密；在第四至第七层开展网络流量异常分析、防病毒攻击、DDoS 防护、行为与内容审计等。通过全网络层级的综合防御，工控系统可有效抵御各层网络协议面临的安全威胁。

2. 主动防御与智能感知

传统的被动防御方式已难以适应当前复杂多变的网络环境。主动防御技术通过模拟攻击源开展攻击测试，发现潜在安全漏洞并及时修复；同时结合人工智能、大数据等先进技术，实现对攻击行为的智能感知和预测。当发现网络攻击时，安全设备会立即上报至安全平台，由安全平台根据攻击特征执行预先设计的应对策略，从而实现精准拦截和快速响应。

3. 安全设备虚拟化与集中管理

虚拟化技术已成为安全设备的一项必备技术。通过虚拟化技术，可以将防火墙、IPS、ACG、AFC、AV 等安全设备整合并虚拟化成一台设备，实现集中式管理并简化运维管理流程。同时，这些虚拟化安全资源可以按需分配给各个局部网络安全域，确保安全资源的高效利用与全面覆盖。此外，通过建立集中式安全管理平台，从网络、安全、业务等方面通盘规划，将所有安全防御设备及软件控制权集中于安全管理平台，从而实现全面的安全管理和监控。

4. 精细化应用与策略优化

受限于工控设备构成的复杂多变,数据中心工控系统安全防护更需注重精细化应用和策略优化。通过深入分析工控系统的业务属性与安全需求,制定针对性安全策略和防护措施。例如,在工业数据传输过程中,采用加密技术保护数据的机密性和完整性;在访问控制方面,实施基于角色与基于属性的访问控制,确保只有授权人员才能访问敏感数据和系统资源。

5. 绿色节能与安全并重

随着国家对节能减排的重视,绿色数据中心建设已成为行业共识。未来,数据中心工控系统安全在保障安全性的同时,将更加注重节能减排与可持续发展。工控系统采用专家系统、深度学习、大模型等调度控制算法,优化了气流和水流组织,提高了设备运行效率,降低了数据中心的能耗和碳排放。同时,在工控系统安全建设中融入绿色理念,推广使用低能耗、高算力的 IT 设备及应用系统,推动数据中心向绿色低碳方向转型。

6. 数字孪生技术应用

数字孪生技术通过构建与物理世界相对应的虚拟模型,能够实时反映工控系统的运行状态,进而实现对网络攻击的仿真模拟与主动防御。在工控系统发生安全事件时,数字孪生技术能够迅速提供虚拟环境用于应急响应演练和决策支持。通过模拟不同应急场景及应对策略,数字孪生技术可以帮助运维人员评估不同方案的效果,选择其中最优的应对方案,帮助企业构建更加稳固的网络安全防线。

7. 加强数据资源管理

技术创新在数据资源管理中的应用,涉及加强数据中心承载数据的全生命周期安全管理机制建设,以及落实行业数据分类分级、重要数据保护、安全共享、算法规制等基础制度与标准规范。

对于未来的数据中心工控系统安全战略规划,应着重考虑工控系统安全的深层含义与重要性,并构建新型数据中心网络安全体系;同时响应国家关于工控系统安全行动计划的具体政策要求,创新技术解决方案,共同形成全面、高效、可持续的数据中心工控系统安全战略规划及切实可落地的管控措施。

(作者单位:中关村实验室)

高可用数据中心的快速恢复能力要求

陈虹坚　周学海　吴运龙

作为数字经济的基础底座，数据中心的可用性至关重要。数据中心可用性的衡量主要体现在以下两方面。一是在基础设施的选址、规划设计与建设阶段，数据中心需为关键信息系统提供具备冗余条件并安全可靠的部署环境。二是在信息系统的硬件、软件和数据的可用性上，数据中心需实现节点中断后数据不丢失、应用迅速切换等功能，从而保障数据中心具备高可用性。然而，无论在设计、建设时考虑得如何周到，数据中心始终运行在各种复杂且不确定的风险中。在各种威胁无法避免的情况下，即便具备高可用性，数据中心也可能出现中断事故。因此，需建立并不断加强数据中心的快速恢复能力。

一、衡量数据中心可用度的因素

（一）高可用性及其衡量标准

国内与数据中心可用性及恢复能力有关的标准包括：GB/T 20988—2007《信息安全技术 信息系统灾难恢复规范》、GB/T 30285—2013《信息安全技术 灾难恢复中心建设与运维管理规范》、GB/T 36957—2018《信息安全技术 灾难恢复服务要求》、GB/T 37046—2018《信息安全技术 灾难恢复服务能力评估准则》、GB/T 42581—2023《信息技术服务 数据中心业务连续性等级评价准则》等。其中，GB/T 20988—2007《信息安全技术 信息系统灾难恢复规范》是我国第一个灾备与恢复领域的国家标准，该标准明确了信息系统灾难恢复应遵循的基本要求，规定了6个灾备能力等级要求，并提供了恢复时间目标（RTO）和恢复点目标（RPO）的能力等级的关系示例；GB/T 42581—2023《信息技术服务 数据中心业务连续性等级评价准则》则将数据中心业务连续性划分为五个等级（由低到高依次为起始级、发展级、稳健级、优秀级和卓越级），并通过数据中心一年内发生的业务中断事件评估业务运行效果。

（二）实现高可用的方法

1. 基础设施冗余设计

基础设施冗余包括：电源供应（备用发电机、UPS 系统）、冷却系统（冗余的空调机组）、网络连接（多条冗余链路）等，确保单个组件出现故障时，系统仍能正常运行。

电力供应冗余采用双路电源设计，即使一路电源出现故障，另一路电源也能无缝衔接，保障电力供应。在实际环境中，市电切换往往会带来闪断，因此还需要配备 UPS 系统，在主电源故障时提供临时电力支持，且 UPS 系统也有冗余配置，提供在线热插拔更换故障模块功能。此外，电力供应冗余还会配置备用发电机组，当市电长时间中断时，发电机组能迅速启动供电。一些对电力供应连续性要求较高、对系统稳定比较敏感的行业，一般采用来自不同变电站甚至是不同发电站的双路市电供应，同时按>N的标准配备发电机及UPS系统。

网络冗余采用双链路连接设计，具体包括双网卡、双线路及双交换机等。服务器配备双网卡，分别连接不同的网络交换机，走不同的网络链路；即使其中一条链路发生故障，如网卡/交换机故障导致线路中断，数据也能自动切换到另一条链路传输。对于复杂的网络，尤其是跨区域、跨数据中心的网络，网络冗余会采取边界网关协议（BGP）等网络传输技术，自动检测线路可用性并智能选择最佳路径。

冷却系统冗余采用 $N+X$（$X=1\sim N$）冗余设计，包括冷水机组、冷却塔、循环水泵、板式换热器、精密空调机组等关键设备。无论是单点故障（$N+1$ 冗余）、双点故障（$N+2$ 冗余）还是单路冷源故障（$2N$ 架构），制冷系统依然能够发挥作用，确保数据中心正常运行。

2. 系统容错能力建设

系统容错的核心目标是在出现故障或错误时，最大限度地保障系统稳定且无损运行。因此，系统容错不是简单的备份或多重部署，更重要的是对现有资源的有效整合能力。其内容主要包括硬件容错、软件容错、策略制定与落实等。

硬件容错，对于多台设备常采用集群技术——集群内的服务器通常同时接收任务，即使一台设备发生故障，也不会影响其他设备的正常运行。单台设备则多采用热插拔技术及模块化技术，以提高容错能力。

软件容错，软件设计层面多采用容错算法等技术；在数据中心层面则多采用负载均衡技术，通过负载均衡设备或软件按策略将业务流量分配到对应的服务器，既能避免单个服务器负载过高发生故障，也可让流量自动避开故障服务器。

策略制定和落实，容错策略是容错体系的重要组成部分，是容错目标和容错能力的体现。系统越复杂，规模越庞大，容错策略的重要性就越突出。容错策略包括负载分摊策略、切换阈值策略和触发条件等，同时需配套的组织机构、资源配套及定期的演练，以确保容错策略的落实。

3. 数据备份和恢复

数据备份和恢复是数据存储冗余的核心内容，其基本思路在于将数据生成多个副本并存储于不同介质。最简单常用的存储冗余技术就是独立磁盘冗余阵列（RAID）技术。例如，RAID1采用镜像冗余模式，将数据同时写入两块硬盘，即便一块硬盘发生故障，另一块仍可正常使用。在大型数据应用场景中，存储冗余方案会因选用的数据库不同而有所区别。在金融、通信等以关系型数据库为主的行业，数据存储冗余主要依赖独立存储设备；而在以电商为代表的互联网行业中，海量交易数据则需借助分布式数据库的分布存储技术实现冗余。

（三）影响数据中心高可用的外部因素

1. 蓄意破坏基础设施

无论是2022年爆发的俄乌冲突，还是2023年爆发的巴以冲突，关键信息基础设施面临的威胁都呈现出一个明显变化：从原来的隐藏攻击行为、实现长期信息窃取，转变成以破坏关键信息系统、服务、数据及基础设施为目的，进行快速致毁致瘫的直接打击。2022年，乌克兰能源设施先遭到了攻击，导致电力中断，各地的关键基础设施还遭到了导弹袭击，遭受直接物理破坏。同时，越来越多的数据擦除器软件通过攻击行为破坏系统文件，导致设备无法启动、数据无法恢复。2023 年 5—9 月期间，乌克兰国内 11 家电信公司的通信系统遭受入侵，攻击者在遭受攻击的 ISP 系统中植入两个后门，使他们能够拥有访问其他账户的权限，用于横向移动或加深网络渗透；成功入侵后，攻击者部署了导致服务中断的脚本并删除了备份，大大增加了恢复难度。

2. 自然灾害

近年来，多发的极端高温与降雨天气超出了数据中心设计的预期，北方地区罕见的强降雨引发内涝，由于超出以往的经验，数据中心缺乏应对汛情的预案与能力，既未提前准备抽水泵、沙袋、防水挡板等物资，也未能充分考虑到积水可能导致道路交通受阻，进而影响供油运输的紧急情况。2022 年，四川部分地区在汛期遭遇罕见的高温及干旱，多地出现不同程度限电，部分数据中心不得不长时间依靠柴油发电机运转。2021 年 7 月，河南遭遇极端暴雨，多个数据中心受影响。区域市电中断 1~2 个小时后，机房启用柴油发电机，但因附近油站受道路积水影响暂时无法供油。为保障用户数据安全，在电力中断前，数据中心不得不终止服务。

3. 人为因素及其他不可抗力

2022 年，湖南长沙电信大楼因火源和可燃物管理不善引发火灾，大厦外立面起火。为确保安全，大楼部分设备断电，部分用户手机语音和短信功能受到影响。同时，由于特殊原因运维人员不能到岗，数据中心运维能力受限。此外，封控人员的基本物资保障、在岗人员的技能储备也成为问题。为保障数据中心正常运转，此类问题都需要提前纳入应急预案，避免在紧急情况下因人员短缺、应急能力不足引发业务中断。

4. 特定行业攻击

近年来，部分领域的关键信息基础设施遭到攻击的频率显著上升，涉及对外交流与合作的领域，如"一带一路"倡议、教育科研、交通运输、能源、地理地质测绘、科技行业（芯片、5G）等。这些变化提醒我们，随着当前形势的发展，重要敏感行业的关键信息基础设施的运行维护工作将变得更加严峻和复杂。

二、提高可用数据中心快速恢复能力的关键点

（一）快速恢复所针对的突发事件

数据中心作为关键信息基础设施，在水、电、通信、交通、金融等涉及社会运行连续性及民生福祉的不可中断的领域中，都需要持续不间断地运行，因此快速恢复能力尤为重要。数据中心需要未雨绸缪，针对物理威胁（极端天气、人为破坏及意外事故）、网络威胁（漏洞利用、供应链攻击、钓鱼邮件、勒索病毒）及多种威胁同时发生的混合威胁（能源和交通同时中断、物理破坏和网络攻击结合的威胁）等多维度风险做好应急预案，不断缩短数据中心业务中断的时间，提升弹性，确保能够从威胁中快速恢复，以应对当前和将来可见、不可见或不能预估的突发事件。

（二）识别数据中心关键职能及影响

首先，需要根据数据中心的职能特点，识别数据中心在完全失效情况下的最大影响范围、

涉及用户数量，评估其对民生服务的重要性、对公共服务连续性的影响、对经济社会秩序的影响，以及其是否会引发大量用户的不满、造成经济损失等；其次，对于承担社会公众基础民生服务职能的数据中心，需要结合影响的时长评估可接受的后果水平和可容忍的中断级别；最后，需要评估业务中断对存在依赖关系的其他服务部门的连带影响和升级故障。例如，通信设施发生的故障会迅速影响所有依赖该设施运作的用户和部门。

（三）识别影响及维护供应链

数据中心的高可用性和快速恢复能力，不仅在于数据中心本身，还涉及数据中心运行与维护的整个供应链。当前，众多在用设备及产品的关键软硬件技术、核心零部件等，如CPU、内存、操作系统、数据库等组件，仍依赖国外现成的技术和产品。同时，供应商之间的信息共享存在阻碍。例如，若软件、硬件或服务的供应商出于对自身利益或责任的考虑，拒绝共享产品的威胁信息，将难以准确定位故障问题。数据中心的正常运行离不开电力、能源、水、通信系统及有经验的运维人员及其相应运维团队的支撑。虽然数据中心运行对这些因素具有高度的依赖性，但它们很有可能在毫无预警的情况下中断。尤其是当前信息系统更趋于智能化、平台化、集成化，规模越来越庞大，结合了更多新兴技术与需要协调的职能部门，存在的漏洞及破坏的途径也越来越多，每个环节的脆弱性都会造成系统性影响。例如，数据中心运行对电力供应具有高度的依赖性，一旦电力中断，就不得不依赖现场发电，这使得发电机及燃料的供应至关重要。因此，发电机燃料的供应渠道和发电机的维修维护及其连续运行时长等，都是需要关注的重要因素。

需要识别保障数据中心正常运行的整个供应链，包括环境、设施、硬件、软件、数据、信息、系统和流程等，明确这些因素的相互依赖性，进而评估可能产生最严重后果的潜在风险，实现对风险的事前控制与管理。数据中心维护供应链如表1所示。

表 1 数据中心维护供应链

网络类	设备类	基础设施类	业务类	能源类	管理类	后勤类
生产核心网络	网络设备	所在位置及建筑	敏感信息保护	电力供应	秩序维持、公共安全	人力资源（7×24小时训练有素的运维人员）
运营核心网络	存储设备	公共设施	数据安全（防窃取、防泄漏、灾备、恢复）	发电设备	信誉声誉（公信力）	食品、饮用水
办公网络（内网）	供电设备	安保系统	资金、账户管理	能源储备	资源管理（平台资源、虚拟资源、物理资源）	基本生活物资储备
无线网络（公网）	制冷设备	电气系统	身份认证与管理	UPS	运营管理与协调	医疗资源
有线网络（公网）	消防设备	空调新风系统	支付与交易	供水	物资储备	长途运输交通（公路、铁路、水运、公共交通、管道运输、空运）
网络接入服务	通信设备	消防系统	主营核心业务连续性	能源供应链	应急管理与调度（备灾抗灾与恢复能力）	本地道路交通
定位、导航及授权服务	自动化设备	智能化系统	系统可用性	能源维护供应链	公共卫生（有害物质、危险物质、废水、流行性疾病）	周边安全

（续表）

网 络 类	设备类	基础设施类	业务类	能源类	管理类	后勤类
基于互联网的通信、视频及信息服务	物联网设备	排水系统	版本及软件升级		信息通报与共享	物流配送
卫星通信		运维能力（7×24 小时）	软件供应链			

（四）识别数据中心现有弱点

结合数据中心的特点，评估其现有弱点、潜在风险发生情景及风险带来的后果，以便制定相应的恢复措施。例如，许多数据中心由于经费的限制或自身重视程度不足，在通信或电力网络的"最后一公里"接入用户端时，经常出现单点故障的问题；此外，数据中心所在区域由于城市建设，通信管道和电缆面临被无意破坏的风险；再者，受限于资金紧张、购买流程烦琐、对设备投资及更新方面的认知不足等因素影响，一些老旧设备未能及时更新，存在风险。不同的数据中心各有其弱点，需要对可见及不可见的风险因素进行全面梳理，为后续评估影响的后果、严重性和可采取的措施奠定基础。数据中心威胁来源梳理如表 2 所示。

表 2 数据中心威胁来源梳理

威胁来源	威胁原因	威胁方式	发生背景	控制措施
地理位置	自然灾害影响区域	地势低、近河流、地震带、高温潮湿、汛期长、多发强降雨	极端天气导致的自然灾害超出数据中心设计预期	根据 GB 50174—2017《数据中心设计规范》数据中心选址要求，同时选址设计应考虑更多气候变量
自然灾害	高温、高湿、洪水、地震、山火、山体滑坡、泥石流等	设备性能达到极限、影响电力等能源供应、所在位置受灾	数据中心基础设施及设备设施设计和性能无法在极端环境下运行	在设计和运营过程中需要考虑多种气候及自然灾害因素，并制定灾备措施
基础设施失效	基础设施的内部管理和外部依赖	电力、网络、通信、能源中断	通信基站、中继设施、长途光纤等故障；施工挖断线路	多渠道供应发电机燃料；确定基础设施运营商与业主的快速协调机制；实施外部运维团队的设施准入与访问认证流程；配置备份线路与系统；采取措施避免单点故障，确保可迅速切换；提前部署快速修复能力；物理加固基础设施；提前演练
网络攻击	APT 攻击、扩散速度快影响范围广	恶意软件、网络武器、钓鱼邮件、鱼叉攻击、网站页面篡改、分布式拒绝服务（DDoS）攻击、漏洞利用、社工	软件供应商不认为安全是产品开发过程中的一个组成部分；供应商无法保障软件升级后的可用性，导致不能升级；高危端口未关闭；使用停止更新的操作系统；使用盗版软件；信息被窃取、系统被破坏、远程受控、缺乏安全机制与安全意识	实施常规补丁更新与安全配置加固；加强防火墙控制，部署入侵检测系统，采用多因素认证方式；设立应用程序白名单机制；进行检测、识别、安全监测工作；实行网络划分，遵循最小授权原则，加强数据加密，定期备份数据；对电子邮件进行扫描；强化安全控制措施；开展攻防演习，重点演练抵御系统权限获取攻击；聚焦可能导致关键核心业务中断的漏洞风险

（续表）

威胁来源	威胁原因	威胁方式	发生背景	控制措施
供应链	供应链依赖；系统、组件漏洞、硬件	软件更新、补丁、硬件	对供应商的依赖	更新前充分测试，进行小范围验证；分阶段部署策略；设立退回机制；使用可信的补丁进行更新
内部人员	心怀不满、寻求利益	故意修改或操作；基于对内部系统的了解或权限实施数据贩卖	当一个受信任且有权限的人在经济上面临巨大挑战时，该风险易发生	识别人员异常行为；对关键角色、关键操作实施多重控制；记录行为轨迹；定期进行系统审计
内部人员	粗心、疏忽、安全意识淡薄；无视规则和流程；人员配备不足、调度不力	内部人员误操作；缺乏相应技能的人员	人员综合素质与岗位需求不符；责任心不强；流动性高；认知偏差，盲目自信；缺乏专业性、警觉性、工作积极性	对关键角色、关键操作实施多重控制；记录行为轨迹；定期进行系统审计
外部人员	物理威胁、无人机	污染水源；释放有毒物质；传播病毒；堆放易燃物；盗窃；非法拍摄、收集信息；异物掉落	外部人员有意或无意造成威胁	安保及智能监控；室内外检测设备
技术故障	设施老化、业务压力	设备设施超期服役；业务高峰；更换老旧设备并未列入优先事项解决	预算紧张；不重视、投入不足；理解与认知偏差；对资产没有控制权	开展主动性维护，对故障进行预测；评估因技术故障造成业务中断的成本与购买新设备的成本
内部管理	资金紧缺、采购流程烦琐耗时；服务外包；跨部门协作能力差；快速反应能力差	资金及资源分配未达预期；预算被削减；购买流程耗时；关联部门缺乏合作	缺乏充分证据表明，将资金投入到风险控制方面的效益超越了用于提高业绩的效益	提高风险处置的响应速度
职能特点	影响社会民生部门	系统中断、服务暂停；官网页面篡改	敏感行业；高新技术；重大影响力	对形势保持敏感性
舆论攻击	影响舆论与认知	虚假言论、破坏稳定、影响声誉	引发业务中断	人员心理疏导与信心重建

三、高可用数据中心快速恢复能力的评价

（一）快速恢复的基础条件

满足快速恢复的基础条件，需在数据、应用及业务三方面具备相应能力。在数据层面，强调数据的复制、备份和恢复，即发生威胁后能确保原有的数据不会丢失或被破坏。常见的方式为部署基于网络的数据复制工具，实现主备两中心同步或异步数据传输；基于数据库的复制方式包括实时复制、定时复制和存储转发复制。在应用层面，快速恢复强调具体功能的接管。需要在备用中心构建一套与主数据中心相同或相似的应用系统，包括数据备份、数据处理及网络系统，实现在主中心中断的情况下备用中心能够接管应用。在业务层面，快速恢复则需要关注备用工作场地及备用的业务人员，确保主数据中心受灾后备用的工作场地能够正常开展业务，备用的业务人员有能力处理业务。

（二）应对影响高可用事件的策略

1. 提高风险的预见性和应对能力

（1）了解风险的来源及发生条件。对所管理的数据中心的风险来源进行梳理，判断风险是来自自然灾害还是人为因素。除了汛期、旱期、高温、严寒等可预测的自然灾害，还需要关注针对数据中心承载公共服务的职能性质的威胁。例如，在网络威胁中，攻击者的目的有可能是窃取敏感数据或导致民生服务业务中断及机构信誉受损。若风险来自自然灾害，可以结合灾害发生的潜在性、伴生性、周期性等特点，做好备灾应灾和灾后恢复的前置工作；若风险来自人为因素，则需要提前预判攻击者的意图、能力、所用策略、依赖技术和实施步骤，同时需要判断攻击者每个步骤成功所依赖的条件，了解攻击者利用的不安全设备、产品和不完善的安全机制。在这个过程中，可以建立一定范围内的信息共享机制，确保数据中心运营人员及时了解已经发生的威胁事件或当前存在的潜在风险，根据已发事件处置的成功或失败案例，总结经验教训，以便运维团队结合自身特点制定针对性防范措施或提前部署恢复方案。

（2）具备阻止风险发生的能力。大部分的安全风险无法消除，但是能提前管理，实现对于风险的预防、抵御和吸收，及时控制风险发生的诱因，从而阻止风险发生。以网络安全威胁为例，不同的 APT 组织有不同的攻击模式和习惯，攻击的方式大多数为钓鱼邮件、漏洞利用、供应链攻击、勒索病毒等，最初的入侵手段多为鱼叉邮件，攻击的目标集中在政府部门、教育科研、国防军工、高新技术等领域。了解这些基本情况后，便能明确事前应该采取哪些防御措施，以最有效地限制其影响和损失；事中对于攻击行为、事件和漏洞应做到快速响应，在危害发生前采取阻断措施；事后对事件进行复盘，确保风险事件已被阻断并积累实践经验。

2. 提高关键信息系统的快速恢复能力

如果业务中断的风险无法避免，那就需要保证关键的基本服务在极端情况下具有弹性，即在主要系统发生故障时，实现关键业务的冗余系统和备用能力的随时可用。

（1）基础设施与数据。常见的灾备模式为"两地三中心"、同城灾备、异地灾备、云灾备、多云容灾、同机房双活、双机双柜、高可用集群、传统备份等，不同灾备模式的建设和运维成本大不相同。关键系统常见的方式为在同城使用主备模式，根据行业的不同，在距离主数据中心 10~60 km 的地方建设备用数据中心，在主数据中心系统发生故障时，即可在主数据中心进行系统切换，也可以整体切换至备用数据中心；同时为了避免自然灾害或战争等毁灭性的威胁因素，在距离主数据中心大于 200~300 km 的地方建设异地灾备中心，实现核心系统和数据同城双活、异地容灾、数据不丢、业务不停。

（2）运维团队保障。提高数据中心的快速恢复能力就需要运维人员除了具备相应的知识、经过系统培训，还需要对所维护的目标系统有深入的理解，对所管辖的数据中心或设施设备发生过的风险事件有详细的了解，具备解决目标系统历史故障、常见问题及可能发生问题的丰富经验，对复杂业务和流程的潜在系统性风险的脆弱性和相互依赖性有深刻的认识，能够在风险发生之前阻止并控制发生诱因，在故障发生时快速锁定故障原因，并协调相应资源快速响应。同时，还需要运维人员在遇到紧急情况时保持理智和冷静，避免过度反应。

为了提高运维人员对于紧急事件的响应速度和能力，数据中心联合各利益相关方的专业技术人员组建应急小组，确保小组成员能够在紧急情况下迅速到位，加强对紧急事件的快速响应力量。

3. 提前制定保障业务连续性和关键基础系统快速恢复预案

（1）梳理所辖数据中心风险。根据所辖数据中心现有的重要核心业务和关键互联系统，预测在正常运行下社会服务的提供范围及群体需求，并对当前的应急储备进行排查，结合近期威胁形势与现状对可能发生的业务中断场景进行预测，基于风险类型的梳理及业务中断场景的模拟，评估数据中心业务发生中断的可能性及其可能出现的后果，评估在紧急情况下所辖数据中心需要达到的业务和服务水平，制订替代方案，并验证其可行性。计算不同替代方案的建设成本及运行维护成本，再对所辖数据中心整个生命周期的成本效益进行评估，选定在极端情况下的方案。

（2）制定事故报警及响应机制。事先判断数据中心可容忍的中断级别及业务恢复目标，以此确定保护、缓解、响应和恢复工作的优先级，重点识别并优先考虑可能产生的最严重后果的潜在故障点并及时告警、快速响应。提前制定响应方案与实施细则，实现事故早期及时预警、故障定位准确有效、资源协调沟通顺畅、领导决策迅速高效。

（3）演练并评估成效。在风险事件发生前对制定的响应措施及恢复方案进行演练并评估恢复方案的成效，其目的在于让团队在真实的风险事件发生前做好准备，检验整个应急组织架构的协调性、解决响应过程中的阻力，评估恢复方案的可靠性和关键系统的冗余度、恢复能力等。演练的方式有桌面演练、模拟演练和实战演练，根据演练的结果对应急方案进行调整优化，积累理论依据和数据指标。同时，若服务影响范围涉及社会公众，还需要考虑与公众的沟通渠道及正面宣传效果。

（三）快速恢复能力评价算法的选择

在综合评价与决策类的算法中，主要有主观赋权法和客观赋权法两大类，二者的区别在于确定权重的方法。主观赋权法多采用综合咨询评分来确定权重，常见算法有层次分析法、模糊综合评判法等；客观赋权法根据各指标间的相关关系来确定权重，常见算法有主成分分析法、TOPSIS法等。层次分析法是分析多目标、多准则复杂系统的有力工具，该法将定性分析与定量分析相结合，能处理许多最优化技术无法解决的实际问题。层次分析法不仅在分析时需要的定量数据不多，但对问题的本质、问题所涉及的因素及其内在关系分析得却透彻清楚，并且能将决策者的思维过程系统化、数学化和模型化，使其便于计算。唯一的不足之处就是存在一定的主观性。模糊综合评判法常用于多种评价指标之间存在模糊关系且评价指标权重不易确定的情况下。模糊综合评判法的优点是能够较好解决模糊、难以量化的问题，缺点是需要较多的数据和信息，不能在信息缺乏的情况下进行有效评价。主成分分析法是一种降维算法，将多个指标转换为少数几个主成分，使数据集更容易使用。TOPSIS法是一种多指标评价方法，用来评价问题的最优解和最劣解，以便选择最优方案，该方法需要客观的历史信息。

在对数据中心快速恢复能力的评价中，因为涉及的评价指标大多没有历史或量化的数据参考，层次分析法可以将决策者的思维过程系统化、数学化和模型化，便于计算，因此大多采用层次分析法进行权重计算。

四、提升高可用数据中心快速恢复能力的途径

（一）开展主动防御

1．建立动态事件库

被动地应对威胁无法在风险事件发生前做好准备，各类威胁事件的动态变化和技术格局日新月异，这就需要我们时刻关注威胁数据中心的最新风险。近年来，威胁事件呈现出新的变化趋势：一方面极端天气事件频发，许多地区遭遇了前所未有的极端天气，超过数据中心的建设预期；另一方面，针对移动端的攻击事件频发，并且其战术成熟、路线复杂。同时，随着国产化软件的普及，一系列新的 0day 漏洞随之涌现。需要及时了解这些趋势的变化和已经发生的风险事件，建立动态事件库并及时更新应急预案，以便在发生威胁时能够直接进行有效应对，并提前阻断。

2．主动了解最新攻击策略和工具

若要对威胁进行准确的评估，就需要对攻击者的攻击意图、攻击能力及可以采取的手段或方式有充分的理解，因此这就需要主动了解最新的威胁方式、网络攻击战术、新技术的应用和威胁实现的方式，以此识别新的攻击手段及其所使用的工具、攻击的策略和程序，以便有针对性地更新并优化应对策略和风险缓解措施，为应对复杂且迅速发生的威胁储备能量。

3．加强告警监测和态势感知

加强对威胁的实时监测和态势感知能力，提升发现威胁的水平，确保在损失发生前处置威胁。为实现威胁活动的即时可见性，数据中心应考虑使用多种手段，如部署安全设备并对异常行为、恶意病毒及安全态势进行深入分析，或者与网络运营商、云服务提供商建立数据和信息同步协作机制，并依托经验丰富的分析人员，以此实现对威胁事件的前置处置。

（二）值得关注的攻击技术

1．数据擦除攻击

数据擦除攻击是一种对关键信息基础设施实施破坏性攻击的技术。攻击者通过植入恶意擦除软件对关键信息系统的关键或核心数据进行擦除，并蓄意删除备份数据，旨在使关键信息系统长时间瘫痪。主要的攻击方式为硬件设备破坏、磁盘数据破坏和主引导扇区覆盖。

目前已知的数据擦除软件有 WhisperGate、Hermetic Wiper、IsaacWiper、WhisperKill、CaddyWiper、DoubleZero、AcidRain、RURansom 等多种。AcidRain 是一种 ELF MIPS 恶意软件，它能够侵入路由器等网络设备的文件系统，覆盖并删除其中的文件。此外，AcidRain 会使用 ioctl 命令破坏/dev/sd*、/dev/mtdblock 等设备文件，导致设备瘫痪。同时，AcidRain 还能对 init 进程、SSL 证书、SSH 密钥、Cron 等进行擦除。Hermetic Wiper 擦除磁盘数据的方式类似于整理磁盘碎片的逆过程，它利用 Ease US 中的一个合法驱动，绕过安全机制实现磁盘扇区写入，进行碎片化的磁盘数据擦除，导致系统瘫痪。CaddyWiper 的数据擦除方式为破坏硬盘主引导扇区（MBR），通过遍历物理驱动器，破坏硬盘信息及硬盘分区的相关信息，导致数据无法访问。如果文件系统是 NTFS 类型，CaddyWiper 还会同时擦除主文件表（MFT）

及 MFT 备份,导致数据无法恢复。

2. 勒索病毒攻击

勒索病毒攻击会使系统或数据遭到恶意加密,致使业务中断。勒索病毒攻击与其他网络攻击相比,并没有使用更高级或更复杂的攻击手段。病毒感染设备后,勒索病毒将对重要文档、数据、系统进行加密,使用户无法访问,并中断服务,以此向用户索要赎金。该技术可通过钓鱼邮件、漏洞利用、暴力破解、软件供应链及人员违规外联、不规范使用 U 盘、捆绑软件下载等行为传播。勒索病毒攻击常见的加密方式为非对称加密算法和对称加密算法组合的形式,一般无法通过技术手段解密,需要获得对应的解密私钥,因此该技术性质危害巨大。

近年来,勒索病毒攻击事件频发,其攻击手段逐渐从传统的加密勒索转变为数据勒索。攻击者窃取敏感数据后,以公开这些数据威胁用户以此索要赎金,更有甚者还进行多次勒索。这些攻击事件既与弱口令及端口暴露有关,也与责任主体安全意识不强、能力不足及安全管理缺乏有关。攻击者会对最新漏洞保持关注,在新漏洞出现且用户未及时修复漏洞之前,将漏洞武器化来实施勒索病毒攻击。

3. 防止防守方封禁的攻击基础设施保护技术

随着防守方对网络边界流量监测的能力不断加强,攻击方也在不断拓展新手段,增强攻击的隐蔽性以避免攻击的基础设施被防守方封禁或溯源。除了使用冷门协议进行小流量短时间的攻击,使用 Shadow-TLS 隐藏流量成为新的手段。

Shadow-TLS 通过与白名单域名进行 TLS 假握手,利用 TLS 链接建立伪装通道,以达到隐匿通信的目的。通信过程为终端先向服务端发起请求后传输数据,并在客户端(Client)和服务端(Server)影子域名 TLS 握手,再将终端请求数据封装发出,封装格式为 Application Data,以达到欺骗流量监测设备的目的。当校验失败时,服务端返回正常响应数据。握手结束后,切换客户端和服务端的模式,利用已经建立的链接传输自定义数据。防守方进行流量检测时并无异常,这种方式使攻击方将攻击行为进行隐藏,防止防守方对其封堵或溯源。

(三)注重人才培养

1. 人才需求的特点

当前,关键信息基础设施面临的风险不断演变,各方都在利用新技术和复杂的网络能力来满足自身的利益需求,知识更新的周期不断缩短。为了应对当前复杂的威胁及更新迅猛的攻击技术,数据中心的运维团队就需要拥有高水平技术的复合型人才来满足高可用性的要求。

2. 人才的留用与经验积累

数据中心的运行维护工作具有较强实践性,对于数据中心运维团队中的关键岗位而言,这就需要配备工作经验丰富的运维人员。他们在长期的实践工作中,不仅拥有知识的积累与经验的传承,还具备快速定位故障及协调资源解决问题的能力。

3. 人才的主动学习能力

当前,新技术与新威胁不断出现,运维人员需要及时追踪前沿知识。他们需具备快速学习能力,掌握应对不断变化的威胁环境所需的技能,做到主动学习,独立分析并解决问题,了解最新威胁与攻击手段,并有能力实施针对性的阻断和反制措施。

4. 人才的职业操守、道德与素养

高素质高技能人才是保障数据中心安全运营的核心力量,但是技术能力不是人才的唯一评判标准,技术能力出众的人才如果没有良好的职业操守、法律意识和道德素养,没有规范自身行为,反而会对社会造成巨大的危害。

(四)关注舆论威胁

1. 舆论威胁的特点与危害

(1)扰乱基础设施运行环境。数据中心供配电、空调新风、装修装饰、综合布线等各个子系统都有可能成为被攻击的目标。虽然此类型的故障比较容易定位,还可通过备份解决,但攻击者将此类故障时间短、恢复快的微小错误通过舆论不断放大并快速传播,对责任主体造谣抹黑,营造关键系统存在隐患的舆论氛围,影响责任主体的公信声誉,借此制造矛盾、挑起事端、引起混乱,让特定人群在不良传闻的诱导下产生对抗情绪,最终摧毁信任或扰乱基础设施运行环境。

(2)对特定运维人员进行心理攻击。收集关键信息基础设施运维工作中的运维人员的工作失误,或设计虚假信息造谣抹黑运维人员,激发新闻媒体或自媒体的关注和公众兴趣,制造负面消息。这种负面消息会引发对运维人员工作内容的高度质疑,形成情绪化话题,给其带来巨大的心理压力,从而影响其正常履职。

2. 运维人员心理能力建设

数据中心的运维工作时间长、压力大,运维人员的价值得不到广泛认可。在此背景下,更需评估负面及攻击性的信息、情绪压力等对运维人员工作状态的影响。应综合评估各岗位的关键程度,以及运维工作量、工作强度、工作时长与疲劳程度之间的关系,同时关注运维人员的警惕性和安全意识,以便运维人员在复杂的舆论及负面的情绪压力下保持良好的心理状态,有效完成运维工作,保障基础设施正常运行。此外,需要警惕针对关键信息基础设施运维人员的认知攻击,加强正面引导能力建设,探索并使用新技术及工具,提前对可能被利用或操纵的虚假信息进行监测、阻断或反制。

(作者单位:广西壮族自治区体育彩票管理中心
广西北部湾银行
徽商银行股份有限公司)

数据中心应急响应预案的编制和组织实施

裴晓宁　马珂彬　冯　鹏

在当今数字化时代，数据中心作为信息存储、处理、传输的核心枢纽，直接关系到客户的数据安全、应用安全和业务连续性，其重要性不言而喻。然而，数据中心不可避免地会面临各种应急事件，包括自然灾害、技术故障、人为失误及网络攻击等。这些事件一旦发生，往往会对数据中心造成重大影响。"凡事预则立，不预则废"，有准备的应急响应是降低事件影响、保障数据中心稳定运行的关键措施之一。制定科学合理的应急预案，已成为数据中心管理者不可或缺的工作方式。国家高度重视数据中心的应急管理工作，提出了明确要求，数据中心也在积极响应，从应急响应预案的编制到实施，逐步形成了较为成熟的经验和方法。这些经验和方法不仅提升了数据中心自身的应急响应能力，还对整个行业的信息安全和业务连续性起到了积极的促进作用。

一、应急响应预案的编制原则和意义

（一）编制原则

数据中心参考应急预案相关法律法规，结合数据中心行业实践经验，为提高应急预案编制质量和应用效果，按照以下总体原则开展了编制工作。

一是以人为本，安全第一。这是应急预案编制的首要原则。在编制过程中，数据中心应将保障人员生命安全放在首位，最大限度地预防或减少突发事件对工作人员的生命健康造成的损害。

二是预防为主，平战结合。数据中心强调在日常运营中，应重视预防工作，通过加强安全管理、风险评估、隐患排查等手段，提高数据中心的抗风险能力。同时，数据中心要将应急准备工作与日常运营紧密结合，确保在突发事件发生时数据中心能够迅速、有效地进行应对。

三是统一领导，分级负责。在应急预案的编制和实施过程中，数据中心应明确各级领导和相关部门的职责和权限，确保在突发事件发生时能够形成统一指挥、分级负责、协调有序的应急管理体系。

四是依靠科学，依法规范。应急预案的编制应基于科学的方法和手段，充分考虑数据中心的实际情况和潜在风险，制定科学合理的应对措施。同时，数据中心应严格遵守国家法律法规和行业规范，确保应急预案的合法性和规范性。

五是快速反应，协同应对。在突发事件发生时，数据中心应迅速启动应急预案，组织相关人员并调配物资进行快速响应和有效处置。同时，数据中心要加强与其他相关单位和部门的沟通协调，形成协同应对的合力。

六是注重可操作性和灵活性。应急预案的内容应具有可操作性和灵活性，能够清楚地指导应急人员在突发事件中进行有效应对。同时，数据中心应根据实际情况，及时对应急预案进行修改和完善，确保其具有针对性和实效性。

（二）编制意义

数据中心应急预案的意义重大，主要体现在以下五方面。

一是保障业务连续性。数据中心作为现代信息化社会的重要基础设施，承担着大量关键业务和数据的存储、处理与传输任务。一旦数据中心发生故障或遭受攻击，将直接影响企业的正常运营和客户的满意度。因此，制定科学合理的应急预案，能够在突发事件发生时迅速响应，减少业务中断时间，保障业务的连续性。

二是降低损失与风险。通过制定应急预案，数据中心可以预先评估可能发生的各类风险，如自然灾害、网络攻击、硬件故障等，并制定相应的应对措施。这些措施可以在突发事件发生时有效减少损失，降低风险，保护资产和利益。

三是提高应急响应能力。应急预案明确了各级领导和相关部门的职责和权限，建立了应急响应机制和流程。通过定期演练和培训，工作人员可以熟悉自己的任务，明确角色定位，提高应急响应能力和水平。当突发事件发生时，工作人员能够迅速启动应急预案，有序开展应急救援工作。

四是增强风险防范意识。应急预案的编制、评审、发布、宣传、演练等过程，有利于提高数据中心工作人员的风险防范意识。通过了解可能发生的突发事件及其应对措施，工作人员会更加重视日常的安全管理和隐患排查工作，降低事故发生的概率。

五是符合法律法规要求。许多国家和地区对数据中心的安全管理都有明确的法律法规要求。制定应急预案是数据中心安全管理的重要组成部分，也是符合法律法规要求的必要条件。通过制定应急预案，数据中心可以确保自身的合规性，避免因违法违规引发法律风险和经济损失。

二、应急响应预案的编制依据和要求

数据中心应急响应预案的编制需要遵循国家和地方的法律法规，确保应急预案的合法性和合规性。同时，数据中心还需参考相关的行业标准，以确保预案的专业性和可操作性。数据中心在编制应急预案前，通常会进行风险评估，识别出可能对数据中心运营造成影响的各类风险因素，如自然灾害、硬件故障、人为错误、恶意攻击等。这些风险评估的结果将作为预案编制的重要依据。数据中心应借鉴以往突发事件的经验和教训，包括事件类型、影响范围、解决方案等，以便在应急预案中制定更加有效的应对措施和恢复策略。应急预案的编制还需结合数据中心的实际情况，包括设备配置、运行环境、电力供应、网络架构等，以确保其针对性和实用性。

（一）《中华人民共和国突发事件应对法》

2024年6月28日，习近平主席签发第二十五号主席令，公布由中华人民共和国第十四届全国人民代表大会常务委员会第十次会议修订通过的《中华人民共和国突发事件应对法》。该法是我国预防和应对突发事件的基本法律，为数据中心编制应急预案提供了明确的法律依据。该法同时规定了突发事件的预防与应急准备、监测与预警、应急处置与救援、事后恢复与重建等方面的内容，为数据中心的应急管理提供了全面的指导。该法涉及数据中心应急预案编制的主要条款如下。

第五条　突发事件应对工作应当坚持总体国家安全观，统筹发展和安全；坚持人民至上、生命至上；坚持依法科学应对，尊重和保障人权；坚持预防为主、预防与应急相结合。

第二十八条　应急预案应当根据本法和其他有关法律、法规的规定，针对突发事件的性质、特点和可能造成的社会危害，具体规定突发事件应对管理工作的组织指挥体系与职责和突发事件的预防与预警机制、处置程序、应急保障措施以及事后恢复与重建措施等内容。

第三十五条　所有单位应当建立健全安全管理制度，定期开展危险源辨识评估，制定安全防范措施；定期检查本单位各项安全防范措施的落实情况，及时消除事故隐患；掌握并及时处理本单位存在的可能引发社会安全事件的问题，防止矛盾激化和事态扩大；对本单位可能发生的突发事件和采取安全防范措施的情况，应当按照规定及时向所在地人民政府或者有关部门报告。

第七十八条　受到自然灾害危害或者发生事故灾难、公共卫生事件的单位，应当立即组织本单位应急救援队伍和工作人员营救受害人员，疏散、撤离、安置受到威胁的人员，控制危险源，标明危险区域，封锁危险场所，并采取其他防止危害扩大的必要措施，同时向所在地县级人民政府报告；对因本单位的问题引发的或者主体是本单位人员的社会安全事件，有关单位应当按照规定上报情况，并迅速派出负责人赶赴现场开展劝解、疏导工作。

（二）《突发事件应急预案管理办法》

2024年1月31日，国务院办公厅以国办发〔2024〕5号文件印发了《突发事件应急预案管理办法》（以下简称《办法》）。《办法》依据《中华人民共和国突发事件应对法》等法律、行政法规制定，确保了应急预案的法律效力和权威性。《办法》中详细规定了应急预案的规划、编制、审批、发布、备案、培训、宣传、演练、评估、修订等各个环节的工作要求，为数据中心应急预案的编制提供了全面的指导框架。《办法》涉及数据中心应急预案编制的主要条款如下。

第十六条　单位应急预案侧重明确应急响应责任人、风险隐患监测、主要任务、信息报告、预警和应急响应、应急处置措施、人员疏散转移、应急资源调用等内容。

第二十条　应急预案编制部门和单位根据需要组成应急预案编制工作小组，吸收有关部门和单位人员、有关专家及有应急处置工作经验的人员参加。编制工作小组组长由应急预案编制部门或单位有关负责人担任。

第二十一条　编制应急预案应当依据有关法律、法规、规章和标准，紧密结合实际，在开展风险评估、资源调查、案例分析的基础上进行。

第三十二条　应急预案编制单位应当建立应急预案演练制度，通过采取形式多样的方式方法，对应急预案所涉及的单位、人员、装备、设施等组织演练。通过演练发现问题、解决问题，进一步修改完善应急预案。

第三十三条　应急预案演练组织单位应当加强演练评估，主要内容包括：演练的执行情况，应急预案的实用性和可操作性，指挥协调和应急联动机制运行情况，应急人员的处置情况，演练所用设备装备的适用性，对完善应急预案、应急准备、应急机制、应急措施等方面的意见和建议等。

第三十四条　应急预案编制单位应当建立应急预案定期评估制度，分析应急预案内容的针对性、实用性和可操作性等，实现应急预案的动态优化和科学规范管理。

（三）《中华人民共和国网络安全法》

2016年11月7日，第十二届全国人民代表大会常务委员会第二十四次会议通过《中华人民共和国网络安全法》，自2017年6月1日起施行。该法是我国网络安全领域的基本法律，它明确了网络运营者、网络产品、服务提供者及关键信息基础设施运营者等在网络安全方面的责任和义务。数据中心作为重要的信息处理和存储的枢纽，其运营者需要遵守《中华人民共和国网络安全法》的相关规定。该法中关于应急管理的内容，虽然并未在法条中直接以"应急管理"为标题详细列出，但相关条款确实涵盖了网络安全事件的预防、监测、处置和报告等方面。这些条款可以被视为网络安全的应急管理措施。

除以上法律法规外，各行业数据中心在应急预案的编制和组织实施中，还应遵守本行业的相关法律法规，如《中华人民共和国安全生产法》《中华人民共和国消防法》《生产安全事故应急预案管理办法》《商业银行业务连续性监管指引》等。

三、应急响应预案编制的步骤和主要内容

（一）应急响应预案编制的步骤

1. 成立工作组

工作组一般由数据中心的主要负责人任组长，结合数据中心的各部门职能分工，明确各成员的职责，并详细制订工作计划，确保应急预案编制工作分工明确，有序开展。

2. 资料收集

在编制应急响应预案前，工作组需要进行充分的资料收集工作，包括数据中心的基本情况、历史事故记录、安全管理制度、设备设施情况、危险源清单等。

3. 危险源与风险分析

在资料收集的基础上，工作组需要对危险源进行识别和评估，包括分析可能存在的危险诱因，排查事故隐患，确定数据中心的主要危险源，对潜在的事故类型、事故后果及次生事故进行预测和分析，形成详细的分析报告。

4. 应急能力评估

为了确保应急响应预案的有效性和可行性，工作组需要对数据中心的应急能力进行评估，包括应急装备、应急队伍的配备情况、应急响应速度等方面。

5. 应急响应预案编制

在危险源、风险分析及应急能力评估的基础上，工作组开始编制应急响应预案。在编制过程中，工作组需要遵循国家相关法律法规和行业标准要求，并结合数据中心的实际情况。工作组应注重全体人员的参与和培训，确保所有与事故有关的人员都能了解危险源的危险性、

应急处置方案，掌握相关技能。此外，应急预案应充分考虑现有的社会应急资源，与地方政府预案、上级主管单位及相关部门的预案相衔接，形成完整的应急体系。

6. 应急响应预案的评审与发布

应急响应预案编制完成后，一般需要进行内部评审。内部评审工作一般由数据中心主要负责人组织有关部门进行评审，确保应急预案的完整性和实用性。外部评审则由上级主管部门组织进行，对应急响应预案的合规性和有效性进行评估。评审通过后，由生产经营单位主要负责人签署并发布。发布后的应急预案将成为数据中心应对突发事件时的指导文件。

7. 应急响应预案的备案、培训和宣传

发布后的应急响应预案需要报送相关部门进行备案，以便在发生突发事件时能够得到及时的指导。同时，工作组应组织全体工作人员进行应急预案的培训和宣传。通过培训和宣传，工作人员能够提高对应急预案的认识和理解程度，增强他们的应急意识和应对能力。

（二）应急响应预案的主要内容

1. 总则

总则是对整个应急响应预案的概述和指导思想。明确编制应急响应预案的目的。编制应急响应预案时应依据法律、法规、规章、标准、预案和规范性文件，以确保预案的合法性和权威性。明确预案的适用范围，即哪些类型的突发事件适用于应急响应预案，以及应急响应预案的工作原则，如以人为本、预防为主、统一领导、分级负责等。

2. 应急组织机构与职责

应急组织机构与职责部分应详细描述应急响应的组织架构和各个机构的职责。一般设立：领导机构，负责全面领导应急响应工作；办事机构，负责日常的应急管理工作；工作机构，负责具体的应急处置工作；现场指挥机构，负责现场指挥和协调；专家组，为应急响应提供技术支持和决策建议。各个机构之间应职责明确、相互协作，共同应对突发事件。

3. 突发事件分类分级

突发事件分类分级应根据其性质、严重程度、可控性和影响范围等因素。突发事件分类分级有助于针对不同类型和级别的突发事件采取不同的应对措施，提高应急响应的针对性和有效性。

4. 预防与预警机制

预防与预警机制部分主要描述应急准备措施、预警分级指标、预测与预警发布和解除的程序，以及预警响应措施等内容。

5. 应急处置

应急处置部分是应急预案的核心内容之一。详细描述了应急预案启动的条件、信息报告的程序和要求、先期处置的措施、分级响应的机制、指挥与协调的方式、应急联动的实施、信息发布的规范及应急结束的条件等。

6. 调查与评估

调查与评估部分主要描述善后处置、事件调查与评估等内容。在突发事件得到有效处置后，工作组需要对突发事件进行调查和评估，总结经验教训，提出改进措施和建议。这有助于完善应急预案，提高应急响应能力。

7. 保障措施

保障措施主要包括专业队伍保障、财力保障、物资保障、交通运输保障、人员防护、通信保障、公共设施保障、法制保障、地质和气象水文信息服务保障等内容。这些保障措施是确保应急响应顺利进行的基础条件。

8. 监督管理

监督管理部分主要包括宣传教育培训、监督与检查、责任与奖惩等内容。工作组通过加强宣传教育培训、建立健全监督机制、明确责任与奖惩等措施，可以提高应急响应工作的水平和质量。

9. 附则

附则部分主要包括名词术语和预案解释等内容。它对预案中使用的专业术语进行解释和说明，确保预案的准确性和可读性。

10. 附件

附件部分主要包括突发事件分级标准、组织管理体系图、相关单位通信录、应急资源情况一览表、标准化格式文本等内容，为应急响应提供参考和支持。

四、突发事件响应的应急演练

（一）应急演练的方式

应急演练是检验应急预案有效性、提高应急处置能力的重要手段，通常有桌面演练、模拟演练、实战演练三种不同形式，它们在目的、方法、场景及应用上各有特点。

桌面演练是参与人员利用地图、沙盘、流程图、计算机模拟、视频会议等辅助手段，依据应急预案对事先假定的演练情景进行交互式讨论并对应急决策及现场处置的过程进行推演。桌面演练主要在室内进行，通过口头或书面形式设置问题（即突发事件），参与人员根据应急预案及有关规定讨论并采取行动。

模拟演练是以模拟场景替代传统场景，以开放式演习方式替代传统表演式演习方式，通过对各类灾害数值的模拟、重大事故模拟和人员行为数值的模拟，在虚拟空间中最大限度地模拟真实场景及其突发事件。

实战演练是在真实或模拟的环境情况下，组织参与人员进行实际应急处置的演练活动。实战演练根据预设的应急情景，组织参与人员按照实际应急处置流程进行操作，包括应急启动、应急响应、信息报告、应急结束等环节。

这三种演练方式各有优势，可以根据实际情况和需求选择适合的演练方式。桌面演练注重参演人员对应急预案的熟悉程度和参与人员决策能力的提升；模拟演练强调真实场景的重现和协同作战的模拟；实战演练则直接检验应急处置的实战效果。在实际应用中，可以结合多种演练方式，形成综合性的应急演练体系，全面提升应急处置能力。

（二）应急演练的一般要求

首先，制订详细的演练计划。其次，明确演练的时间、地点、参与人员、演练内容等。最后，确保演练计划详细、周全，并符合数据中心的实际情况。

成立应急演练组织机构。指挥部由数据中心主要负责人或其委派的应急指挥人员组成，负责组织和指挥整个演练过程。演练组由各部门负责人、数据中心员工和相关服务单位组成，负责具体的演练工作。观察评估组由数据中心安全管理人员及其他部门人员组成，负责观察和评估演练过程和结果。

演练结束后，演练负责人组织全体人员进行总结和反思，对演练中发现的问题和不足进行记录，并提出改进建议。

根据总结和反馈结果，演练组织机构将制订后续的改进计划，提高演练的实效性和针对性。根据演练情况，演练组织机构将不断完善数据中心的应急预案，确保预案的科学性和可操作性。

（三）火灾应急演练

数据中心的火灾应急演练可保障数据中心在面临火灾等突发事件时能够迅速、有效地应对，进而保障参与人员安全和数据中心的正常运行。

演练开始前应提前通知所有参与演练的相关人员，并确保每个参与人员都了解自己在演练中的责任和任务。对工作人员进行火灾应急处理、疏散逃生等内容的培训，有利于增强工作人员的安全意识，提高应急反应能力。

提前检查和维护消防设施，确保消防设施完好无损，可以正常使用。提前准备演练所需的装备和工具，如灭火器、防护服等。

演练开始时，所有参与人员均按照预定时间、地点集结。由演练负责人宣布火灾应急演练正式开始，各个小组按照分工开始执行各自的演练任务。开启烟雾机、火焰模拟器等火灾模拟设备，使演练更加逼真。一旦发现火情，参与人员应立即按照预定的逃生路线撤离，并使用灭火器或其他消防设施进行初步灭火，尽力控制火势蔓延。

演练过程中应注意以下事项。

安全第一。在演练过程中要始终把安全放在首位，确保演练过程不会对参与人员的安全和数据中心的正常运行造成影响。

实战化。演练要尽量贴合实际火灾场景，提高演练的真实性和针对性。

全员参与。鼓励数据中心所有工作人员参与演练活动，增强全员的安全意识，提高应急处理能力。

（四）停电应急演练

数据中心停电应急演练可确保数据中心在突发停电事件中能够快速、有效地应对，保障数据中心业务连续性和数据的安全。

停电演练流程包括启动确认停电情况、切换供电系统、恢复关键业务、恢复正常供电等环节。演练前应准备充足的演练资源，确保备用电源系统（柴油发电机、UPS 等）处于良好状态,并配备足够的燃料。准备必要的工具和设备,如手电筒、绝缘手套、测试仪器等。

演练开始,接到停电报警后,立即启动应急预案,通知相关人员到达位置。运维团队通过监控平台确认停电情况,如停电范围、持续时间等。根据停电情况,迅速切换备用供电系统(柴油发电机、UPS等),以保证数据中心关键设备得以继续运行。运维团队根据业务优先级,逐步恢复关键业务,确保数据中心业务的连续性不受影响。待供电恢复后,逐步切换至市电供电,并关闭备用电源系统。演练结束后记录整个演练过程,包括停电时间、恢复时间、切换供电系统的时间等。

(五)暖通空调系统故障应急演练

数据中心暖通空调系统故障应急演练可确保数据中心在面临突发故障时能够迅速、有效地应对,以保障数据中心的正常运行和数据安全。模拟故障场景主要包括:暖通空调系统突然停机或制冷效果大幅下降;冷却水系统故障,如水压异常、回水温度过高等;管道漏水、空调上下水管路漏水等突发情况。

发现故障后,立即上报机房责任人,并启动应急预案。关闭故障空调或相关设备,防止故障加剧。启用备用空调或采取其他降温措施,确保机房温度控制在安全范围内。在电力供应可靠的情况下,调整整层空调设置温度,促进分机房之间冷气流通。若遇电力不足等特殊情况,及时采取开窗通风等应急措施。

(六)应对拒绝服务应急演练

随着互联网的快速发展,网络安全威胁日益严峻。其中,拒绝服务(Denial of Service,DoS)攻击作为一种常见的网络攻击手段,对网络服务的稳定性和可用性产生了严重的威胁。为了有效应对DoS攻击,数据中心作为网络服务的核心,必须建立完善的应急响应机制,定期进行应急演练,以提升团队的应急处理能力和效率。

为了不影响正常业务,应在独立的测试环境中搭建与生产环境相似的目标系统,确保测试环境的网络拓扑、设备配置等与生产环境一致。选择合适的DoS攻击模拟工具,如Hping3、LOIC等,确保能够模拟真实的DoS攻击场景。同时,应确保攻击模拟工具不会对实际网络造成损害。

演练开始后,使用DoS攻击模拟工具对目标系统发起攻击,模拟真实的DoS攻击场景。同时,监控系统的运行状态和性能指标会记录攻击过程中的关键数据。

在发现系统遭受DoS攻击后,立即启动应急响应流程,包括:通过安全监控系统及时发现攻击告警;分析攻击来源、攻击类型、攻击强度等信息;启用流量清洗设备对攻击流量进行清洗;关闭或限制可能被攻击的服务和端口,减轻系统负担;根据攻击情况动态调整系统资源分配,确保关键服务正常运行。

五、应急响应预案的评估与更新

(一)应急响应预案的效果评估

实施应急响应预案后,应定期对实施效果进行全面评估,及时发现存在的问题和不足,为后续完善应急响应预案提供有力依据。主要评估应急响应时间和应急处置效果。

应急响应时间。计算从事件发生到启动应急响应预案的时间，以及各应急小组或人员从接到指令到开始行动的时间，判断应急响应的迅速性和效率。

应急处置效果。在应急预案执行完毕后，全面评估在控制事态、减少损失、保障人员安全等方面的实际效果以及采取的应急措施是否得当、资源调配是否合理、现场指挥是否有效等。

应急响应预案的效果评估是对应急响应预案在实际应用中的有效性和可行性进行全面、客观评价的过程。以下是对应急响应预案效果评估的主要内容和方法。

1. 评估内容

完整性评估。评估应急响应预案是否包含了可能发生的各类突发事件，如自然灾害、事故灾难、公共卫生事件和社会安全事件等。检查应急预案是否明确了应急组织机构、职责分工、应急响应流程等关键要素。

可操作性评估。评估应急响应预案是否具有可操作性，是否便于实际操作和执行。检查应急预案中的措施和步骤是否清晰、具体，是否考虑了实际情况和可操作性。

应急响应能力评估。通过应急演练等方式，评估应急队伍在突发事件中的响应速度和处置能力。检查应急物资储备是否充足，是否满足应急需求。评估应急信息报送是否及时、准确，是否能为应急决策提供有力支持。

预案修订与完善评估。评估应急响应预案是否根据实际情况进行了及时修订和完善。检查应急预案修订过程是否规范、科学，修订后的应急预案是否更加完善。

2. 评估方法

文件审查法。该法对应急预案文本进行审查，评估其完整性、可操作性和科学性。

实地考察法。该法对应急物资储备、应急演练、应急信息报送等方面进行实地考察，了解实际情况。

问卷调查法。该法通过问卷调查的方式，收集应急响应预案在制定、实施、调整与完善等方面的意见和建议。

演练评估法。该法组织应急演练活动，以此评估应急响应预案在实战中的效果和可行性。演练结束后，通过组织评估会议、填写演练评价表和对参与人员进行访谈等方式，收集评估意见。

3. 评估结果的应用

问题整改。根据评估结果，对发现的问题进行整改，完善应急响应预案体系。

预案修订。根据实际情况和评估建议，对应急响应预案进行修订和完善。

培训提升。加强应急队伍的培训和教育，提高应急响应能力和应急处置能力。

宣传推广。宣传推广应急响应预案的评估结果和成功经验，增强全社会的应急意识，提高应急能力。

4. 评估注意事项

客观性。在评估过程中，工作人员应保持客观公正的态度，避免主观臆断和偏见。

全面性。评估内容应覆盖应急预案的各个方面和环节。

时效性。评估工作应及时进行，以便及时发现问题并进行整改。

科学性。评估方法应科学合理，能够真实反映应急响应预案的实际情况和效果。

应急响应预案的效果评估是保障应急响应预案有效性和可行性的重要手段。通过全面、客观地评估工作，可以及时发现问题并进行完善，提高工作人员的应急响应能力和处置能力，为保障人民群众的生命财产安全和社会稳定做出更大贡献。

（二）应急响应预案的更新

由于外部环境和内部条件的变化，数据中心需要定期对应急预案进行修改和更新，以保持其有效性。主要从以下几个方面考虑。

法律法规的变化。随着法律法规的不断完善，数据中心对应急管理的要求也在不断提高。因此，应急响应预案需要根据最新的法律法规进行修订，确保其合规性。

新技术和新方法的应用。随着科技的不断发展，新的应急技术和方法不断涌现。应急响应预案需要吸收这些新技术和新方法，提高应急响应的效率和准确性。

演练中暴露出的问题。通过应急演练，可以发现应急响应预案中存在的问题和不足。针对这些问题，数据中心需要对应急响应预案进行相应的修订和完善，以提高应急响应预案的实用性和可操作性。

组织结构和人员变动。随着组织结构和人员的变动，应急响应预案中涉及的职责和任务也可能发生变化。因此，数据中心需要对应急响应预案进行修订，确保应急响应预案与实际情况相符。

在更新应急响应预案时，数据中心需要组织相关人员进行讨论和审查，确保修订后的应急预案更加科学、合理和实用。同时，数据中心还应对修订后的应急响应预案进行培训和宣传，增强应急意识，提高应急能力。

（作者单位：审计署计算机技术中心信息系统审计处
全国海关信息中心
恒丰银行股份有限公司）

评价与认证

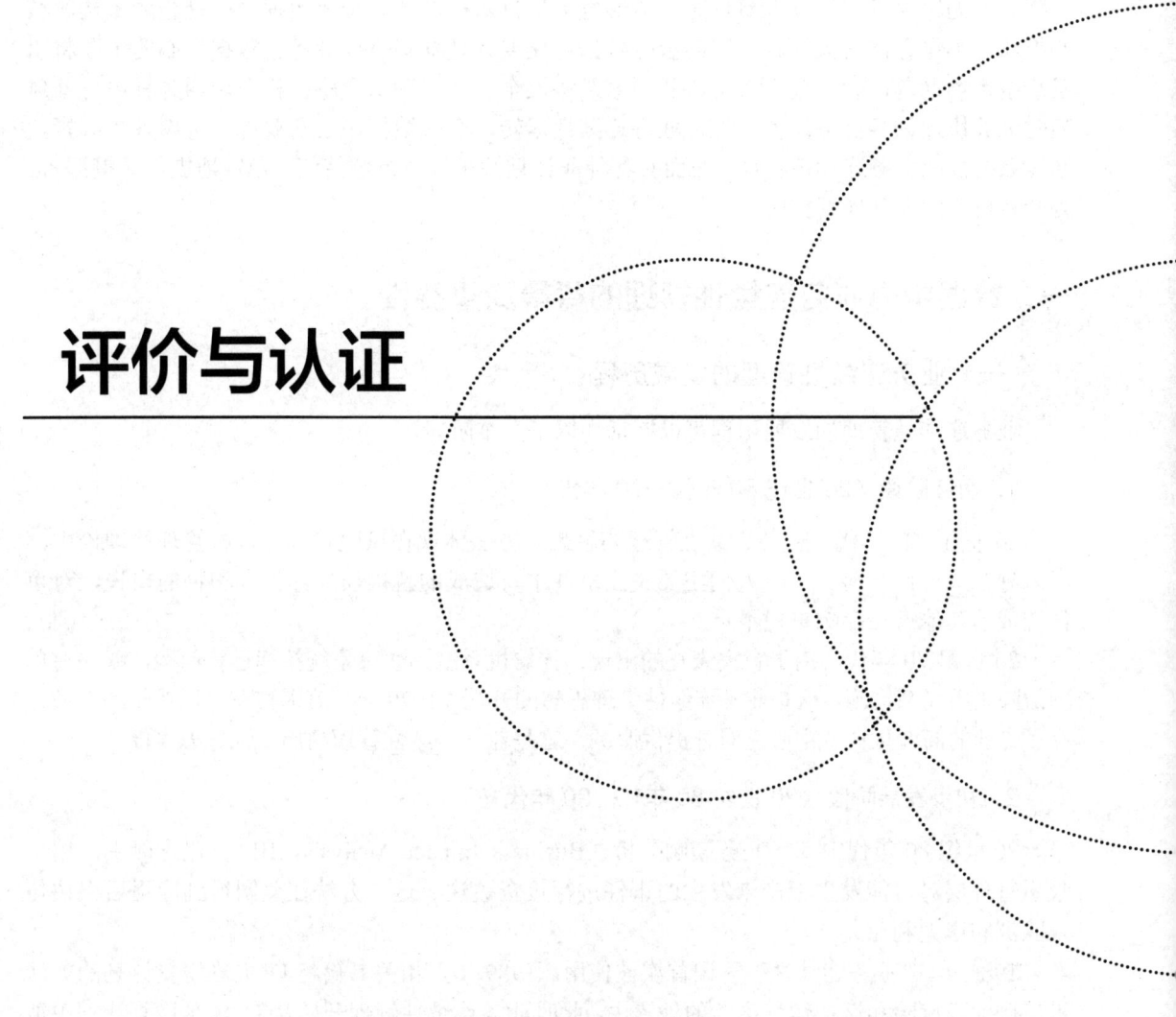

金融数据中心的业务连续性管理

彭 晓 王 岗 王 丽

业务连续性管理（BCM）是一个整体的管理过程，旨在确保机构在面对自然灾害、技术故障、人为错误等非计划性事件时，能够持续提供对外服务。金融数据中心是金融机构的核心枢纽，不仅存储着大量且关键的金融数据，还要处理众多重要业务。数据中心的中断将引发金融市场动荡，影响投资者信心和国家经济安全。为了确保金融机构在遭遇各种内外部风险时能够快速恢复业务运营并保证业务连续性运转，金融数据中心需要综合考虑各种因素，通过系统性的业务连续性管理，在面对各种非计划性事件时能够持续、稳定地提供关键服务，为金融机构的发展保驾护航。

一、数据中心业务连续性管理的背景及重要性

（一）业务连续性管理的发展历程

业务连续性管理的发展历程可以概括为以下几个阶段。

1. 萌芽阶段（20世纪60年代—70年代）

20世纪60年代，业务连续性管理的思想和方法体现在风险管理、危机管理等理论中，尚未独立成一门学科。当时人们主要关注事件本身造成的直接损失，如人和物的损失，对事件造成的其他潜在影响重视不足。

20世纪70年代，由于容灾恢复的出现，计算机系统为解决系统持续运行问题，率先对单独故障采用冗余措施，这是业务连续性管理思想的开端。1979年，美国宾夕法尼亚州的费城建立了专业的商业化灾备中心并对外提供服务，这是业务连续性管理的历史性标志事件。

2. 初步发展阶段（20世纪80年代—90年代初）

20世纪80年代中期，业务影响分析（Business Impact Analysis，BIA）概念诞生，用于吸引管理层对可能发生但尚未发生的事件进行投资关注，这一方法在美国得到应用后很快传入欧洲和澳大利亚。

1986年，"业务连续性"一词首次被使用。1989年，相关书籍将IT灾难恢复计划的方法推广到业务风险和潜在运营中断的处置中，此时业务连续性管理开始从IT灾难恢复计划中被独立出来。

1988年，美国的国际灾难恢复协会（Disaster Recovery Institute，DRI）从《灾难恢复杂志》独立出来，提供培训和认证；同年，英国组织"Survive!"工作组成立后，后续发展成为培训、活动和出版的商业提供商。

3. 快速发展阶段（20世纪90年代中期—21世纪初）

20世纪90年代，业务连续性规划（Business Continuity Plan，BCP）演变为业务连续性管理，但在这一时期业务连续性管理发展仍处于不断探索和完善的过程。

"9·11"事件成为业务连续性管理发展的重要里程碑。该事件让人们深刻认识到IT灾难恢复计划和业务连续性管理的重要性。此后，不仅机构自身重视业务连续性管理，行业联盟、协会、监管部门和政府机构等也开始关注和推动业务连续性管理。

4. 体系化阶段（21世纪初至今）

2003年，英国标准协会（BSI）发布了PAS56:2003《业务连续性管理指南》，为业务连续性管理提供了通用框架。

在2006年和2007年，英国分别发布了BS25999的两个部分，正式提出了业务连续性管理体系（BCMS）的概念。

2007年，ISO推出ISO/PAS 22399:2007《社会安全事件准备和运营连续性管理指南》；2012年，又相继发布了ISO 22301:2012《社会安全业务连续性管理体系要求》和ISO 22313:2012《社会安全业务连续性管理体系指南》，业务连续性管理体系的理念逐步得到广泛应用。

中国业务连续性管理起步较晚，但发展迅速。国家标准GB/T 30146—2013《公共安全业务连续性管理体系 要求》于2014年发布，等同于国际标准ISO 22301:2012，该标准为机构策划、建立、实施、运行、监视、评审、维护和改进业务连续性管理体系提供了指导。

（二）业务连续性管理在数据中心中的应用情况

业务连续性管理在数据中心中的应用是确保机构能够在面对各种潜在的中断事件时，如自然灾害、技术故障、恐怖活动、电力故障等，依旧能保持关键业务功能的连续运转。数据中心主要通过开展5种活动保障业务连续运转。

1. 风险评估与预防

对数据中心可能面临的各种风险进行全面评估。例如，自然灾害如地震、洪水、飓风等；人为灾害如火灾、恐怖袭击、误操作等；技术故障如硬件故障、软件漏洞、网络攻击等。通过风险评估，数据中心可以确定潜在风险的发生概率和影响程度，以便采取相应的预防措施。例如，安装火灾报警系统、加强网络安全防护、定期进行设备维护和更新等。

2. 备份与恢复策略

数据中心通过制定完善的备份与恢复策略，可确保在数据丢失或系统发生故障时能够快速恢复业务。例如，数据中心定期备份数据，采用多种备份方式如本地备份、异地备份、云备份等，可确保数据的安全性和可恢复性。同时，数据中心建立了快速恢复机制，如备用服务器、存储设备和网络设施等，以便在发生故障时数据中心能够迅速切换备用系统，恢复业务运行。

3. 应急响应计划

数据中心制定了详细的应急响应计划，来应对各种突发事件。该计划明确了在不同情况下的应急响应流程和人员责任分工，包括如何启动应急预案、如何通知相关人员、如何协调各方资源等。例如，在发生火灾时，数据中心将立即启动灭火系统，疏散人员，并通知消防部门；在遭受网络攻击时，数据中心将迅速切断受攻击的网络连接，启动应急防护措施，并通知安全团队进行处理。

4. 人员培训与演练

为了确保业务连续性管理的有效实施，数据中心会对员工进行定期的培训和演练。培训内容包括风险意识、应急响应流程、设备操作等，以提高员工的应急处理能力和业务连续性意识。同时，数据中心定期进行演练，模拟各种突发事件，检验应急响应计划的有效性和可行性，发现问题并及时改进。

5. 持续监测与改进

业务连续性管理是一个闭环管理。数据中心通过持续监测和评估，可及时发现潜在的风险和问题，并定期进行风险评估和业务影响分析，根据业务需求和技术发展不断调整和完善业务连续性管理策略。

通过这些措施，数据中心能够提高业务连续性管理的能力，确保在面对各种问题时，能够做到快速响应并将业务中断的影响最小化。

（三）业务连续性管理对金融数据中心的特殊作用

业务连续性管理在金融数据中心扮演着至关重要的角色，它确保了金融机构在面对各种突发事件时，都能够维持关键业务的持续运行，主要表现在以下 5 方面。

1. 确保金融服务的稳定性

金融数据中心是金融机构的核心枢纽，承载着大量且关键的业务系统和数据。业务连续性管理能够确保在面临各种突发事件时，如自然灾害、网络攻击、硬件故障等，金融数据中心能够持续稳定地提供金融服务，避免服务中断对客户和市场造成严重影响。例如，在遭遇地震等自然灾害时，金融数据中心能够快速切换备用系统并开启应急响应机制，确保交易、结算等关键业务不受影响。

2. 保护客户利益和信任

金融服务的连续性直接关系到客户的资金安全及其利益。业务连续性管理可以保障客户在任何时候都能访问自己的账户信息、进行交易操作，并及时获得准确的金融服务。这有助于增强客户对金融机构的信任，提高客户满意度和忠诚度。金融数据中心如果出现业务中断情况，就可能导致客户无法进行交易、查询账户等操作，甚至会面临资金损失风险，严重损害客户利益和金融机构的声誉。

3. 满足监管要求

金融机构受着严格的监管，监管机构要求金融机构必须建立有效的业务连续性管理体系，以确保金融市场的稳定和安全。金融数据中心作为金融机构的重要基础设施，必须满足监管要求，具备应对各种风险的能力。通过实施业务连续性管理，金融机构可以向监管机构证明自己拥有足够的风险管理和应急响应能力，避免因不满足监管要求而受到处罚。

4. 降低经济损失

金融数据中心的业务中断可能给金融机构带来巨大的经济损失，包括直接的业务损失、赔偿客户损失、恢复系统的费用等。业务连续性管理通过风险评估、备份恢复策略、应急响应计划等措施，可以大大降低业务中断的发生概率和影响程度，从而减少经济损失。例如，在遭受网络攻击时，金融数据中心会立刻启动应急预案，隔离受攻击系统，恢复数据和业务，避免损失进一步扩大。

5. 提升金融机构的竞争力

在竞争激烈的金融市场中，业务连续性管理能力是金融机构的核心竞争力之一。具备强大的业务连续性管理能力的金融机构，能够在突发事件中迅速恢复业务，为客户提供稳定可靠的金融服务，从而赢得客户信任和市场份额。同时，良好的业务连续性管理有助于降低金融机构的运营成本，提高效率，提升整体竞争力。

业务连续性管理在金融数据中心的作用是多方面的，它不仅作用于技术层面的灾难恢复，还作用于战略规划、资源管理、客户服务和品牌保护等多个层面。通过实施有效的业务连续性管理，金融机构能够提高整体的运营效率和竞争力。

二、业务连续性管理在金融数据中心的应用

结合国家标准、监管指引等标准，金融机构通过建立一套业务连续性管理体系确保其在灾难或突发事件发生时能够快速、有序地恢复业务运转，降低损失和风险，提升自身抵御灾难的能力。业务连续性管理体系如图1所示。

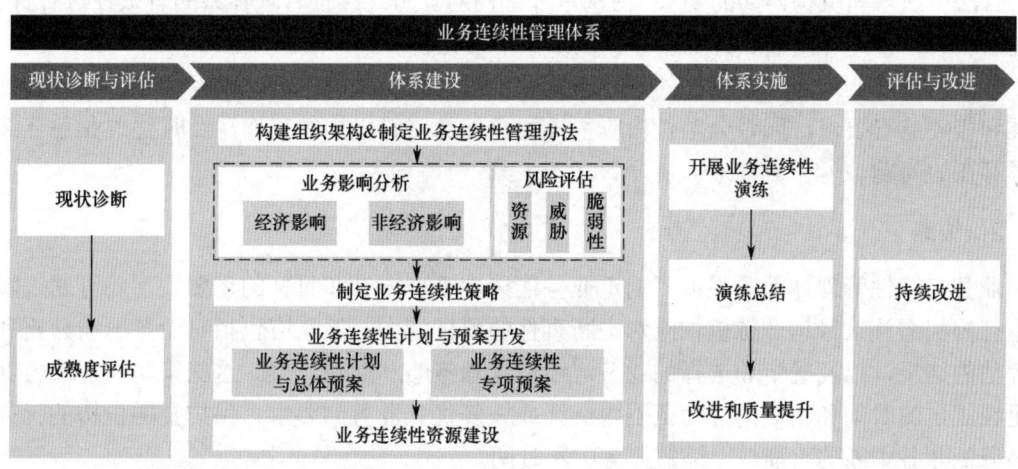

图1 业务连续性管理体系

业务连续性管理体系是一个全面的管理框架，旨在确保金融机构在面临各种中断事件时，能够持续提供关键产品和服务，并在合理的时间范围内恢复到正常运营状态，实施步骤及关键要素主要包括以下内容。

启动与规划。成立业务连续性管理项目组，制定项目计划和时间表。

风险评估与业务影响分析。对机构的风险进行全面评估，确定关键业务流程和资源，并

分析业务中断对业务的影响。

策略制定。根据风险评估和业务影响分析的结果，制定业务连续性管理的策略和计划。

实施与培训。将策略和计划转化为具体的行动措施，并对员工进行培训。

演练。定期进行演练，检验体系的有效性和可行性。

持续改进。根据演练的结果和业务环境的变化，对业务连续性管理体系进行持续改进。

金融机构业务连续性管理体系提炼出了8个关键环节：组织架构、策略及制度体系；业务影响分析；风险评估；关键资源建设；业务连续性计划；应急预案；业务连续性演练；评估与审计。

（一）组织架构、策略及制度体系

在业务连续性管理中，组织架构、策略和制度体系都起着至关重要的作用。

1. 组织架构

领导层面。金融机构设立业务连续性管理委员会或领导小组，由管理层成员组成，负责制定业务连续性管理的战略方向和重大决策。管理层成员对业务连续性管理工作提供了充分的支持和资源保障，确保业务连续性管理在金融机构中得到有效实施。

执行层面：在金融机构设立业务连续性管理部门，并配备负责制定业务连续性管理制度与政策的专职岗位，该岗位需明确各部门职责，组织机构内各部门共同制定并执行业务连续性管理工作，开展风险评估和业务影响分析，负责组织演练和培训工作。该岗位人员应具备跨部门协作的能力，能够有效地整合各部门的资源和力量。

监督层面。内部审计部门需对业务连续性管理工作进行独立的监督和审计，确保各项工作符合法律法规和机构内部的要求。内部审计部门对业务连续性管理体系的有效性进行评估，并提出改进建议，可促进业务连续性管理工作不断完善。

外部监管机构可对金融机构的业务连续性管理进行监督和检查，确保金融机构符合行业标准和相关监管要求，同时金融机构应积极配合外部监管机构的工作，及时整改业务连续性管理存在的问题。

2. 策略

业务连续性管理体系既强调了制定业务连续性管理方针和目标的重要性，还可通过实施和运行控制措施来管理金融机构应对中断事件的整体能力。策略应包括对业务影响分析和风险评估的结果，以及确定和选择的业务连续性管理策略和解决方案。这些策略和解决方案应满足在规定的时间和约定的能力范围内继续或恢复优先业务的要求，保护金融机构的优先业务，降低业务中断的可能性，缩短业务中断时间。

3. 制度体系

业务连续性管理制度体系明确指出了业务连续性管理的目标、原则、组织架构、职责分工、工作流程和要求，为业务连续性管理工作提供了基本的制度保障。该制度体系中规定了业务连续性管理的计划制定、风险评估、业务影响分析、应急响应、恢复等各个环节的具体要求和操作方法。

（二）业务影响分析

业务影响分析可以让金融机构明确业务连续性运营需求，并为业务中断的预防、响应和恢复方案提供依据。业务影响分析主要用于识别对日常运营至关重要的业务功能和业务活动，以及它们对于金融机构整体运营的影响，如人员、声誉、法律、运营、财务等。同时，业务影响分析能够分析出支持此业务功能或业务活动的关键资源。业务影响分析通常采用定性或定量分析方法，来识别金融重要业务、重要业务在遭受业务中断后恢复目标（RTO 和 RPO）和业务运转的关键资源。

业务影响分析的具体流程可以细化为五步：业务识别和梳理、业务重要性评估、重要业务相互依赖关系和恢复目标、重要业务关键资源、重要信息系统恢复目标。

重要业务关键资源指业务运营所需的最小资源，缺失或损坏这些资源将导致业务无法持续稳定地运转，甚至中断的业务也无法快速恢复。关键资源包括人员、业务场地、业务办公设备、业务单据、外部供应商、信息系统及运行环境等七类资源。

关键资源里的信息系统需要梳理重要业务在关键业务路径上所使用的信息系统，需要业务部门协同信息科技部门共同梳理重要业务与信息系统的对应关系，根据重要业务与信息系统的对应关系、信息系统之间的依赖关系，确定重要信息系统；同时根据业务恢复目标（业务 RTO 和业务 RPO）、业务应急响应时间、业务恢复验证时间，再结合系统灾备建设及运维技术情况，确定重要信息系统的恢复目标（系统 RTO 和系统 RPO）。

（三）风险评估

业务影响分析完成后，金融机构需要对重要业务进行风险评估，风险评估流程如图 2 所示。金融机构应根据业务连续性运转所需的关键资源（信息系统及其运行环境、关键人员及供应商等），分析关键资源所面临的潜在威胁及资源自身的脆弱程度，确定资源的风险敞口，并制定使风险降低、缓释、转移等应对措施，评估残余潜在风险；依据防范或控制风险的可行性和残余风险的可接受程度，制定风险防范和控制的原则与措施。

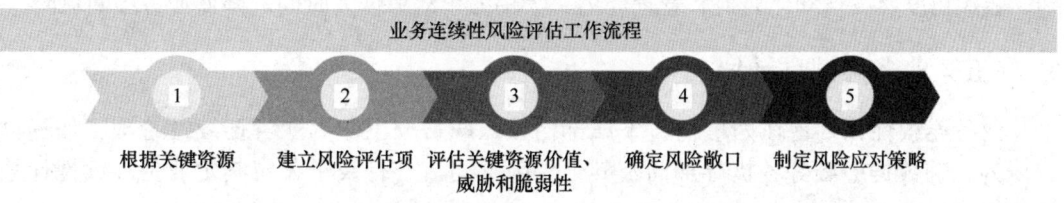

图 2　风险评估流程

金融数据中心关键资源的威胁和风险主要包括自然灾害、人为破坏、外部服务中断、信息技术故障、环境毁损、信息安全风险等。每项关键资源都可能面临不同的威胁，威胁对关键资源可能造成损害，导致业务中断。因此，金融机构需要充分识别每项关键资源所对应的威胁事件。

金融数据中心关键资源的脆弱性主要来自数据中心内部，是关键资源在设计、建设和维护过程中形成的容易被威胁和利用的缺陷和漏洞。只有在其被威胁利用的情况下才会对关键资源造成损害。例如，关键人员缺乏 AB 角、业务场地缺乏消防设施、信息系统缺乏本地或异地高可用性机制等,都是关键资源本身的脆弱性。

针对资源本身的脆弱性,需要制定风险控制措施来有效规避、降低或缓释风险。关键资源从大类上看,包括人员、场地、信息系统等,需要针对这几类关键资源的各类脆弱性分别制定风险控制措施,如为关键人员配备 AB 角、业务场地配备消防设施、信息系统实现本地/异地高可用性机制等。

(四)关键资源建设

从投入成本上讲,人员、场地、供应商及信息系统投入较大。人员需要建立互备机制、明确职责;场地方面需要应急指挥中心及可以接管生产任务的灾备中心,同时做好供应商的服务管理和风险管理;信息系统需要加强监控监测及应急处置,并进行高可用建设。以下从 IT 基础设施、云平台、应用及工具 4 个方面进行说明。

一是强化 IT 基础设施服务韧性,提升信息系统防御风险能力。随着技术发展,业务连续性要求日益提升,信息科技灾备建设从两地三中心逐步朝着多地多中心演进,金融机构需要不断完善数据中心多地多中心的架构,以保障灾备恢复能力。

二是在当前技术环境下数据中心提供以云计算为基础的计算、存储和网络能力。分布式架构和云计算可以提高金融数据中心的可靠性和可扩展性。通过将数据和应用程序部署在多个金融数据中心或云平台上,金融机构可以实现数据的冗余备份和应用的分布式部署,从而提高系统的稳定性和可用性。云计算等技术的出现和普及,从技术上进一步增强了计算、存储和网络资源的可用性水平,降低了影响业务连续性事件发生的概率。

三是提升应用服务韧性,应用系统基于全栈云的数字化基础设施,深度融合容器、微服务等云原生技术的自愈机制,全面打造可自愈的韧性部署架构。依托于典型故障场景和标准应急能力需求,金融机构通过构建通用高效的应急处置工具体系,持续提升云上应用韧性水平。

四是通过技术赋能,利用工具建设提升应急响应效率。通过引入灾备切换管理系统,金融机构实现灾备切换场景管理、演练管理、切换实施、应急指挥等功能,实现数据中心各级别、各颗粒度容灾自动化切换和管理能力,大幅缩短故障恢复时间,降低业务中断风险。

(五)业务连续性计划

业务连续性计划旨在为机构、下属部门按照职责分工,为业务连续性管理工作提供指导,为金融数据中心等各执行部门及其他保障部门、分行及子公司制定业务连续性计划提供依据。

金融数据中心业务连续性计划应涵盖重要外部供应商业务连续性计划,业务恢复目标应满足金融业务连续性管理要求。同时,金融机构应注重与金融同业单位、外部金融市场、金融服务平台和公共事业部门等外部组织的业务连续性计划有效衔接,并积极采取风险缓释及转移措施,有效控制由于外部机构业务连续性管理不充分可能产生的风险。

(六)应急预案

应急预案是用于指导金融机构在业务中断时进行响应、处置、恢复、还原到原业务运行水平的总体方案。当播报重大突发事件新闻时,经常会看到一个关键信息——"第一时间已启动应急预案",作为观众的第一反应是事态基本可控。应急预案从类型上一般分为总体应急预案和专项应急预案，总体应急预案通常用于处置可能导致大范围业务中断的突发事件，专项应急预案用于在特定范围、特定场景下的突发事件应急处置。总体应急预案是应对重要业务中断事件的总体方案，明确了总体应急处置组织架构、各层级预案的定位和衔接关系及应急处置工作流程。

应急处置工作流程主要包括以下 5 个步骤。

1. 监测预警

为确保监测系统预警的全面性和准确性，避免漏报或误报，又能及时发出预警，金融机构需要利用智能算法分析和识别可能影响业务连续性的各种风险，从而建立有效监控体系。

2. 事件报告

为确保事件报告的及时性和准确性，同时在突发事件处置过程中能够获取足够的信息供分析与决策使用，金融机构可通过预案明确报告流程并不断演练流程和话术标准，确保在业务中断时，相关人员能够迅速、准确地报告情况。

3. 分析与决策

为了在有限时间内基于有限信息做出正确决策，最大限度确保业务连续性，金融机构设定数据收集的标准：关注客户投诉的数量、外部客户咨询的情况、工作偏离基线程度及标准化动作指标。利用自动化工具快速评估业务影响，为应急决策提供有力支持。

4. 应急指挥和响应

为确保应急指挥的协调高效，避免信息不畅或资源浪费，金融机构遵循"统一指挥、分类管理、分级处置、快速响应"的原则，构建应急指挥体系。行领导和各部门总经理室成员悉数参与，强化一、二、三道防线的联动，确保在业务中断时，金融机构能够迅速调动资源，进行应急处置。

5. 应急解除

为保障应急解除的及时性和稳妥性，避免因过早或过晚解除应急状态而带来的风险，金融技术部门可通过联合业务部门综合研判，解除应急状态后，做好后续的监测和保障，做好重保和舆情监测。

（七）业务连续性演练

金融机构高度重视演练工作，开展多层次、多场景演练来检验应急预案的完整性、可操作性和有效性，验证业务连续性资源的可用性，提高对业务中断以及突发事件的综合处置能力。金融机构通过演练可实现以下目标：一是满足监管要求并提升金融业务连续性管理能力；二是检验重要业务运营中断后的应急处置和业务恢复能力；三是检验重要业务归口管理部门、信息科技部门、相关保障部门在应急处置过程中跨部门沟通协作能力；四是通过演练，强化参演人员的岗位应急处置意识，提升各部门人员的应急处置能力；五是验证灾备体系有效性，确认灾备系统环境的有效性及生产灾备数据一致性；六是验证应急预案有效性，并通过演练持续优化。

业务连续性演练实施流程包括以下内容：制定业务连续性演练计划；完善业务连续性

应急预案；制定业务连续性演练方案；开展业务连续性演练工作；编写业务连续性演练总结报告。

制定业务连续性演练计划及演练方案，应考虑业务的重要性和影响程度，如客户范围、业务性质、业务时效性、经济与非经济影响、监管要求等。业务连续性频率、方式应与业务的重要性和影响程度相匹配，演练内容应基于应急预案，并覆盖应急预案重点内容。业务连续性演练组织形式包括桌面演练、模拟演练、实战演练，演练组织复杂度依次递增，演练收获效果也随复杂度增加而逐步递增。

在开展业务连续性演练时，金融机构应重点加强业务和信息科技方面的协调、配合，注重以真实业务接管为目标，确保灾备系统能够有效接管生产系统并具备安全回切能力，保证演练质量。我国监管部门不定期组织非预先通知的重要信息系统真实切换演练，不断优化金融机构灾难备份体系，持续提升灾难应对能力。这有助于金融机构能够随时启动整体异地灾备数据中心的切换，确保人员组织效率、技术切换效率和跨机构业务恢复效率达到分钟级。

金融机构应用系统灾备切换演练采取真实演练，通过每年定期同城灾备切换演练、异地灾备切换演练，检验灾备体系有效性，同时在演练过程中业务部门参与验证工作，加强业务与科技的联动。金融机构通过组织历史事件专项场景演练，检验预案及整改措施有效性，达到以练促治的目的。

金融机构不仅在应用系统上真演实练，在基础设施演练上也追求真演实练。金融数据中心基础设施应急场景及演练计划的制定，与金融数据中心设计及建设情况密切相关。数据中心应急场景主要分为三类：第一类为外部资源中断场景，主要包括单路市电中断、双路市电中断、市政供水中断等；第二类为基础设施设备故障场景，金融机构针对UPS、发电机组、配电柜、冷水机组、精密空调、阀门、管道、监控系统等各种设备设施类型分别制定应急场景；第三类为突发事件场景，包括火灾、地震、人员伤病、非法闯入、疫情防控等。

在金融数据中心基础设施应急演练的计划制定和执行过程中，金融机构应特别注意演练的细节应贴近现实，充分验证基础设施和运行维护人员能力，确保应急事件发生时数据中心业务连续，以最常见的"双路市电中断、柴油发电机启动并承接数据中心用电负荷"场景为例。金融数据中心基础设施演练一般包含沙盘推演、假负载箱带载演练、真实带载演练等演练场景。沙盘推演仅能梳理在应急场景下的操作顺序及流程，但无法验证设备的实际运行状态及可靠性；而假负载箱带载演练对供配电系统的验证也并不完整。因此，金融数据中心的发电机带载演练全部采用金融数据中心真实带载演练，以全面验证发电机组、高低压配电柜及切换部件、UPS、冷水机组、精密空调、监控系统等所有设备设施。在市电中断情况下，检验这些设备的自启、切换、运行状态，确保在应急场景下金融数据中心基础设施及所承载的IT业务能够连续不中断地运行。

为确保金融数据中心业务连续性，应急场景不能停留在运维部门层面，避免仅考虑应急处置的单一需求，而应全面考虑通信联络、指挥协调等多层次需要。金融数据中心应急演练的通知通报及指挥协调标准要与真实的事件处置过程一致，市电中断、发电机系统投切动作、巡检确认金融数据中心状态、市电恢复、市电回切动作等关键环节和信息均应在内部应急处置通信群组中通知通报并进行指令下达，确保基础设施的实时状态和对业务的影响能够及时向上传达，便于整体决策。

（八）评估与审计

为保障业务连续性管理体系的完整性、合理性、有效性，金融机构每年至少开展一次专项评估，评估结果应向高级管理层提交评估报告。同时，金融机构每年对业务连续性管理工作进行审计，审计部门每三年开展一次全面审计，在发生大范围业务中断事件后应当及时开展专项审计。

金融机构通过评估和审计发现不足和问题，每年对业务连续性管理文档进行修订及完善。一是修订内容包括重要业务调整、制度调整、岗位职责与人员调整等，确保文档的真实性、有效性；二是对新业务进行业务连续性管理评估，对纳入业务连续性管理的新产品，归口管理部门在上线前制定业务连续性专项应急预案，并根据实际情况实施演练；三是在业务功能或关键资源发生重大变更时，及时对业务连续性计划及预案进行修订。

三、业务连续性管理在金融数据中心的发展前景

（一）推行业务连续性管理存在的困难

推行业务连续性管理存在的困难主要有 8 个方面。

一是组织架构和职责分配不明确。一些金融机构尚未建立完善的业务连续性管理体系，导致在紧急情况下无法有效协调资源并响应，包括缺乏专职的业务连续性管理团队、不清晰的职责分配及管理层对业务连续性重视不够。

二是资源投入不足。业务连续性管理需要充足的资源投入，包括资金、技术和人力资源。中小金融机构可能因考虑成本而无法投入足够的资源，特别是在灾备中心建设和维护方面。

三是新技术的挑战。金融数据中心需要确保技术的高可用性和灾难恢复能力，但新技术的快速变化和复杂性为其带来了挑战，如确保数据中心的基础设施、网络链路、关键设备等具备足够的冗余度和性能。

四是演练和测试不足。业务连续性计划的有效性需要通过定期的演练和测试来验证。一些金融机构未能定期进行灾备切换演练，或演练不够全面，导致无法有效验证灾备系统的真实接管能力。

五是监管要求和合规性。随着监管机构对业务连续性管理的要求越来越严格，金融机构需要确保业务连续性管理符合监管要求。这可能需要金融机构进行额外的合规性评估和改进。

六是数据安全和隐私保护。在业务连续性管理中，数据的安全性和隐私保护尤为重要。金融机构需要确保在灾难恢复过程中，客户数据的安全和隐私能得到妥善保护。

七是依赖第三方服务提供商。金融机构的业务连续性管理可能依赖第三方服务提供商，增加了管理的复杂性。金融机构需要确保第三方服务提供商的业务连续性计划与自己的计划相兼容。

八是文化和意识。业务连续性管理需要成为金融机构文化的一部分，员工需要意识到业务连续性管理的重要性并参与其中。若金融机构缺乏充分的培训和意识提升活动，可能会导致员工对业务连续性管理的理解不够深入，参与度也不足。

解决这些困难需要金融机构从高层到基层的全面参与，以及持续的投入和改进。通过建立明确的组织架构、加强资源投入、定期进行演练、遵守监管要求、保护数据安全、提升员

工意识、管理第三方服务提供商带来的风险，金融机构可以提高业务连续性管理能力。

（二）业务连续性管理在金融数据中心的发展方向

业务连续性管理在金融数据中心的发展方向可以从以下 4 个方面进行考虑。

1. 智能化运维

随着金融业务的快速发展和金融数据中心规模的不断扩大，传统的运维模式已经难以满足需求。金融机构正逐步引入智能化运维系统，通过人工智能算法和大数据分析，实现对金融数据中心的实时监控、故障预测和自动恢复，提高业务连续性和系统的稳定性。金融机构通过采用节能的制冷、配电系统和优化的电气设计，提高能源使用效率，降低数据中心的能耗和运营成本。

2. 模块化和弹性扩展

金融机构在设计建设时尽量采用模块化方案，提前布局弹性架构，使金融数据中心能够根据业务需求进行快速调整和扩展，同时保持高可用性和可靠性。

3. 加强灾备和多活数据中心建设

提高灾备能力是金融数据中心高质量发展的方向。金融机构要通过同城和异地灾备中心的设立，确保在发生自然灾害或突发事件时，业务能够快速恢复；还要增加多活数据中心，实现业务的不间断运转和数据的实时同步。金融机构进一步完善业务连续性管理体系，包括策略、组织架构、方法、标准和程序，以确保在面对各种挑战时，能够快速响应并将业务中断影响最小化。

4. 法规遵从和风险管理

随着金融监管的加强，金融机构需要确保金融数据中心的业务连续性管理符合相关法规要求。通过建立完善的风险评估和管理机制，金融机构能够更好地应对潜在的业务中断和突发事件，保护客户数据和资产安全。

（作者单位：中国光大银行）

数据中心基础设施运维管理机构能力提升与评价

高鸿娜　王　杰　王立权

数据中心的稳定、高效运行，直接关系到业务的连续性、数据的安全性及服务的质量，从而决定其支撑社会发展、企业运营的能力。在此过程中，具备扎实运维能力的运维管理机构发挥着不可或缺的作用。高效的运维管理不仅能够确保设备的正常运转、延长设备的使用寿命，还能显著降低故障发生率、优化资源利用效率，进而提升数据中心的整体服务水平和客户满意度，为企业和社会创造更大的价值。

一、运维管理机构应当具备的能力

数据中心运维管理是一项复杂而关键的任务，它要求运维团队具备多方面的能力以确保数据中心的稳定、高效和安全运行。运维管理机构是保证数据中心安全、稳定运行的组织保证，一般运维管理机构应当具备的能力包括完善的制度、经验丰富的运维人员、运维所需的必备资源和技术，以及为达到预先设定运维目标的过程。

（一）制度

健全的制度体系是运维管理工作的基石。GB/T 51314—2018《数据中心基础设施运行维护标准》中明确，数据中心基本运维制度包含以下 10 个方面的内容。

（1）安全管理，包括人员安全、职业健康、环境安全、信息安全。

（2）运行维护管理，包括监控管理、值班管理、巡检管理、作业管理、供应商管理、资产管理、变更管理、容量管理、事件管理和问题管理。

（3）质量管理，包括质量保证、质量控制和持续改进。

（4）应急管理，包括风险识别、风险评估、预案制定、应急演练。

（5）能效管理，包括能效数据的获取、分析和运行方案的优化。

（6）人力资源管理，包括人员的选择、培养、使用和发展规划。

（7）财务管理，包括预算编制、预算执行、核算和成本分析。

（8）文件管理，包括文件编制、审核、批准、发布、使用、归档、变更、废止和销毁。

（9）绩效管理，包括绩效目标制定和分解、绩效监控和评价、绩效结果的应用。

（10）合规管理，包括合规要求的识别、合规评估和处置。

以上 10 个方面，除了制度文件，还应包含标准作业程序文件（Standard Operating Procedure，SOP）、维护作业程序文件（Maintenance Operating Procedure，MOP）及应急作业流程文件（Emergency Operating Procedure，EOP）。标准作业程序文件和维护作业程序文件包含设备的日常巡检制度，明确巡检的频率、内容和标准，确保及时发现潜在问题；应急作业流程文件应明确数据中心已识别的故障处理制度，规范故障的报告、诊断、修复及后续跟踪流程，缩短故障恢复时间，针对可能出现的各类紧急情况，如电力中断、火灾、网络攻击等，制定详细的应对策略和操作步骤，以最大限度减少损失。

数据中心基本运维制度需对数据中心的日常管理提供体系支持，如变更管理、扩容建设管理、备品备件管理、人员管理、废弃物管理等制度，对设备配置、系统升级等操作进行严格的审批和控制，保障数据中心在运行、维护、废弃物处置过程中的安全及合规。

综上，数据中心基本运维制度涵盖了运维的各个方面，是一套完善、详细的制度体系。

（二）人员

运维人员是整个数据中心运维工作的执行者，素质和能力直接影响运维工作的效果，从而关系到整个数据中心的正常运行。

运维巡检及运维检修技术人员首先应具备良好的职业道德和专业素养。职业道德包括遵纪守法、爱岗敬业；诚实守信、恪守职责；遵守规程、忠于职守；认真严谨、服从指挥。专业素养包括严格遵守国家规范、运维管理制度、流程和操作手册；具有工作责任心和主动性，理解运维要求，明确运维目标；主动学习数据中心运维知识，掌握运维技能；保持良好的工作习惯和整洁的工作环境；在运维工作中保持冷静、耐心、实事求是。其次还应具备扎实的专业知识，包括运维基本概念与知识，以及计算机科学、电气、空调、网络技术等相关领域知识，熟悉数据中心各类设备和系统的原理、结构和运行机制。最后还需具备良好的沟通能力，能够与团队成员、上级领导和使用单位进行有效的信息交流和协作；更应有责任心和敬业精神，在面对复杂和紧急情况时，能够坚守岗位，迅速采取正确的行动。

配备团队应根据不同的基础设施规模，配备诸如电气、暖通、弱电、消防等专业的人员。运维人员应有与岗位相适应的实践经验，经培训后能够熟练地依据体系文件应对各种常见和突发的运维问题，并形成规范的过程文件，保证在人员更换的条件下也不会影响运维质量。根据数据中心的规模及级别，运维团队的技术负责人应具有从事工程管理或运维管理工作的相关经历。

（三）资源

充足的资源是保障运维工作顺利开展的必要条件。数据中心在运维过程中的常用资源有设施设备类资源、技术支持类资源及维保支持类资源。

在运维工具方面，数据中心建立运维工具的管理制度及相匹配的台账时，应配备先进的检测、诊断和维修工具，如电能质量分析仪、线缆测试仪、接地电阻测试仪、热成像仪、电池测试仪等，以提高运维工作的效率和准确性。数据中心需要随时关注维修工具的可用性，确保仪器仪表在有效期内使用。

在备品备件方面，数据中心建立合理的备件库存，根据数据中心的级别和运维要求、设备的重要性、故障率和维修周期，确定备件的种类和数量，并确保备件的质量可靠、存储环境适宜。

在外部专家资源管理方面，数据中心应建立专家库，在需要外部专家对运维管理过程中碰到的问题进行论证并提供解决方向时，可向专家库中的相关专业专家发出邀请。

在基础设施设备的维保厂商管理方面，数据中心应与已签订维保合同的数据中心基础设施维保厂商建立有效沟通机制，督促并配合维保厂商完成合同内约定的维保工作，并将日常巡检中发现的问题与维保厂商进行沟通，确认问题产生原因、影响范围及解决方案。若数据中心要保持运维工作的连续性，应在运维合同到期前 3 个月内确定下一年度的维保厂商，便于进行维保交接。

此外，数据中心应与供电部门协作保障稳定的电力供应、与网络供应商协作保障可靠的网络连接，同时对设施设备进行动态调节以保障适宜的机房环境，为设备的正常运行提供良好的基础条件。

（四）技术

先进的技术手段是提升运维水平的关键。运维管理机构应掌握设备的远程监控和管理技术，实现对分布在不同位置的设备的集中监控和管理；应具备系统性能优化技术，能够根据业务需求和设备运行状况，对暖通及 BA 系统等进行优化配置，提高系统的运行效率；应熟练运用数据分析和预测技术，通过对设备运行数据的收集和分析，提前预测可能出现的故障，实现预防性维护；同时，积极探索和应用人工智能、机器学习等新兴技术，提升运维工作的智能化水平。

（五）过程

科学规范的运维工作过程能够确保工作的高效和质量的可控。首先，对运维工作进行流程化设计，将复杂的工作分解为一系列有序的步骤，明确每个步骤的输入、输出和责任人；其次，推行标准化作业，制定统一的操作规范和质量标准，确保不同人员在执行相同任务时的一致性；再次，引入精细化管理理念，对运维过程中的每一个细节进行严格把控，如设备的标签管理、线缆的布线规范等，避免因管理粗放导致的问题；最后，建立完善的质量管理体系，通过定期的内部审核和持续改进机制，不断提高运维工作的质量。

二、运维管理机构能力提升的途径

运维管理机构能力的提升是一个综合性的过程，涉及多个方面的改进和优化。运维管理机构应该高度重视运维管理能力的提升，不断优化运维流程，建立一套完善的制度体系；加强人员培训和考核，提升人员与团队的管理能力；引入先进的技术和工具，建立科学的备品备件管理体系；结合数据中心的实际情况和用户需求，提供个性化的运维服务方案，同时积极探索新的运维服务模式和技术，利用自身的技术优势，推动数据中心基础设施在技术创新方面的进步；建立完善的服务管理机制，提升事件响应及处置能力；定期回顾，总结经验，持续改进；邀请专业的合格评定机构对运维管理机构进行定期的评定，建立持续的监督和评估机制，促进流程优化及管理效率提升等。运维管理机构确保数据中心能够稳定、可靠地运行，为企业运营的持续发展提供有力保障。

（一）建立健全制度体系

1. 流程化

运维管理机构对运维工作的各个环节进行深入细致的梳理，绘制详细的流程图，明确每个环节的先后顺序、输入输出和关键控制点。例如，在设备维修流程中，运维管理机构应清晰规定故障报告的渠道和格式、维修任务的分配原则、维修过程的记录要求及维修完成后的验收标准。运维管理机构在不同的设备领域有不同的运维流程，如电气设备、空调设备等。

2. 标准化

运维管理机构参照国内外相关的行业标准和实践案例，再结合自身数据中心的特点和需求，制定包含设备操作、维护、管理等各个方面的标准规范。例如，运维管理机构制定服务器的安装标准、网络设备的配置规范、电力系统的维护周期和标准等。目前，国内对数据中心运维服务机构的评价标准比较权威的标准为中国计算机用户协会发布的团体标准《数据中心基础设施运维服务能力要求》，运维管理机构可根据该标准为不同类型的数据中心基础设施运维管理定制相应的标准化流程。

3. 自动化

运维管理机构借助自动化工具和技术，实现部分重复性高、规则明确的工作的自动化处理。例如，运维管理机构利用脚本实现服务器的自动部署和配置、利用监控软件的自动报警功能及时发现设备故障、利用人工智能机器人代替部分人工巡检工作等，从而减少人工操作的错误率，提高工作效率。

（二）人员与团队管理的提升

1. 明确责任分工

根据人员的专业背景、技能水平和工作经验，运维管理机构合理划分工作职责和权限，形成清晰的岗位说明书。例如，将运维团队分为电气运维小组、空调运维小组、监控运维小组等，每个小组负责特定领域的运维工作，同时明确小组内各成员的具体职责。必要时还应成立消防运维小组，或与物业部门联合对数据中心的基础消防设施进行工作职责的说明。

2. 强化团队协作

运维管理机构通过定期组织团队建设活动，如户外拓展、技术交流研讨会等，加强团队成员的了解与信任；建立有效的沟通机制，如每日例会、周报制度等，确保信息的及时传递和共享；鼓励团队成员在工作中相互支持、协作配合，共同解决复杂问题。

3. 提升人员能力

运维管理机构制定个性化的培训计划，针对不同人员的技能短板和发展需求，提供内部培训课程、外部培训机会和在线学习资源；建立技术导师制度，由经验丰富的技术专家对新员工或技术薄弱的员工进行一对一的指导和培养；鼓励员工参加行业认证考试和技术竞赛，提升专业水平和竞争力。运维管理机构建立科学合理的绩效考核体系，对员工的工作绩效进行客观、公正的评估；根据绩效考核结果，给予优秀员工适当的奖励和晋升机会，对表现不佳的员工则提出改进建议或采取相应的惩罚措施。

（三）运维工具及备品备件的完善

1. 定期评估和更新运维工具

运维管理机构建立运维工具的评估机制，每隔一段时间就对现有工具的功能、性能和使用效果进行评估，根据评估结果及时淘汰落后工具，引入更先进、高效的工具。例如，每件运维工具需一年完成一次第三方机构的校准；当现有的性能运维工具无法满足对新型设备或复杂系统的运维需求时，应及时采购功能更先进的运维工具。

2. 建立科学的备品备件管理体系

运维管理机构运用库存管理理论，结合设备的故障率、维修周期和备件的采购周期等因素，确定合理的备件库存水平；采用信息化手段，对备件的入库、出库、库存盘点等进行实时管理，确保备件库存数据的准确并做到及时更新；与供应商建立良好的合作关系，确保备件能够及时供应并且质量可靠。

（四）运维服务实施方案的提升与创新

1. 联系实际制定运维服务实施方案

运维管理机构结合数据中心的实际情况和用户需求，制定个性化的运维服务实施方案：深入了解数据中心所承载的业务特点、用户对服务的期望和需求，以及数据中心自身的设备配置、环境条件等因素，制定针对性的运维服务策略和计划。例如，对于金融数据中心来说，由于对业务连续性要求极高，运维管理机构应制定更为严格的故障恢复时间指标和应急预案；对于云计算数据中心来说，运维管理机构应重点关注资源的动态分配和优化。

2. 引入运维服务新模式与新技术

积极探索新的运维服务模式和技术：运维管理机构应时刻关注行业的发展动态和技术创新趋势，引入远程运维、智能运维、基于大数据的预测性维护等新的服务模式和技术手段。例如，运维管理机构利用远程运维技术，实现对异地数据中心的实时监控和管理，降低运维成本；通过智能运维系统，自动分析设备运行数据，提前发现潜在故障，提高运维的主动性和准确性。

（五）服务过程及事件管理过程

1. 完善服务过程监控机制

运维管理机构运用信息化系统对运维服务的全过程进行实时跟踪和记录，如服务请求的受理、处理进度、结果反馈等；设置关键绩效指标（KPI），如服务响应时间、问题解决时间、用户满意度等，对服务过程进行量化评估；定期对服务过程数据进行分析，找出存在的问题和不足，及时采取改进措施，保持服务过程监控机制的适用、完善。

2. 加强事件管理

运维管理机构制定详细的事件分级标准，根据事件的影响范围、严重程度和紧急程度，将事件分为不同级别，并明确相应的处理流程和责任人员；建立事件应急响应团队，确保在事件发生时能够迅速集结、高效协作；对事件的处理过程和结果进行全面的记录和总结，分析事件发生的原因，评估处理措施的有效性，形成事件知识库，为后续的事件处理提供参考。

（六）定期回顾，总结经验，持续改进

1. 定期回顾

运维管理机构定期组织运维团队对过去一段时间的工作进行全面回顾，包括工作任务的完成情况、目标的达成情况、存在的问题和挑战等。

2. 总结经验

运维管理机构对回顾中发现的成功经验和失败教训进行深入分析和总结，找出其中的关键因素和规律。例如，运维管理机构总结成功解决重大故障的经验，分析采取的有效措施和团队协作方式；反思因人为失误导致的问题，查找原因并制定防范措施，并将得到的成功经验或失败教训纳入运维知识库中。

3. 持续改进

运维管理机构根据总结的经验教训，制定适合该数据中心基础设施运维工作的具体改进计划和措施，并将其纳入下一阶段的工作安排。同时，运维管理机构建立持续改进的跟踪和评估机制，确保改进措施得到有效落实和取得预期效果。

（七）加强外部监督，促进流程优化，提升管理效率

1. 运用外部评定机制

运维管理机构邀请专业的外部评定机构进行定期评定，选择具有权威性和公信力的第三方机构，按照相关标准和规范对运维管理机构的制度建设、人员素质、资源配置、技术水平、过程管理等方面进行全面、客观的评定。

2. 进行工作流程调整优化

运维管理机构认真分析评定机构给出的评定报告和改进建议。根据外部评定报告，针对存在的问题和不足，组织团队进行深入研讨，制定切实可行的优化方案。例如，运维管理机构调整工作流程中的不合理环节，完善管理制度中的漏洞，加强人员培训以提高技能水平等。

3. 实施循环管理

运维管理机构引入计划、执行、检查、处理四个阶段不断循环的全面质量管理方法，对优化后的工作流程和管理措施进行持续的监督和评估，定期检查执行情况和效果，及时发现新的问题并进行调整，促进管理效率不断提升。

三、运维管理机构能力评价的角度及实施过程

《数据中心基础设施运维服务能力要求》提出，数据中心基础设施运维服务能力由能力项和能力子项构成。数据中心运维服务能力的结构如图 1 所示。每个能力等级都规定了运维管理机构在制度、人员、资源、技术和过程方面的具体评价内容。

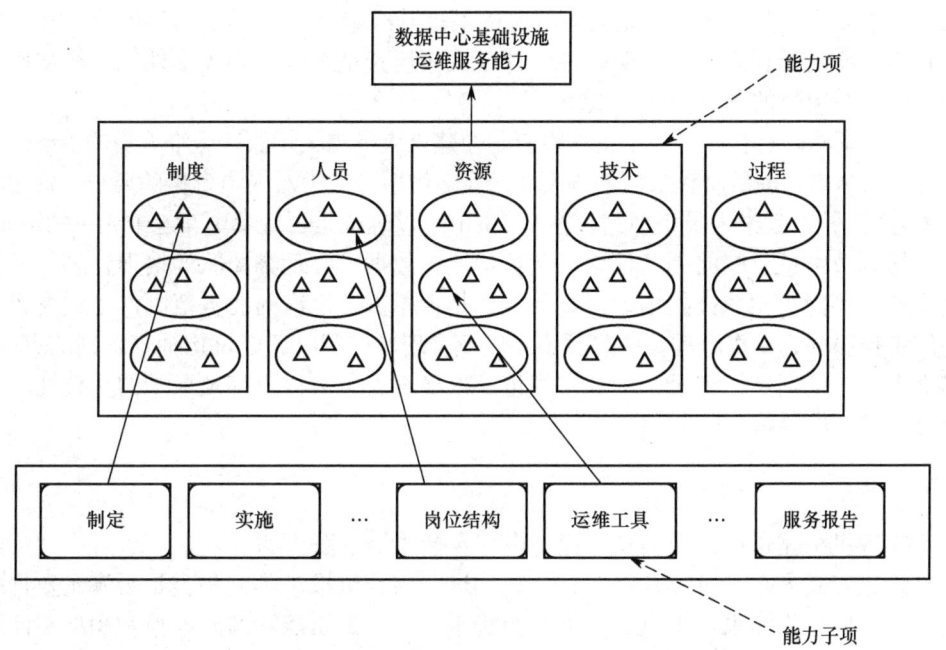

图 1 数据中心运维服务能力的结构

（一）制度

运维管理机构在制度方面的具体评价内容包括 5 个方面。

一是规范性。评定机构细致审查制度是否严格遵循相关的法律法规、行业规范和标准，是否符合数据中心基础设施运维管理的基本要求，并审查制度的编制、审核、发放、实施是否纳入到了质量管理体系中。

二是及时性。评定机构检查制度是否根据情况定期或不定期更新，如法律法规变化、市场环境变化、组织结构职能调整、基础设施系统及设备更新和升级、定期管理评审或内部审核输入等。

三是完整性。评定机构全面检查制度是否包含数据中心运维管理的各个方面，如设备管理、人员管理、安全管理、运行维护管理、应急管理等，有无重要环节的遗漏，如《运维管理制度文件》《安全管理制度》《质量管理制度》《应急管理制度》《文件管理制度》《培训制度》《工具管理制度》《能效管理》《人力资源管理》《财务管理》《绩效管理》《合规管理》《备品备件管理制度》《事件处置制度》等。

四是有效性。评定机构深入评估制度在实际运行中是否能够有效地预防和解决问题，是否能够保障数据中心的稳定运行和服务质量，是否能够达到预期的管理目标。

五是可执行性。评定机构重点考察制度的条款是否清晰明确、具体可行，是否易于理解和操作，是否与运维管理机构的实际情况和资源配置相适应。

（二）人员

运维管理机构在人员方面的具体评价内容包括 4 个方面。

一是团队组织架构的合理性。评定机构查看数据中心基础设施运维组织架构图及各岗位职责，检查数据中心运维团队是否根据数据中心的规模、业务需求和技术复杂度等因素设置组织架构。组织层级是否清晰，是否有明确的汇报升级渠道。

二是岗位职责及任职要求的明确性。评定机构检查是否制定相关文件，并在文件中规定运维团队中所有岗位的职责及从业要求。

三是人员资格的符合性。评定机构检查是否建立人员档案，保存运维人员的资质及证件照片，并确认人员信息满足监管部门的强制要求及运维服务能力对人员资格的要求。评定机构通过抽查的方式，检查运维人员资质是否在有效期内，以确认是否持续更新运维人员的资质信息。

四是培训及考试机制的完备性。评定机构检查数据中心运维团队的培训计划，评估团队成员是否定期接受了相关技能培训，评估培训是否覆盖了运维的业务范围，培训内容是否包括各系统工作原理、操作流程、应急预案，以及管理制度等。评定机构抽查培训的有关记录，包括培训课件、培训考核记录、培训反馈记录，检查人员考核内容及记录的完整性，人员考核应包括技能、经验等。

（三）资源

运维管理机构在资源方面的具体评价内容包括3个方面。

一是运维工具齐全、可靠性高。评定机构逐一核查运维工具的种类是否满足数据中心各类设备和系统的运维需求，工具的性能是否稳定可靠、是否能够准确地检测和诊断问题，工具是否有使用权限的规定，工具的使用记录是否完整。

二是备件库满足服务要求、记录清晰准确。评定机构详细评估备件库的库存数量和种类是否与设备的故障率、维修周期等相匹配，是否能在设备故障时及时提供所需的备件。同时，评定机构检查备件的出入库记录是否完整、准确，是否能够追溯备件的流向和使用情况。备品备件使用后是否得到及时补充。

三是知识管理的有效性、准确性。评定机构检查是否建立知识库管理流程，如知识的收集与整理、存储与共享、应用与优化等。评定机构检查知识库的内容是否全面，知识库内容包括数据中心设计文档、安装手册、标准作业程序文件、维护作业程序文件、应急作业流程文件、运维过程中遇到的问题、解决方案和经验总结等。评定机构检查知识库的访问权限和共享机制是否可靠，以确保知识的机密性及传递的有效性。同时，评定机构检查知识库是否定期更新和优化，以确保知识的时效性和有效性。

（四）技术

运维管理机构在技术方面的具体评价内容包括3个方面。

一是技术文档全面性、完整性。评定机构全面审阅技术文档是否包含数据中心所有设备和系统的详细说明、安装配置手册、操作指南、维护手册等，文档的内容是否准确、清晰、最新，如《标准作业程序文件》《维护作业程序文件》《应急作业流程文件》等。

二是技术文档的匹配性。数据中心在系统设计架构、设备型号、规划布局等方面均具特色，因此，除了运维技术文档的通用文档，评定机构还应考察是否需要根据每个数据中心基础设施的实际情况，有针对性地制定与其匹配的技术文档，验证技术文档的可操作性。

三是技术文档的及时性。数据中心经常会有变更，评定机构应验证在发生变更时，与其匹配的技术文档是否及时更改。

（五）过程

运维管理机构在过程方面的具体评价内容包括两个方面。

一是运维服务过程记录的完整性。评定机构查验合同服务内容，如约定的服务频率、响应时间、人员配置等，重点审查运维管理机构是否依据服务内容提供了详细的运维服务，是否保存了完整的运维服务过程文档，包括运维服务过程记录文档、事件管理过程记录文档、问题管理过程记录文档、变更管理过程记录文档、应急演练记录等。

二是运维服务过程的合规性。评定机构查验运维过程文档，审核运维服务是否完全满足用户要求，是否按照运维管理机构制定的相关制度和技术文档进行了执行和处置。

（六）服务质量

在以上 5 个方面、17 项具体评价的基础上，评定机构还对服务质量进行综合评定。例如：审阅合同、服务报告、验收报告等文件；检查服务报告的完整性、及时性和准确性；评定服务质量是否达到用户要求，用户是否对运维服务质量满意；检查是否有服务质量持续改进的措施和机制，提升用户满意度和忠诚度。

经评定，基本满足评定要求的数据中心基础设施运维管理机构，即可获得评定机构颁发的服务能力认证证书。在认证过程中，运维管理机构可以查漏补缺，提升自身运维管理能力。通过认证的机构最终会获得"数据中心基础设施运维服务能力认证证书"，该证书可在全国认证认可信息公共服务平台官网查询，如图 2 所示。

图 2　数据中心基础设施运维服务能力认证证书

四、面临的挑战与应对策略

随着智算需求逐渐加大,数据中心的规模及算力也在迅速提升,对数据中心基础设施运维服务能力的要求也会有不同的变化。在提升数据中心基础设施运维管理机构能力的过程中,运维管理机构不可避免会遇到一些挑战。

(一)技术更新换代

随着信息技术的迅猛发展,新型设备和技术也不断更新换代。运维管理机构需要持续关注行业动态,投入资源进行新技术的学习和研究,以跟上技术发展的步伐。同时,运维管理机构要合理规划技术升级的路线,避免盲目跟风导致资源浪费。

应对策略:运维管理机构建立技术研究小组,定期跟踪和评估新技术;制定技术更新计划,分阶段引入并应用新技术;加强与设备供应商和技术伙伴的合作,获取及时的技术支持和培训。

(二)人员流动

运维人员的流动可能导致经验和知识的流失、断档,影响团队的稳定性和工作的连续性。

应对策略:运维管理机构应建立完善的知识管理体系,将运维经验和知识进行整理和归档;为员工提供良好的职业发展规划和激励机制,增强员工的归属感和忠诚度;加强新员工的培训和融入机制,缩短新员工的适应期。

(三)成本控制

提升运维能力往往需要投入一定的资金用于人员培训、工具采购、技术研发等方面,如何在保证效果的同时控制成本成了一项挑战。

应对策略:运维管理机构进行成本效益分析,优先投资对运维效果提升显著的项目;优化资源配置,提高资金使用效率;探索与其他机构的合作或共享资源模式,降低成本。

(四)安全风险

随着数据中心的重要性不断增加,面临的安全威胁也日益复杂。运维管理机构需要不断加强安全管理,防范各类安全风险。

应对策略:运维管理机构建立全面的安全管理体系,如物理安全、网络安全、数据安全等;定期进行安全评估和漏洞扫描,及时发现和处理安全隐患;加强员工的安全保密意识培训,提高安全防范能力。

五、未来展望

随着云计算、大数据、人工智能等技术的进一步发展,数据中心基础设施运维管理将朝着更加智能化、自动化、绿色化的方向发展。

（一）智能化运维

通过运用机器学习、深度学习等人工智能技术，运维管理机构实现了对设备故障的智能预测、诊断和修复，提高了运维效率和准确性。

（二）自动化运维

借助自动化工具和脚本，运维管理机构可实现设备配置、软件部署、系统监控等工作的自动化，减少人工干预，降低人为失误的风险。

（三）绿色运维

在全球倡导节能减排的背景下，数据中心运维管理将更加注重能源管理和环境友好，通过优化设备运行、采用节能技术等方式降低能耗，实现可持续发展。

（四）融合新技术

运维管理机构与新的智算中心、5G、边缘计算等新兴技术融合，为数据中心的发展带来新的发展机遇和挑战。运维管理机构需要提前布局，做好技术储备和应对策略。总之，数据中心基础设施运维管理机构的能力提升是一个持续的过程，运维管理机构需要从制度、人员、资源、技术和过程方面入手，通过不断引入新技术、优化管理流程、提升人员技能、加强安全防护和推动可持续发展，不断提升自身能力，以适应行业发展的趋势，为数据中心的稳定运行和业务发展提供坚实的保障。

（作者单位：中国计算机用户协会数据中心分会
中体彩科技发展有限公司
北京国信天元质量测评认证有限公司）

数据中心基础设施建设的基本要求

周英杰　魏悟尘　于　凤

数据中心基础设施是由建筑物、空调与新风、电力与照明、防雷保护、系统接地、消防与安全保障、信息网络与布线、系统监控、排水等设施设备与一定面积的场地组成的统一整体，其功能是为确保电子信息设备安全、可靠、连续正常运行提供基本支持。根据数据中心的不同用途，其称谓也不尽相同，如超级计算中心、灾备中心等，规模较小的一般称为计算机机房。随着人工智能技术的迅猛发展，智算中心、算力中心等概念应运而生。尽管这些中心在规模和任务上存在差异，但其应具备的基础设施功能具有高度的一致性。为了实现数据中心的安全性、可靠性和持续正常运行，国家对数据中心基础设施的建设提出了基本要求，涵盖了数据中心规划与选址、设计、施工、验收、试运行等阶段。本文简述了数据中心基础设施建设的演变及现阶段建设的基本要求，展望了数据中心基础设施建设的未来发展方向。

一、数据中心基础设施建设的演变

（一）数据中心基础设施的发展阶段

数据中心基础设施的发展历程可以划分为 3 个阶段，每个阶段都反映了技术和应用需求的变化。

1. 早期阶段

数据中心的起源可以追溯到 20 世纪 60 年代的大型机时代。最初数据中心仅作为安放大型机的场所，这些场所的散热装置非常原始，在功能上与现代数据中心有所区别。

2. 发展阶段

随着晶体管技术的发展，计算机的体积变得更小，这使得计算机得以被公司和组织所使用。在这一时期，机房的重要性凸显，人们对机房内的温度和湿度等环境因素开始给予更多的重视。20 世纪 70 年代，世界上第一个灾备中心诞生。20 世纪末至 21 世纪初，随着互联网的蓬勃发展，数据中心的架构从以大型机为中心的网络模型转变为分布式系统架构。企业开始将服务器放在企业内部或托管在运营商机房，这一阶段标志着 IDC 的初步形成。

3. 成熟阶段

进入 21 世纪前期，云计算逐步成为主流计算模式，数据中心发展进入第三个阶段。此时，所有的 CPU、内存、硬盘等资源都由虚拟化软件管理，再分配给用户使用，形成了硬件出租、软件出租、平台出租等多种业务形态。随着人工智能技术的发展，数据中心面临着新的挑战，液冷技术、海底数据中心、可再生能源等创新成果不断推动数据中心的进步和发展。

这一系列的发展阶段反映了数据中心从简单的存储设施逐渐转变为复杂的计算和数据处理中心，也体现了技术进步和市场需求对数据中心设计和运营方式的影响。

（二）数据中心基础设施建设相关国家标准的演进

我国数据中心基础设施建设的国家标准，历经多年的发展，不断深化与完善，走出了一条稳健前行的道路。20世纪60年代至80年代的计算机机房，设备对运行环境的要求非常苛刻，但当时却没有专门的机房场地标准。20世纪80年代至90年代初，随着计算机技术的多年积累，机房开始有了一定的标准和要求，包括温湿度、供电电源质量等，并引入了恒温恒湿空调、UPS电源等设备，以及开始对机房设备的运行情况进行监控。在这一时期，我国第一部关于机房建设的国家标准GB 2887—1982《计算机场地通用规范》诞生。此标准的颁布具有划时代的意义，机房建设开始有了统一的规范和要求，从手工作坊式的一种机器一个做法，逐步走向由专业机房工程公司实施的工业化、标准化的建设模式。这一时期我国还颁布了第一部关于机房的安全标准GB 9361—1988《计算机场地安全要求》。20世纪90年代至21世纪初，随着计算机通信技术的长足发展，计算机已开始作为网络中的节点运行，我国相继出台了一系列计算机机房的设计规范、施工与验收规范和相应的电源规范及空调施工规范。第一部机房国家设计标准GB 50174—93《电子计算机机房设计规范》在此期间诞生，GB/T 2887于2000年进行了修订并更名为《电子计算机场地通用规范》。21世纪初至今，数据中心行业随着国家政策的支持迎来了规模化、产业化的快速发展阶段，数据中心基础设施相关国家标准相继出台。例如，GB 50174于2008年修订发布并更名为《电子信息系统机房设计规范》，于2017年再次修订后更名为《数据中心设计规范》；GB 50462《电子信息系统机房施工及验收规范》于2008年正式发布，并在2015年、2024年进行了两次修订，现标准名称为《数据中心基础设施施工及验收标准》，该标准于2024年9月1日正式实施，为数据中心基础设施的建设、测试及验收提供了明确的要求；GB/T 9361于2011年完成修订并发布，同年GB/T 2887修订并更名为《计算机场地通用规范》；GB/T 51409《数据中心综合监控系统工程技术标准》于2020年发布并实施，规范了数据中心综合监控系统工程的设计、施工与验收；我国数据中心第一部关于能效指标的全文强制性国家标准GB 40879—2021《数据中心能效限定值及能效等级》于2021年颁布，2022年正式实施，该标准紧跟国家政策导向，对数据中心的能效限定值进行了规定，并确立了能效等级分级要求及评价办法。在此时间段内数据中心行业还有许多其他标准颁布实施，如GB/T 51314—2018《数据中心基础设施运行维护标准》及GB/T 42581—2023《信息技术服务 数据中心业务连续性评价准则》等，因与建设主题内容无关，在此不再赘述。

现行有效的国家标准站在技术前沿，充分融合了先进的技术成果和丰富的实践经验。在选址方面，国家标准不再仅局限于地理位置的表面因素，而是深入挖掘地质稳定性、周边电磁环境等深层次的影响因素；在布局方面，国家标准运用科学的方法对设备的排列和空间利用进行优化，以提高散热效率和维护便利性；在设备配置方面，国家标准综合考虑性能、兼容性、可扩展性等多重要素，确保系统的整体平衡和未来升级的可能性；在建设方面，国家标准明确建设过程中的各系统建设要素、质量要求及部分项目的实施细则、流程及测试验收的基本要求；在能源管理方面，国家标准制定了严格且细致的节能标准和监控要求，注重能源的利用效率。

通过这一系列的更新和完善，国家标准为我国数据中心基础设施建设提供了全面、科学、严谨的指导，有力地推动了数据中心行业的健康发展，确保了数据中心的高效运行、可靠服务和可持续发展。

（三）各发展阶段的特点

1. 早期阶段

在数据中心发展的初始阶段，其设施状况可以用"简陋"一词来形容。建设的重点在于提供一个基本的物理空间，以容纳早期的计算机设备，并确保有相对稳定的电力供应来维持这些设备的运行。然而，在早期阶段，我国数据中心对于散热系统的优化、冗余备份机制的建立等关键方面的考虑明显不足。

机房的布局往往缺乏合理的规划，设备的摆放显得随意而无序。这不仅导致了空间的低效利用，还严重阻碍了空气的流通，使局部过热的问题频繁出现，极大地影响了设备的性能和稳定性。受限于当时的技术水平和认知程度，数据中心普遍缺乏完善的冗余设计。这意味着一旦主电源出现故障，或关键设备发生损坏，整个系统极易陷入瘫痪状态，数据丢失的风险极高，给企业和用户带来了巨大的潜在危害。

2. 发展阶段

随着信息技术的快速发展和业务需求的不断增长，数据中心基础设施建设逐渐步入了发展阶段。在这个阶段，人们逐渐认识到系统稳定性和可靠性对于业务连续性的重要性，并采取了一系列相应的改进措施。

为了应对主电源可能出现的故障，数据中心开始引入备份电源系统，如UPS和备用发电机。这些设备在主电源中断时能够迅速切换，为关键设备提供临时的电力支持，确保设备的不间断运行。同时，为了更好地控制机房内的温度和湿度，空调系统也进行了显著的改进和升级。温度和湿度控制系统从简单的通风设备发展而来，能够根据机房内的实际环境参数进行自动调节，从而有效地减少了设备因过热或过湿而出现故障的可能性。

尽管在这个阶段，数据中心在稳定性和可靠性方面取得了一定的进步，但仍然存在明显的不足之处。尽管各个子系统都分别进行了改进和增强，但它们之间缺乏有效的整合和协同工作机制，导致整体效率未能达到最优水平。此外，对于未来业务的快速增长及技术的频繁更新，数据中心的建设在规划上仍然缺乏足够的前瞻性和灵活性。这使得当面临新的业务需求和技术挑战时，数据中心往往需要进行大规模的改造和升级，不仅增加了成本和时间投入，还带来了较高的风险和不确定性。

3. 成熟阶段

随着技术的持续进步和市场需求的日益增加，数据中心基础设施建设迈入成熟阶段。在这个阶段，绿色节能理念逐渐深入人心，并成为数据中心设计和运营的核心指导原则之一。数据中心通过采用更高效的电源管理技术［如智能电源分配单元（Power Distribution Unit，PDU）和功率因数校正（Power Factor Correction，PFC）技术］，能够显著降低电力在传输和分配过程中的损耗；通过优化散热系统的设计和运行策略（如采用更先进的液冷技术或冷热通道隔离技术），能够有效地提高散热效率，降低空调系统的能耗。此外，数据中心选择低能耗的设备（如节能型服务器和存储设备），在很大程度上减少了整体能源消耗。

智能化管理系统的广泛应用是数据中心基础设施建设迈入成熟阶段的另一个重要标志。通过实时监测和分析各种设备的运行状态、能耗数据、环境参数等大量信息，智能化管理系统能够实现对数据中心的精准控制和优化。例如，智能化管理系统根据设备的负载情况动态调整电源供应和散热系统的运行参数，或在预测到潜在故障时提前进行维护和修复，从而极大地提高了数据中心的运行效率和可靠性。

模块化设计理念的引入为数据中心的建设和扩展带来了极高的灵活性和便捷性。通过将数据中心划分为多个独立的模块，每个模块都具备完整的功能和可扩展性，数据中心可以根据业务需求快速添加或更换模块，且不会影响整个数据中心的正常运行。这种模块化的设计不仅缩短了建设周期，降低了建设成本，还提高了数据中心对业务变化的快速响应能力，使其能够更好地适应不断变化的市场需求和技术发展趋势。

二、现阶段数据中心基础设施建设的重点

（一）规划选址的要求

规划选址是数据中心建设的首要且关键的步骤，需要进行全面、深入、细致且多维度的综合考量，以确保数据中心在全生命周期内稳定、高效且可持续运行。

地理位置的精心选择具有决定性意义。务必规避那些自然灾害频发的地域，如地震带、洪涝灾害常年肆虐的低洼地区，以及飓风等强风侵袭的沿海或开阔地带。这是因为一旦发生自然灾害，不仅可能对数据中心的物理结构造成毁灭性的打击，还可能导致电力供应中断、网络通信瘫痪等一系列连锁反应，从而给数据中心的正常运行带来无法估量的损失。

地质条件的详尽评估是不可或缺的环节。应避免选择地质结构疏松、容易出现滑坡或地面沉降等不稳定状况的地段。只有坚实稳固的地质基础，才能为数据中心的建筑物提供坚如磐石的支撑，从根本上杜绝因地质变化而引发的建筑物倾斜、开裂甚至倒塌等安全隐患。

电力资源的稳定供应是数据中心得以正常运行的命脉。因此，选址时应优先考虑靠近电力供应充足且稳定的区域，如紧邻大型发电厂、电力枢纽或电力输送的重要节点。这样不仅能够显著减少电力在传输过程中的能量损耗，提高能源利用效率，还能最大限度地保障供电的可靠性和连续性。

选址时需密切关注当地的电力价格政策及供电服务质量。合理选择电力成本相对较低且供电服务优质的区域，有助于有效控制数据中心的长期运营成本，提升其在市场中的竞争力。

在数字化时代网络接入条件显得尤为关键。选址应倾向于靠近主要的网络骨干节点、数据交换中心或光纤资源丰富的区域。这种地理优势能够大幅降低网络延迟，显著提升数据传输的速度和效率，从而为用户提供迅捷、流畅且低时延的优质服务体验，满足金融交易高频操作、在线视频实时播放、云服务即时响应等对网络性能要求极高的业务需求。

周边环境的潜在影响是在选址过程中不可小觑的因素。确保数据中心远离那些可能产生严重电磁干扰的源头，如高压输电线、大型广播电台、工业电磁设备等。强烈的电磁干扰可能会扰乱数据中心内部设备的正常运行，导致数据传输错误、设备性能下降甚至发生设备故障。

同时，还要避开化工厂、垃圾处理厂等存在化学污染风险的地区，以及机场跑道周边、高速公路交通枢纽等噪声污染严重的场所。化学污染物可能会侵蚀电子设备的零部件，缩短

设备使用寿命；而过高的噪声则会对工作人员的身心健康和工作效率产生不利影响。

（二）设计的要求

设计环节在数据中心的建设过程中起着核心引领的作用，它犹如建筑的蓝图，决定了数据中心未来的性能表现、扩展潜力及运营效率。设计初期，必须基于对业务需求的精准把握和对未来发展趋势的科学预测，精确描绘数据中心的架构和容量规划。这不仅需要对当前的业务规模和数据处理量进行全面而深入的评估，还需要运用先进的数据分析技术和行业经验，对未来数年甚至更长时间内的业务增长态势进行预测。唯有如此，才能确保数据中心在应对不断膨胀的业务需求和技术迭代的挑战时，始终具备足够的处理能力和大容量存储空间，避免因规划不足而频繁升级改造，造成资源浪费。

机房布局的设计是一个需要精心构思和反复优化的复杂过程。设备的摆放位置和空间分布必须遵循科学合理的原则，充分考虑设备之间的散热需求、维护通道的预留及人员操作的便利性。机房布局通过采用热通道和冷通道分离的创新设计理念，可以有效地引导气流流动，提高散热效率，降低能源消耗，从而营造一个稳定、适宜的工作环境，保障设备的长期稳定运行。

在电力分配系统的设计过程中，设计者需要运用先进的电力工程技术和智能化的管理策略。设计者根据不同设备的功率特性、运行模式及在业务流程中的重要性等级，精心规划电力线路的布局和供电设备的配置。对于承担关键业务的核心设备，如服务器群组、存储阵列和网络核心交换设备，设计者应构建多重冗余的电力供应路径，确保在主电源遭遇突发故障或异常波动时，能够在毫秒级的时间内无缝切换至备用电源，实现不间断供电，从而确保业务的连续性和数据的完整性。

散热系统的设计是确保数据中心稳定运行的关键技术之一。设计者必须充分结合当地的气候条件，包括气温、湿度、季节变化等因素，以及机房内部热负荷的分布特点，灵活地选择和优化散热技术方案。设计者可以综合运用风冷、液冷或二者相结合的高效散热方式，同时借助先进的流体力学模拟软件和热成像技术，对风道和散热通道进行精细化设计和优化，确保冷空气能够均匀、高效地送达每一个发热源，热空气能够迅速排出机房，维持机房内部温度的稳定均衡，从而将设备因过热而导致故障的风险降至最低。

消防系统的设计必须严格遵循国家和行业的最高安全标准。消防系统应配备先进且高效的灭火设备和探测装置，如智能化的气体灭火系统、细水雾灭火系统及高灵敏度的烟雾和温度探测器。这些设备和装置需构成一个严密的监测和响应网络，确保在火灾发生的最初阶段能够迅速、准确地感知并启动灭火程序，在最短时间内控制火势，将火灾可能造成的损失降到最低，最大程度地保障人员生命安全和设备资产安全。

监控系统的设计旨在实现全面、实时、智能化的监测和管理。通过在机房内部署高密度的传感器网络，并采用先进的大数据分析技术，对设备的运行状态、电力参数的动态变化、环境温湿度的细微波动等海量数据进行实时采集、深度分析和可视化展示。监控系统利用人工智能算法和机器学习模型，实现对异常情况的智能识别和预警，为运维人员提供及时、准确的决策支持，使他们能够在第一时间采取有效的干预措施，确保数据中心始终处于最佳运行状态。

设计者在数据中心的设计过程中，需要对不同负荷状态下的能源使用效率进行精确计算，以确保数据中心从初期投产至满负荷运行的不同阶段，其电能使用效率始终满足现行国家标准的要求。

（三）建设的要求

建设过程是将精心设计的蓝图转化为实体设施的关键阶段，是一个需要高度严谨、精细管理和精湛技术的复杂工程。施工团队在整个建设过程中，必须严格遵循国家标准 GB 50462 及经过精心规划和反复论证的设计方案，确保每一个细节都能精准落实，从而保障施工质量和工程进度的双重目标得以实现。

施工团队的专业素养和技术能力是决定建设质量的核心要素。因此，应组建一支具备丰富施工经验、深厚专业知识和高超技术水平的施工团队。他们不仅要熟悉数据中心建设的特殊工艺和技术要求，还要能够应对施工过程中可能出现的各种复杂情况。

在建筑材料和设备的选择环节，施工团队要始终坚守高标准、高质量的原则。对于数据中心的建筑结构，应优先选用具有高强度、优异耐腐蚀性能、卓越防火特性的优质材料，以确保建筑物能够经受住长期运行过程中的各种恶劣环境考验，如温度变化、湿度波动、灰尘侵蚀等。

在关键设备的安装过程中，施工团队必须严格按照制造商提供的操作规程和行业标准进行精细化作业，确保设备的安装精度达到设计要求，且具备高度的稳定性和可靠性。对于电力设备、空调系统、网络设备等核心设施，要进行全面、严格的调试和测试，运用先进的检测仪器和专业的测试方法，对设备的性能指标进行逐一验证，确保其在实际运行中能够充分发挥预期的性能优势。

此外，施工现场应建立一套完善的质量管理和监督体系，对每个施工环节进行严格的检查和验收。通过实施定期巡检、随机抽检和关键工序旁站监督等措施，及时发现并解决施工过程中出现的质量问题，确保工程质量达到零缺陷的高标准，为数据中心的长期稳定运行奠定坚实的基础。

（四）综合测试的要求

综合测试作为数据中心各项系统性能和稳定性全面检验和评估的关键环节，对于确保数据中心在正式投入运营后能够安全、可靠、高效运行具有至关重要的作用。

在电力系统测试方面，测试人员要运用高精度的测试仪器和专业的检测方法，对电源的稳定性、可靠性和电能质量进行全方位、深度的检测和分析。这包括对市电输入的电压、频率、谐波含量等关键参数进行连续监测，以确保这些参数符合国家标准和设备的特定要求。

此外，UPS 系统还需接受全面而深入的测试，并细致检查其在市电切换过程中的瞬态响应特性、电池放电时的输出电压稳定性和持续时间等关键指标。通过模拟各种可能的市电故障场景，验证 UPS 系统在极端情况下的应急响应能力和供电质量，确保在任何突发停电事件中，UPS 系统都能为关键设备提供稳定、纯净、持续的电力支持，从而保障业务的连续性和数据的安全性。

网络系统测试包括对网络带宽、延迟、丢包率等关键性能指标的精确测量和评估。利用专业的网络测试工具和先进的测试技术，模拟不同规模和类型的网络流量负载，全面检验网络设备和线路的承载能力、传输效率和稳定性。通过对测试数据的深入分析，识别潜在的网络瓶颈和故障点，并及时进行优化和整改，确保网络系统能够满足数据中心内部高速数据传输和外部用户访问的高要求。

散热系统测试重点关注机房内温度分布的均匀性和空调设备的制冷效果。测试人员利用分布在机房内不同位置的高精度温度传感器，进行多点、实时的温度测量，并绘制出详细的温度场分布图。结合气流速度和压力的测量数据，综合评估散热系统的性能是否达到设计预期，确保系统能够有效地移除设备产生的热量，保持机房内各个区域的温度稳定，符合既定标准。

数据中心的运行基础环境是保障数据中心安全稳定运行及运维管理的重要指标。依据 GB 50462 对基础环境诸如温湿度、空气粒子浓度、照度、噪声等指标的测试，可以直观反映出数据中心是否满足设备运行需要、人员值守安全等要求。

此外，需进行严格的压力测试和故障模拟测试。通过逐步增加系统的工作负载，直至达到设计的最大承载能力，观察系统在高压力环境下的性能表现和稳定性，以发现潜在的性能瓶颈和系统脆弱点。通过精心设计的故障模拟实验，如突然断电、网络中断、关键设备故障等，评估系统的容错能力、测试故障自动切换机制和恢复时间等关键指标，确保系统在面对各类突发故障时能够迅速恢复正常运行，最大程度地减少业务中断时间和数据损失。

（五）分部分项验收的要求

分部分项验收是数据中心建设质量逐层分解、细致把控的重要流程，是确保每个组成部分都符合设计标准和质量要求的关键举措。

建筑结构的验收工作需对主体框架、基础工程、屋面防水等关键部位进行严谨细致的检查和评估。验收人员通过无损检测技术、抽样试验等方法，确保建筑物的结构强度和稳定性符合设计要求，具备抵御地震、风灾等自然灾害冲击的能力。

防水工程需接受严格的闭水试验和渗漏检查，确保屋面、地下室和外墙等部位的防水层无损，能够有效预防雨水渗漏对设备和数据造成的损害。

电力设备的验收需对变压器、配电柜、UPS 等核心设备进行全面的性能测试和功能检查。验收人员需运用专业的电力检测仪器，对变压器的输出电压、电流、功率因数等参数进行精确测量，评估其运行状态是否稳定、高效。

验收人员需仔细检查配电柜内的开关、接触器、继电器等电阻器元件的动作灵活性和可靠性，确保电力分配的准确无误。对 UPS 系统的电池组进行充放电测试，以检查续航能力和健康状况，确保在市电中断时能够提供足够的备用电力支持。

空调系统的验收要重点关注制冷效果、风量分配、湿度控制等关键性能指标。验收人员需通过测量机房内不同区域的温度、湿度和风速，评估空调机组的运行效率和舒适度调节能力。检查风道的密封性和阻力特性，确保风量能够均匀地分配到各个设备机柜，维持机房内环境参数的稳定和均衡，满足设备正常运行的严格要求。

验收人员对于每一项分部分项工程，都要依据相关国家标准、行业规范和设计文件进行合规性验收。一旦发现任何问题，验收人员需立即要求施工单位制定切实可行的整改方案，并跟踪整改过程直至问题得到彻底解决，确保每一环节的质量都达到预期标准，为数据中心的整体稳定运行提供坚实可靠的基础保障。

（六）试运行的要求

试运行阶段是数据中心正式投入使用前的重要磨合与调试时期，也是对整个系统进行全面综合检验和优化调整的关键阶段。

在这一阶段，数据中心的各项系统将模拟实际运行工况持续运行，从而充分揭示并解决潜在问题，为正式运营奠定坚实的基础。

通过试运行，数据中心可以深入挖掘并有效解决潜在的软件兼容性问题。例如，检测不同应用程序之间的数据交互是否顺畅、查看操作系统与应用软件的版本是否适配等。及时发现并处理因软件冲突导致的功能异常、数据错误等问题，确保软件系统在复杂的运行环境中能够稳定、协同运作。

新设备在长时间连续运行时的稳定性和可靠性能够得到全面检验。实时监测设备在运行过程中的温度、噪声、振动等参数，及时发现并处理可能出现的过热、异常噪声、运行速度下降等潜在故障隐患。通过对设备运行状态的持续跟踪和分析，评估设备的性能和使用寿命，为后续的设备维护和更新提供科学依据。

根据试运行期间收集的大量性能数据，能够对系统的配置进行针对性地优化调整。例如，根据服务器的资源利用率、存储设备的读写性能、网络带宽的占用情况等数据，对系统的硬件配置进行合理优化，如增加内存、扩展存储容量、提升网络带宽等。同时，对软件参数进行精细调整，如优化数据库的查询算法、调整操作系统的内核参数等，提升系统的整体性能和运行效率，使其更好地满足实际业务需求。

此外，试运行是运维人员进行实战演练和技能培训的宝贵机会。让运维人员在真实的运行环境中熟悉系统的操作流程、故障诊断方法和应急预案的执行步骤，增强应对突发情况的能力和经验。模拟各类故障场景，进行实战化的应急演练，检验运维团队的协同作战能力和快速响应机制，确保在遇到实际故障时能够迅速、准确地采取有效措施，将故障影响降至最低，保障数据中心的持续稳定运行。

在试运行阶段，要建立详细、准确的运行记录档案，对系统的运行数据、遇到的问题及采取的解决措施进行全面记录。这些记录不仅为后续的系统优化、维护和管理提供了珍贵的一手资料，还为积累数据中心的运行经验、提升运维水平奠定了坚实的基础。通过对试运行数据的深入分析和总结，不断完善运维管理制度和流程，提高数据中心的运行可靠性和服务质量。

（七）认证的要求

获取相关认证是对数据中心安全性、可靠性和性能的权威认可。国家标准等级认证主要评估数据中心基础设施的可用性和可靠性。通过对电力供应、制冷系统、网络架构等关键设施的冗余设计和容错能力进行评估，为数据中心划分不同等级，为用户选择数据中心服务提供重要的参考依据。

此外，还有电能使用效率认证，用于证明数据中心在能源利用方面的高效性；绿色建筑认证，强调数据中心在建设和运营过程中的环保和可持续性。

这些认证不仅是数据中心在市场上展示自身实力和优势的重要标志，还是推动整个行业向更高标准、更安全、更可靠、更绿色方向发展的重要驱动力。

（八）竣工验收

竣工验收作为数据中心建设阶段的收尾环节，需对数据中心进行全面、深入、细致的检查和评估。竣工验收应严格遵循详尽的建设要求和标准，对数据中心的各个方面进行逐一比对和核实。这包括对建设过程资料、分部分项验收资料、项目管理资料、综合测试资料和符合性验收资料等进行逐项审核，确认不存在任何兼容性问题。

只有当数据中心在上述各个方面都满足所有既定要求和标准，并且在实际运行测试中展现出卓越的性能和高度的稳定性时，才能被正式认定为具备投入运营的条件。

三、对未来数据中心基础设施建设的发展展望

（一）预置化应用更广泛

在未来的数据中心基础设施建设领域，预置化将展现出更为显著的优势，并拥有广阔的应用前景。通过在受控的工厂环境中完成模块的预制和集成，能够实现标准化、规模化的高效生产。这种生产方式不仅能够确保产品质量的一致性和可靠性，还能大幅缩短生产周期，降低生产成本。

在现场施工阶段，由于预制化模块已经在工厂内完成了大部分的组装和调试工作，现场施工只需进行简单的拼接和连接操作，大幅减少了现场施工的时间和复杂性。这不仅能够显著缩短整个数据中心的建设周期，使数据中心能够更快地投入运营，满足市场的紧迫需求，还降低了现场施工过程中可能出现的不确定性和风险。

同时，预置化模块的生产可以根据不同客户的特定需求和规格进行灵活定制。无论是在设备配置、功率密度、冷却方式还是空间布局等方面，都能够提供个性化的解决方案，更好地满足客户在功能、性能和空间利用等方面的多样化需求。

此外，预置化模块的应用将推动数据中心建设行业的标准化和规范化发展。通过制定统一的预制模块标准和接口规范，可以实现不同厂家生产的模块之间的互操作性和兼容性，促进整个行业的健康发展和技术创新。

（二）适应高算力对数据中心的要求

随着人工智能、大数据分析等前沿技术的迅猛发展和广泛应用，对高算力的需求呈现出前所未有的增长态势。为了满足这种急速上升的算力需求，未来的数据中心在基础设施方面将面临一系列严峻而复杂的挑战。

1. 电力供应

高算力伴随着巨大的电力消耗。数据中心若要实现高算力，需要配置大量高性能计算设备，如 GPU 服务器、人工智能加速器等。这些设备在运行时会消耗大量电力。因此，数据中心需要具备更强大的电力供应能力，包括接入更高级的电网设施，以及建设更为完善和高效的内部电力分配系统。同时，通过优化电力管理策略，降低电力传输和转换过程中的损耗，提高能源利用效率，以实现可持续发展的目标。

2. 高热负荷

高算力设备在满负荷运行时会产生大量热量。如果无法及时有效地进行散热处理，设备温度将升高，从而影响其性能和稳定性，甚至缩短设备的使用寿命。传统的风冷散热方式可能难以满足高算力设备的散热需求，高效的散热解决方案将成为一个关键挑战。因此，液冷技术、相变冷却技术等创新的散热方法将得到更广泛的应用和研究。优化散热系统的设计，实现热量的快速传递和排放，同时降低散热成本和能耗，也是亟待解决的问题。

3. 带宽支持

数据中心是计算能力、传输能力、存储能力的集成载体。传输能力既包括数据中心与外界的信息交换能力，又包括磁盘之间、机柜之间及园区不同楼宇之间的数据交换与传输能力。高算力意味着海量数据需要在短时间内进行传输和处理，这要求数据中心构建高速、低延迟、大容量的网络架构，可采取的方案包括采用更先进的光纤通信技术、高速以太网协议及优化网络拓扑结构，确保数据能够在计算节点、存储设备和用户终端之间快速、稳定地传输，避免网络拥塞和延迟过高的问题。

4. 保证高算力下的可靠性

高算力数据中心通常包含大量的复杂组件和紧密耦合的系统，任何一个环节的故障都可能导致整个系统的性能下降甚至瘫痪。在追求高算力的同时，保障系统的稳定性和可靠性是至关重要的。因此，需要从设备选型、系统架构设计、容错机制、冗余备份等多个方面进行全面优化和创新。同时，建立完善的监控和预警系统，实时监测系统的运行状态，及时发现潜在的故障和风险，并能够迅速采取有效的应对措施，最小化故障影响。

数据中心基础设施建设无疑是一项极具复杂性和关键性的任务，其建设要求随着科技的飞速进步和业务需求的不断演变而处于动态变化之中。在社会发展对数字化及算力的依赖日益加深的背景下，数据中心基础设施要承担更加重要的责任。因此，需要积极引进新理念，不断探索和应用新技术，持续优化数据中心的建设流程和管理模式，建设可靠且高效的支撑平台，提升数据中心作为新质生产力的技术水平和能力。

（作者单位：北京国信天元质量测评认证有限公司
　　　　　北京长城云智科技集团有限公司）

案例

宁夏移动全区机房物理环境改造项目案例

中国移动通信集团宁夏有限公司
中星微技术股份有限公司

一、项目概况

随着信息技术的飞速发展，各类信息系统的应用与日俱增，信息数据成为信息领域的重要资源。在金融、通信、能源、医疗、教育等多个领域，纷纷建立各种数据汇聚中心，承载数据汇聚中心的机房也成为各单位的重要组成部分。机房是信息系统的核心，也是各行业运营的核心，因此，构建安全的物理环境对其建设而言至关重要。建立机房视频监控系统是保障机房安全的必备手段。

2023年，宁夏移动全区机房物理环境改造项目主要依据《中华人民共和国密码法》和GB/T 39786—2021《信息安全技术 信息系统密码应用基本要求》，在现有等级保护建设的基础上，按照等级保护三级要求，对现有信息系统进行符合商用密码应用安全性评估的改造设计。项目旨在从物理和环境安全层面，建立健全基于密码的身份认证、访问控制、数据保护等安全防护措施，通过应用密码技术实现安全保护，确保符合相关标准规范，从而提升安全防护水平。

2022年，由中国移动集团公司下发的网通〔2022〕38号《关于开展通信网商用密码应用试点工作的通知》文件中要求，各省公司结合自身情况至少选取重要领域中的1个系统开展国产密码应用，确保满足工业和信息化部考核要求。同时，各省公司针对商用密码评估中发现的问题风险，要制定明确的整改计划，及时完成整改，形成闭环管理，从而确保考核达标。

宁夏移动公司网络部经过筛选，决定对中国移动A生产调度指挥中心、B数据中心、C生产中心大楼三处数据中心机房进行物理环境升级改造，并将改造方案上报集团，以满足商用密码应用相关考核需求。

宁夏移动全区机房物理环境改造项目共涉及11处机房，其中A生产调度指挥中心涉及2处机房，A数据中心涉及6处机房，C生产中心涉及3处机房，共计改造国密摄像机121台、人脸门禁系统28套。

项目实施完成后，全区机房物理环境测试验证由第三方测试机构测试验证，整体测试按GM/T 0115—2021《信息系统密码应用测评要求》进行，测试过程按照GM/T 0116—2021《信息系统密码应用测评过程指南》执行，测评结果风险按《信息系统密码应用高风险判定指引》《商用密码应用安全性评估量化评估规则》判定，同时依据《商用密码应用安全性评估报告模板（2021版）》出具测试结果。

验证的核心目标包括以下5个方面。

（1）宜采用密码技术进行物理访问身份鉴别，保证重要区域进入人员身份的真实性。

（2）宜采用密码技术保证电子门禁系统进出记录数据的存储完整性。

（3）宜采用密码技术保障视频监控音像记录数据的存储完整性。

(4) 如采用密码服务,该密码服务应符合法律法规的相关要求;依法接受检测认证,应经商用密码认证机构认证合格。

(5) 采用的密码产品,应达到 GB/T 37092—2018《信息安全技术 密码模块安全要求》二级及以上安全标准。

二、项目实施重点

针对物理和环境数据的安全性,应充分考虑其基础条件(网络安全)和必要条件(信息安全),构建以国密体系为核心的安全架构,实现端—边—云全生命周期安全保障。相关建设/改造要求如下。

(1) 在信息系统所在机房部署符合 GM/T 0036—2014《采用非接触卡的门禁系统密码应用技术指南》的电子门禁系统,使用国密算法进行密钥分散,实现门禁卡的"一卡一密",并基于国密算法对人员身份进行鉴别。

(2) 在信息系统所在机房部署符合 GM/T 0034—2014《基于 SM2 密码算法的证书认证系统密码及其相关安全技术规范》、GB/T 37092—2018《信息安全技术 密码模块安全要求》的安全视频监控系统,采用基于公钥密码算法的数字签名机制(SM2+SM3+数字证书)等密码技术,对视频监控音像记录数据进行存储和完整性保护,并验证完整性保护机制的正确性和有效性。

(3) 电子门禁系统和安全视频监控系统中的密钥分别由安全门禁系统和视频监控系统的密码模块生成,密钥需存储于密码设备内。如果涉及密钥分发,则需要使用基于公钥数字信封的方式,或使用安全保护密钥的方式,以保证分发密钥的安全。

三、项目实施技术方案

(一) 整体系统关于商用密码的合规性

项目主要产品全部具有商用密码产品认证证书,产品认证证书及遵循标准如表 1 所示。

表 1 产品认证证书及遵循标准

项 目	商用密码认证证书	商用密码检测标准	安全等级
摄像机	有	GM/T 0028—2014《密码模块安全技术要求》	安全二级
摄像机内置密码芯片	有	GM/T 0008—2012《安全芯片密码检测准则》	安全二级
安全智能视频监控一体化服务系统	有	GM/T 0028—2014《密码模块安全技术要求》	安全二级
		系统国密证书	不涉及
国密 PCI-E 密码卡	有	《PCI 密码卡技术规范》 GM/T 0018—2012《密码设备应用接口规范》 GM/T 0028—2014《密码模块安全技术要求》	安全二级
智能密码钥匙	有	GM/T 0016—2012《智能密码钥匙应用接口规范》 GM/T 0028—2014《密码模块安全技术要求》	安全二级
国密门禁系统	有	GM/T 0036—2014《采用非接触卡的门禁系统密码应用技术指南》	不涉及

（续表）

项　　目	商用密码认证证书	商用密码检测标准	安全等级
智能 IC 卡	有	GM/T 0041—2015《智能 IC 卡密码检测规范》 GM/T 0028—2014《密码模块安全技术要求》	安全二级
安全芯片	有	GM/T 0008—2012《安全芯片密码检测准则》	安全二级

该方案符合 GB/T 39786—2021《信息安全技术 信息系统密码应用基本要求》三级物理和环境安全要求，视频监控系统采用 GB 35114—2017《公共安全视频监控联网信息安全技术要求》安全等级 B 级。在摄像机编码时，采用摄像机内置的国密安全芯片对视频数据进行签名，签名后数据按 SVAC 编码规则编码成视频流，使视频数据从产生即具有完整性保护属性，保证视频数据从产生、传输、存储、使用全流程的完整性。

该方案依据 GM/T 0036—2014《采用非接触卡的门禁系统密码应用技术指南》标准要求，SVAC 安全智能视频门禁内置密码芯片，采用 SM1 算法和安全门禁卡之间完成身份鉴别；后端门禁管理后台一体机内置密码芯片，通过 SM4-GMAC 算法保证门禁进出记录的完整性。

整体方案安全特性如下。

（1）采用 SM2、SM3、SM4 算法及符合标准要求的密码设备。

（2）保证视频数据从"信源"产生，使其从源头具有完整性和不可抵赖性；保证视频数据在网络传输、存储的完整性；在使用视频数据时进行视频完整性校验；采用数字证书进行双向认证，保证相关设备和用户的身份真实；采用国密数字信封方式保护安全密钥，保证了关键信息的传输机密性；采用带密钥的国密算法摘要技术，保证了视频数据间信令信息的完整性。

（3）SVAC 安全智能视频门禁和安全门禁卡通过 SM1 算法完成身份鉴别，保证进入人员身份真实；后端通过内置的密码设备对系统的门禁记录应用 SM4-GMAC 算法进行完整性保护，保证门禁进出记录的完整性，同时，对门禁记录开展前后记录的链式关联操作，防止门禁记录被删除，从而保证门禁记录的连续性。

（4）采用的密码设备均符合标准要求，具有国密产品型号证书，且符合 GB/T 37092—2018《信息安全技术 密码模块安全要求》的二级要求。

（5）采用的数字证书服务由离线的视频数据安全密钥服务系统提供，或具有资质的第三方证书颁发机构提供。

（二）安全人脸识别门禁系统

1. 安全人脸识别门禁系统的设计

安全人脸识别门禁系统主要由门禁卡、门禁机、门禁控制器、发卡系统和后台管理系统五部分组成。该门禁系统各部件均采用国产芯片技术，以确保安全可控性。各部件均内置经国家密码局认证的安全芯片，使用国家认可的密码算法实现门禁数据的机密性和完整性，从而保障数据在采集、传输、存储、使用等过程中的安全性。

在安全层面，所采用的密码算法、密码技术、密钥管理均符合 GM/T 0034—2014《基于 SM2 密码算法的证书认证系统密码及其相关安全技术规范》、GM/T 0036—2014《采用非接触卡的门禁系统密码应用指南》、GB/T 37092—2018《信息安全技术 密码模块安全要求》、GM/T 0028—2014《密码模块安全技术要求》等相关标准。而这些标准通过安全门禁系统、国密门禁卡和密码设备等方式得以实现。

2. 安全人脸识别门禁系统的合规性

安全人脸识别门禁系统是一款集刷卡、人脸识别、智能抓拍等功能为一体的门禁系统。该产品以 GM/T 0036—2014《采用非接触卡的门禁系统密码应用技术指南》标准为依据，使用经国家密码管理局认证的密码产品，采用经国家密码管理局审批的国密算法及相关密码技术，对重要物理区域（计算机集中办公区、设备机房等）出入人员的身份进行鉴别，并对安全人脸识别门禁系统进出记录等数据进行完整性保护。

该产品符合 GB/T 39786—2021《信息安全技术 信息系统密码应用基本要求》中有关物理和环境安全的相关密码应用要求，满足了等保三级（等保2.0）及以上信息系统的保密建设与整改需求。

3. 安全人脸识别门禁系统的组成部分

安全人脸识别门禁系统示意图如图 1 所示。

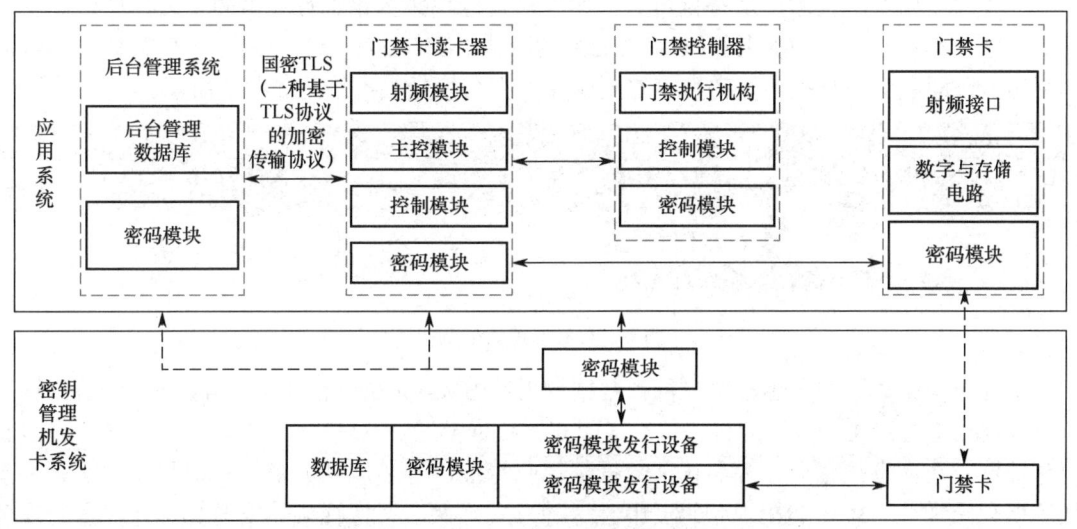

图 1　安全人脸识别门禁系统示意图

门禁系统进出记录完整性保护方案主要从数据传输安全、密钥存储及门禁记录完整性校验三方面来保证门禁系统进出记录的完整性。数据传输安全保证了门禁系统进出记录在传输过程中安全可靠；密钥存储保证了服务器密钥的安全；门禁记录完整性校验保证了门禁进出记录不会被篡改、删除或伪造。

门禁机主控系统采用中星微技术，设计具有自主知识产权的国标 SVAC 编解码芯片，并集成了经国家密码管理局批准的国产高性能安全芯片。系统中所采用的安全芯片符合 GB/T 37092—2018《信息安全技术 密码模块安全要求》安全等级第二级的相关要求。

门禁卡采用国家密码管理局认证的智能 IC 卡，卡内存储发行信息和用户密钥。门禁卡与门禁机读卡器之间采用国密算法开展身份鉴别和进行数据加密通信；发卡系统协同发卡设备，对用户密钥进行分散处理、对门禁卡进行初始化、注入密钥、写入应用信息。

后台管理系统由后台管理软件和服务器组成。服务器内置安全芯片，通信时提供密码服务，保证密钥安全；后台管理系统与门禁前端的通信在标准国密安全通道内进行，进而保证数据传输安全可靠；基于 GB/T 39786—2021《信息安全技术 信息系统密码应用基本要求》

标准,对门禁系统进出记录等数据进行完整性保护,防止其被篡改、删减或伪造。

(三)安全视频监控系统

1. 安全视频监控系统的设计

安全视频监控系统是基于公钥密码体系(PKI)设计的视频监控系统,主要由安全摄像机、安全加固网关(利旧)、安全智能视频一体化服务系统、密码设备和数字证书组成,符合 GB 35114—2017《公共安全视频监控联网信息安全技术要求》、GB/T 39786—2021《信息安全技术 信息系统密码应用基本要求》的三级要求。

2. 安全视频监控系统的合规性

为保障安全视频监控系统音像记录数据的存储完整性,安全摄像机和安全加固网关均内置国密高安全高性能密码芯片,芯片内具有国密签名加密双证书。该系统采用自主标准的 SVAC 音像视频编码技术,从摄像机"信源"对音像视频数据进行逐帧的签名、加密等安全保护操作,其中,使用的签名算法为 SM2+SM3,加密算法为 SM4,这样可使音像视频数据从"出生"即具有完整性、机密性等安全属性,安全视频数据编码如图 2 所示。

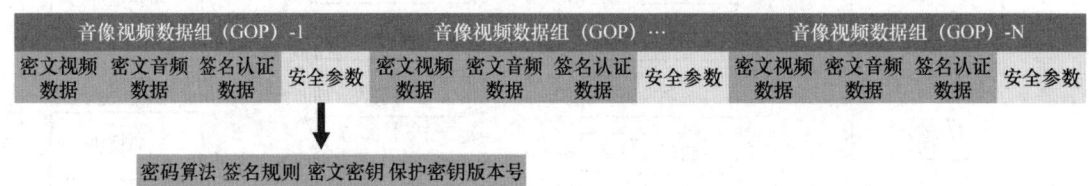

图 2 安全视频数据编码

在音像视频数据编码过程中,每帧数据均采用 SM4 算法进行加密处理,利用 SM3 算法对每帧数据进行杂凑操作。此外,每组(GOP)数据都通过 SM2 算法进行签名操作。将密文视频数据、密文音频数据、签名认证数据、密码算法、签名规则、密文密钥和保护密钥版本号等所有元素,均被封装在视频码流中。这种方式确保了音像视频数据自身具有较强的安全属性,从而允许数据安全地进行传输、存储、使用。在视频播放时,系统将执行实时视频完整性校验、视频解密,以确保视频内容的安全性。

系统内的密钥均在密码设备中产生,私钥始终不会离开密码设备。视频加密密钥每隔一小时更新一次,而视频加密密钥保护密钥每 24 小时更新一次。保护密钥采用基于国密算法(SM2+SM4)的数字信封技术进行保护,确保了关键信息在传输过程中的机密性。同时,保护密钥采用带密钥的国密算法(SM3)杂凑技术,确保了视频间信令信息的完整性和真实性。此外,保护密钥采用国密数字证书的双向认证(SM2+SM3),确保了相关设备和用户身份的真实性。

四、实施保障措施

机房物理环境安全监控系统是 7×24 小时不间断运行的业务支撑系统,其网络、主机、存储备份设备、系统软件、应用软件等部分需具备极高的可靠性。为确保系统的安全稳定运行,保护企业和用户的机密信息,维护双方的合法权益,系统应建立完善的安全策略、安全手段、安全环境及安全管理措施。设备与系统软件需具备安装网管监控软件的条件，应用软件的关键运行指标需按照优先级实时传输至网管监控系统。在系统网络建设方面，应遵循权限最小化原则，严格设定访问控制策略，仅开放业务必需的服务端口；网络设备的口令需以加密方式存储；网络架构的划分应基于业务访问需要和数据存储特性，明确并遵循不同安全级别的要求。

关键性主机需采用高可用性方案。系统应配置冗余，保证无单一故障点。发生故障后能够实现分钟级的自动切换，且无需人工干预。保障业务 7×24 小时不中断运行。系统资源利用率峰值原则上应低于 70%。

存储设备需具备极高的可靠性。系统应制订完善的备份策略和恢复计划。系统数据和业务数据应支持在线备份与在线恢复，恢复后的数据必须保持其完整性和一致性。

应用软件能够 7×24 小时不间断地运行，出现故障时能够及时发出告警，需具备完整的操作权限管理功能和完善的系统安全机制。同时，应用软件需避免过度消耗系统资源，防止系统崩溃。

为确保系统网络建设中权限最小化原则得到贯彻，需严格实施访问控制策略，仅开放对业务至关重要的服务端口；网络设备口令需采用加密方式进行存储；根据支撑系统业务访问需求和存储数据的性质，需先根据安全级别定义划分规则，再划分不同虚拟局域网（VLAN）。

所有密码（主机、数据库、移动网元等）必须以密文形式存储，且在传输过程中应实施加密措施。同时，系统应能对密码长度和更新周期进行有效控制。

安全日志是一种有价值的数据，通过对集中收集的日志进行浏览、查询和分析，能够揭示违规的应用操作行为，识别应用层面的安全隐患，或在事故发生后帮助管理人员查明问题原因，并作为具有法律效力的指证凭据。

测试环境与生产环境隔离。对测试中的核心数据应建立并执行明确的保护、使用管理要求及使用审批流程，包括数据模糊化处理、数据安全提交方式、测试销毁等要求。对必须使用的核心数据，应限定可直接接触的人员及终端。

数据存储安全：系统所有业务数据均采用非明文的用户名/密码方式保存在系统存储设备中。

数据传输及访问安全：系统与外部系统之间的数据传输需通过特定的安全方式管控，如登录账户密码识别、服务器 IP 识别、轻量目录访问协议（LDAP）认证等，严禁以明文形式传输客户信息；支撑系统中敏感数据的查询需通过专用工具进行，操作前需对操作人员进行严格的身份认证、权限控制，同时生成操作审计记录。

中国移动通信集团宁夏有限公司针对项目搭建全区数据承载网，规划并确定了新增设备安装的机柜及配电端子，同时，项目实施过程中严格遵循 YD 5194—2014《互联网数据中心（IDC）工程验收规范》。

五、应用效果

根据 GB/T 39786—2021《信息安全技术 信息系统密码应用基本要求》，该标准从信息系统的物理和环境安全、网络和通信安全、设备和计算安全、应用和数据安全四个层面，提出了密码应用技术要求，旨在确保信息系统的身份真实性、重要数据的机密性与完整性及操作行为的不可否认性。其中,该标准中物理和环境安全评测项的分值为10分,物理和环境安全评测表如表2所示。中星微技术股份有限公司按项目设计要求,对项目改造涉及的机房物理和环境安全进行现场勘察调研,提供符合现场需求的供货方案。系统建成后,该公司协助宁夏移动针对移动政企业务所涉及的系统开展密码测评,测评结果符合GB/T 39786—2021《信息安全技术 信息系统密码应用基本要求》中物理和环境安全部分的要求,得分达到10分。

表2 物理和环境安全评测表

	评测内容	评测指标	评测对象	评测实施	分值
物理和环境安全评测要求	身份鉴别	采用密码技术进行物理访问身份鉴别,保证重要区域进入人员身份的真实性(第一级到第四级)	信息系统所在机房等重要区域及电子门禁系统	核查电子门禁系统是否采用动态口令机制、基于对称密码算法或密码杂凑算法的消息鉴别码(MAC)机制、基于公钥密码算法的数字签名机制等密码技术对重要区域进入人员进行身份鉴别,并验证进入人员身份真实性实现机制的正确性和有效性	10分
	电子门禁系统记录数据存储的完整性	采用密码技术,保证电子门禁系统进出记录数据存储完整性(第一级到第四级)	信息系统所在机房等重要区域及电子门禁系统	核查是否采用基于对称密码算法或密码杂凑算法的消息鉴别码机制、基于公钥密码算法的数字签名机制等密码技术,对电子门禁系统进出记录数据进行存储完整性保护,并验证完整性保护机制的正确性和有效性	
	视频监控记录数据存储的完整性	采用密码技术,保证视频监控音像记录数据存储完整性(第三级到第四级)	信息系统所在机房等重要区域及视频监控系统	核查是否采用基于对称密码算法或密码杂凑算法的消息鉴别码机制、基于公钥密码算法的数字签名机制等密码技术,对视频监控音像记录数据进行存储完整性保护,并验证完整性保护机制的正确性和有效性	

北京数字经济算力中心项目案例

信息产业电子第十一设计研究院科技工程股份有限公司北京分院

北京数字经济算力中心项目（以下简称算力中心项目）是北京电子数智科技有限责任公司打造的国家标准 A 级数据中心项目。算力中心项目是科技创新与产业创新融合的典范。作为北京市"三个 100"重点项目，该项目是北电数智以"1 个 AI 底座+2 大产业平台"模式打造的旗舰级"AI 工厂"。项目建成后将集成千 P 级高性能计算集群，构建首个国产算力场景验证平台，加速人工智能与实体经济的深度融合。

算力中心项目作为国内首创的实体建筑综合体，集前沿性、引领性、聚合性、共享性于一体，致力于打造认知领先、生态主导、科技驱动、产业集聚的标杆性算力基础设施。北京数字经济算力中心机房楼北立面实景如图 1 所示。

图 1　北京数字经济算力中心机房楼北立面实景

1. 项目基本情况

随着全球进入数字经济时代，自 2022 年"东数西算"工程启动以来，我国一体化算力体系不断发展，成为经济社会发展的核心生产力。从个人生活到各行业的发展，数字经济的支撑无处不在。智慧医疗、人脸识别、自动驾驶、数字政府、工业互联网和人工智能等领域，都离不开强大的算力支持。旺盛的算力需求对算力基础设施提出了更高的要求。目前，我国算力发展仍面临诸多挑战，其中能源消耗问题尤为突出。从长远来看，算力中心应秉承绿色低碳理念，采用绿色建筑材料、低碳节能的空调设备及智能化管理系统，推动自身的可持续发展。

算力中心项目涉及一栋机房楼改造及室外算力配套设备设施。原建筑为地上 5 层，建筑高度为 23.8 m，建筑面积为 35 765.81 m²。目前项目已经建成投产，可提供总机架数超过 3 100 台，其中包括 6 kW 机柜、12 kW 机柜和 24 kW 机柜。项目达产后，算力规模将达到 1000 PFLOPS，以传统方式需要一名有经验的科学家耗时 169 天完成的数据探索工作，现在只需要 10.02 s 即可完成。后续将逐步累计实现 2000 PFLOPS 以上的智能算力供给，为客户提供极致的算力支持，助力生产力的培育，实现算力普惠的愿景。算力中心项目是 2023 年北京市重点项目，采用"赋能老旧建筑，打造绿色生态都市"的设计理念，创新构建"算力+生态"模式，致力打造世界级 A 级智算中心。其设计融合算力基础设施、可信数据空间、人工智能算力展示、创新孵化与协作空间、科技广场等功能区，打造北京首个算力科技公园。

2. 项目规划布局

（1）园区规划。算力中心项目坐落于北京市朝阳区酒仙桥核心区北广科技园内，功能涵盖智能算力机房、办公、展厅、多功能厅等多元空间，是融合科技与人文的算力科技公园。酒仙桥曾是新中国电子工业发展的摇篮，算力中心项目在此落成，其设计紧扣人工智能时代脉搏与地域特色。作为城市级人工智能底座，面向"传统行业升级"和"新兴产业加速"两大产业平台，将成为中国智算时代的新里程碑。其开放式的智算中心，不仅设有面向公众的算力展厅、算力剧场、智算展示机房、混元芯片展示区、算力走廊、四季庭院等多种功能区，还有面向人工智能上下游企业的开放空间、交流空间和路演空间，让每个人都能直观感受甚至利用算力时代的"力量"，让思想在此碰撞、让创新在此共创。

算力中心项目是对原有北广科技园的改造项目。在规划设计时，北电数智摒弃了传统的新建模式，选择对酒仙桥核心地带原有占地达 1.7 万 m²、地上建筑面积达 3.5 万 m² 的闲置厂房进行创新性改造。园区原出入口位置不变，通过加大出入口宽度并与景观结合提升沿街形象展示；原停车场位置保持不变，结合旗台打造景观停车场；室外 AHU 设备平台位于现状建筑北楼北侧，柴发平台位于南楼南侧及东侧。北电数智对园区围墙、园区出入口、内部道路及景观进行翻新设计，景观设计以灌木、铺装、水泥等作为主要设计元素。

整个园区突出技术重点，根据"先进、适用、节约、环保"的总建设原则，采用新技术、新材料、新工艺、新设备，确保技术先进，经济合理，形象美观，满足对规划、消防、环保、卫生、绿化、节能等方面的法律法规要求，实现可持续发展的目标。园区总平面图如图 2 所示。

在算力工艺设计方面，北电数智重点突出稳定专业的电力系统、绿色低碳全链路环保设计、节能先进的制冷系统、安全完善的消防系统、智能可视的安防监控系统五方面的设计亮点。绿色低碳全链路环保设计是算力中心项目的重点，其采用冷板式液冷、间接蒸发冷却空调机组、多联热管相变冷却系统的组合方案，构建先进的制冷系统；将设备排风管及建筑一体化光伏系统（BIPV）作为建筑立面，从而提高能源利用率。面向运营阶段，北电数智将通过人工智能预测负载变化，实现智能化能耗管理调优。通过一系列绿色技术，北电数智将 PUE 指标稳定维持在 1.146 的优异水平，成为面向人工智能时代下绿色、高效的数字经济算力中心。

（2）单体布局。建筑平面布局在满足工艺要求和使用功能合理性的前提下，力求最佳的采光及功能空间的多样化，通过各个空间的巧妙布局提升建筑品质。各功能分区合理、交通流线顺畅，在满足内部消防及工艺要求的基础上，保证各功能区域及建筑之间既紧密结合又相对独立。

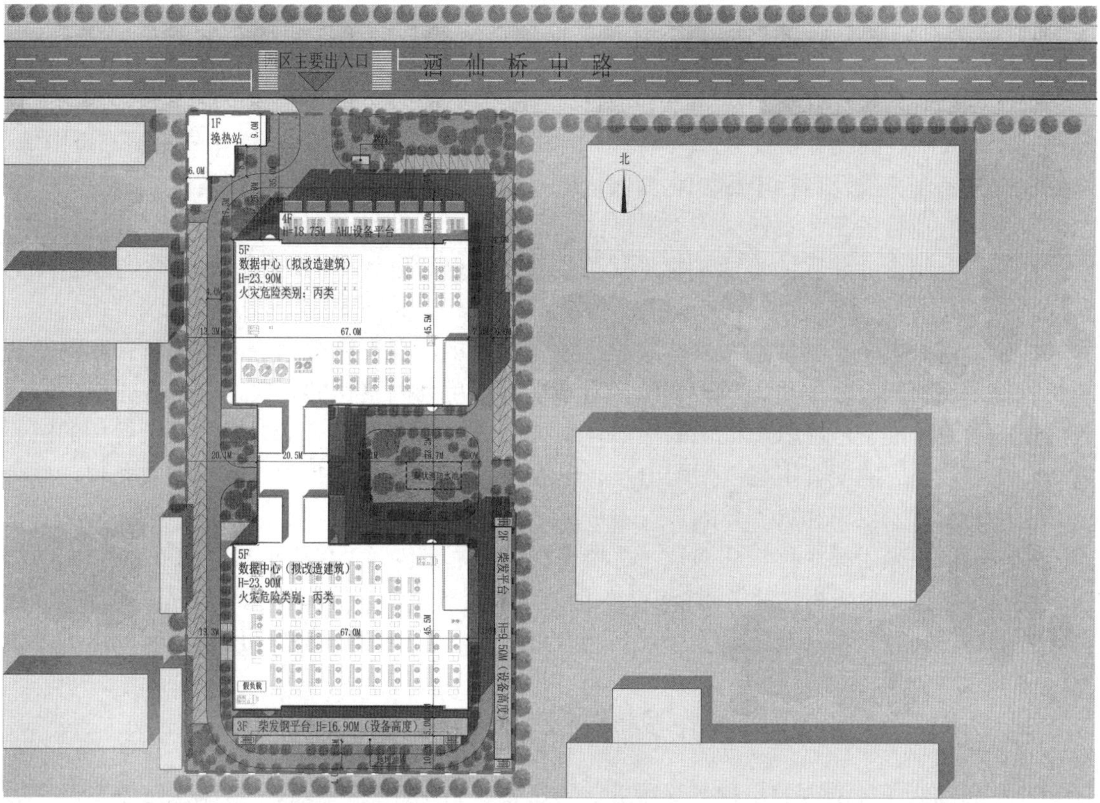

图 2 园区总平面图

单体主入口位于建筑北侧，西侧为运维办公入口。北楼首层布局包括开放式展厅、算力剧场、水吧、展示机房、运维办公室等；南楼首层布局包括算力实验室、交流中心及配套动力站房等。南北楼二至五层均为机房层，中间连廊为运维办公室，为南北楼的办公及会议需求提供保障。首层算力剧场入口实景如图 3 所示。

图 3 首层算力剧场入口实景

3. 算力中心设计亮点

（1）工艺布局设计亮点。算力中心项目改造后的机房楼为 C 形单体，整个园区为独立管理园区，与周围厂区设有物理分隔，单体周围设有环形消防车道，东西道路外侧即临近围墙，南侧保留原有停车位及自行车棚，北侧保留原有较大的庭院，东侧为 C 形内院。

算力中心项目的工艺设计秉持"先进性、合理性、科学性、可扩展性、标准化及模块化"的设计原则，结合原建筑的平面轮廓形状及层高特点进行设计，同时兼顾开放性与保密性的布局。

结合"普通机柜扩容成高密液冷机柜"的远期需求，在设计规划中，普通机柜和高密液冷机柜都采用相同尺寸的机柜及冷通道，且末端都采用列间空调的方式，可实现无缝扩容；普通机房模块和高密液冷机房模块的区域体型（长×宽）尽量保持一致，以满足扩容后的空间需求。同时，对应的配套用房（变配电室、电池间、CDU 等）也预留扩容空间及条件，减少未来改造的设计变更量和成本投入。

建筑标准层采用模块化机房布置。北楼每层设置两个包间，单机柜功率为 6 kW；南楼每层设置四个包间，单机柜功率为 8 kW；南北楼其余区域分别设置配套变配电室、电池室、配套设备用房等。数据机房与配套设备用房通过参观走廊连接，南北楼中间设置配套运维办公室，便于运维管理。

因机房楼五层受层高条件限制，故将高密液冷机房设于本层；同时机房设有防火观察窗，供展示参观。

单体北侧为园区入口及广场，将工艺空调室外机设于此处，并融入概念设计，使之更具有观赏性，南侧设置柴发机组，远离园区入口，减少视觉与噪声的不利影响。

（2）结构加固设计亮点。算力中心项目对既有建筑的结构加固改造，既是设计亮点也是设计难点。原设计中楼板荷载小于或等于 7.5 kN/m^2，改造后满足 GB 50174—2017《数据中心设计规范》中 A 级数据机房的荷载要求。

板加固方案：由于算力中心项目对净高要求严格，所以采用加大截面法，对于各楼层板，采用板底加厚的方式进行；对于屋面板，可采用板底或板顶加厚的方式进行。

梁加固方案：由于算力中心项目对净高要求严格，所以梁的加大截面法仅采用加宽截面的方式。

柱加固方案：算力中心项目柱加固根据不同部位和要求，采用粘碳纤维加固、粘钢加固、加大截面法或外包型钢法等方法。

基础加固方案：算力中心项目数据中心楼因荷载增幅较大，需对基础进行加大截面处理；部分基础因冲切计算不满足要求，还需要对基础进行加高截面处理。

经过多番论证，为满足工艺要求，减小对原建筑平面空间及层高的影响，算力中心项目采用设置阻尼器的加固方式，缓解对梁板柱的加固强度需求，提高安全性的同时，提升建筑的利用率。

（3）制冷系统设计亮点。算力中心项目制冷系统设计在满足 GB 50174—2017《数据中心设计规范》中 A 级数据机房系统标准的同时，更要契合北京市绿色节能的可持续发展理念，并结合建筑现状条件及工艺要求进行设计。制冷系统采用标准化及因地制宜相结合的设计，满足分期投产及可拓展性需求。本次制冷系统将间接蒸发冷却技术、多联热管技术及冷板液冷技术组合使用，构建复合型制冷架构，充分利用先进制冷技术延长自然冷却时间，实现 PUE

指标不超过 1.146 的超低能耗目标。

同时，为保证各包间制冷系统及气流组织的合理性，算力中心项目通过 CFD 气流组织模拟论证，确保制冷系统设置合理、运行节能。模块机房气流模拟图如图 4 所示。

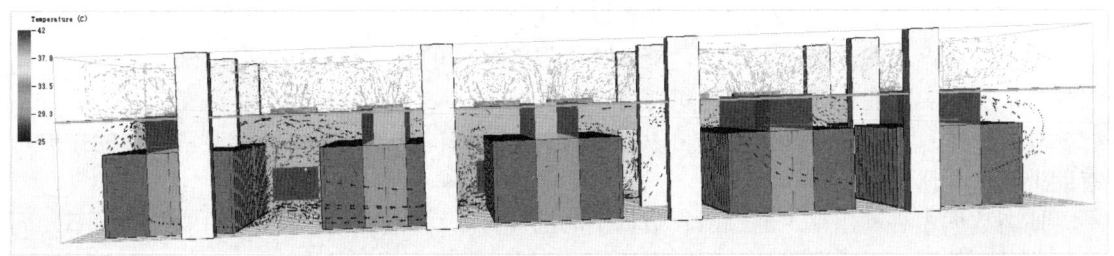

图 4　模块机房气流模拟图

（4）高压配电系统设计亮点。算力中心项目引入的市电按一类市电供电标准设计。为满足算力中心项目用电需求，从附近两个不同的总降变电站引入两路满足要求的 10 kV 市电电源，当一个电源发生故障时，另一个电源不会同时受到损坏。两路 10 kV 电源同时工作，互为备用。

算力中心项目设计 6 路 10 kV 电源进线，经室外路由接入南楼一层电力分界室，经电力分界室接入高压 10 kV 配电室，接线按两两一组配置，采用单母线分段方式运行。在正常运行条件下，各个母线独立运作。当两路电源同时出现故障时，启动柴油发电机组进行供电。

高压配电柜按铠装移开式交流金属封闭开关柜进行设计，采用直流操作方式。

10 kV 断路器采用真空断路器，短路电流为 31.5 kA，在 10 kV 出线开关柜内装设氧化锌避雷器作为真空断路器的操作过电压保护。

10 kV 继电保护方式及信号装置的设置如下：进线采用过流、速断、零序保护；联络采用过流、速断保护；出线采用过流、速断、零序保护；变压器设置过流、速断、温度保护。

IT 设备配电采用同层配电模式，通过合理架构、精简电力路由，以便运维管理和分阶段实施。

（5）智能化系统设计亮点。算力中心项目以机房环境及设备监控系统为基础，集成其他系统信息，协助数据中心管理人员准确地了解能源、空间、制冷等关键参数的使用情况，方便管理人员及时调配资源，从而提高资源使用率并降低运营成本。

智能化系统的设计及应用充分考虑场地实际情况，因地制宜，重点关注可靠性、先进性、兼容性及扩展性，以适应未来多样化的接入需求。设计内容包括信息网络系统、电话交换系统、安全防范系统、机房动环监控系统、建筑设备监控系统、能耗管理系统、容量管理系统、DCIM 机房基础设施管理系统、火灾自动报警系统、智慧园区系统等。

算力中心项目拟规划接入 3 家运营商，分别为电信、联通、移动。每家运营商均设置互为备用的链路接入（A/B 路）。各运营商从不同站点出发，通过不同方向的管沟以双路由引至数据中心楼一层运营商接入间 A/B 路。电信网络服务运营商主节点在项目所在园区附近，满足数据中心所需网络需求。

（6）节能系统设计。

① 热回收系统。算力中心项目采用水源热泵余热回收技术，冬季通过水源热泵机组回收液冷机柜冷却水系统的余热，为办公区域供热。

水源热泵利用液冷一次侧冷却水系统中的热量为室内供热，它可以通过输入少量的电能，将低温热源中的热量提取出来，并将其转移至高温热源，从而实现能量的转移和利用。这种技术不仅可以提高能源的利用率，减少能源消耗，还可以降低温室气体的排放，有助于缓解全球气候变暖。

水源热泵余热回收技术的优点主要有以下几个方面。

高效节能：水源热泵能效比高，能够将低温热源中的热量有效地提取出来，并转移至高温热源，从而实现能量的高效转移和利用。

环保减排：水源热泵余热回收可以减少对化石燃料的依赖，从而降低温室气体的排放，有助于缓解全球气候变暖。

提高数据中心利用率：通过回收数据中心的废热，可以提升整个园区的能源利用率，同时能够提升数据中心的运营效益和经济效益。

② 立面光伏系统。北京地区太阳能资源较丰富，年辐射量为 5 600~6 000 kJ/m²，年平均日照小时数为 2 200~3 000 h。根据 QX/T 89—2018《太阳能资源评估方法》，以太阳能年总辐射量为指标，将太阳能的丰富程度划分为四个等级，其中北京地区属 B 级，即"很丰富"级别。根据使用条件，在建筑单体东西立面设计立面光伏系统，采用分块发电、集中并网方案，以充分利用太阳能资源。立面光伏系统如图 5 所示。

图 5　立面光伏系统

4．成果奖项

算力中心项目打破传统数据中心模式，建造开放性的算力中心并打造论坛交流平台，引领算力产业发展新态势。

算力中心项目建设期间就获得"2024 年度绿色发展十大案例""2023—2024 年度智算中心优秀实践案例""2024 年全国企业数字化应用创新十佳案例""2024 年全球建筑设计大奖（GADA）"等多项奖项。

5．结语

算力中心项目作为北京首批大型重点算力中心项目，采用多项先进技术，构建新型算力产业和行业论坛。同时，该项目在节能技术应用方面成效显著，通过超低 PUE 设计，在行业内树立了新标杆。科技无止境，让我们并肩前行，共同设计并打造出更多、更卓越的算力中心典范。

附 录

数据中心行业大事记

（2023—2024 年 9 月）

2023 年

1 月 3 日

《工业和信息化部等十六部门关于促进数据安全产业发展的指导意见》要求：提升关键环节、重点领域应用水平，推动先进适用数据安全技术产品在电子商务、远程医疗、在线教育、线上办公、直播新媒体等新型应用场景，以及在国家数据中心集群、国家算力枢纽节点等重大数据基础设施中的应用。

《工业和信息化部等六部门关于推动能源电子产业发展的指导意见》提出：提升太阳能光伏和新型储能电池供给能力，支持数据中心、算力中心等重点终端应用，促进数据中心等可再生能源电力消费。

1 月 18 日

2022 年工业和信息化发展总体呈现稳中有进的态势。全年规模以上工业增加值同比增长 3.6%，其中互联网数据中心、云计算、物联网等新兴业务收入同比增长 32.4%，拉动电信业务收入增长 5.1 个百分点，成为电信业务重要增长极；全国在用数据中心机架总规模超过 650 万标准机架，算力总规模近五年年均增速超过了 25%。

1 月 19 日

国务院新闻办公室发布《新时代的中国绿色发展》白皮书。白皮书显示，"十三五"期间，培育了 153 个国家绿色数据中心，全国规划在建的大型以上数据中心平均设计 PUE 值已经降到了 1.3。

2 月 14 日

位于美国马萨诸塞州沃尔瑟姆的 Cyxtera 波士顿数据中心发生一起因电气事故导致的服务中断事件。事故原因是供电房电气设备发生电弧闪光，引发设施内电池柜爆炸并触发报警系统。消防部门接警后，强行切断数据中心的电源，导致除电话外所有设备宕机，造成部分数据丢失。经过 24 小时紧急抢修后，数据中心的服务恢复正常运营。

2 月 24 日

海南能源数据中心挂牌运营。该中心由南方电网海南电网公司主导建设，海南省能源大数据技术平台同步上线投入运营，其具备全面整合水、电、油、气等全品类能源数据、开放共享、计算分析等能力，同步上架与"双碳"监测相关的数据产品和服务。

2月27日

中共中央、国务院印发《数字中国建设整体布局规划》（以下简称《规划》）。《规划》指出，要夯实数字中国建设基础，系统优化算力基础设施布局，促进东西部算力高效互补和协同联动，引导通用数据中心、超算中心、智能计算中心、边缘数据中心等合理梯次布局。

3月2日

宁夏回族自治区政府积极推进数字宁夏的建设和高效运营，依据《数字宁夏"1244+N"行动计划实施方案》的要求，加快推进全国一体化算力网络国家枢纽节点的建设，打造面向全国的算力保障基地；高效运营国家（中卫）新型互联网交换中心。

第十四届中国数据中心行业调查活动于1月9日正式启动，面向中国计算机用户协会会员单位发放调查问卷。问卷回收后，专家评审组通过答疑会、实地考察和终审会等方式确定最终调查结果。结果将以调查报告形式呈现。

3月10日

工业和信息化部等六部门公告2022年度43家国家绿色数据中心，其中通信领域7家，互联网领域17家，公共机构领域12家，金融领域7家。

ISO/IEC 30134-7:2023《信息技术 数据中心关键性能指标 第7部分：冷却效率比》发布，至此，原标准设计的概述和通用要求、电能使用效率、可再生能源利用率、IT设备/服务器、IT设备/服务器利用率、能源再利用率、冷却效率比、碳使用效率、水使用效率共9个部分已经全部完成。

3月16日

《党和国家机构改革方案》公布，明确组建国家数据局，由国家发展和改革委员会管理，其职责包括统筹推进数字中国、数字经济、数字社会规划和建设，推进数字基础设施布局等。

3月19日

中国睡眠大数据中心在北京成立，由中国睡眠研究会、人民网-人民数据（国家大数据灾备中心）等联合发起。

3月20日

财政部等三部门联合印发《绿色数据中心政府采购需求标准（试行）》（以下简称《需求标准》），要求采购方在采购数据中心相关设备及运维服务时，应当按照《需求标准》明确的指标编制采购文件，并确定验收方式和违约责任。采购人在项目投标、响应环节，原则上不对数据中心相关设备及服务进行检测、认证，也不要求供应商提供检测报告、认证报告，供应商出具符合《需求标准》要求的承诺函可视为符合规定。

3月24日

第十四届数据中心峰会在北京召开。此次会议到场600余人，设立1个主论坛、4个分论坛、20余个企业推广展位。会议期间，不仅公布了第十四届数据中心行业调查结果，还向新聘请的数据中心行业专家颁发了聘书。中国计算机用户协会理事长宋显珠在大会主论坛上发表致辞。

3月28日

T/CCUA 023—2023《数据中心基础设施文档管理要求》发布，于2023年5月1日开始实施。该团体标准由中国计算机用户协会数据中心分会与中体彩科技发展有限公司共同主导编制，明确了数据中心基础设施在规划设计、建设、运维、优化改造、报废全生命周期中所产出的292个文档的管理规范，适用于自用型数据中心。

国家能源局要求建设行业大数据中心，推动算力资源规模化、集约化布局，结合全国一体化大数据中心体系建设，承担能源数字化、智能化试点任务。

法国Maxnod数据中心发生火灾。该数据中心隶属于Adeli公司，火势始于光伏电池室，导致电力电缆和光缆受损，造成互联网连接中断，但IT机房未受影响。此次灭火行动共投入81名消防员和49辆消防车。

3月29日

腾讯公司位于广东省广州市南沙区的数据中心发生故障，导致唯品会App出现故障，用户持续12小时无法下单，造成公司业绩损失超亿元，影响用户超过800万。腾讯公司将此次机房事故定义为公司一级事故，并对相关责任人员作出了处罚。

3月31日

T/CCUA 001—2023《数据中心基础设施等级评价》修订发布，自2023年5月1日起正式实施。该团体标准由中国计算机用户协会数据中心分会、北京国信天元质量测评认证有限公司共同主导修订，明确了数据中心基础设施等级评价的内容、标准和要求，适用于陆地建筑内新建、改建和扩建的除屏蔽机房外的各类数据中心基础设施。

首个"海底数据舱"在海南陵水黎族自治县英州镇清水湾海域成功下水。该海底数据舱呈圆柱形罐体状，罐体直径达3.6米，重量达1 300吨。舱内环境被设计为恒湿、恒压和无氧的封闭空间，结构设计寿命为25年，应用水深超30米。该海底数据舱以海洋为自然冷源，具备节能、无须使用淡水、节约土地资源等优点。

4月14日

工业和信息化部公布《2022年国家新型数据中心典型案例名单》，包括21家大型数据中心典型案例，7家中小型数据中心典型案例，5家边缘数据中心典型案例。

4月16日

27家发电企业入驻青海省能源大数据中心，接入新能源电站303座，总装机容量12 955.24兆瓦（MW）。其中112座新能源电站实现了"无人值班、少人值守"，运营成本降低40%以上，单个新能源电站年节约运营成本约30万元。

4月20日

工业和信息化部等八部门要求推进IPv6技术在数据中心等场景规模化应用，促进数据中心、云计算和网络协同发展，不断提升数据中心间的网络传输质量和服务体验。

4月26日

Global Switch巴黎数据中心因电池室漏水引发火灾，导致欧洲地区的谷歌存储服务、云密钥管理服务、云身份与访问管理和谷歌 Kubernetes 引擎云服务，以及其他超过 90 个云客户受影响。

5月5日

工业和信息化部等六部门联合发布 2022 年度国家绿色数据中心名单，共有 43 家机构入选，其中通信领域 7 家，互联网领域 17 家，公共机构领域 11 家，能源领域 1 家，金融领域 7 家。

5月11日

2023 年数据中心绿色发展大会在成都召开。本次大会由中国电子学会、中国电子技术标准化研究院主办，同步举办绿色数据中心先进适用技术、绿色数据中心可再生能源与绿色电力应用、绿色数据中心产业服务三场分论坛，并设有国家绿色数据中心建设成果展。

5月21日

美国加利福尼亚州的一处数据中心发生火灾，导致两个机房被迫关闭，数量不明的服务器被烧毁。火灾发生三天后，受影响的其中一个机房依然无法恢复使用。

5月22日

YD/T 4126—2023《数据中心基础设施运维人员能力要求》发布，自 2023 年 8 月 1 日起实施。该标准规定了数据中心基础设施运维人员的工作职责、能力要求及相关行为规范，适用于指导数据中心组建运维团队，开展运维培训，提升运维能力。

YD/T 4127—2023《互联网数据中心服务能力评价技术要求》发布，自 2023 年 8 月 1 日起实施。该标准规定了互联网数据中心服务能力的服务条件及服务要素，定义了服务能力的各项关键服务指标，提出了服务能力评价的划分要求，适用于评价服务商的对外服务能力水平。

YD/T 4274—2023《单相浸没式液冷数据中心设计要求》发布，自 2023 年 8 月 1 日起实施。该标准规定了单相浸没式液冷数据中心基础设施、IT 设备、液冷系统等相关的设计技术要求，适用于该类型数据中心的设计和规划。

YD/T 4275—2023《互联网数据中心基础设施监控指标规范》发布，自 2023 年 8 月 1 日起实施。该标准规定了互联网数据中心基础设施应满足的监控指标要求。

5月23日

国家互联网信息办公室发布《数字中国发展报告（2022 年）》。报告显示：截至 2022 年年底，我国数据中心机架总规模超过 650 万标准机架，近 5 年年均增速超过 30%，在用数据中心算力总规模超 180 EFLOPS，位居世界第二；我国存力总规模超 1 000 EB，数据存储量达 724.5 EB，同比增长 21.1%，占全球数据总存储量的 14.4%；上海、天津、武汉、合肥、深圳、成都等城市加快推进智算中心建设。

GB/T 42581—2023《信息技术服务 数据中心业务连续性等级评价准则》发布，自 2023 年 12 月 1 日起实施。该标准提供了数据中心业务连续性管理效果的量化衡量，适用于提供场地服务、云计算（算力）服务和业务处理服务等各种服务类型的数据中心，既可用于评价其业务连续性等级，也可指导数据中心提升自身业务连续性等级。

5月29日

四川省文化大数据中心在成都市高新区正式揭牌成立。该大数据中心由四川新传媒集团牵头，并联合6家省属文化企业（单位）共同组建，在承担数字文化相应公共服务职能的同时，开办文化数据交易市场。

6月5日

华为公司发布首款800 GE数据中心核心交换机CloudEngine 16800-X系列。该交换机支持多节点并行运行、数据分布存储、动态负载均衡的分布式架构，可使总运营成本降低36%，全场景应用性能提升20%，并支持数据故障亚毫秒级无感快速恢复。

6月13日

山东省全面启动工业大数据中心体系省域分中心建设。山东省出台的相关行动方案提出，深化枣庄、烟台、德州3个省级区域中心建设，培育40个省级行业中心和100个边缘级中心，构建国家级、省级及边缘级工业互联网大数据中心体系，力争2023年服务工业企业10 000家以上。

6月27日

243家数据中心被列入《2023年度国家工业节能监察任务名单》。该名单涵盖了钢铁、有色金属、水泥、化工等17个重点行业，其中数据中心被列入重点领域开展能效专项监察。监察内容主要是PUE实测值、能源计量器具配备情况。

7月3日

北京市对数据中心新建或改扩建提出节能新规定要求，出台的新规定要求：新建或改扩建数据中心项目，数据存储功能机柜功率比例低于机柜总功率的20%；其PUE值，年能源消费量小于1万吨标准煤、大于等于1万吨且小于2万吨标准煤、大于等于2万吨且小于3万吨标准煤、大于等于3万吨标准煤的，分别不应高于1.3、1.25、1.2、1.15；对于超过标准限定PUE值1.4的数据中心，征收差别电价电费，每千瓦时电加价0.2元~0.5元。

7月4日

2023年全球数据中心产业论坛在乌兰察布举行。全球超过600位数据中心产业领袖、技术专家、生态伙伴参加论坛。华为公司发布了面向中小数据中心运维场景的移动智能管理、预制模块化生态、间接蒸发冷却等解决方案。

7月7日

我国先进绿色数据中心PUE值降至1.1左右，达到世界先进水平。工业和信息化部环资司在部网站刊文指出，该成果基于推进节能降碳改造，建立绿色运营维护体系取得。全国规划在建的大型以上数据中心平均设计电能利用效率降至1.3以下。

7月14日

《中共中央　国务院关于促进民营经济发展壮大的意见》中提出：着力推动民营经济实现

高质量发展，鼓励民营企业开展数字化共性技术研发，参与数据中心、工业互联网等新型基础设施投资建设和应用创新。

7月31日

特斯拉EFLOPS级超算Dojo正式投产。特斯拉公司公开数据显示，每个Dojo都集成了120个训练模块，内置3 000个D1芯片，拥有超过100万个训练节点，算力达1.1 EFLOPS。

8月5日

万国数据在马来西亚投资建设的数据中心园区正式运营。该项目包括三栋独立数据中心建筑，总IT设备容量69.9 MW，已全部被预订，成为当地首个支持大规模AI算力部署的数据中心。

8月30日

雷暴袭击澳大利亚悉尼，致使多家大型数据中心瘫痪。微软公司位于新南威尔士州的数据中心正在供冷运行的5台冷却机组停运，数据机房温度升高，部分网络、计算和存储基础设施自动关闭，服务全部离线，所托管的昆士兰银行（BOQ）和捷星航空等大客户的数据及应用也受到影响。同时，甲骨文的云数据中心因市电停电，旗下NetSuite业务一度中断。

9月7日—8日

中国计算机用户协会数据中心分会第29届年会在青岛召开。此次年会与2023年数据中心全生命周期管理高峰论坛同时举办。中国计算机用户协会理事长宋显珠、副理事长兼秘书长唐群莅临会议，吸引了近500人参加。此次会议正式发布了数据中心分会涵盖供配电、制冷、智能化等七项内容的课题研究成果。

9月23日

中国—东盟人工智能计算中心在南宁市正式上线。该计算中心由南宁产投集团投资建设运营，拥有42 P训练算力和1.4 P推理算力，采用华为昇腾全栈人工智能技术，拥有全球领先的人工智能多元算力架构，可为南宁市发展面向东盟的人工智能产业提供强力支撑。

9月25日

工业和信息化部组织开展2023年度工信领域节能降碳技术装备推荐工作。此次推荐范围将与数据中心相关的一系列技术纳入其中，包括用于提升能效及系统能源资源利用效率，利用余热余能、自然冷源、可再生能源、微电网建设运行等技术，以及提升数据中心服务器利用率、算力算效，应用电池储能及梯次利用相关技术等。

9月27日

国家发展和改革委员会等部门联合印发《电力需求侧管理办法（2023年版）》，其明确提出，鼓励建设多层次能源电力数据中心，推动电网企业、电力用户、电力需求侧管理服务机构等多方数据整合，逐步实现多源异构用电数据的标准化融合和智能汇聚。

10月8日

工业和信息化部等六部门联合印发《算力基础设施高质量发展行动计划》，该计划提出到2025年的发展目标：计算力方面，算力规模超过300 EFLOPS，智能算力占比达35%，同时推动东西部算力平衡协调发展；运载力方面，国家枢纽节点数据中心集群间基本实现不高于理论时延1.5倍的直连网络传输，重点应用场所光传送网（OTN）覆盖率达80%，骨干网、城域网全面支持IPv6，SRv6等创新技术使用占比达40%；存储能力方面，存储总量超过1 800 EB，先进存储容量占比达30%以上，重点行业核心数据、重要数据灾备覆盖率达100%。

10月16日

《国务院关于推动内蒙古高质量发展奋力书写中国式现代化新篇章的意见》中要求，支持和林格尔数据中心集群"东数西算"项目建设，着力推动提升内蒙古枢纽节点与其他算力枢纽节点间的网络传输性能，进一步扩容互联网出口带宽。

10月26日

位于孟加拉国首都达卡的赫瓦贾数据中心发生火灾。该数据中心是孟加拉国互联网的交换和数据存储的核心设施，内含多个国际互联网网关（IIG）。此次火灾造成3人死亡，10人受伤，全国1 200万宽带互联网用户中有40%遭遇网络中断，在1.2亿移动互联网用户中，有20%在数据和语音服务方面出现了问题。

10月30日

越南政府批准国家数据中心项目。该数据中心项目由政府建设、管理、开发和运营，项目设定的目标是到2025年年底，建成并运行与国家数据库同步、与人口数据库协同开发的综合数据库。到2030年，完成部署国家数据中心的规划、标准、数据架构工作，以及部委、行业和地方数据库，成为符合越南国情、服务经济发展和社会管理的重要数字基础设施组成部分。

11月4日

中国计算机用户协会数据中心分会第六届专家委员会2023年度工作会议在北京召开。分会理事长王智玉、秘书长蔡红戈，专家委员会领导成员及在京或者专程来京的120余位专委会成员参加会议。会议对2023年度专家委员会工作进行了总结，通过了新修订的《专家委员会管理办法》，并为37名新聘专家举行了聘书颁发仪式。

《中国数据中心发展蓝皮书（2022）》发布。该蓝皮书由中国计算机用户协会数据中心分会编撰，电子工业出版社出版发行。该蓝皮书记录了中国数据中心基础设施2021—2022年双年度期间的发展与进步，反映了行业发展历史长河的断面，梳理记载了2018—2022年数据中心行业相关重大事件。在蓝皮书的发布仪式上，电子工业出版社学术出版分社社长董亚峰、中国计算机用户协会数据中心分会理事长王智玉、秘书长蔡红戈出席并致辞。

11月27日

GB/T 43331—2023《互联网数据中心（IDC）技术和分级要求》发布，自2024年6月1日起实施。该标准规定了互联网数据中心在绿色、可用性、安全性、服务能力、算力算效、低碳六大方面的技术及分级要求。

11 月 28 日

国家发展和改革委员会确定并公布了首批碳达峰试点名单，包括张家口市、唐山市、承德市、鄂尔多斯市、包头市、沈阳市、大连市、黑河市、盐城市、杭州市、湖州市、亳州市、青岛市、烟台市、太原市、新乡市、信阳市、襄阳市、十堰市、长沙市、湘潭市、广州市、深圳市、榆林市、克拉玛依市等 25 个城市，以及赤峰高新技术产业开发区、哈尔滨经济技术开发区、苏州工业园区、南京江宁经济技术开发区、合肥高新技术产业开发区、德州经济技术开发区、长治高新技术产业开发区、肇庆高新技术产业开发区、西咸新区、库车经济技术开发区等 10 个园区被列入名单。

12 月 16 日

西宁国家级互联网骨干直联点正式开通运行。青海省跻身全国互联网顶层架构，显著提升了青海省及周边地区的网络通信性能，对支撑高原数字产业集聚区和面向全国算力设施的建设，以及推动青海省融入"东数西算"国家布局、推动大数据中心等新型基础设施建设，具有里程碑意义。至此，我国互联网骨干直联点已从 20 世纪 90 年代的北京市、上海市、广东省广州市共 3 个发展到目前的 22 个。

12 月 25 日

由国家发展和改革委员会等五部门联合印发的《关于深入实施"东数西算"工程加快构建全国一体化算力网的实施意见》要求：充分发挥全国一体化算力网络国家枢纽节点引领带动作用，协同推进"东数西算"工程；强化"东数西算"规划布局刚性约束，国家枢纽节点外原则上不得新建各类大型或超大型数据中心，进一步推动各类新增算力向国家枢纽节点集聚，将国家枢纽节点打造成为国家算力高地；各地区应就近使用国家枢纽节点算力资源，实现"东数东算""西数西算""东数西算"协同推进。

12 月 29 日

中信银行数据中心被国家金融监督管理总局处罚，主要违法违规事实包括：部分重要信息系统应认定未认定，相关系统未建灾备或灾难恢复能力不符合监管要求；同城数据中心长期存在基础设施风险隐患且未整改；对外包数据中心的准入前尽职调查和日常管理不符合监管要求，部分数据中心存在风险隐患；数据中心机房演练流于形式，存在虚假演练现象；数据中心重大变更事项未向监管部门报告；运营中断事件报告不符合监管要求。

12 月 31 日

全球超大规模数据中心数量近 1 000 个，四年后总容量再翻一番。协同研究小组（Synergy Research Group）提供的资料显示，截至 2023 年年底，超大规模提供商运营的大型数据中心数量增加到 992 个，并在 2024 年年初超过了 1 000 个。以关键 IT 设备负载的兆瓦数（MW）为衡量标准，美国占全球数据中心容量的 51%，欧洲和中国占比约三分之一。Synergy Research Group 预测，未来每年都会有 120 个至 130 个新的超大型数据中心上线。生成式人工智能技术的驱动使数据中心规模更大，容量增长，今后四年，超大型数据中心的总容量将再次翻倍。

我国算力总规模5年年均增速近30%。国家统计局、工业和信息化部数据显示，2023年我国数字基础设施建设扩容提速。截至2023年年底，我国在用数据中心机架数量超过810万标准机架，算力总规模达每秒2.3 EFLOPS，位居世界前列。

2024年

1月16日

我国将建设新材料大数据中心，夯实数字化基础，强化基础能力。由工业和信息化部等九部门联合印发的《原材料工业数字化转型工作方案（2024—2026年）》提出：建设1个新材料大数据中心、4个重点行业数字化转型推进中心、4个重点行业制造业创新中心、5个以上工业互联网标识解析二级节点、6个以上行业级工业互联网平台。

1月18日

超大规模新型智算中心被列入创新标志性产品。在工业和信息化部等七部门联合印发的《关于推动未来产业创新发展的实施意见》中，算力、智算中心被提及并强调，明确指出将加快突破GPU芯片、集群低时延互连网络、异构资源管理等技术，建设超大规模智算中心，满足大模型迭代训练和应用推理需求。

1月20日

数据中心遭勒索攻击，瑞典多个城市因此宕机。该数据中心由芬兰IT服务和企业云托管供应商Tietoevry运营，服务中断导致瑞典多个政府机构、在线购票、零售连锁、原材料供应商和农业供应商等受到影响。

1月27日

《国家发展和改革委员会、国家能源局关于加强电网调峰储能和智能化调度能力建设的指导意见》提出，发展用户侧储能，围绕大数据中心、5G基站、工业园区等终端用户，依托源网荷储一体化模式合理配置用户侧储能，提升用户供电可靠性和分布式新能源就地消纳能力。

1月29日

数据中心被增列为重点用能产品范围。由国家发展和改革委员会等五部门发布的《重点用能产品设备能效先进水平、节能水平和准入水平（2024年版）》，在2022年已明确能效水平的基础上，增加数据中心等23种产品设备或设施，同时要求各地区各部门支持数据中心持续提高能效先进水平产品设备应用比例。

1月31日

新加坡电信Singtel决定关闭5个传统数据中心。Singtel做出该决定，意在转向更环保、更适应人工智能需求的新型数据中心。5个传统数据中心是位于办公楼内的第一代数据中心，功率范围在1.1 MW～5 MW。

2月1日

宁夏回族自治区首个全自然风冷人工智能数据中心已经交付使用。该数据中心位于中卫市沙坡头区，占地70亩，建筑面积近2.8万m^2，包含三栋采用全自然风冷技术的机房，并部署了 30 kW 高功率密度风冷机柜。该数据中心具备提供 3 000 PFLOPS 算力的服务能力。

2 月 5 日

工业和信息化部等七部门发布《工业和信息化部等七部门关于加快推动制造业绿色化发展的指导意见》，其中要求加快补齐新兴产业绿色低碳短板弱项。在新一代信息技术领域，引导数据中心扩大绿色能源利用比例，推动低功耗芯片等技术产品的应用，探索构建市场导向的绿色低碳算力应用体系。

2 月 6 日

《国家发展和改革委　国家能源局关于新形势下配电网高质量发展的指导意见》提出：推动新型储能多元发展，支持用户侧储能安全发展。围绕大数据中心等终端用户，探索储能融合应用新场景。支持参与电网互动，并推动长时电储能、氢储能、热（冷）储能技术应用。

2 月 18 日

华南地区首个大规模采用液冷技术的智算中心——龙华新型工业智算中心项目正式揭牌。龙华新型工业智算中心项目位于广东省深圳市。该项目由龙华区与深圳市移动公司共同建设运营，分三期建设，首期部署 1 000 PFLOPS 智能算力，GPU 算力服务器全部采用液冷技术，整体液冷应用占比超过 50%。

2 月 20 日

工业和信息化部印发《关于开展 2024 年度工业节能监察工作的通知》，其中对大型、超大型数据中心开展能效专项监察，按照 2024 年版《数据中心能效专项监察工作手册》，核算 PUE 实测值，检查能源计量器具配备情况等。

2 月 23 日

河南 14 个省辖市成功创建"千兆城市"，数量位居全国第 3 位。这一成绩有效支撑以超大型数据中心等数据和算力设施为核心、以工业互联网等融合基础设施为突破点的新型数字基础设施体系。

2 月 26 日

时任工业和信息化部党组书记、部长调研了解国家工业互联网大数据中心建设情况，观看工业互联网应用场景展示，并要求高水平建设国家工业互联网大数据中心，打造工业互联网专业智库，有力支撑制造业数字化转型。

2 月 27 日

神州控股携手英伟达公司助力香港构建国际智算中心。双方合作交付的香港特区政府大模型智算中心项目，是全球首个获得英伟达公司最前沿技术 DGX H800 的算力集群，合同总额近 6 亿港元。该项目建成对于提升香港人工智能算力水平，加速建设人工智能超算中心，助力人工智能产业发展具有重要意义。

3月15日

T/CCUA 002—2024《数据中心基础设施运维服务能力要求》修订发布，自2024年4月15日起正式实施。该团体标准由中国计算机用户协会数据中心分会、北京国信天元质量测评认证有限公司牵头修订，规定了数据中心基础设施运维服务能力级别及不同级别运维服务能力的要求，适用于对运维服务组织服务能力的评价。

3月16日

国家数据局局长刘烈宏在《求是》杂志撰文称：数字经济时代，算力是新质生产力，算力网作为关键数字基础设施，其建设水平已成为衡量国家现代化的重要标志之一。

3月22日

广东省提出到2025年算力基础设施发展目标：在计算力方面，算力规模达38 EFLOPS，智能算力占比不低于50%，建成10个以上智能计算中心；在运载力方面，打造"城市内1 ms、韶关至广深3 ms、韶关至全省5 ms"时延圈，重点应用场所OTN覆盖率达90%；在存储力方面，存储总量超过260 EB，重点行业核心数据灾备覆盖率达100%。

3月26日

中国计算机用户协会数据中心分会完成换届。王智玉理事长转任名誉理事长；理事会以无记名投票方式会议表决通过国家电网有限公司副总信息师王继业担任中国计算机用户协会数据中心分会理事长。

第十五届中国优秀数据中心大会召开。会议公布了第十五届数据中心行业调查结果，举行了数据中心分会超算课题研究成果发布仪式，设立了主论坛和3个分论坛，中国计算机用户协会理事长宋显珠、副理事长兼秘书长唐群苤临会议指导。

3月27日

工业和信息化部等七部门联合印发《工业领域设备更新实施方案》，部署工业领域设备更新，要求通过设备更新，加强数字基础设施建设。加快部署工业边缘数据中心，建设面向特定场景的边缘计算设施，推动"云边端"算力协同发展。加大高性能智算供给，在算力枢纽节点建设智算中心。

3月29日

国家数据局局长刘烈宏提出全国一体化算力体系要建设"五个一体化"：多源异构算力统筹布局；东中西部算力协同调度；算力-数据-算法融合应用；算力-绿电融合方案；发展与安全统筹推进。

3月30日

山西省率先提出通过设备更新支持数据中心持续提高能效设备应用比例。由山西省人民政府印发的《山西省推动大规模设备更新实施方案》，要求数据中心提升能效先进设备应用比例，重点更新供电和制冷系统，并设置PUE约束性指标。

3月30日

微软公司和OpenAI公司计划合建人工智能数据中心项目,总成本超1 150亿美元。该项目分为五个阶段来完成,2028年项目建成时,该数据中心安装的"星际之门"(Stargate)人工智能超级计算机,为OpenAI公司提供更强的算力支持。到2030年,该数据中心预计需要高达五千兆瓦的电力来运行。

4月1日

《芜湖市建设算力中心城市促进办法》正式施行。该办法将算力中心建设上升到立法层面,从立法的角度保障数据中心建设。这是全国首部直接以算力命名、聚焦算力全生命周期发展的市政府规章。

4月2日

财政部、工业和信息化部提出鼓励科技产业园区建设数据中心,要求在开展制造业新型技术改造城市试点工作中,将数据中心建设纳入科技产业园区数字化绿色化支持范畴。

4月3日

2023年,在被监测的233家重点数据中心中,PUE值超过1.5的占比为17.6%。根据专项监察结果汇总数据,共有在用机柜数48.3万架,平均上架率为54.5%,平均PUE值为1.29。PUE值在1.2以下、介于1.2至1.3之间及介于1.3至1.5之间的数据中心占比分别为3.4%、18.9%、51.5%,而PUE值超过1.5的数据中心占比为17.6%。

4月18日

我国首个40 kW以上喷淋液冷技术规模化应用的香港科技大学(广州)智算中心启用。该智算中心全部236个机柜均为30 kW~40 kW的高密功率液冷机柜,采用中温冷冻水设计,配置板式换热器,以及封闭热通道设计,有效减少能耗,能耗指标PUE值小于1.3。

4月24日

北京市提出构建京津冀蒙算力供给走廊。按照《北京市算力基础设施建设实施方案(2024—2027年)》,北京将按照全国一体化算力网络国家枢纽节点布局,打造以"内蒙古(和林格尔、乌兰察布)—河北(张家口、廊坊)—北京—天津(武清)"为主轴的京津冀蒙算力供给走廊,助力形成京津冀蒙算力一体化协同发展格局。

4月27日

德国里尔区的尼尔莫商业区锂电池储能集装箱失火,消防人员打开处于冒烟状态的储能集装箱时发生闪爆,喷水灭火持续10小时之久。储能集装箱产品采用磷酸铁锂电池,警方估计损失约为50万欧元。

4月29日

国家发展和改革委员会再次提出，适度超前布局数字基础设施，以深入信息通信网络建设，加快建设全国一体化算力网，全面发展数据要素基础设施。

4月30日

中国发电装机容量超过了所有发达国家的总和。据国家能源局电力工业统计数据，全国发电装机容量达30.1亿kW（同期美国12.13亿kW，印度4.3亿kW），提前达到2025年年底发电装机预期目标。2023年，全年发电总量9.224万亿kW·h，占全球发电总量的32.1%。充沛的电力为数据中心的发展提供了更好的发展条件。

5月8日

GB 50462—2024《数据中心基础设施施工及验收标准》修订发布，自2024年9月1日起实施。这是该标准自2008版发布以来第二次修订，中国计算机用户协会数据中心分会，以及13家会员单位成为标准起草单位，分会专家委员会成员14人列入主要起草人名单。

5月8日

微软公司将在富士康烂尾原地建人工智能数据中心。微软公司将投资33亿美元，建立人工智能数据中心。数据中心选址恰是美国总统特朗普时期富士康拟建造的大型液晶显示器工厂烂尾原地。

5月16日

在工业和信息化部发布的2024年版节能降碳技术装备推荐目录中，包括34项数据中心节能降碳技术，智能锂离子电池后备电源技术、智算中心复合液冷技术、间接蒸发冷却技术、高效电力模块等。

5月17日

华为公司2024全球数据中心产业论坛在新加坡举行，来自中国、欧洲、亚太、中东等超过600位数据中心产业领袖，共同探讨产业政策、洞见行业趋势、分享商业实践，共建绿色可靠算力底座。华为公司联合10多家来自中国及全球的企业参展。华为公司与东盟能源中心共同发布《东盟下一代数据中心建设白皮书》。

全国最大的国产化风冷万卡集群智算中心在哈尔滨交付使用。该智算中心部署1.8万张智算卡和2 336台智算服务器，提供6 600 P智算能力和100 P的训练算力。智算中心承载中国移动全国大数据资源池，以及黑龙江数字政府、公安、环保、医疗等重要云业务，同时为120余家行业客户提供互联网数据中心服务。

5月21日

华为公司公有云开罗节点正式启用。该节点由华为云运营，华为云运营是首家在埃及建立的公有云公司，面向北部非洲提供包括人工智能平台、数据平台、开发平台在内的200多种云服务，可成为北非、中西非地区数字化的新枢纽。

国家要求建立电影云制作平台、云数据中心。由国家发展和改革委员会等六部门联合印发的《推动文化和旅游领域设备更新实施方案》提出：提高电影制作整体水平，推动建立和升级云制作平台、云数据中心，夯实行业通用制作技术和算力底座。

5月27日

山东省提出2025年算力基础设施高质量发展目标和重点任务：建设一个国家级区域中心；支持国家健康医疗大数据中心等国家级行业中心；围绕省会经济圈、胶东经济圈、鲁南经济圈建设德州、烟台、枣庄3个省级区域中心；聚焦标志性产业链建设一批省级行业中心；在靠近用户侧、网络边缘侧按需建设若干单体规模较小、存算一体的边缘级区域/行业中心。形成"国家级-省级-边缘级"的工业大数据中心体系新发展格局。

5月29日

国务院要求加快数据中心节能降碳改造。国务院在《2024—2025年节能降碳行动方案》重点任务中要求：加快用能产品设备和设施更新改造，动态更新重点用能产品设备能效先进水平、节能水平和准入水平，推动重点用能设备更新升级，加快数据中心节能降碳改造。

5月31日

中国算力网粤港澳大湾区算力服务平台正式上线。该平台由鹏城实验室联合广东联通共同构建，广东联通、韶关数投公司等成立联合体进行服务运营，接入广州超算、华南数谷智算中心等6家算力资源节点，汇聚智算、超算、云池、算法、应用、网络等全要素算网资源，为粤港澳大湾区用户提供算力服务。

6月3日

《国家信息化领域节能降碳技术应用指南与案例（2024年版）》公布，高效冷却、高效供配电、高效系统集成、信息设备节能降碳、智能化运维管理等5类技术被列入推广范围。

6月6日

2023年度国家绿色数据中心名单公布，其中通信领域17家，互联网领域14家，公共机构领域11家，能源领域1家，金融领域6家，智算中心领域1家。

北京将打造国家级数据三大中心。北京市委书记尹力在理论学习中心组（扩大）会议上表示，要在数据基础制度先行先试的基础上，在北京全域开展数据要素市场化配置改革综合试验区建设，打造国家级数据管理中心、数据资源中心和数据流通交易中心。

6月12日

谷歌公司将采用地热电力为数据中心供电。谷歌公司宣布已与内华达州能源公司NV Energy达成协议，将利用地热电力为内华达州数据中心供电。此前谷歌公司已经有3.5 MW的地热电力供应的试验性项目，本次合作将地热电力供应增加至115兆瓦。目前内华达州地热电力发电占总电力生成的10%，居美国各州之首。

我国首次实现人工智能计算中心数据资产入表的突破。南宁产投集团旗下数丝科技有限责任公司依托中国—东盟人工智能计算中心研发的数据产品"智算中心能耗宝"，在北部湾大数据交易中心完成上架登记，在资产负债表中确认无形资产，成功实现南宁市属国有企业首单数据资产入表突破，并获得金融机构 1 000 万元的专项融资授信。

6 月 16 日

全国原材料工业座谈会提出系统布局建设新材料大数据中心。会议提出，既要守住原材料工业传统优势阵地，又要培育新材料等新增长引擎，以保障重大应用需求和推动材料技术先行为目标，系统布局建设新材料大数据中心，并推进新材料中试平台建设。

6 月 20 日

印度尼西亚国家数据中心遭 LockBit 3.0 勒索软件变种攻击，攻击者索要 800 万美元的赎金。此次攻击导致超 210 家中央与地方政府机构服务中断，雅加达苏加诺—哈达国际机场的移民服务受到严重影响。6 月 24 日，系统陆续恢复正常。由于该数据中心超 98%数据未备份，印度尼西亚总统已下令对其进行审计，印度尼西亚通信部长因舆论压力面临辞职。

6 月 24 日

世界首个无须电网支持的氢能数据中心在美国诞生。该数据中心位于美国加利福尼亚州山景城，属于主机托管提供商 ECL 公司，用于人工智能和大数据处理。数据中心不依赖电网供电，以氢气作为主燃料电池，提供持续的电力供应；以大容量电池储存电能，维持电力供应的稳定性；应急发电机作为特殊情况下的备用电源；二次燃料电池作为辅助电源，进一步提高系统的可靠性。该数据中心 PUE 值达到 1.1，利用氢能发电产生的水提高了水分利用效率（WUE）值。

6 月 25 日

微软公司水下数据中心项目 Natick 已不再运作。微软公司 Natick 项目于 2015 年启动，先后在美国加州、苏格兰奥克尼群岛附近的海底进行了测试，旨在探索将数据中心部署在海底的可行性。

6 月 26 日

"东数西算"长三角算力调度中心一期在苏州吴江正式启用。该调度中心园区占地面积达 80 亩，总投资 35 亿元，规划建设超万架高功率算力机架。其设计包含普算、智算、超算三种类型，此次启用的一期项目为智算中心。该智算中心对接全国 100 多个算力资源池节点，并接入全国一体化算力网络，形成 1 ms 低时延城市算力网。

6 月 27 日

阿里云公司宣布关停澳大利亚、印度两个地域的数据中心服务，关停的原因是阿里云公司基于对全球基础设施投资布局规划的慎重评估和审视。阿里云公司在印度的数据中心于 2024 年 7 月 15 日 24:00 后停止服务；在澳大利亚的数据中心于 2024 年 9 月 30 日 24:00 后停止服务。另据阿里云公司公布的扩展关键市场计划，除了将在墨西哥建立云设施，还将在马来西亚、菲律宾、泰国和韩国建立新的数据中心。

6 月 30 日

我国新能源发电装机规模首次超越煤电。截至 2024 年 6 月底，全国全口径发电装机容量达 30.7 亿 kW，其中煤电发电装机容量达 11.7 亿 kW，占总发电装机容量的 38.1%；并网风电、太阳能发电装机容量达 11.8 亿 kW，占总发电装机容量的 38.4%，电力装机延续绿色低碳发展趋势。

我国新型储能装机规模增长迅速，截至最新数据，我国累计装机规模达 4 444 万 kW。西北、华北地区已投运装机分别占全国的 27.3% 和 27.2%；已投运锂离子电池储能占比达 97%，其他技术如压缩空气、铅炭（酸）电池、液流电池等技术路线占比仅为 3%。

7 月 3 日

国家发展和改革委员会等四部门在《数据中心绿色低碳发展专项行动计划》中提出：到 2025 年年底，全国数据中心布局进一步优化，整体上架率不低于 60%，平均电能利用效率降至 1.5 以下，可再生能源利用率年均提升 10%，单位算力能效和碳效显著提高。到 2030 年年底，全国数据中心平均电能利用效率、单位算力能效和碳效达到国际先进水平，可再生能源利用率持续提升，北方采暖地区新建大型及以上数据中心余热利用率显著提升。

7 月 5 日

国务院新闻办"推动高质量发展"系列主题新闻发布会上透露，国家将有序推进增值电信业务扩大对外开放试点，数据中心属于增值电信业务范畴，已被纳入试点开放范围。

7 月 15 日

工业和信息化部确定数据中心 WUE 先进标准。工业和信息化部在《2024 年工业废水循环利用典型案例征集工作的通知》中要求，数据中心单位信息设备水利用效率不高于 1.4 L/(kW·h) 的标准，方可申报用水利用效率先进数据中心。

7 月 22 日

隶属于马斯克旗下 xAI 公司的孟菲斯超级计算中心开始运转。该数据中心位于美国田纳西州孟菲斯，名为"Supercluster"（超星系团），集群由 10 万个液冷英伟达（NVIDIA）H100 GPU 组成，在单个远程直接数据存取（RDMA）结构上运行，号称是"世界上最强大的 AI 训练集群"，该集群已经全面超越了最新 TOP500 榜单上的任何一台超级计算机。

7 月 26 日

2024 年巴黎奥运会采用数据中心余热为泳池场馆免费供暖。提供热源的 Equinix PA10 数据中心于 2023 年投入使用，拥有超过 5 000 m² 的主机托管空间和约 2 250 个机柜，完全采用可再生能源运行。该数据中心服务器产生的热量以 28 ℃ 的温度回收，经过 3 个热泵将温度升高到 65 ℃，再通过热交换器将水分配给热网运营商。

8 月 6 日

国家发展和改革委员会等三部门要求统筹数据中心发展需求和新能源资源禀赋。由国家发展和改革委员会、国家能源局、国家数据局联合印发的《加快构建新型电力系统行动方案（2024—2027 年）》要求，我国将实施一批算力与电力协同项目，提高数据中心绿电占比，并探索绿电稳定供应模式。

8月19日

十一部门联合发文提出要推动新型信息基础设施协调发展，优化算力布局：引导面向全国、区域服务的大型及超大型数据中心、智能计算中心、超算中心向国家枢纽节点集中部署；能源协同：支持数据中心集群与新能源基地协同建设，促进算力与能源、水资源协调发展；区域规划：加强本地数据中心布局，合理设置区域性枢纽节点，逐步提升智能算力占比。

8月20日

国家标准《算力设施工程技术标准》编制启动，该标准被列入住房城乡建设部《2024年工程建设规范标准编制工作计划》，由工业和信息化部主编，中国计算机用户协会数据中心分会等机构参与编制。分会专家委员会多位成员入选编写组。

8月24日

中央网信办等十部门联合印发《数字化绿色化协同转型发展实施指南》，对绿色数据中心建设提出四项要求：强化数据中心基础设施降碳；优化数据中心新能源供给模式；增强数据中心应用侧节能；实施数据中心动态化管理。

8月28日

甘肃等省市提出数据中心参与大规模设备更新的具体实施方案。继山西省率先将数据中心纳入国务院《推动大规模设备更新和消费品以旧换新行动方案》，并提出具体实施意见之后，湖南、甘肃、黑龙江、内蒙古、重庆、贵州、北京、安徽、上海、陕西、青海等省、自治区、直辖市也出台相关文件，鼓励数据中心按照大规模设备更新政策支持，重点推动绿色化改造，提高能效先进水平设备占比。

国家数据局局长刘烈宏介绍，截至2024年6月底，"东数西算"八大国家枢纽节点直接投资超过435亿元，带动投资超过2000亿元，机架总规模超过195万架，整体上架率达63%。东西部枢纽节点间网络时延已基本控制在20 ms以内，新建数据中心PUE值最低降至1.04，东部算力需求有序向西部迁移，算力集聚效应初步显现。

贵州省借助算力枢纽顺势发展省内数据中心，全省在建及投运重点数据中心达47个，全省总算力规模40 EFLOPS，智能算力占比超90%，成为全国智算能力资源集聚区。

8月30日

中国科学院要求充分利用好国家科学数据中心，中国科学院院长侯建国在接受新华社记者专访时表示，要充分利用好国家科学数据中心，推动原创性成果产出。

工业和信息化部公开征集对370项行业标准制定计划的意见，与数据中心直接相关的行业标准有6项，其中涉及互联网数据中心数据安全的有2项，绿色算力数据中心技术要求有1项，冷板式液冷数据中心有3项。

我国最大的智算中心在黑龙江省哈尔滨市投入使用。中国移动建设运营的智算中心节点智算集群，共计部署1.8万张人工智能加速卡，可提供算力6.6 EFLOPS，是单集群算力规模最大、国产化网络设备组网规模最大、融合分级存储规模最大、国内智能融合分级存储规模最大的智算中心，可为万亿级模型训练提供高效、稳定的算力底座。

8月31日

我国新型基础设施建设提速,我国算力总规模跃居世界第二。工业和信息化部统计数据显示,2024年前8个月数据中心等数字新型基础设施加速建设,全国在用算力中心机架超过830万标准机架,工业、教育、医疗、能源等多个领域算力应用项目超1.3万个。

9月1日

国家市场监督管理总局要求高水平建设市场监管大数据中心。罗文局长接受新华社记者专访,表示认真学习贯彻党的二十届三中全会《中共中央关于进一步全面深化改革、推进中国式现代化的决定》要求,高水平建设市场监管大数据中心,加快执法办案系统建设和全国市场监管行政执法平台应用,强化业务协同和数据支撑能力。

9月4日

湖南省部署人工智能产业发展任务。《湖南省人工智能产业发展三年行动计划(2024—2026年)》明确将智能算力发展列为首要任务,并提出:支持通信运营商在湘布局"万卡级"新型智算中心;重点推进长株潭、东江湖两大数据中心集群建设;鼓励社会资本在两大数据中心集群区域投资新建绿色智算中心重点项目;加快边缘计算节点部署,满足低时延业务需求;支持国家超算长沙中心扩能提质。

9月6日

中国计算机用户协会数据中心分会第30届年会在重庆召开,此次年会与"2024年数据中心全生命周期管理大会"同时举办,中国计算机用户协会理事长宋显珠发表致辞。会议设立了主论坛和两个分论坛,来自全国各地的近500名行业精英、专家学者及企业代表现场参会。

9月10日

阿里云公司新加坡地域可用区C机房发生火灾,这场火灾持续时间超过30小时。初步断定机房发生火灾的原因是锂电池爆炸。事故现场采用水消防,这是火灾持续时间较长的原因。该事故已导致Lazada和字节跳动等主要科技公司托管的服务严重中断。

9月11日

中沙合资建设"沙漠龙"数据中心项目启动。项目总容量为187 MW,由沙特信息通信服务提供商Saudi Call与上海路贸通集团、中国移动国际有限公司合资建设。该数据中心分布在沙特首都利雅得、吉达、达曼、未来新城4个城市,3年内投资合计19亿美元。

9月12日

美国政府将成立人工智能数据中心基础设施特别工作组,该工作组将由国家经济委员会、国家安全委员会和白宫副幕僚长办公室联合牵头,协调政府各部门政策。

9月17日

印度信实吉奥电信旗下数据中心发生火灾,导致全国范围内网络中断,公司近4.89亿用户不同程度受到影响。

9月20日

北京加快智能算力、新一代通信网络布局，提升算力基础设施能效。由北京市委印发学习贯彻党的二十届三中全会决定的《中共中央关于进一步全面深化改革、推进中国式现代化的决定》提出：要参与国家数据基础设施建设和运营，加快智能算力、建设新一代通信网络布局，推动国家区块链枢纽节点建设，做强"城市大脑"。

OpenAI公司向白宫提交拟建多个5 GW数据中心的规划，称其目标是要大幅提升美国的人工智能基础设施，但每个5 GW数据中心耗电量相当于五座核反应堆发电量，或相当于近300万户美国家庭日均用电量，其可行性难以预测。

9月26日

全国农业科技工作会议要求建设农业科学实验站和数据中心；优化农业科技创新主体布局，厘清国家农业战略科技力量功能定位；围绕建设农业强国战略需求，优化东北黑土区、黄淮海平原等主产区的科技创新资源配置。

9月30日

数据中心为助力中国红十字事业高质量发展提供有力支撑。中国红十字会总会着力打造"数字红会"，搭建7个区域数据中心、15个业务管理系统，业务管理信息化系统实现县区级红十字会全覆盖，项目全流程可查询、可追溯、可展示，提升了中国红十字事业的公信力。

后　　记

连续编撰《中国数据中心发展蓝皮书》是中国计算机用户协会数据中心分会专家委员会提出的建议，其目的是从中国计算机用户协会专业分会的角度，对国内数据中心发展过程、技术路线、当前现状和未来趋势进行总结、研判，在记录时代发展的同时，为数据中心行业的未来发展提供参考。

中国计算机用户协会数据中心分会理事会经过研究，决定成立新的编委会负责蓝皮书编撰工作。编委会明确了数据中心的定义和范围，将其定位为"提供IT设备存放与运行所需的广义环境保障的基础设施"。这一定义既可指一幢或几幢建筑，也可指以园区形式的设施，包括通用数据中心、智算中心、超级计算数据中心和边缘数据中心。如此确定的数据中心范围，与当前大多数数据中心建设运营的实践相吻合，既便于对接国家相关政策、法规、标准，也与社会公众认知保持一致。《中国数据中心发展蓝皮书》是一份双年度的综合性研究报告，内容结构由主报告、主题报告、案例三个部分组成。

本书的第一部分是反映综合情况的主报告《数字中国建设宏大叙事下的数据中心发展》。主报告阐述了数字中国建设对数据中心发展的要求，总结分析了国家和政府部门推动数据中心高质量发展的政策措施，列举了2023—2024年间（即本蓝皮书报告期）数据中心建设的重要进展，并提出了数据中心行业未来发展的着力点，内容翔实，资料丰富。

第二部分包含八个主题，分别介绍了数据中心各相关专业应用的基本情况、近两年的进展，以及对今后发展趋势的展望。第一个主题是综合，主要介绍了报告期内数据中心相关标准规范建设的发展情况；第二个主题是规划设计与建设，根据报告期社会各界对算力的关注和实际需求，从设计规划角度介绍数据中心基础设施适应算力需求、智算需求及模块化构建的做法及思路；第三个主题是绿色与节能，介绍了以节能为核心的金融数据中心的"绿色化"建设与维护，以及备受行业关注的余热回收利用的现状和对未来趋势的分析；第四个主题是供配电，分别介绍了电力模块、柴油发电机在数据中心的应用和发展，对数据中心目前尚未普遍应用的三种蓄电池的应用前景进行了分析和探索；第五个主题是空调与制冷，介绍了液冷、空调人工智能调优两项技术对数据中心节能降耗的作用和贡献；第六个主题是运维与运营，介绍了智慧化运维在数据中心园区的实践和展望、人工智能机器人助力数据中心运维的做法；第七个主题是安全和防护，从工业控制系统安全、数据中心快速恢复能力、应急预案的编制与组织实施三个侧面，介绍了数据中心在安全和防护方面的实践发展；第八个主题是评价与认证，介绍了数据中心业务连续性管理、数据中心基础设施运维管理机构能力、数据中心基础设施建设的基本要求三项评价、认证业务的发展情况。

第三部分是案例，由中星微技术股份有限公司、信息产业电子第十一设计研究院科技工程股份有限公司北京分院提供。谨向这两家企业表达衷心的感谢。

附录收录了中国计算机用户协会数据中心分会秘书处记录并撰写的《数据中心行业发展大事记（2023—2024年9月）》。本期大事记资料截至2024年9月，记载了国家政策、数据中心建设、数据中心分会重要活动，以及数据中心行业相关的重大社会事件，为数据中心从业者提供一个事件梗概和时间索引。

  本书的编撰者，主要是一线工作的数据中心行业的专业人士，尽管他们日常工作非常繁忙，但仍然抽出宝贵时间，对本行业现状进行总结与梳理，为本书的高质量内容倾注大量心血。数据中心分会的专家委员会主任黄群骥先生亲自撰写了《数据中心标准规范的发展》一文；数据中心分会的名誉理事长王智玉先生、秘书长蔡红戈女士对本书进行了细致的审阅和修改；协会秘书处为组稿的协调做了大量事务性的工作。中国计算机用户协会理事长宋显珠先生再次为本书作序，从见证数据中心在数字中国建设中的力量与担当的角度，对本书的持续撰写和编撰表示赞赏，鼓励编委会继续记录中国数据中心的发展历程，分析技术发展方向，提出需要研究和解决的问题，反映中国计算机用户特别是数据中心从业者的观点和诉求。以数字中国宏伟建设过程的见证者与参与者的身份，融入这一具有划时代意义的历史进程。

  感谢电子工业出版社党委委员、副总经理兼总编辑徐静，感谢电子工业出版社学术出版分社社长董亚峰和徐晓宙编辑为本书的出版给予的鼎力支持。

《中国数据中心发展蓝皮书（2024）》编委会
2024 年 10 月

反侵权盗版声明

电子工业出版社依法对本作品享有专有出版权。任何未经权利人书面许可，复制、销售或通过信息网络传播本作品的行为；歪曲、篡改、剽窃本作品的行为，均违反《中华人民共和国著作权法》，其行为人应承担相应的民事责任和行政责任，构成犯罪的，将被依法追究刑事责任。

为了维护市场秩序，保护权利人的合法权益，我社将依法查处和打击侵权盗版的单位和个人。欢迎社会各界人士积极举报侵权盗版行为，本社将奖励举报有功人员，并保证举报人的信息不被泄露。

举报电话：（010）88254396；（010）88258888
传　　真：（010）88254397
E-mail：　dbqq@phei.com.cn
通信地址：北京市万寿路 173 信箱
　　　　　电子工业出版社总编办公室
邮　　编：100036